제2판

미분기하학 개론

김진홍 지음

KM 경문사

서문

PREFACE

저자는 대학교 3학년 때 처음으로 미분기하학의 내용을 접했고, 그때 강의에서 사용되었던 주 교재는 Thorpe의 《*Elementary Topics in Differential Geometry*》([9])였다. Thorpe의 책은 두께가 아주 얇아 공부하는 데 큰 부담은 없었으나, 책의 내용이 너무 추상적이고 구체적인 예와 연습문제 등이 적어 공부를 처음 시작하는 초학자가 교재로 사용하기에는 적절하지 않다고 생각했던 기억이 난다. 사실 대학교 과정에서 가장 많이 사용되는 미분기하학 교재는 Do Carmo(두 카르무)의 《*Differential Geometry of Curves and Surfaces*》([2])와 O'Neill의 《*Elementary Differential Geometry*》([6])이고 이 때문에 같은 대학교 내에서 O'Neill의 책으로 강의하는 강좌를 혼자 청강하기도 하였다.

그 후 대학원에서 미분기하학을 본격적으로 배우기 시작했는데, 이때 사용되었던 교재는 세 명의 유명한 러시아 수학자 Dubrovin, Fomenko, Novikov가 저자인 《*Modern Geometry*》([3])였다. 보통 러시아 수학자들은 물리학과 수학을 같이 전공하기 때문에 이 교재는 기하학적인 개념의 설명보다는 계산에 너무 치중하는 경향을 보였다. 대학원에서 주로 사용되는 미분기하학 교재가 Boothby의 《*An Introduction to Differential Manifolds and Riemannian Geometry*》([1])와 Spivak의 《*A Comprehensive Introduction to Differential Geometry*》([8])인 것을 감안해 볼 때, 저자에게 적절한 교재 선택의 혜택은 별로 없었던 것 같다. 하지만 지금도 기본적인 미분기하학의 개념을 다시 찾아봐야 할 상황이 생기면 보통 Boothby나 Spivak의 책이 아닌 Dubrovin, Fomenko, Novikov의 책을 뒤져본다는 점에 비추어 볼 때, 한 번 배웠던 교재는 그것이 좋았던 좋지 않았던 상당히 중요한 위치를 차지하는 것 같다.

저자는 10여 년 전에 처음으로 대학에서 미분기하학을 가르치기 시작하였다. 이때 기존에 미분기하학을 강의하시던 임진환 교수님의 조언에 따라 Do Carmo의 책을 교재로 사용하기 시작했고, 이 책의 내용은 아직까지도 저자의 미분기하학 강의에 기초가 되고 있다.

위에서 언급한 O'Neill의 책과 더불어 Do Carmo의 책은 매우 훌륭한 책으로 평가받고 있으며 전 세계적으로 가장 많이 이용되는 교재 중의 하나일 것이다. 국내에서는 O'Neill의 책을 교재로 사용하는 대학교가 조금 더 많은 것 같다. 그 이유 중 하나는 O'Neill의 책이 더 오래전에 출판되었고(1966년) 이미 한글로 번역될 정도로 많이 알려졌지만, Do Carmo의 책은 상대적으로 덜 알려져 있고 아직 한글로 번역된 것이 없기 때문인 것 같다.

사실 위의 두 책의 수준은 거의 비슷하지만 기본적인 개념을 설명하는 방법에서는 큰 차이가 난다. O'Neill의 책은 대부분 미분형식의 개념을 이용하여 주요 정리를 유도하는 반면, Do Carmo의 책은 좌표조각함수를 이용하는 국소적 계산을 통해 주요 정리를 유도한다. 이 두 접근법은 모두 장단점을 가지고 있다. 하지만 Do Carmo의 접근법은 미적분학과 선형대수학의 기본적인 개념만으로도 미분기하학의 주요 개념을 어려움 없이 유도할 수 있도록 해주기 때문에, 개인적으로는 이 접근법이 초학자들에게 더 쉽게 받아들여질 수 있다고 본다.

대학교 수준의 미분기하학은 주로 곡선과 2차원 곡면의 기하학을 다룬다. 따라서 이 책의 제목으로 '미분기하학개론'보다는 '곡선과 곡면의 기하학'이 더 적절할 수도 있다. 앞서 언급된 바와 같이, 이 책의 내용과 구성은 지금까지 주 교재로 사용된 Do Carmo의 책과 보조교재인 O'Neill의 책의 영향을 많이 받았다. 다만 Do Carmo의 책은 너무 많은 내용을 담고 있고 출판된 지 벌써 40여 년이 흘렀기 때문에 이 책에서는 국내의 교육 환경에서 그리 중요하게 여겨지지 않는 내용을 과감하게 생략하였고, 더불어 새로운 경향에 맞는 참신한 예제와 연습문제를 제공하기 위해 노력하였다. 또한 엄밀성이 크게 요구되지 않는 부분은 직관적인 이해에 도움이 되도록 내용을 간략하게 설명하였다. 이 책을 쓰기 위해, Do Carmo와 O'Neill의 책 이외에도 [7], [10], [11], [12], [13], [14], [15] 등을 참고하였다.

이 책을 쓰면서 가장 중점을 두었던 부분은 임용고시를 준비하는 학생들에게 적합한 교재를 제공하자는 것과 간결하면서도 필요한 내용만을 담아 책의 두께를 줄여 학생들의 공부에 대한 부담감을 덜어주자는 것이었다.

이 책은 크게 6장으로 구성되어 있다. 먼저 제1장은 미분기하학을 배우는 데 필요한 다변수미적분학과 선형대수학의 기초적인 내용을 담고 있다. 제2장은 국소적인 곡선론으로 매개곡선의 곡률, 비틀림률, 프레네-세레 틀마당에 관한 내용으로 구성되어 있다. 제3장은 대역적 곡선론에 관한 내용으로 닫힌곡선의 회전수, 4정점 정리, 등주 부등식, 전곡률과 전비틀림률 등의 주제로 이루어져 있다.

제4장부터는 곡면론에 관한 내용으로 구성되어 있다. 제4장에서는 정칙곡면의 정의와 예, 제1·2기본형식 및 곡면의 방향성을 다룬다. 제5장은 이 책의 핵심적인 부분 중의 하나로 주곡률, 법곡률, 주곡률곡선, 점근곡선, 측지선, 선직면과 극소곡면에 관한 내용을

자세히 다룬다. 마지막으로 제6장에서는, 먼저 가우스-보네 정리를 증명하기 위한 여러 가지 개념을 정리하고 힐버트와 리브만의 정리 및 가우스-보네 정리의 증명과 몇 가지 응용을 알아본다.

본 개정판에서는 먼저 본문의 내용과 의미를 조금 더 명확하게 전달하기 위해 많은 노력을 기울였다. 특히 초판에 있었던 여러 가지 부정확한 표현과 오타를 수정하였고, 독자들이 새로운 수학적 용어를 더 쉽게 이해하도록 돕기 위해 다양한 그림을 새롭게 추가하였다. 또한 몇몇 절의 경우에는 각 절의 말미에 제시된 연습문제를 상당히 많이 보강하였고, 선별된 연습문제 풀이도 책의 말미에 추가하였다. 본 책을 통해 미분기하학의 기본적인 내용을 이해하고 응용할 수 있는 능력과 창의성을 키워 계획했던 목표에서 충분한 성과를 거둘 수 있기를 바란다. 개정판을 새로 출간할 수 있도록 도움을 준 독자들과 출판사에 감사의 말씀을 올린다.

지은이 씀

목차

CONTENTS

벡터미적분학의 기초

CHAPTER 01

이 장에서는 미분기하학을 학습하는 데 필요한 벡터미적분학의 기본적인 성질을 정리한다.

1.1 ▌유클리드 공간

실수의 집합 $\mathbb{R}$의 3차원 데카르트 곱공간 $\mathbb{R}^3$는 다음과 같이 정의된다.

$$\mathbb{R}^3 = \{(x_1, x_2, x_3) \mid x_i \in \mathbb{R},\ i = 1, 2, 3\}$$

좀 더 일반적으로, n차원 **데카르트 곱공간** $\mathbb{R}^n$은

$$\mathbb{R}^n = \{(x_1, x_2, \cdots, x_n) \mid x_i \in \mathbb{R},\ i = 1, 2, \cdots, n\}$$

이다.

임의의 두 점 $p = (p_1, p_2, p_3),\ q = (q_1, q_2, q_3) \in \mathbb{R}^3$에 대하여, **덧셈**(addition)과 **스칼라곱**(scalar multiplication)을

$$p + q = (p_1 + q_1, p_2 + q_2, p_3 + q_3),$$
$$kp = (kp_1, kp_2, kp_3),\ k \in \mathbb{R}$$

로 정의하면, $\mathbb{R}^3$은 **벡터공간**(vector space)이 된다. 이때 $\mathbb{R}^3$의 임의의 원소 $p = (a_1, a_2, a_3)$를 $\mathbb{R}^3$의 **벡터**(vector)라 부르고, 특히 $0 = (0, 0, 0)$를 **영벡터**(zero vector)라 말한다.

벡터공간 $\mathbb{R}^3$의 임의의 두 원소 사이의 각을 측정하기 위해서는 $\mathbb{R}^3$에 **내적**을 정의할 필요가 있다. 임의의 두 벡터 $p = (p_1, p_2, p_3),\ q = (q_1, q_2, q_3) \in \mathbb{R}^3$에 대하여,

$$\langle p, q \rangle = p_1 q_1 + p_2 q_2 + p_3 q_3 = \sum_{i=1}^{3} p_i q_i$$

로 정의된 작용을 $\mathbb{R}^3$의 **기본내적**(standard inner product)이라 한다. 이때

$$\| p \| = \langle p, p \rangle^{\frac{1}{2}} = \sqrt{\sum_{i=1}^{3} p_i^2}$$

를 벡터 p의 **노름**(norm) 또는 **길이**(length)라 하고, $\| p \| = 1$인 벡터를 **단위벡터**(unit vector)라 한다. 또한 임의의 두 벡터 p, q 사이의 **유클리드 거리**(Euclidean distance or metric)는

$$\| p - q \| = \sqrt{\sum_{i=1}^{3} (p_i - q_i)^2}$$

로 주어진다. 3차원 벡터공간 $\mathbb{R}^3$에 위의 기본내적이 더 추가된 공간을 **유클리드 공간**이라 한다.

내적에 관해 다음 성질이 성립한다.

정리 1.1.1

임의의 세 벡터 $p, q, r \in \mathbb{R}^3$와 실수 k에 대하여, 다음 성질이 성립한다.

(1) $\langle p, q \rangle = \langle q, p \rangle$

(2) $\langle p+q, r \rangle = \langle p, r \rangle + \langle q, r \rangle$

(3) $\langle kp, q \rangle = k\langle p, q \rangle$

(4) $\|kp\| = |k|\|p\|$

다음과 같은 **코시-슈바르츠 부등식**(Cauchy-Schwarz inequality)과 **삼각부등식**(triangle inequality)도 종종 중요하게 사용된다.

정리 1.1.2

임의의 두 벡터 $p, q \in \mathbb{R}^3$에 대하여, 다음과 같은 두 부등식이 성립한다.

(1)
$$|\langle p, q \rangle| \le \|p\|\|q\|$$

위의 식의 등호가 성립할 필요충분조건은 두 벡터 p, q가 서로 평행한 것이다.

(2)
$$\|p+q\| \le \|p\| + \|q\|$$

위의 식의 등호가 성립할 필요충분조건은 두 벡터 p, q가 서로 평행한 것이다.

내적은 두 벡터 사이의 각을 이용하여 다음과 같이 계산할 수 있다.

정리 1.1.3

임의의 두 벡터 $p, q \in \mathbb{R}^3$와 두 벡터 사이의 각 $\theta(0 \le \theta \le \pi)$에 대하여, 내적은

$$\langle p, q \rangle = \|p\|\|q\|\cos\theta$$

로 주어진다.

n차원 벡터공간 $\mathbb{R}^n$의 k개의 벡터 $p_1, p_2, \cdots, p_k$가

$$a_1p_1 + a_2p_2 + \cdots + a_kp_k = 0,\ a_1, a_2, \cdots, a_k \in \mathbb{R}$$

을 만족할 때, 항상 $a_1 = a_2 = \cdots = a_k = 0$이 성립하면 $p_1, p_2, \cdots, p_k$가 **일차독립**(linearly independent)이라 말한다. 따라서 k개의 벡터 $p_1, p_2, \cdots, p_k$가 일차독립이 아니면 모두 영은 아닌 실수 $a_1, a_2, \cdots, a_k$를 이용하여

$$a_1p_1 + a_2p_2 + \cdots + a_kp_k = 0$$

로 표현할 수 있고, 이때 $p_1, p_2, \cdots, p_k$가 **일차종속**(linearly dependent)이라고 말한다. 또한 n차원 벡터공간에서 일차독립일 수 있는 벡터의 최대 개수는 n이고, 이때 그 벡터들의 모임을 **기저**(basis)라 한다.

3차원 벡터공간 $\mathbb{R}^3$에서 가장 대표적인 기저로는

$$e_1 = i = (1, 0, 0),\ e_2 = j = (0, 1, 0),\ e_3 = k = (0, 0, 1)$$

로 주어지는 **표준기저**(standard basis)가 있다. 임의의 벡터 $p = (p_1, p_2, p_3) \in \mathbb{R}^3$는 표준기저를 이용하여

$$p = p_1e_1 + p_2e_2 + p_3e_3 = \langle p, e_1 \rangle e_1 + \langle p, e_2 \rangle e_2 + \langle p, e_3 \rangle e_3$$

로 표현할 수 있다. 좀 더 일반적으로 임의의 n개의 벡터

$$u_1, u_2, \cdots, u_n \in \mathbb{R}^n$$

이 다음 조건을 만족할 때, **정규직교기저**(orthonormal basis)라 한다. 즉,

$$\langle u_i, u_j \rangle = \delta_{ij} = \begin{cases} 1, & i = j \\ 0, & i \neq j \end{cases}$$

여기서 δ_{ij}는 유명한 수학자 크로네커(Kronecker)의 이름을 따라 **크로네커의 델타**(Kronecker delta)라 불린다.

정규직교기저에 관해 다음 성질이 성립한다. 이 성질은 곡선론의 기하학을 이해하기 위해 종종 유용하게 이용된다.

정리 1.1.4

임의의 벡터 $p \in \mathbb{R}^n$과 정규직교기저 $u_1, u_2, \cdots, u_n$에 대하여,

$$p = \langle p, u_1 \rangle u_1 + \langle p, u_2 \rangle u_2 + \cdots + \langle p, u_n \rangle u_n = \sum_{i=1}^{n} \langle p, u_i \rangle u_i$$

가 성립한다.

증명 먼저 $u_1, u_2, \cdots, u_n$이 벡터공간 $\mathbb{R}^n$의 기저이므로 p를

$$p = \sum_{i=1}^{n} a_i u_i, \quad a_i \in \mathbb{R}$$

로 표현하자. 그런 다음 임의의 $j(1 \le j \le n)$에 대하여 실수 계수 a_j를 구체적으로 결정하기 위해 다음 등식을 이용하기만 하면 충분하다.

$$\langle p, u_j \rangle = \left\langle \sum_{i=1}^{n} a_i u_i, u_j \right\rangle = \sum_{i=1}^{n} a_i \delta_{ij} = a_j$$ ✤

3차원 벡터공간에는 **외적**(cross product)이라는 유용한 연산이 있다. 임의의 두 벡터 $p = (p_1, p_2, p_3), q = (q_1, q_2, q_3) \in \mathbb{R}^3$에 대하여, 외적은 순수하게 대수적으로

$$p \times q = \begin{vmatrix} i & j & k \\ p_1 & p_2 & p_3 \\ q_1 & q_2 & q_3 \end{vmatrix} = \begin{vmatrix} p_2 & p_3 \\ q_2 & q_3 \end{vmatrix} i - \begin{vmatrix} p_1 & p_3 \\ q_1 & q_3 \end{vmatrix} j + \begin{vmatrix} p_1 & p_2 \\ q_1 & q_2 \end{vmatrix} k$$
$$= (p_2 q_3 - p_3 q_2, \ -p_1 q_3 + p_3 q_1, \ p_1 q_2 - p_2 q_1)$$

로 정의되며, 외적은 일반적으로 결합법칙을 만족하지 못한다. 예를 들어

$$(i \times j) \times j = -i \ne 0 = i \times (j \times j)$$

이다.

외적은 다음과 같은 성질을 만족한다.

정리 1.1.5

임의의 벡터 $p, q, r \in \mathbb{R}^3$에 대하여, 다음 등식이 성립한다.

(1) $\langle p \times q, r \rangle = \det((p\,q\,r)_{3 \times 3})$

(2) $\langle p \times q, p \rangle = \langle p \times q, q \rangle = 0$

(3) $p \times q = -q \times p$

(4) $(ap + bq) \times r = ap \times r + bq \times r, \ a, b \in \mathbb{R}$

(5) $\|p \times q\|^2 = \|p\|^2 \|q\|^2 - \langle p, q \rangle^2 = \|p\|^2 \|q\|^2 \sin^2\theta$

단 여기서 $\theta(0 \le \theta \le \pi)$는 두 벡터 p와 q 사이의 각을 나타낸다.

(6) $p \times q = 0$일 필요충분조건은 두 벡터 p와 q가 서로 평행한 것이다.

(7) $(p \times q) \times r = \langle p, r \rangle q - \langle q, r \rangle p$

두 벡터 $p, q \in \mathbb{R}$의 외적 $p \times q$는 기하학적으로 **정리** 1.1.5 (1), (2)에 의해 p와 q에 의해 생성된 평면에 수직인 방향으로 **오른손 법칙**(right-hand rule)을 만족한다([그림 1.1]). 또한 위의 **정리** 1.1.5 (5)에 의해 그 크기는 $\|p\|\|q\|\sin\theta$가 된다.

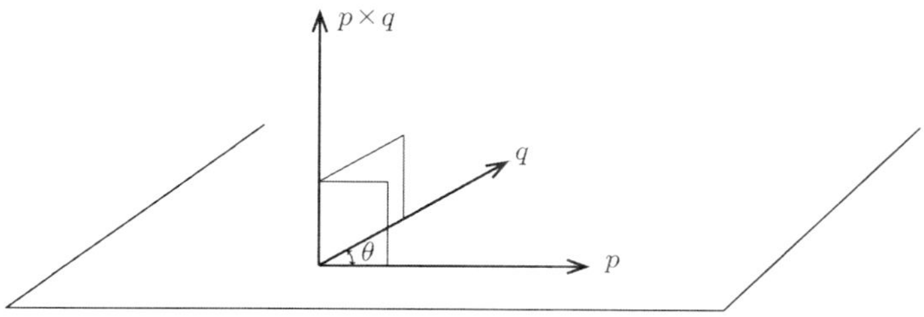

[그림 1.1]

정리 1.1.6

실수의 변수 t에 의존하는 미분가능인 두 벡터함수 $p(t), q(t) \in \mathbb{R}^3$에 대하여, 다음이 성립한다.

(1) $$\frac{d}{dt}(\langle p(t), q(t)\rangle) = \left\langle \frac{d}{dt}p(t), q(t)\right\rangle + \left\langle p(t), \frac{d}{dt}q(t)\right\rangle$$

(2) $$\frac{d}{dt}(p(t) \times q(t)) = \left(\frac{d}{dt}p(t)\right) \times q(t) + p(t) \times \left(\frac{d}{dt}q(t)\right)$$

1.1 ▌ 연습문제

1. u, v, w가 서로 수직인 단위벡터일 때, $u+v+w$가 u, v, w와 이루는 각이 모두 $\cos^{-1}\left(\frac{1}{\sqrt{3}}\right)$임을 보여라.

2. 임의의 두 벡터 u, v에 대하여 다음 등식을 증명하라.

$$\langle u, v\rangle = \frac{1}{2}(\|u+v\|^2 - \|u\|^2 - \|w\|^2)$$

3. 벡터 u의 $v \neq 0$로의 정사영(orthogonal projection) $P_v(u)$를

$$P_v(u) = \frac{\langle u, v \rangle}{\|v\|^2} v$$

로 정의할 때, 다음 물음에 답하라.

(1) $u = (-1, 2, 1)$, $v = (-1, 1, -1)$일 때, 두 정사영 $P_u(v), P_v(u)$를 구하라.

(2) 만약 u와 v가 일차독립이면, $u - P_v(u)$는 v와 서로 수직임을 보여라.

(3) $u \neq 0$이고 $v \neq 0$일 때, $P_u(v) = P_v(u)$을 만족하는 모든 벡터 u, v를 찾아라.

4. 영이 아닌 $\mathbb{R}^3$의 두 벡터 u와 v가 서로 수직일 때,

$$v \times x = u, \ \langle v, x \rangle = k, \ k \neq 0$$

을 만족하는 벡터 x를 u, v, $u \times v$의 일차결합으로 나타내면 다음과 같이 주어짐을 보여라.

$$x = \frac{k}{\|v\|^2} v + \frac{1}{\|v\|^2} u \times v$$

5. 단위벡터가 아닌 $a, b, c \in \mathbb{R}^3$가 다음과 같은 세 가지 조건

(i) $\langle a \times b, c \rangle = 1$, (ii) $\langle a, b \rangle = 1$, (iii) $\langle b, c \rangle = 0$

을 만족할 때, $\langle u, a \rangle = 2$이고 $u \times b = c$인 $\mathbb{R}^3$의 벡터 u를 a, b, c만을 이용하여 a, b, c의 일차결합으로 나타내면 다음과 같이 주어짐을 보여라.

$$u = \|c\|^2 a + (2 - \|c \times a\|^2) b - \langle a, c \rangle c$$

6. 일차독립인 세 벡터 $u_1, u_2, u_3 \in \mathbb{R}^3$에 대하여, 다음 등식이 성립함을 보여라.

$$|\langle u_1 \times u_2, u_3 \rangle|^2 = \det(\langle u_i, u_j \rangle)_{3 \times 3}$$

7. 다음 등식을 증명하라.

(1) $u \times (v \times w) = \langle u, w \rangle v - \langle u, v \rangle w$

(2) $\langle u \times v, w \times z \rangle = \langle u, w \rangle \langle v, z \rangle - \langle u, z \rangle \langle v, w \rangle$

(3) $\langle u \times v, (v \times w) \times (w \times u) \rangle = \langle u, v \times w \rangle^2$

(4) $(u \times v) \times w + (v \times w) \times u + (w \times u) \times v = 0$

(야코비 등식, Jacobi Identity)

8. $\mathbb{R}^3$의 기저 $\{u_1, u_2, u_3\}$에 대하여, 다음 물음에 답하라.

(1) 세 벡터 $u_1 + u_2, u_1 + u_3, u_2 + u_3$가 일차독립임을 보여라.

(2) 모든 성분이 실수인 3×3 행렬 A가

$$(A - I_3)(u_1 + u_2) = 0,\ (A - 2I_3)(u_1 + u_3) = 0,\ (A - 3I_3)(u_2 + u_3) = 0$$

을 만족할 때, A를 기저 $\{u_1, u_2, u_3\}$에 관해 나타내라. 단, 여기서 I_3는 3×3 단위행렬(identity matrix)를 나타낸다.

(3) 위의 문제 (2)의 행렬 A의 고윳값과 행렬식 $\det(A)$를 찾아라.

1.2 ▌직선과 평면의 방정식

이 절에서는 3차원 벡터공간에서 정의되는 직선과 평면의 방정식을 알아보고자 한다.

먼저 두 벡터 $a=(a_1, a_2, a_3)\in\mathbb{R}^3$와 $0\neq u=(u_1, u_2, u_3)\in\mathbb{R}^3$에 대하여, a를 지나고 u 방향을 향하는 **직선의 벡터 방정식**은

$$x(t)=a+tu,\ -\infty<t<\infty$$

로 주어진다. 이 방정식을 좌표를 이용하여 표현하면

$$x(t)=(a_1+tu_1, a_2+tu_2, a_3+tu_3)$$

이 된다. 따라서

$$t=\frac{x-a_1}{u_1}=\frac{y-a_2}{u_2}=\frac{z-a_3}{u_3}$$

을 얻을 수 있다.

또한 점 $a=(a_1, a_2, a_3)$를 지나고 $0\neq n=(n_1, n_2, n_3)\in\mathbb{R}^3$에 수직인 **평면의 벡터 방정식**은

$$\langle X-a, n\rangle=0,\ X=(x, y, z)$$

로 주어진다. 따라서 각 벡터의 성분을 이용하여

$$n_1(x-a_1)+n_2(y-a_2)+n_3(z-a_3)=0$$

을 얻을 수 있고, 따라서 평면의 일반형은

$$n_1x+n_2y+n_3z+b=0,\ b=-(a_1n_1+a_2n_2+a_3n_3)$$

이다.

일차독립인 두 벡터 p, q를 포함하고 있는 평면 P는 외적 $p\times q$를 법벡터(normal vector)로 가지고 있다. 따라서 P가 점 a를 지나는 경우에 P의 벡터 방정식은

$$\langle X-a,\ p\times q\rangle=0$$

이 된다.

1.2 ▎연습문제

1. $(2, 1, -3)$을 지나고 평면 $5x+y-z=1$에 수직인 직선의 방정식을 구하라.

2. 두 평면 $x+2y+z=0$, $x-3y-z=0$의 교선을 구하라.

3. 세 점 $A=(-3, 0, 1)$, $B=(1, 1, 3)$, $C=(-2, 5, 1)$을 지나는 평면의 방정식을 구하라.

4. 두 점 $(3, 2, -1)$, $(1, -1, 2)$를 지나고 직선

$$(1, -1, 0)+t(3, 2, -2),\ t\in\mathbb{R}$$

에 평행한 평면의 방정식을 찾아라.

1.3 ❙ 벡터장

이 절에서는 3차원 벡터공간에서 정의된 벡터장(vector field)에 관한 기본적인 용어와 성질을 정리한다.

임의의 점 $p\in\mathbb{R}^3$에서 출발하는 모든 벡터들의 모임을 다음과 같이 정의한다.

$$T_p\mathbb{R}^3 = \{(p, v) \mid v\in\mathbb{R}^3\}$$

여기서 $v_p = (p, v)$로 표시하고 p를 **작용점**(point of application), v를 **벡터부분**(vector part)이라 부르며, v_p를 **점** p**에서** v **방향의 접벡터**(tangent vector)라 한다.

$T_p\mathbb{R}^3$에 덧셈과 스칼라 곱을

$$v_p + w_p = (v+w)_p,\ k\cdot v_p = (kv)_p,\ k\in\mathbb{R}$$

로 정의하면 $T_p\mathbb{R}^3$는 실수상에서 3차원 벡터공간이 된다. 사실 다음 대응관계

$$T_p\mathbb{R}^3 \to \mathbb{R}^3,\ v_p \mapsto v$$

에 의해 $T_p\mathbb{R}^3$와 $\mathbb{R}^3$는 서로 선형적으로 동형이 된다. 또한 v_p와 w_q가 서로 같다는 의미는 $p=q$이고 $v=w$이며, 서로 평행하다는 것은 $p=q$이고 v와 w가 평행하다는 것으로 정의된다. $T_p\mathbb{R}^3$에 있는 두 원소의 내적과 외적도 일반적인 벡터의 내적과 외적의 개념을 이용하여 다음과 같이 정의할 수 있다. 즉

$$\langle v_p, w_p\rangle = \langle v, w\rangle,\ v_p\times w_p = (v\times w)_p$$

로 정의된다.

3차원 벡터공간 $\mathbb{R}^3$에서 정의된 **벡터장** V는 $\mathbb{R}^3$에서 $T\mathbb{R}^3 := \bigcup_{p\in\mathbb{R}^3} T_p\mathbb{R}^3$로 가는 함수로 정의된다. 즉

$$V:\mathbb{R}^3 \to T\mathbb{R}^3 = \bigcup_{p\in\mathbb{R}^3} T_p\mathbb{R}^3,\ p\mapsto V(p)\in T_p\mathbb{R}^3$$

이다. V와 W가 $\mathbb{R}^3$에서 정의된 벡터장일 때, 벡터장의 덧셈과 스칼라 함수 f의 곱을

$$\begin{aligned}(V+W)(p) &= V(p)+W(p),\ p\in\mathbb{R}^3\\ (fV)(p) &= f(p)\,V(p)\end{aligned}$$

로 자연스럽게 정의할 수 있다. 따라서 벡터장들의 모임은 다시 벡터공간이 된다.

임의의 점 $p \in \mathbb{R}^3$에 대하여, $T_p\mathbb{R}^3 \cong \mathbb{R}^3$이므로 벡터장 $V: \mathbb{R}^3 \to T\mathbb{R}^3$를 간단히 공역이 $\mathbb{R}^3$인 함수 $V: \mathbb{R}^3 \to \mathbb{R}^3$로 나타내기도 한다.

벡터장의 예로는 다음과 같은 것이 있다. 먼저 $e_1 = (1,0,0)$, $e_2 = (0,1,0)$, $e_3 = (0,0,1)$를 $\mathbb{R}^3$에서 정의된 상수의 벡터장이라 할 때,

$$V(x,y,z) = xe_1 + ye_2 + ze_3$$

는 다음 [그림 1.2]와 같이 나타나고 **방사선벡터장**(radial vector field)이라 불린다.

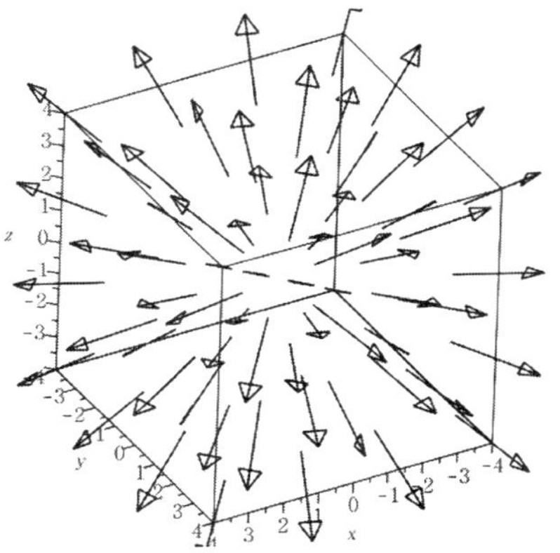

[그림 1.2]

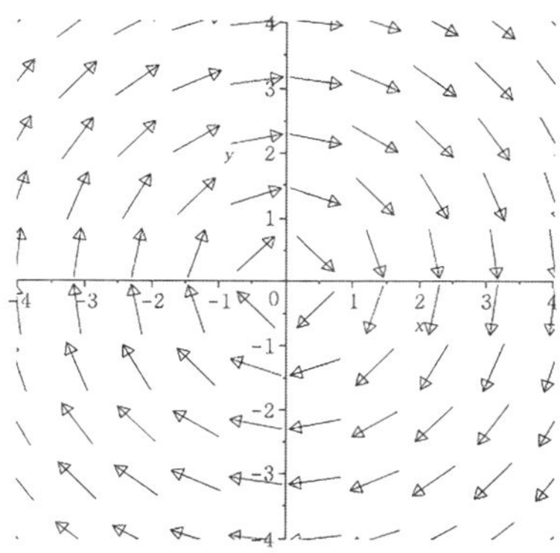

[그림 1.3]

이와 유사한 벡터장으로는 $\mathbb{R}^2$에서 정의된

$$V(x,y) = ye_1 - xe_2$$

가 있다([그림 1.3]). 그 이외에도 **원기둥틀벡터장**(cylindrical frame vector fields)을 구성하는

$$U_1 = \cos\theta e_1 + \sin\theta e_2,\ U_2 = -\sin\theta e_1 + \cos\theta e_2,\ U_3 = e_3$$

가 있고, **구면틀벡터장**(spherical frame vector fields)을 구성하는

$$U_1 = \cos\varphi\cos\theta e_1 + \cos\varphi\sin\theta e_2 + \sin\varphi e_3,\ U_2 = -\sin\theta e_1 + \cos\theta e_2,$$
$$U_3 = U_1 \times U_2 = -\sin\varphi\cos\theta e_1 - \sin\varphi\sin\theta e_2 + \cos\varphi e_3$$

가 있다.

1.3 ❙ 연습문제

1. 다음 벡터장을 그려라.

(1) $V(x, y) = (y, -2x)$

(2) $V(x, y, z) = \left(\dfrac{x}{\sqrt{x^2+y^2+z^2}}, \dfrac{y}{\sqrt{x^2+y^2+z^2}}, \dfrac{z}{\sqrt{x^2+y^2+z^2}}\right)$

(3) $V(x, y) = \left(\dfrac{y}{\sqrt{x^2+y^2}}, \dfrac{x}{\sqrt{x^2+y^2}}\right)$

2. $\mathbb{R}^2 - \{(0,0)\}$ 에서 정의된 함수 $f(x, y) = \dfrac{x+y}{x^2+y^2}$ 에 대하여, **그래디언트**(gradient) **벡터장**

$$V(x, y) = \nabla f(x, y) = (f_x, f_y)$$

를 평면에 그리고, **등위선**(level set) $f^{-1}(1)$과 서로 수직임을 보여라.

3. 벡터장 $V(x, y) = (x^2+y^2, -2xy)$는 $V(x, y) = \nabla f(x, y)$를 만족하는 함수 f를 가지고 있지 않음을 보여라.

1.4 ▌곡선상에서 정의된 벡터장

앞의 1.3절에서는 벡터장의 정의역이 3차원 벡터공간 $\mathbb{R}^3$ 전체인 경우만 고려하였다. 하지만 보통의 경우에는 $\mathbb{R}^3$의 열린 부분집합에서 정의된 벡터장을 고려한다. 그뿐만 아니라 미분기하학에서는 이 절의 제목과 같이 곡선에서만 정의된 벡터장을 고려하기도 한다.

곡선과 매개함수에 관한 정확한 정의는 다음 장에서 다룰 예정이지만 1.3절에서 이미 벡터장의 정의를 소개하였기 때문에 위 논의를 바탕으로, 이 절에서는 곡선상에서 정의된 벡터장과 그 미분에 대하여 간단히 살펴보고자 한다.

먼저 $\mathbb{R}^3$의 열린 부분집합 D에서 정의된 벡터장 V가 미분가능이라는 것을 $\mathbb{R}^3$에서 정의된 함수로 미분가능하다는 것으로 정의한다. 다시 말해서, V를 D에서

$$V(x,y,z) = f_1(x,y,z)e_1 + f_2(x,y,z)e_2 + f_3(x,y,z)e_3$$

로 표현할 때, 실수의 값을 갖는 함수 f_1, f_2, f_3가 D에서 모두 미분가능이라는 의미로 이해하면 된다.

3차원 벡터공간 $\mathbb{R}^3$에 놓여있는 곡선 C가 매개함수 $\alpha:(a,b)\to\mathbb{R}^3$의 상(image)으로 주어진다고 하자. 이때 α**상에서 정의된 벡터장** V는 각각의 $\alpha(t)$에서 하나의 벡터 $V(\alpha(t))$를 대응시키는 함수로 다음과 같이 정의된다.

$$V:(a,b)\to\mathbb{R}^3, \quad t\mapsto V(\alpha(t))$$

즉, $V(t)=V(\alpha(t))$을 의미한다. 또한 V가 미분가능하다는 것을 열린구간 (a,b)에서 정의된 함수 V가 미분가능하다는 것으로 정의한다. 매개함수 α의 접벡터장 α'과 가속도 벡터장 α''은 α상에서 정의된 벡터장의 대표적인 예이다. 즉, α'과 α''을 α상의 벡터장으로 이해하면

$$\alpha'(t)=\alpha'(t)_{\alpha(t)}, \ \alpha''(t)=\alpha''(t)_{\alpha(t)}$$

로 볼 수 있다([그림 1.4]).

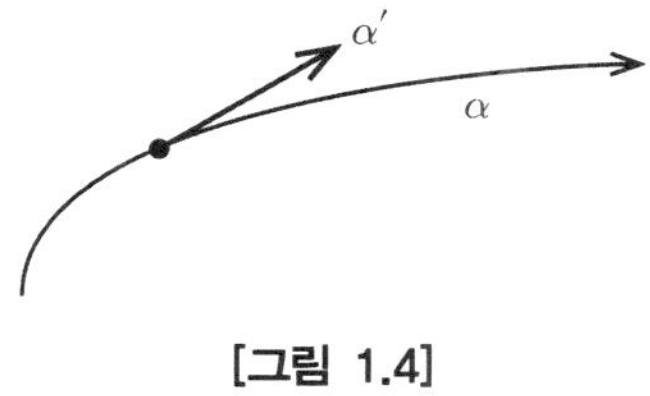

[그림 1.4]

α상에서 정의된 두 벡터장 V, W와 실숫값을 갖는 함수 f에 대하여, **덧셈, 스칼라 함수곱, 내적**을 다음과 같이 정의할 수 있다.

$$(V+W)(t) = V(\alpha(t)) + W(\alpha(t)),$$
$$(fV)(t) = f(\alpha(t))V(\alpha(t)),$$
$$\langle V, W\rangle (t) = \langle V(\alpha(t)), W(\alpha(t))\rangle$$

정의에 의해 다음이 성립함을 쉽게 보일 수 있다.

정리 1.4.1

V와 W가 매개함수 $\alpha:(a,b)\to\mathbb{R}^3$상에서 정의된 미분가능인 벡터장이고 f는 α상에서 정의된 실숫값을 갖는 미분가능인 함수라 하자.

(1) $\frac{d}{dt}((fV)(t)) = \left(\frac{d}{dt}f(\alpha(t))\right)V(t) + f(\alpha(t))\left(\frac{d}{dt}V(t)\right)$

(2) $\frac{d}{dt}((V+W)(t)) = \frac{d}{dt}V(t) + \frac{d}{dt}W(t)$

(3) $\frac{d}{dt}(\langle V, W\rangle(t)) = \left\langle \frac{d}{dt}V(t), W(t)\right\rangle + \left\langle V(t), \frac{d}{dt}W(t)\right\rangle$

예를 들어 α상에서 정의된 벡터장 V가 $C=\alpha(a,b)$의 임의의 점 q에 대하여, $V(q)=q$로 정의되어 있다고 가정하자. 그러면 $V(t) = V(\alpha(t)) = \alpha(t)$가 된다. 따라서

$$\begin{aligned}\frac{d}{dt}\langle V(t), V(t)\rangle &= \frac{d}{dt}\langle \alpha(t), \alpha(t)\rangle \\ &= \langle \alpha'(t), \alpha(t)\rangle + \langle \alpha(t), \alpha'(t)\rangle \\ &= 2\langle \alpha'(t), \alpha(t)\rangle\end{aligned}$$

를 얻는다. 특히, 만약 $\alpha'(t)=0$이면

$$\frac{d}{dt}\langle \alpha(t), \alpha(t)\rangle = 2\langle \alpha'(t), \alpha(t)\rangle = 0$$

이 성립한다. 따라서 모든 $t\in(a,b)$에 대하여 $\alpha'(t)=0$이면 $\|\alpha\|$이 상수함수이고, 좀 더 정확하게는 α가 상수함수이다. 그 역도 자명하게 성립함을 알 수 있다.

다음 보조정리가 성립한다.

보조정리 1.4.2

미분가능인 매개함수 $\alpha:(a,b)\to\mathbb{R}^3$가 상수함수(constant function)일 필요충분조건은 모든 $t\in(a,b)$에 대하여 $\alpha'(t)=0$인 것이다.

증명 ($\Rightarrow$) 각각의 $t\in(a,b)$에 대하여 $\alpha(t)=(x(t),y(t),z(t))$라 하면, 가정에 의해 $x(t),y(t),z(t)$가 모두 상수함수이다. 따라서 모든 $t\in(a,b)$에 대하여

$$x'(t)=y'(t)=z'(t)=0$$

이다. 즉 모든 $t\in(a,b)$에 대하여 $\alpha'(t)=0$이다.

($\Leftarrow$) 비슷한 방법으로 반대방향의 증명도 쉽게 증명된다. ✣

보조정리 1.4.3

미분가능인 매개함수 $\alpha:(a,b)\to\mathbb{R}^3$가 상수의 속력(즉, $\|\alpha'(t)\|=$상수)을 가질 필요충분조건은 모든 $t\in(a,b)$에 대하여 $\langle\alpha'(t),\alpha''(t)\rangle=0$, 즉 속도 $\alpha'(t)$와 가속도 $\alpha''(t)$가 서로 수직인 것이다([그림 1.5]).

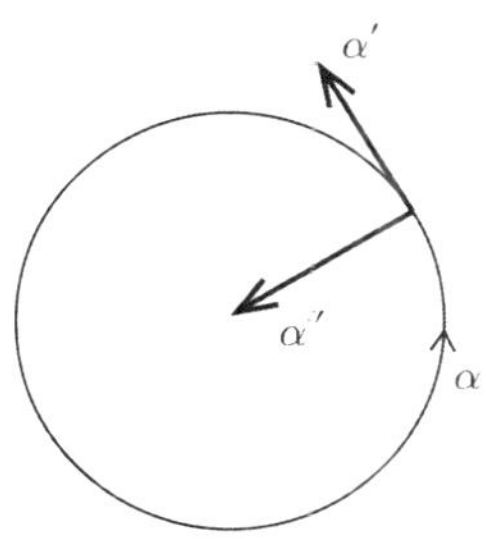

[그림 1.5]

증명 다음 등식이 성립한다.

$$\frac{d}{dt}\langle\alpha'(t),\alpha'(t)\rangle=2\langle\alpha'(t),\alpha''(t)\rangle$$

따라서 모든 $t\in(a,b)$에 대하여 $\|\alpha'(t)\|=$상수이면

$$\langle\alpha'(t),\alpha''(t)\rangle=0$$

이다. 그 역도 자명하게 성립한다. ✣

1.4 | 연습문제

1. 벡터장 $V(x,y,z)=(x^2, y^3, e^z)$와 매개함수 $\alpha(t)=(0, 2t, t^2+1)$에 대하여, 다음 물음에 답하라.

(1) $V(t)=V(\alpha(t))$의 미분계수 $\dfrac{d}{dt}(V(t))$를 구하라.

(2) $f(t)=t^2+\cos t$일 때, $\dfrac{d}{dt}(f(t)V(t))$를 구하라.

2. 열린구간 (a,b)에서 정의된 두 미분가능인 매개함수

$$u(t)=(u_1(t), u_2(t), u_3(t)),$$
$$v(t)=(v_1(t), v_2(t), v_3(t))$$

가 실수의 상수 A, B, C에 관하여 다음 두 조건을 만족한다고 가정하자.

$$u'(t)=Au(t)+Bv(t),\ \ v'(t)=Cu(t)-Av(t)$$

이때 $u(t)\times v(t)$가 상수벡터임을 보여라.

3. 열린구간 (a,b)에서 정의된 미분가능인 함수 $\alpha(t)\in\mathbb{R}^3$가 모든 $t\in(a,b)$에 대하여 고정된 상수벡터 $B_0\neq 0$에 수직일 때,

$$\langle \alpha(t)\times\alpha'(t), \alpha''(t)\rangle=0,\ \ t\in(a,b)$$

임을 보여라.

4. 열린구간 (a,b)에서 정의된 미분가능인 매개함수 $\alpha(t)\in\mathbb{R}^3$가 $t=t_0\in(a,b)$에서 고정된 상수벡터 $B_0\neq 0$에 수직이고

$$\langle \alpha'(t), B_0\rangle=0,\ \ t\in(a,b)$$

일 때, 모든 $t\in(a,b)$에 대하여 $\langle \alpha(t), B_0\rangle=0$임을 보여라.

5. $\alpha(t)=(e^t\cos t, e^t\sin t)$일 때, 모든 t에 대하여 $\alpha(t)$와 $\alpha'(t)$ 사이의 각이 일정한지 판별하라.

6. $\alpha(t) = \left(\frac{2t}{t^2+1}, \frac{1-t^2}{1+t^2}, 1\right)$일 때, 모든 t에 대하여 $\alpha(t)$와 $\alpha'(t)$ 사이의 각이 일정한지 판별하라.

7. 각각의 $t \in \mathbb{R}$에 대하여, 매개함수 $\alpha(t) = (3t, 3t^2, 2t^3)$의 접선이 직선

$$s(1, 0, 1), \quad s \in \mathbb{R}$$

과 이루는 각을 구하라.

8. 매개함수 $\alpha : (a, b) \to \mathbb{R}^3 - \{(0, 0, 0)\}$가 모든 $t \in (a, b)$에 대하여 $\alpha'(t) \neq 0$이고 $\alpha(t)$의 자취 중 $\alpha(t_0)$, $t_0 \in (a, b)$가 원점에서 가장 멀리 떨어져 있을 때,

$$\langle \alpha(t_0), \alpha'(t_0) \rangle = 0$$

임을 보여라.

9. a와 b가 $a > b > 0$인 실수일 때, 다음과 같이 주어진 타원 E를 고려하자.

$$E : \frac{x^2}{a^2} + \frac{y^2}{b^2} = 1$$

(1) $\varepsilon = \frac{\sqrt{a^2 - b^2}}{a}$일 때, E의 두 초점 F_1과 F_2를 ε과 a를 이용하여 구하라.

(2) $\alpha(t) = (a\cos t,\ b\sin t)$, $t \in \mathbb{R}$가 E의 매개함수임을 보여라.

(3) $P = (a\cos t,\ b\sin t)$가 E의 임의의 점일 때, P에서 E의 단위법벡터(unit normal vector) $\boldsymbol{n}$을 구하라.

(4) 두 벡터 $\overrightarrow{PF_1}$과 $\overrightarrow{PF_2}$에 대하여, 다음 등식이 성립하는지 판별하라.

$$\left\langle \frac{\overrightarrow{PF_1}}{\|\overrightarrow{PF_1}\|}, \boldsymbol{n} \right\rangle = \left\langle \frac{\overrightarrow{PF_2}}{\|\overrightarrow{PF_2}\|}, \boldsymbol{n} \right\rangle$$

(5) P에서 타원 E의 접선을 l이라 할 때, $\overrightarrow{PF_1}$과 l의 사잇각 $\theta_1 (0 < \theta_1 < \frac{\pi}{2})$과 $\overrightarrow{PF_2}$와 l의 사잇각 $\theta_2 (0 < \theta_2 < \frac{\pi}{2})$가 서로 일치하는지 판별하라.

10. 벡터장 $V(x,\ y,\ z)$에 대하여 $\alpha'(t) = V(\alpha(t))$을 만족하는 매개함수 $\alpha : I \to \mathbb{R}^3$를 V의 **흐름곡선**(flow line)이라 한다. 2차원 유클리드 공간 $\mathbb{R}^2$상에서 정의된 영역

$$R = \{(x, y) \in \mathbb{R}^2 \mid x > 0,\ y > 0\}$$

에 대하여 $(x_0,\ y_0) \in R$라 하자. 이때 R에서 정의된 벡터장 $V(x,\ y) = (x^2,\ y^4)$에 대하여 $\alpha(0) = (x_0,\ y_0)$를 만족하는 V의 흐름곡선 α를 구체적으로 찾아라.

11. 매개함수 $\alpha : (a,b) \to \mathbb{R}^3$, $a < 0 < b$와 양의 실수 c에 대하여

$$\|\alpha(s)\| = c,\ \|\alpha'(s)\| = 1,\ a < s < b$$

일 때, $\gamma(t) = \int_0^t \alpha(s) \times \alpha'(s)\, ds$, $a < t < b$라 하자. 다음 물음에 답하라.

(1) 모든 $a < t < b$에 대하여 $\|\gamma'(t)\| = c$임을 보여라.

(2) 모든 $a < t < b$에 대하여

$$\gamma'(t) \times \gamma''(t) = \langle \alpha(t) \times \alpha'(t), \alpha''(t) \rangle \alpha(t)$$

임을 보여라.

(3) 모든 $a < t < b$에 대하여

$$\langle \gamma'(t) \times \gamma''(t), \gamma'''(t) \rangle = \langle \alpha(t) \times \alpha'(t), \alpha''(t) \rangle^2$$

임을 보여라.

국소적 곡선론

CHAPTER 02

미/분/기/하/학/개/론

이 장에서는 3차원 유클리드 공간에 주어진 곡선의 각 점 근처에서 굽은 정도와 꼬인 정도를 측정하기 위해 불변량인 곡률(curvature)과 비틀림률(torsion)에 관한 이론을 전개하고자 한다.

주어진 곡선의 각 점 근처에서의 변화량만을 이용하여 불변량을 정의하기 때문에 이 장에서의 논의를 보통 국소적 곡선론(local theory of curves)이라 한다.

2.1 ▌매개곡선

미분가능인 매개함수(differentiable parametrization)란 미분가능인 함수 $\alpha : I=(a,b) \to \mathbb{R}^3$를 말한다. 이때 α가 미분가능하다고 하는 것은 $\alpha(t)=(x(t),y(t),z(t))$로 표현할 때, 성분 함수인 x, y, z가 모두 t의 함수로 미분가능하다는 의미이다. 이 책에서는 미분가능인 함수는 보통 무한 번 미분가능인 함수를 의미하고 영어로는 매끈하다는 표현인 smooth을 이용하여 무한 번 미분가능인 함수를 보통 smooth하다고 말한다.

함수 α의 변수 t를 **매개변수**(parameter)라 부르고 미분가능인 매개함수를 간단히 **매개함수**라 말하기도 한다. I의 α에 의한 상(image) $\alpha(I)$는 α의 자취를 나타내고 이를 **매개곡선** 또는 단순히 **곡선**(curve)이라 한다.

매개함수 $\alpha(t)=(x(t),y(t),z(t))$의 미분계수 $\alpha'(t)=(x'(t),y'(t),z'(t))$는 α의 $\alpha(t)$에서의 접벡터(tangent vector)를 의미하고, $\alpha(t)$가 시간 t에서의 입자의 위치를 표현하는 경우에, 물리학에서는 보통 $\alpha'(t)$를 **속도**(velocity)라 부른다.

매개곡선의 대표적인 예로는 직선, 원, 타원, 포물선, 쌍곡선 등의 이차곡선이 있다. 이차곡선 이외의 유명한 매개곡선의 예로는 원형나선 또는 원기둥나선이 있다.

먼저 **원형나선**(circular helix)을 양의 상수 a와 영이 아닌 상수 b를 이용하여

$$\alpha(t)=(a\cos t, a\sin t, bt), \quad -\infty < t < \infty$$

로 정의할 수 있다([그림 2.1]). 이 원형나선은 원기둥나선의 경우와 같이 α의 접벡터 $\alpha'(t)=(-a\sin t, a\cos t, b)$와 고정된 벡터 $e_3=(0,0,1)$가 항상 일정한 각도를 갖는다. 다시 말해서

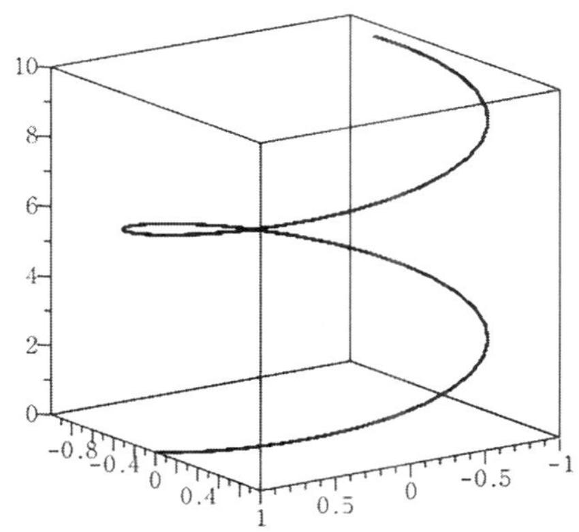

[그림 2.1] $a=b=1$인 원형나선

$$\langle \alpha'(t), e_3 \rangle = b = \|\alpha'(t)\| \|e_3\| \cos\theta(t) = \sqrt{a^2+b^2}\cos\theta(t)$$

이므로

$$\cos\theta(t) = \frac{b}{\sqrt{a^2+b^2}} \Rightarrow \theta(t) = \cos^{-1}\left(\frac{b}{\sqrt{a^2+b^2}}\right)$$

로 일정하다. 물론 이와 같은 성질이 일반적인 곡선에서는 성립하지는 않는다.

예를 들어 **로그나선**(logarithmic spiral curve)을 나타내는

$$\beta(t) = (e^{-at}\cos t, e^{-at}\sin t, bt)$$

의 경우에는

$$\begin{aligned}\langle \beta'(t), e_3 \rangle &= \langle (-ae^{-at}\cos t - e^{-at}\sin t, -ae^{-at}\sin t + e^{-at}\cos t, b), (0,0,1) \rangle \\ &= b = \|\beta'(t)\| \|e_3\| \cos\theta(t) \\ &= \sqrt{e^{-2at}(a\cos t + \sin t)^2 + e^{-2at}(a\sin t - \cos t)^2 + b^2}\cos\theta(t) \\ &= \sqrt{e^{-2at}(a^2+1)+b^2}\cos\theta(t)\end{aligned}$$

이므로 $\theta(t) = \cos^{-1}\left(\frac{b}{\sqrt{e^{-2at}(a^2+1)+b^2}}\right)$가 당연히 항상 상수일 필요가 없다([그림 2.2]).

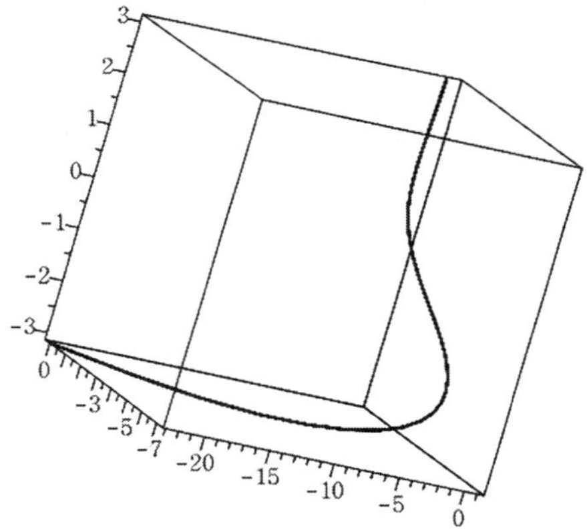

[그림 2.2] $a=b=1$인 로그나선

매개함수 중에는 어떤 점에서 접벡터가 존재하지 않거나 영벡터인 경우가 있다. 이런 점에서는 미분기하학의 방법을 이용하여 매개곡선의 굽은 정도를 측정할 수가 없다. 따라서 미분기하학의 방법을 적용하기 위해서는 일단은 매개함수의 모든 점에서 접벡터가 존재하는 것이 첫 번째 조건이 된다.

미분가능인 매개함수 $\alpha: I \to \mathbb{R}^3$가 모든 $t \in I$에 대하여 $\|\alpha'(t)\| \neq 0$일 때, α를 **정칙매개함수**(regular parametrization)라 하고 그 상을 **정칙매개곡선**(regular curve)이라 말한다.

미분가능인 매개함수 중에도 정칙이 아닌 예가 많이 존재한다. 예를 들어

$$\alpha(t) = (t^2, t^3, 0), \quad -\infty < t < \infty$$

는 $t = 0$에서 $\alpha'(0) = (0, 0, 0)$이므로 정칙인 곡선이 아니다. 특히 $\alpha(0) = (0, 0, 0)$은 **첨점**(cusp point)이라 불린다([그림 2.3]).

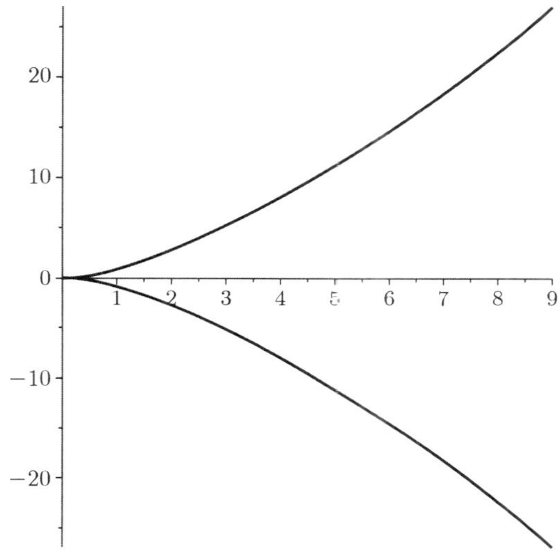

[그림 2.3]

정칙이 아닌 곡선도 정칙이 아닌 점이 이산(discrete)적으로 나타나는 경우가 대부분이므로 정칙이 아닌 점을 제외한 부분에서 미분기하학의 방법을 적용하여 매개곡선의 기하적인 성질을 알아볼 수 있다. 따라서 이 책에서 다루는 모든 미분가능인 매개곡선은 적당한 정의역을 갖는 정칙인 매개곡선으로 가정한다.

정칙인 매개곡선 중에서 특히 속력(speed)이 1인 매개함수로 주어진 곡선은 미분기하학에서 중요한 역할을 한다. 앞으로 속력이 1인 매개함수를 **단위속력을 갖는 매개함수**라 하고 그 상을 **단위속력곡선**이라 부른다. 단위속력을 갖는 매개함수의 변수는 t 대신에 보통 s를 사용하고 **단위속력변수**(arc-length parameter)라 말한다.

일반적인 변수를 갖는 정칙매개함수 $\alpha: I \to \mathbb{R}^3$는 항상 단위속력변수로 재매개화할 수 있다. 이를 위해 먼저 **거리함수**(또는 **호길이함수**) $s = s(t)$의 개념을 정의할 필요가 있다. 즉,

$$s = s(t) = \int_{t_0}^{t} \|\alpha'(t)\| dt, \quad t_0 \in I$$

이다. 미적분학의 기본정리에 의해, $\dfrac{ds}{dt} = \|\alpha'(t)\| > 0$임을 알 수 있다. 따라서 t의 함수 $s = s(t)$는 순증가함수(strictly increasing function)이고 역함수 $t = t(s)$가 항상 존재한다. 이를 이용하여 다음 보조정리를 증명할 수 있다.

보조정리 2.1.1

$\alpha : I \to \mathbb{R}^3$가 정칙인 매개함수일 때, α를 거리함수 $s = s(t)$를 이용하여 재매개화하여 단위속력을 갖는 매개함수

$$\beta : J \to \mathbb{R}^3, \quad \beta(s) = \alpha(t(s))$$

를 얻을 수 있다.

증명 위와 같이 정의된 새로운 매개함수 β가 단위속력을 가지는 것만 확인하면 된다. 실제로 연쇄법칙에 의해

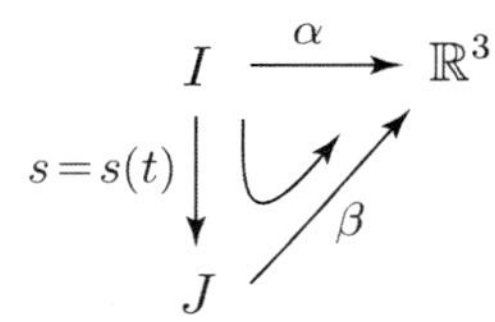

$$\frac{d\beta}{ds} = \frac{d\alpha}{dt} \cdot \frac{dt}{ds} = \frac{d\alpha}{dt} \cdot \frac{1}{\|\alpha'(t)\|} = \frac{\alpha'(t)}{\|\alpha'(t)\|}$$

를 얻을 수 있다. 따라서 $\left\| \dfrac{d\beta}{ds} \right\| = 1$이 된다. ✣

위의 보조정리와 증명을 통해 일반적인 정칙매개함수를 단위속력을 갖는 매개함수로 재매개화하는 일반적인 절차를 알 수 있다.

예제 2.1.2 원형나선인 $\alpha(t) = (a\cos t, a\sin t, bt)$는 일반적으로 단위속력을 가지고 있지 않다. 한편 α의 거리함수는

$$s = s(t) = \int_0^t \|\alpha'(t)\| dt = \int_0^t \sqrt{a^2 + b^2}\, dt = \sqrt{a^2 + b^2}\, t$$

이므로 $t = t(s) = \dfrac{s}{\sqrt{a^2+b^2}}$ 이다. 따라서 단위속력을 갖는 매개함수는

$$\beta(s) = \alpha(t(s)) = \left(a\cos\left(\frac{s}{\sqrt{a^2+b^2}}\right), a\sin\left(\frac{s}{\sqrt{a^2+b^2}}\right), \frac{bs}{\sqrt{a^2+b^2}}\right)$$

가 된다. ◆

예제 2.1.3 매개함수 $\alpha(t) = (e^t\cos t, e^t\sin t, e^t)$, $-\infty < t < \infty$을 단위속력을 갖는 매개함수로 재매개화하기 위해 거리함수 $s = s(t)$를 계산하면 다음과 같다.

$$s = s(t) = \int_0^t \|\alpha'(t)\|\, dt = \int_0^t \sqrt{3}\, e^t\, dt = \sqrt{3}(e^t - 1)$$

따라서 $t = t(s) = \ln(s + \sqrt{3}) - \ln\sqrt{3}$, $s > -\sqrt{3}$을 이용하여

$$\begin{aligned}\beta(s) &= \alpha(t(s)) \\ &= \left(\left(\frac{s}{\sqrt{3}}+1\right)\cos\left(\ln\left(\frac{s}{\sqrt{3}}+1\right)\right), \left(\frac{s}{\sqrt{3}}+1\right)\sin\left(\ln\left(\frac{s}{\sqrt{3}}+1\right)\right), \left(\frac{s}{\sqrt{3}}+1\right)\right)\end{aligned}$$

을 얻을 수 있다. ◆

미분가능인 매개함수 $\alpha : I = (a, b) \to \mathbb{R}^3$에 의해 주어지는 곡선의 길이 $L(\alpha)$는 다음과 같은 **이상적분**(improper integral)

$$\int_a^b \|\alpha'(t)\|\, dt$$

이 존재하는 경우에 이 이상적분의 값으로 정의하고, $L(\alpha)$를 간단히 α의 **호길이**(arc length)라 부른다.

이 절의 마지막 주제로 매개곡선의 **방향성**(orientation)에 관해 논의한다. 방향성의 개념은 미분기하학에서 중요한 위치를 차지하는 개념 중의 하나이다. 특히 앞으로 등장하는 여러 가지 기하학적 개념이 방향성에 어떻게 의존하는지 아는 것은 곡선의 근본적인 성질을 파악하는 데 큰 도움이 된다.

방향성의 정의를 여기에서 아주 정확하게 설명하기에는 너무 복잡하므로 상당히 직관적인 정의만을 소개한다. 즉 주어진 매개곡선 C의 매개함수 $\alpha : I = (a, b) \to \mathbb{R}^3$에 대하여, α가 양 끝점 a와 b에서도 정의될 수 있고, t가 a에서 b로 변할 때 $\alpha(t)$가 시작점에서 종점으로 한 방향으로만 움직인다고 가정하자. 이때 C의 **방향성**을 시작점(starting point) $\alpha(a)$에서 종점(terminal point) $\alpha(b)$로 가는 화살표(arrow)가 더해진 곡선으로 정

의한다([그림 2.4]). 따라서 주어진 곡선 $C=\alpha(I)$에는 두 가지의 서로 다른 방향성이 존재한다. 다시 말해서 $\alpha(b)$를 시작점으로 하여 $\alpha(a)$를 종점으로 갖는 곡선 C의 또 다른 방향성이 있고 이 방향성을 주는 매개함수로

$$\beta(t)=\alpha(-t+a+b),\ a<t<b \text{ 또는 } \gamma(t)=\alpha(-t),\ -b<t<-a$$

를 택할 수 있다.

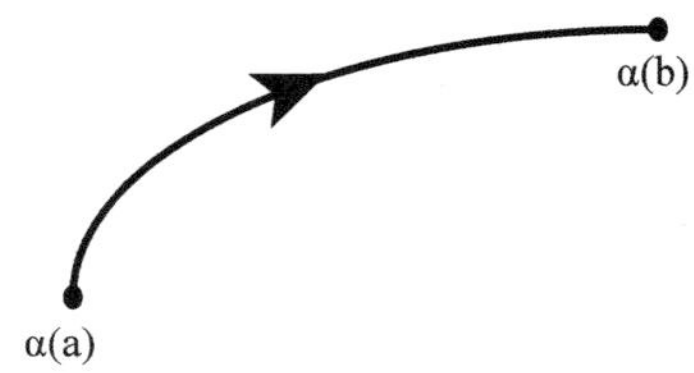

[그림 2.4]

2.1 ❙ 연습문제

1. $\alpha(t)=\left(3t, \dfrac{\sqrt{6}}{2}t^2, \dfrac{t^3}{3}\right)$에 대하여, 다음 물음에 답하라.

(1) $t=0$에서 $t=1$까지 α의 호길이를 계산하라.

(2) α를 단위속력변수로 재매개화하라.

2. 다음과 같이 주어진 매개함수의 호길이를 계산하라.

(1) $\alpha(t)=\left(2\ln t, t+\dfrac{1}{t}, t-\dfrac{1}{t}\right),\ 2\le t\le 8$

(2) $\alpha(t)=(\ln(\sec t+\tan t), \ln(\csc t-\cot t)),\ \dfrac{\pi}{6}\le t\le\dfrac{\pi}{3}$

(3) $\alpha(t)=(t, \ln(1-t^2)),\ -\dfrac{1}{2}\le t\le\dfrac{1}{2}$

(4) $\alpha(t)=(\cos^3 t, \sin^3 t),\ 0\le t\le 2\pi$

3. 다음과 같이 주어진 매개함수 α에 대하여, α를 단위속력변수로 재매개화하라.

(1) $\alpha(t)=(2t, t^2, \ln t),\ t>0$

(2) $\alpha(t) = (\cosh t, \sinh t, t)$

(3) $\alpha(t) = \left(\frac{1}{\sqrt{3}}\cos t + \frac{1}{\sqrt{2}}\sin t, \frac{1}{\sqrt{3}}\cos t, \frac{1}{\sqrt{3}}\cos t - \frac{1}{\sqrt{2}}\sin t\right)$

(4) $\alpha(t) = (e^{-t}, e^{t}, \sqrt{2}t)$

4. 함수 $y = f(x)$, $a \le x \le b$의 그래프를 매개함수로 나타내고, 이 매개곡선의 호길이가

$$\int_a^b \sqrt{1 + f'(x)^2}\,dx$$

로 주어짐을 보여라.

5. 함수 $y = \cosh x$, $a \le x \le b$의 그래프로 표현되는 **현수선**(catenary)을 매개함수로 나타내고, 이 매개곡선의 호길이를 구하라.

6. $[a,b] \subset I \subset \mathbb{R}$와 임의의 매개함수 $\alpha : I \to \mathbb{R}^3$에 대하여 $\alpha(a) = p$이고 $\alpha(b) = q$일 때, 다음 물음에 답하라.

(1) 임의의 상수인 단위벡터 v에 대하여 다음 부등식을 증명하라.

$$\begin{aligned}\langle (q-p), v \rangle &= \langle \alpha(t), v \rangle \big|_{t=a}^{t=b} = \int_a^b \langle \alpha'(t), v \rangle dt \\ &\le \int_a^b \|\alpha'(t)\|\,dt\end{aligned}$$

(2) $v = \frac{q-p}{\|q-p\|}$일 때, 다음 부등식을 보여라.

$$\|\alpha(b) - \alpha(a)\| = \langle (q-p), v \rangle \le \int_a^b \|\alpha'(t)\|\,dt$$

(3) 임의의 $t \in I$에 대하여 $\langle \beta(t), v \rangle = 0$을 만족하는 매개함수 $\beta : I \to \mathbb{R}^3$를 이용하여 $\alpha'(t) = \langle \alpha'(t), v \rangle v + \beta(t)$로 나타낼 때,

$$\|\alpha(b) - \alpha(a)\| = \int_a^b \|\alpha'(t)\|\,dt$$

라 하자. 다음 물음에 답하라.

(i) 모든 $t \in [a,b]$에 대하여 $\beta(t) = 0$임을 보여라.

(ii) α가 p와 q를 잇는 직선을 나타냄을 보여라.

7. α가 다음과 같이 정의된 매개함수일 때, $\int_0^1 \|\alpha'(t)\| dt < \infty$ 인지 판별하라.

(1) $\alpha(t)=\begin{cases}(0,0,0), & t=0\\ \left(t,\, t^2\cos\dfrac{1}{t},\, 0\right), & 0<t\le 1\end{cases}$ ([그림 2.5])

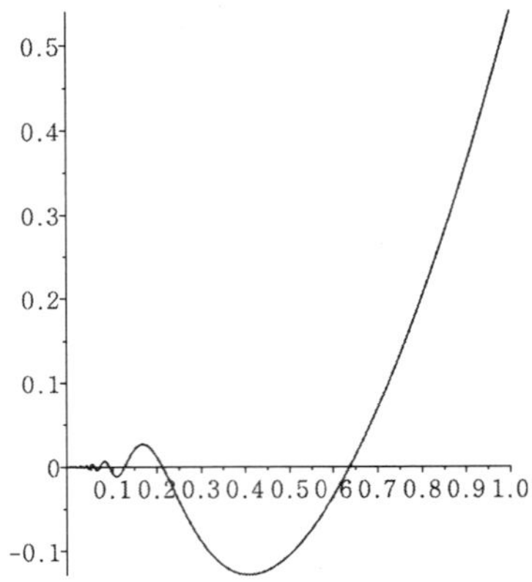

[그림 2.5] $\alpha(t)=\left(t,\, t^2\cos\dfrac{1}{t}\right),\ 0.001\le t\le 1$

(2) $\alpha(t)=\begin{cases}(0,0,0), & t=0\\ \left(t,\, t\cos\dfrac{1}{t},\, 0\right), & 0<t\le 1\end{cases}$ ([그림 2.6])

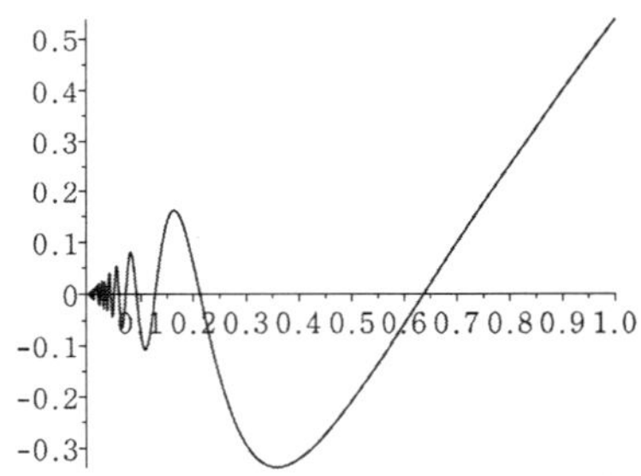

[그림 2.6] $\alpha(t)=\left(t,\, t\cos\dfrac{1}{t}\right),\ 0.001\le t\le 1$

(3) $\alpha(t)=\begin{cases}(0,0,0), & t=0\\ \left(t,\, t^{\frac{1}{2}}\cos\dfrac{1}{t},\, 0\right), & 0<t\le 1\end{cases}$

(4) $\alpha(t)=\begin{cases}(0,0,0), & t=0\\ \left(t,\, t\sin\dfrac{1}{t},\, 0\right), & 0<t\le 1\end{cases}$

2.2 ❙ 곡선의 곡률과 비틀림률

매개곡선의 굽은 정도와 꼬임 정도를 정의하기 위해서는 먼저 모든 곡선에 적용되는 동일한 기준을 정할 필요가 있다. 미분기하학에서 택한 동일한 기준은 바로 단위속력곡선이다.

이제 $\alpha : I \to \mathbb{R}^3$가 매개곡선 C의 단위속력을 갖는 매개함수라 하자. $\alpha(s)$에서 곡선 C의 굽은 정도를 측정하기 위해 $\alpha'(s)$의 순간 변화율인 $\alpha''(s)$를 이용하여 **곡률**(curvature)를

$$\kappa_\alpha(s) = \|\alpha''(s)\|$$

으로 정의하자.

다음 보조정리는 이 곡률의 정의가 상당히 의미 있는 정의임을 말해준다.

보조정리 2.2.1

단위속력을 갖는 매개함수 $\alpha : I = (a, b) \to \mathbb{R}^3$로 주어진 곡선을 C라 할 때, C가 직선이거나 또는 직선의 일부가 될 필요충분조건은 $\kappa_\alpha(s) \equiv 0$인 것이다.

증명 먼저 모든 $s \in I$에 대하여 $\kappa_\alpha(s) = 0$이라면 $\kappa_\alpha(s) = \|\alpha''(s)\| = 0$이므로 모든 $s \in I$에 대하여 $\alpha''(s) = 0$이다. 따라서

$$\alpha'(s) = C_1,\ C_1\text{는 } \|C_1\| = 1\text{인 상수벡터}$$

이고, 이것은

$$\alpha(s) = C_1 s + C_2,\ C_2\text{는 상수벡터}$$

임을 의미한다. 즉 α는 직선 또는 직선의 일부를 나타낸다. 그 역도 성립함을 쉽게 알 수 있다. ✤

예제 2.2.2 $\alpha(s) = \left(r\cos\frac{s}{r}, r\sin\frac{s}{r}, 0\right)$로 주어진 매개곡선 C는 중심이 원점이고 반지름이 r인 **원**(circle)이다. 이 원의 곡률을 정의를 이용하여 계산해보자. 이를 위해, 먼저 $\alpha'(s) = \left(-\sin\frac{s}{r}, \cos\frac{s}{r}, 0\right)$이므로 $\|\alpha'(s)\| = 1$이고 따라서 s는 단위속력변수이다. 한편

$$\alpha''(s)=\left(-\frac{1}{r}\cos\frac{s}{r},\ -\frac{1}{r}\sin\frac{s}{r},0\right)$$

이므로 C의 곡률은 $\kappa_\alpha(s)=\|\alpha''(s)\|=\frac{1}{r}$이다. ◆

주어진 곡선의 곡률은 곡선 그 자체의 고유한 성질이다. 따라서 곡선을 매개화하는 방법에 관계없이 대응하는 점에서는 같은 곡률을 가지고 있어야 한다. 예를 들어 곡선의 곡률은 곡선의 방향성에 의존하지 않는다. 즉 주어진 곡선 C의 다른 방향성을 갖는 매개함수

$$\beta(s)=\alpha(-s),\ -b<s<-a$$

를 택하여 곡률을 계산하면 두 곡률 κ_β와 κ_α는

$$\kappa_\beta(s)=\|\beta''(s)\|=\|\alpha''(-s)\|=\kappa_\alpha(-s)$$

의 관계가 있다. 따라서 $\alpha(-s)$에서의 C의 곡률 $\kappa_\alpha(-s)$는 $\beta(s)=\alpha(-s)$의 C의 곡률 $\kappa_\beta(s)$와 일치한다.

주어진 곡선 $C=\alpha(I)$의 비틀림률을 정의하기 위해서는 C의 법벡터를 정의할 필요가 있다. 이를 위해서는 곡률이 항상 양수임을 가정해야만 한다. 이때 α의 **단위주법벡터장**(unit principal normal vector field) $\boldsymbol{N}_\alpha(s)$를 **단위접벡터장**(unit tangent vector field) $\boldsymbol{T}_\alpha(s)=\alpha'(s)$을 이용하여

$$\boldsymbol{N}_\alpha(s)=\frac{\alpha''(s)}{\|\alpha''(s)\|}=\frac{\boldsymbol{T}_\alpha{}'(s)}{\kappa_\alpha(s)}$$

로 정의한다. 즉 $\boldsymbol{T}_\alpha{}'(s)=\kappa_\alpha(s)\boldsymbol{N}_\alpha(s)$가 성립한다. 마지막으로 **단위종법벡터장**(unit binormal vector field) $\boldsymbol{B}_\alpha(s)$를 $\boldsymbol{T}_\alpha(s),\boldsymbol{N}_\alpha(s),\boldsymbol{B}_\alpha(s)$가 순서대로 오른손 법칙을 만족하도록 외적을 이용하여

$$\boldsymbol{B}_\alpha(s)=\boldsymbol{T}_\alpha(s)\times\boldsymbol{N}_\alpha(s)$$

로 정의한다. 이때 $\{\boldsymbol{T}_\alpha(s),\boldsymbol{N}_\alpha(s),\boldsymbol{B}_\alpha(s)\}$를 **프레네-세레 틀마당**(Frenet-Serre frame fields)이라 부르고, 특히 $\{\boldsymbol{T}_\alpha(s),\boldsymbol{N}_\alpha(s),\boldsymbol{B}_\alpha(s)\}$는 $\alpha(s)$에서의 접공간 $T_{\alpha(s)}\mathbb{R}^3\cong\mathbb{R}^3$의 정규직교기저(orthonormal basis)를 이룬다([그림 2.7]).

프레네-세레 틀마당은 주어진 곡선의 기하학적인 성질을 이해하는 데 중요한 역할을 한다. $\alpha(s)$를 지나는 $\boldsymbol{T}_\alpha(s)$와 $\boldsymbol{B}_\alpha(s)$에 의해 생성된 평면을 **교정평면**(rectifying plane)

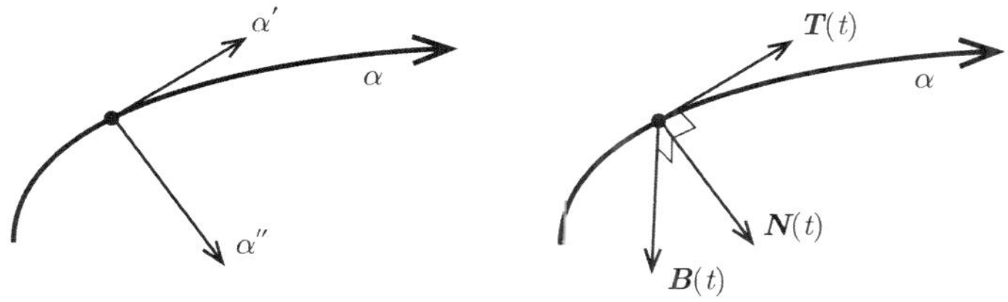

[그림 2.7]

이라 하고, $\boldsymbol{N}_\alpha(s)$와 $\boldsymbol{B}_\alpha(s)$에 의해 생성된 평면을 **법평면**(normal plane), 그리고 $\boldsymbol{T}_\alpha(s)$와 $\boldsymbol{N}_\alpha(s)$에 의해 생성된 평면을 **접촉평면**(osculating plane)이라 부른다.

주어진 곡선의 비틀림률을 정의하기 위해, 단위종법벡터장 $\boldsymbol{B}_\alpha(s)$의 순간 변화율을 이용한다. 이를 위해 먼저

$$\begin{aligned}\boldsymbol{B}_\alpha'(s) &= \boldsymbol{T}_\alpha'(s)\times\boldsymbol{N}_\alpha(s)+\boldsymbol{T}_\alpha(s)\times\boldsymbol{N}_\alpha'(s)\\ &=\kappa_\alpha(s)\boldsymbol{N}_\alpha(s)\times\boldsymbol{N}_\alpha(s)+\boldsymbol{T}_\alpha(s)\times\boldsymbol{N}_\alpha'(s)\\ &=\boldsymbol{T}_\alpha(s)\times\boldsymbol{N}_\alpha'(s)\end{aligned}$$

이므로

$$\begin{aligned}\langle\boldsymbol{B}_\alpha'(s),\boldsymbol{T}_\alpha(s)\rangle &= \langle\boldsymbol{T}_\alpha(s)\times\boldsymbol{N}_\alpha'(s),\boldsymbol{T}_\alpha(s)\rangle\\ &=\langle\boldsymbol{T}_\alpha(s)\times\boldsymbol{T}_\alpha(s),\boldsymbol{N}_\alpha'(s)\rangle\\ &=0\end{aligned}$$

이 성립함을 알아야 한다. 한편 $\langle\boldsymbol{B}_\alpha'(s),\boldsymbol{B}_\alpha(s)\rangle=0$이므로 $\boldsymbol{B}_\alpha'(s)$는 사실 $\boldsymbol{N}_\alpha(s)$와 평행하다. 따라서 매개함수 α로 주어진 곡선 C의 **비틀림률**(torsion) $\tau_\alpha(s)$를

$$\boldsymbol{B}_\alpha'(s)=\tau_\alpha(s)\boldsymbol{N}_\alpha(s)$$

의 관계식을 이용하여 정의한다.[1]

매개함수로 주어진 곡선이 평면에 놓여 있는 경우에 **평면곡선**(plane curve)이라 한다. 비틀림률의 정의가 직관적인 관찰과 잘 맞는다는 사실을 다음 보조정리를 이용하여 알 수 있다.

---

1) 비틀림률 $\tau_\alpha(s)$를 $\boldsymbol{B}_\alpha'(s)=-\tau_\alpha(s)\boldsymbol{N}_\alpha(s)$를 이용하여 정의하기도 한다.

보조정리 2.2.3

단위속력을 갖는 매개함수 $\alpha : I=(a,b)\to\mathbb{R}^3$로 주어진 곡선 C의 곡률이 $\kappa_\alpha(s)>0$일 때, C가 평면곡선일 필요충분조건은 $\tau_\alpha(s)\equiv 0$이다.

증명 C가 평면 P에 놓여 있다면,

$$\langle \alpha(s)-\alpha(s_0), B_0\rangle=0$$

을 만족하는 평면 P의 상수인 단위법벡터 B_0가 존재한다. 따라서 위의 식을 s에 관해 미분하여

$$\langle \alpha'(s), B_0\rangle = \langle \boldsymbol{T}_\alpha(s), B_0\rangle = 0,\ \langle \alpha''(s), B_0\rangle=\langle \kappa_\alpha(s)\boldsymbol{N}_\alpha(s), B_0\rangle=0$$

을 얻을 수 있다. 즉, $\kappa_\alpha(s)>0$이므로 $\boldsymbol{T}_\alpha(s)$와 $\boldsymbol{N}_\alpha(s)$는 모두 B_0와 항상 수직인 관계에 있다. 따라서 단위종법벡터장 $\boldsymbol{B}_\alpha(s)$는 $\boldsymbol{B}_\alpha(s)=\pm B_0$를 만족한다. 한편

$$\boldsymbol{B}_\alpha{}'(s)=0=\tau_\alpha(s)\boldsymbol{N}_\alpha(s)$$

이므로 모든 $s\in I$에 대하여 $\tau_\alpha(s)=0$이다.

그 역의 증명도 비슷하다. 다시 말해서 모든 $s\in I$에 대하여 $\tau_\alpha(s)=0$이므로 $\boldsymbol{B}_\alpha{}'(s)\equiv 0$이다. 즉 $\boldsymbol{B}_\alpha(s)=B_0$로 상수벡터장이다. 한편

$$\langle \alpha(s), B_0\rangle'=\langle \alpha'(s), B_0\rangle=\langle \boldsymbol{T}_\alpha(s), \boldsymbol{B}_\alpha(s)\rangle=0$$

이므로

$$\langle \alpha(s), B_0\rangle=C,\ C\text{는 상수}$$

가 성립한다. 따라서 적당한 $s_0\in I$에 대하여

$$\langle \alpha(s), B_0\rangle=\langle \alpha(s_0), B_0\rangle = C$$

이므로

$$\langle \alpha(s)-\alpha(s_0), B_0\rangle=0,\ s\in I$$

인 평면의 방정식을 얻을 수 있다. 다시 말해서, α가 평면곡선이다. ✣

비틀림률의 경우에도 비틀림률이 주어진 곡선의 방향성에 의존하지 않음을 곡률의 경

우와 같이 증명할 수 있다.

다음 정리는 **프레네-세레 공식(Frenet-Serret formula)**이라 불리는 아주 중요한 식이다.

정리 2.2.4

단위속력을 갖는 매개함수 $\alpha : I \to \mathbb{R}^3$에 대하여, 다음 관계식이 성립한다.

$$\begin{aligned} \boldsymbol{T}_\alpha{}'(s) &= \kappa_\alpha(s)\boldsymbol{N}_\alpha(s), \\ \boldsymbol{N}_\alpha{}'(s) &= -\kappa_\alpha(s)\boldsymbol{T}_\alpha(s) - \tau_\alpha(s)\boldsymbol{B}_\alpha(s), \\ \boldsymbol{B}_\alpha{}'(s) &= \tau_\alpha(s)\boldsymbol{N}_\alpha(s) \end{aligned}$$

다시 말해서, 3×3 행렬을 이용하면 다음과 같은 등식이 성립한다.

$$\begin{pmatrix} \boldsymbol{T}_\alpha{}'(s) \\ \boldsymbol{N}_\alpha{}'(s) \\ \boldsymbol{B}_\alpha{}'(s) \end{pmatrix} = \begin{pmatrix} 0 & \kappa_\alpha & 0 \\ -\kappa_\alpha & 0 & -\tau_\alpha \\ 0 & \tau_\alpha & 0 \end{pmatrix} \begin{pmatrix} \boldsymbol{T}_\alpha(s) \\ \boldsymbol{N}_\alpha(s) \\ \boldsymbol{B}_\alpha(s) \end{pmatrix}$$

증명 $\boldsymbol{N}_\alpha{}'(s)$을 정의를 이용하여 계산하면 다음과 같다.

$$\begin{aligned} \boldsymbol{N}_\alpha{}'(s) &= (\boldsymbol{B}_\alpha(s) \times \boldsymbol{T}_\alpha(s))' = \boldsymbol{B}_\alpha{}'(s) \times \boldsymbol{T}_\alpha(s) + \boldsymbol{B}_\alpha(s) \times \boldsymbol{T}_\alpha{}'(s) \\ &= \tau_\alpha(s)\boldsymbol{N}_\alpha(s) \times \boldsymbol{T}_\alpha(s) + \boldsymbol{B}_\alpha(s) \times \kappa_\alpha(s)\boldsymbol{N}_\alpha(s) \\ &= -\kappa_\alpha(s)\boldsymbol{T}_\alpha(s) - \tau_\alpha(s)\boldsymbol{B}_\alpha(s) \end{aligned}$$

$\boldsymbol{T}_\alpha{}'(s)$와 $\boldsymbol{B}_\alpha{}'(s)$에 관한 관계식은 정의에 의해 자명하다. ✤

위의 정리를 이용하여 얻을 수 있는 몇 가지 사실을 정리해보자. 먼저 프레네-세레 공식을 적용하여 다음과 같은 곡선론의 기본정리를 얻을 수 있다. 그 증명은 복잡하여 생략하지만 관심이 있는 독자는 참고문헌을 찾아보기 바란다(예를 들어, Do Carmo p.19와 p.309 참고).

정리 2.2.5

곡선론의 기본정리(The Fundamental Theorem of Local Theory of Curves)
임의의 두 미분가능인 함수 $f, g : I \to \mathbb{R}$에 대하여 f가 양수일 때, f를 곡률, g를 비틀림률로 가지는 단위속력을 갖는 매개함수 $\alpha : I \to \mathbb{R}^3$가 항상 존재한다. 또한 위의 조건을 만족하는 매개함수 α는 등장사상에 관해 유일하다. 즉 $\overline{\alpha} : I \to \mathbb{R}^3$가 f를 곡률, g를 비틀림률로 가지는 단위속력을 갖는 또 다른 매개함수일 때, $\overline{\alpha} = F \circ \alpha$을 만족하는 양의 방향성을 가진 등장사상 $F : \mathbb{R}^3 \to \mathbb{R}^3$가 존재한다(등장사상의 정의는 2.4절 참고).

실제로 임의의 양의 함수 $f : I \to \mathbb{R}$에 대하여 매개함수 $\alpha : I \to \mathbb{R}^3$를

$$\alpha(s) = \left(\int \cos\left(\int f(s)ds\right)ds,\ \int \sin\left(\int f(s)ds\right)ds,\ 0\right)$$

라 놓으면, α의 곡률 $\kappa_\alpha(s) = f(s)$이고 비틀림률 $\tau_\alpha(s) = 0$이 된다.

프레네-세레 공식의 다른 응용으로 다음과 같은 보조정리가 성립한다.

보조정리 2.2.6

단위속력을 갖는 매개함수 $\alpha : I = (a, b) \to \mathbb{R}^3$로 주어진 곡선 C의 곡률 $\kappa_\alpha(s)$가 상수 $\kappa_0 > 0$이고 비틀림률 $\tau_\alpha(s) \equiv 0$일 때, C는 반지름이 $\frac{1}{\kappa_0}$인 원이거나 원의 일부이고, 그 역도 성립한다.

증명 먼저 필요조건을 증명하기 위해 $\kappa_\alpha = \kappa_0 > 0$이고 $\tau_\alpha(s) = 0$이라 가정하자. $\tau_\alpha(s) = 0$이므로 곡선 C는 평면곡선이다. 또한

$$\beta(s) = \alpha(s) + \frac{1}{\kappa_0}\boldsymbol{N}_\alpha(s)$$

라 놓으면, $\tau_\alpha(s) = 0$이므로

$$\begin{aligned}\beta'(s) &= \alpha'(s) + \frac{1}{\kappa_0}\boldsymbol{N}_\alpha'(s) \\ &= \boldsymbol{T}_\alpha(s) + \frac{1}{\kappa_0}(-\kappa_0\boldsymbol{T}_\alpha(s) - \tau_\alpha(s)\boldsymbol{B}_\alpha(s)) \\ &= 0\end{aligned}$$

이 성립한다. 따라서 $\beta(s) = C_0$ (C_0는 상수인 벡터)이다. 즉

$$\|\alpha(s) - C_0\| = \left\| \frac{1}{\kappa_0}\boldsymbol{N}_\alpha(s) \right\| = \frac{1}{\kappa_0}$$

이므로 매개함수 α는 원이거나 원의 일부를 타나낸다.

그리고 역의 증명은 원은 평면곡선이므로 비틀림률은 항상 0이고, **예제 2.2.2**에서 원일 때 곡률이 반지름분의 1인 상수임을 이미 보였으므로 증명이 완료된다. ❖

프레네-세레 공식의 또 다른 응용으로 **구면곡선**(spherical curve)에 관한 다음 보조정리도 성립하지만 그 역은 성립하지 않음이 알려져 있다(O'Neill, p.65)

보조정리 2.2.7

단위속력을 갖는 매개함수 $\alpha : I=(a,b) \to S^2(r_0)$로 주어진 곡선 C의 곡률 $\kappa_\alpha(s)$는 다음 부등식을 만족한다.

$$\kappa_\alpha(s) \geq \frac{1}{r_0}$$

단, 여기서

$$S^2(r_0)=\{(x,y,z)\in\mathbb{R}^3 \mid x^2+y^2+z^2=r_0^2\}$$

은 중심이 원점이고 반지름이 r_0인 **구면**(sphere)을 나타낸다.

증명 가정에 의해

$$\langle \alpha(s), \alpha(s) \rangle = r_0^2$$

이므로 s에 관해 미분하여

$$\langle \alpha'(s), \alpha(s) \rangle = \langle \boldsymbol{T}_\alpha(s), \alpha(s) \rangle = 0$$

을 얻을 수 있다. 위의 식을 s에 관하여 다시 한 번 미분하여

$$0=\langle \boldsymbol{T}_\alpha'(s), \alpha(s) \rangle + \langle \boldsymbol{T}_\alpha(s), \alpha'(s) \rangle = \langle \boldsymbol{T}_\alpha'(s), \alpha(s) \rangle + 1$$

이 성립함을 알 수 있다. 따라서

$$-1=\langle \boldsymbol{T}_\alpha'(s), \alpha(s) \rangle = \langle \kappa_\alpha(s)\boldsymbol{N}_\alpha(s), \alpha(s) \rangle$$

에 코시-슈바르츠 부등식을 적용하여

$$\begin{aligned}\kappa_\alpha(s) &= -\frac{1}{\langle \boldsymbol{N}_\alpha(s), \alpha(s)\rangle} \\ &= \frac{1}{\langle -\boldsymbol{N}_\alpha(s), \alpha(s)\rangle} \geq \frac{1}{\|-\boldsymbol{N}_\alpha(s)\|\,\|\alpha(s)\|} \\ &= \frac{1}{r_0}\end{aligned}$$

을 얻는다. ✤

위의 증명과 비슷한 방법으로, 다음 예제의 부등식도 보일 수 있다.

예제 2.2.8 단위속력을 갖는 매개함수 $\alpha : (a, b) \to \mathbb{R}^3$에 대하여, 원점으로부터 $\alpha(s)$까지의 거리가 최대가 되는 점 s_0 $(a < s_0 < b)$가 존재한다고 하자. 이때 α의 $s = s_0$에서의 곡률 $\kappa_\alpha(s_0)$가 다음 부등식을 만족함을 보이자.

$$\kappa_\alpha(s_0) \geq \frac{1}{\|\alpha(s_0)\|}$$

실제로 $\alpha(s_0) = 0$이면 α가 정칙이 아니므로 $\alpha(s_0) \neq 0$라고 가정할 수 있다. 이때 함수 $f(s) = \|\alpha(s)\|^2$라 하면 f가 $s = s_0$에서 최댓값을 가지기 때문에

$$0 = f'(s_0) = 2\langle \alpha'(s_0), \alpha(s_0)\rangle$$

이 성립한다. 즉 $\langle \boldsymbol{T}_\alpha(s_0), \alpha(s_0)\rangle = 0$이다.
또한 $f''(s) = 2\langle \alpha''(s), \alpha(s)\rangle + 2\langle \alpha'(s), \alpha'(s)\rangle$이고 f가 $s = s_0$에서 최댓값을 가지기 때문에 최댓값에 관한 이계도함수 판별법에 의해

$$\begin{aligned}0 \geq f''(s_0) &= 2\langle \alpha''(s_0), \alpha(s_0)\rangle + 2\langle \alpha'(s_0), \alpha'(s_0)\rangle \\ &= 2\langle \boldsymbol{T}_\alpha{}'(s_0), \alpha(s_0)\rangle + 2 \\ &= 2\langle \kappa_\alpha(s_0)\boldsymbol{N}_\alpha(s_0), \alpha(s_0)\rangle + 2\end{aligned}$$

이다. 따라서

$$\kappa_\alpha(s_0) \geq -\frac{1}{\langle \boldsymbol{N}_\alpha(s_0), \alpha(s_0)\rangle} \geq \frac{1}{\|\boldsymbol{N}_\alpha(s_0)\|\,\|\alpha(s_0)\|} = \frac{1}{\|\alpha(s_0)\|}$$

을 얻을 수 있다. ◆

프레네-세레 공식을 응용하는 예제를 하나만 더 제시하고, 이 절을 마무리하고자 한다.

더 많은 예제는 연습문제에서 찾아볼 수 있다.

예제 2.2.9 단위속력을 갖는 매개함수 $\alpha : (-\infty, \infty) \to \mathbb{R}^3$로 주어진 곡선 C의 곡률이 $\kappa_{\alpha}(s) = 1$이고 비틀림률 $\tau_{\alpha}(s) \equiv \tau_0 =$ 상수일 때, 다음과 같이 정의된 매개함수 β의 곡률 κ_{β}과 비틀림률 τ_{β}를 구해보자.

$$\beta(s) = \int_0^s \boldsymbol{N}_{\alpha}(t)dt$$

먼저 $\beta'(s) = \boldsymbol{N}_{\alpha}(s)$이므로 $\|\beta'(s)\| = 1$이다. 즉, s는 β의 단위속력변수이다. 또한

$$\beta''(s) = \boldsymbol{N}_{\alpha}'(s) = -\kappa_{\alpha}(s)\boldsymbol{T}_{\alpha}(s) - \tau_{\alpha}(s)\boldsymbol{B}_{\alpha}(s) = -\boldsymbol{T}_{\alpha}(s) - \tau_0\boldsymbol{B}_{\alpha}(s)$$

이므로 $\kappa_{\beta}(s) = \sqrt{1+\tau_0^2}$가 된다. 마지막으로 τ_{β}를 구하기 위해

$$\beta'''(s) = -\boldsymbol{T}_{\alpha}'(s) - \tau_0\boldsymbol{B}_{\alpha}'(s) = -\boldsymbol{N}_{\alpha}(s) - \tau_0^2\boldsymbol{N}_{\alpha}(s) = -(1+\tau_0^2)\boldsymbol{N}_{\alpha}(s)$$

임을 이용하여 비틀림률 공식을 이용하면 쉽게 $\tau_{\beta}(s) = 0$임을 보일 수 있다. 하지만 아직 일반적인 비틀림률 공식을 유도하지 않았기 때문에 다른 방법으로 $\tau_{\beta}(s) = 0$을 보이면 다음과 같다.

위의 계산을 이용하여, $\boldsymbol{T}_{\beta}(s) = \beta'(s) = \boldsymbol{N}_{\alpha}(s)$이고

$$\boldsymbol{N}_{\beta}(s) = \frac{1}{k_{\beta}(s)}(-\boldsymbol{T}_{\alpha}(s) - \tau_0\boldsymbol{B}_{\alpha}(s)) \quad (\kappa_{\beta}(s)\text{는 상수})$$

임을 알 수 있다. 따라서

$$\begin{aligned}\boldsymbol{B}_{\beta}(s) &= \boldsymbol{T}_{\beta}(s) \times \boldsymbol{N}_{\beta}(s) \\ &= -\frac{1}{\kappa_{\beta}(s)}\boldsymbol{N}_{\alpha}(s) \times (\boldsymbol{T}_{\alpha}(s) + \tau_0\boldsymbol{B}_{\alpha}(s)) \\ &= \frac{1}{\kappa_{\beta}(s)}(\boldsymbol{B}_{\alpha}(s) - \tau_0\boldsymbol{T}_{\alpha}(s))\end{aligned}$$

이고, κ_{β}는 상수이고 $\boldsymbol{T}_{\alpha}'(s) = \kappa_{\alpha}(s)\boldsymbol{N}_{\alpha}(s) = \boldsymbol{N}_{\alpha}(s)$이므로 $\boldsymbol{B}_{\beta}(s)$를 s에 관해 미분하면

$$\boldsymbol{B}_{\beta}'(s) = \frac{1}{\kappa_{\beta}(s)}(\boldsymbol{B}_{\alpha}'(s) - \tau_0\boldsymbol{T}_{\alpha}'(s)) = \frac{1}{\kappa_{\beta}(s)}(\tau_0\boldsymbol{N}_{\alpha}(s) - \tau_0\boldsymbol{N}_{\alpha}(s)) = 0$$

이 된다. 따라서 $\tau_{\beta}(s) = 0$이다. ◆

2.2 ▌연습문제

1. 다음과 같이 주어진 단위속력을 갖는 매개함수 α에 대하여 곡률 κ_α, 비틀림률 τ_α, 그리고 프레네-세레 틀마당 $\boldsymbol{T}_\alpha, \boldsymbol{N}_\alpha, \boldsymbol{B}_\alpha$을 찾아라.

(1) $\alpha(s) = \left(-\sin s, \dfrac{4}{5}\cos s, -\dfrac{3}{5}\cos s\right)$

(2) $\alpha(s) = \left(\dfrac{(1+s)^{3/2}}{3}, \dfrac{(1-s)^{3/2}}{3}, \dfrac{s}{\sqrt{2}}\right), \ -1 < s < 1$

2. 다음과 같이 주어진 정칙매개함수 α의 모양을 구체적으로 묘사하라.

$$\alpha(s) = \left(\frac{1}{\sqrt{2}}\cos s, \sin s, \frac{1}{\sqrt{2}}\cos s\right)$$

3. $\alpha : (-\varepsilon, \varepsilon) \to \mathbb{R}^3$, $\varepsilon > 0$가 단위속력을 갖는 매개함수이고 곡률 $\kappa_\alpha(0) > 0$일 때, 다음 조건을 만족하는 유일한 원의 매개함수 β가 존재함을 보여라.

$$\beta(0) = \alpha(0), \ \beta'(0) = \alpha'(0), \ \beta''(0) = \alpha''(0)$$

좀 더 구체적으로, $\boldsymbol{n}_\alpha(0)$가 $\alpha(0)$의 접촉평면에서 $\alpha'(0) = \boldsymbol{T}_\alpha(0)$를 시계반대방향으로 $\frac{\pi}{2}$만큼 회전하여 얻는 법벡터일 때 $\langle \boldsymbol{n}_\alpha(0), \boldsymbol{N}_\alpha(0)\rangle = 1$이라 하자. 즉 $\boldsymbol{n}_\alpha(0) = \boldsymbol{N}_\alpha(0)$이다($\boldsymbol{n}_\alpha(0) = -\boldsymbol{N}_\alpha(0)$인 경우에도 아래의 β의 식을 똑같이 이용). 이때

$$\beta(s) = c + \frac{1}{\kappa_\alpha(0)}\left(-\cos(\kappa_\alpha(0)s)\boldsymbol{N}_\alpha(0) + \sin(\kappa_\alpha(0)s)\boldsymbol{T}_\alpha(0)\right)$$

가 $\beta(0) = \alpha(0)$, $\beta'(0) = \alpha'(0)$, $\beta''(0) = \alpha''(0)$을 만족하는 유일한 원의 매개함수임을 보여라. 단, 여기서 $c = \alpha(0) + \dfrac{1}{\kappa_\alpha(0)}\boldsymbol{N}_\alpha(0)$이다.

β를 $\alpha(0)$에서 α의 **접촉원**(osculating circle)이라 하고, c를 $\alpha(0)$에서 α의 **곡률중심**(center of curvature)이라 한다. 그리고 $\dfrac{1}{\kappa_\alpha(0)}$를 $\alpha(0)$에서 α의 **곡률반경**(radius of curvature)이라 한다([그림 2.8]).

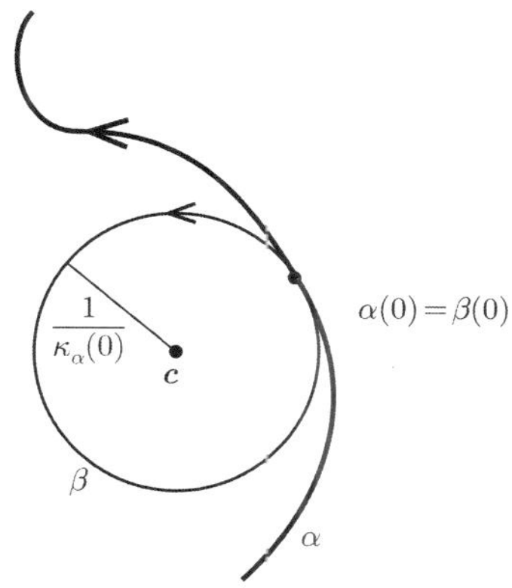

[그림 2.8]

4. 단위속력변수 s를 갖는 매개함수 α의 곡률과 비틀림률이 모두 양의 상수이고 접벡터 $\alpha'(s)$가 단위 상수벡터 U_0와 일정한 각 θ_0, $0 < \theta_0 < \pi$를 이룰 때, 다음과 같이 정의된 대개함수 β는 원이거나 원의 일부임을 보여라.

$$\beta(s) = \alpha(s) - \langle \alpha(s), U_0 \rangle U_0$$

5. 단위속력변수 s를 갖는 매개함수 α와 β의 단위주법벡터장 $\boldsymbol{N}_\alpha(s)$와 $\boldsymbol{N}_\beta(s)$가 서로 평행할 때, 다음 물음에 답하라.

(1) 두 단위접벡터장 $\boldsymbol{T}_\alpha(s)$와 $\boldsymbol{T}_\beta(s)$ 사이의 각 $\theta(s)$가 적당한 상수 θ_0로 일정함을 보여라.

(2) α와 β의 곡률과 비틀림률이 다음 관계식을 만족하는지 판별하라.

$$\tau_\beta(s)(\kappa_\alpha(s)\cos\theta_0 + \tau_\alpha(s)\sin\theta_0) = \pm\,\kappa_\beta(s)(\tau_\alpha(s)\cos\theta_0 - \kappa_\alpha(s)\sin\theta_0)$$

6. 다음 함수 $f(s) > 0$를 곡률로 가지는 평면곡선의 매개함수 $\alpha(s)$를 찾아라.

(1) $f(s) = \dfrac{1}{s^2+1}$

(2) $f(s) = \dfrac{1}{s+1}$

(3) $f(s) = \dfrac{1}{\sqrt{1-s^2}}$

7. 중심이 C_0이고 반지름이 $r > 0$인 구면 위의 단위속력변수 s를 갖는 매개함수 $\alpha(s)$가 비틀림률 $\tau_\alpha(s) \neq 0$일 때, 다음 관계식을 만족함을 보여라.

$$\alpha(s) - C_0 = -\frac{1}{\kappa_\alpha(s)}\boldsymbol{N}_\alpha(s) + \left(\frac{1}{\kappa_\alpha(s)}\right)'\frac{1}{\tau_\alpha(s)}\boldsymbol{B}_\alpha(s)$$

8. 단위속력변수 s를 갖는 매개함수 $\alpha(s)$의 곡률 $\kappa_\alpha(s) > 0$이고 비틀림률 $\tau_\alpha(s) \neq 0$일 때, $\left(\frac{1}{\kappa_\alpha(s)}\right)' \neq 0$이고

$$\left(\frac{1}{\kappa_\alpha(s)}\right)^2 + \left(\left(\frac{1}{\kappa_\alpha(s)}\right)'\frac{1}{\tau_\alpha(s)}\right)^2 = r^2$$

이라면 $\alpha(s)$는 반지름이 r인 구면 위의 곡선임을 보여라.

9. 단위속력변수 s를 갖는 매개함수 $\alpha(s)$에 대하여, 다음 관계를 보여라.

(1) $\alpha'''(s) = -\kappa_\alpha(s)^2\boldsymbol{T}_\alpha(s) + \kappa_\alpha(s)'\boldsymbol{N}_\alpha(s) - \kappa_\alpha(s)\tau_\alpha(s)\boldsymbol{B}_\alpha(s)$

(2) $\langle \alpha', \alpha'' \times \alpha''' \rangle = -\kappa_\alpha^2\tau_\alpha$

(3) $\kappa_\alpha\tau_\alpha = \langle \boldsymbol{T}_\alpha{}', \boldsymbol{B}_\alpha{}' \rangle$

10. 다음 조건을 만족하는 단위속력곡선 $\alpha : \mathbb{R} \to \mathbb{R}^3$상의 벡터장 $\boldsymbol{F}(s)$를 구하라. 단, 여기서 $\{\boldsymbol{T}_\alpha(s), \boldsymbol{N}_\alpha(s), \boldsymbol{B}_\alpha(s)\}$는 $\alpha(s)$ 위의 프레네-세레 틀마당을 나타낸다.

$$\boldsymbol{T}_\alpha{}'(s) = \boldsymbol{F}(s) \times \boldsymbol{T}_\alpha(s),\ \boldsymbol{N}_\alpha{}'(s) = \boldsymbol{F}(s) \times \boldsymbol{N}_\alpha(s),\ \boldsymbol{B}_\alpha{}'(s) = \boldsymbol{F}(s) \times \boldsymbol{B}_\alpha(s)$$

11. 단위속력곡선 $\alpha : \mathbb{R} \to \mathbb{R}^3$에 대하여 $\{\boldsymbol{T}_\alpha(s), \boldsymbol{N}_\alpha(s), \boldsymbol{B}_\alpha(s)\}$가 $\alpha(s)$ 위의 프레네-세레 틀마당을 나타낼 때, 다음 등식이 성립함을 보여라.

(1)
$$\begin{aligned}&\langle \boldsymbol{T}_\alpha(s) \times \boldsymbol{T}_\alpha{}'(s), \boldsymbol{T}_\alpha{}''(s) \rangle \cdot \langle \boldsymbol{B}_\alpha(s) \times \boldsymbol{B}_\alpha{}'(s), \boldsymbol{B}_\alpha{}''(s) \rangle \\ &= -\kappa_\alpha^3(s)\tau_\alpha^3(s) = -\mathrm{sign}(\tau_\alpha(s))\|\boldsymbol{T}_\alpha{}'(s)\|^3 \cdot \|\boldsymbol{B}_\alpha{}'(s)\|^3\end{aligned}$$

단, 여기서

$$\mathrm{sign}(\tau_\alpha(s)) = \begin{cases} 1, & \tau_\alpha(s) \geq 0, \\ -1, & \tau_\alpha(s) < 0 \end{cases}$$

을 의미한다.

(2)
$$\begin{aligned}&\langle \boldsymbol{T}_\alpha(s) \times \boldsymbol{T}_\alpha{}'(s), \boldsymbol{T}_\alpha{}''(s) \rangle \cdot \langle \boldsymbol{N}_\alpha(s) \times \boldsymbol{N}_\alpha{}'(s), \boldsymbol{N}_\alpha{}''(s) \rangle \\ &= \kappa_\alpha^2(s)\tau_\alpha(s)(\kappa_\alpha(s)\tau_\alpha(s))'\end{aligned}$$

(3) $$\langle \boldsymbol{N}_\alpha(s)\times\boldsymbol{N}_\alpha'(s), \boldsymbol{N}_\alpha''(s)\rangle \cdot \langle \boldsymbol{B}_\alpha(s)\times\boldsymbol{B}_\alpha'(s), \boldsymbol{B}_\alpha''(s)\rangle$$
$$= -\kappa_\alpha(s)\tau_\alpha^2(s)(\kappa_\alpha(s)\tau_\alpha(s))'$$

12. 단위속력변수 s를 갖는 매개함수 $\alpha : I \to \mathbb{R}^3$에 대하여 $\boldsymbol{N}_\alpha(s)$가 α의 단위주법벡터장이고 $\kappa_\alpha > 0$일 때, 다음 물음에 답하라.

(1) 다음 등식이 성립함을 보여라.

$$-\frac{\langle \boldsymbol{N}_\alpha(s)\times\boldsymbol{N}_\alpha'(s), \boldsymbol{N}_\alpha''(s)\rangle}{\|\boldsymbol{N}_\alpha'(s)\|^2} = \frac{\kappa_\alpha(s)\tau_\alpha'(s)-\kappa_\alpha'(s)\tau_\alpha(s)}{\kappa_\alpha^2(s)+\tau_\alpha^2(s)}$$

(2) $a(s) = -\dfrac{\langle \boldsymbol{N}_\alpha(s)\times\boldsymbol{N}_\alpha'(s), \boldsymbol{N}_\alpha''(s)\rangle}{\|\boldsymbol{N}_\alpha'(s)\|^2}$라 할 때, 다음 등식이 성립함을 보여라.

$$\frac{\tau_\alpha(s)}{\kappa_\alpha(s)} = \tan\left(\int a(s)\,ds\right)$$

(3) $I=(-1,1)$일 때, $\kappa_\alpha(0)=-\tau_\alpha(0)$이고

$$\boldsymbol{N}_\alpha(s) = \frac{1}{\sqrt{2}}(\sqrt{1-s}, \sqrt{1+s}, 0),\quad s\in I$$

이라 하자. 이때 $\kappa_\alpha(s)$와 $\tau_\alpha(s)$가 다음과 같이 주어짐을 보여라.

$$\kappa_\alpha(s) = \frac{\sqrt{2}}{4\sqrt{1-s^2}} = -\tau_\alpha(s)$$

13. 단위속력변수 s를 갖는 매개함수 $\alpha : I \to \mathbb{R}^3$에 대하여 $0\in I$일 때, α의 $s=0$에서 테일러 전개(Taylor expansion)을 이용하여 $\alpha(s)$를 다음과 같이 나타내자.

$$\alpha(s) = \alpha(0)+s\alpha'(0)+\frac{s^2}{2!}\alpha''(0)+\frac{s^3}{3!}\alpha'''(0)+R_3,\quad -\varepsilon<s<\varepsilon,\ \varepsilon>0$$

단, 여기서 R_3는 $\lim\limits_{s\to 0}\dfrac{R_3}{s^3}=0$을 만족한다.

(1) 다음 등식이 성립함을 보여라.

$$\alpha'(0) = \boldsymbol{T}_\alpha(0),\ \alpha''(0) = \kappa_\alpha(0)\boldsymbol{N}_\alpha(0),$$
$$\alpha'''(0) = -\kappa_\alpha^2(0)\boldsymbol{T}_\alpha(0)+\kappa_\alpha'(0)\boldsymbol{N}_\alpha(0)-\kappa_\alpha(0)\tau_\alpha(0)\boldsymbol{B}_\alpha(0)$$

(2) $\alpha(s)$를

$$\alpha(s) = \alpha(0)+x(s)\boldsymbol{T}_\alpha(0)+y(s)\boldsymbol{N}_\alpha(0)+z(s)\boldsymbol{B}_\alpha(0)$$

로 나타낼 때, $x(s), y(s), z(s)$가 다음과 같이 주어짐을 보여라.

$$\begin{aligned} x(s) &= s - \frac{\kappa_\alpha^2(0)}{3!}s^3 + R_x, \\ y(s) &= \frac{\kappa_\alpha(0)}{2}s^2 + \frac{\kappa_\alpha'(0)}{3!}s^3 + R_y, \\ z(s) &= -\frac{\kappa_\alpha(0)\tau_\alpha(0)}{3!}s^3 + R_z \end{aligned}$$

단, 여기서

$$R_3 = R_x \boldsymbol{T}_\alpha(0) + R_y \boldsymbol{N}_\alpha(0) + R_z \boldsymbol{B}_\alpha(0)$$

이다. 이때 $(x(s), y(s), z(s))$를 $\alpha(s)$의 $s=0$ 근방에서의 **국소표준형**(local canonical form)이라 한다.

(3) $\alpha(s)$를 $\alpha(0)$의 접촉평면, 교정평면, 법평면으로 각각 정사영(orthogonal projection)시켜 나타나는 그래프의 개형을 그려라([그림 2.9]).

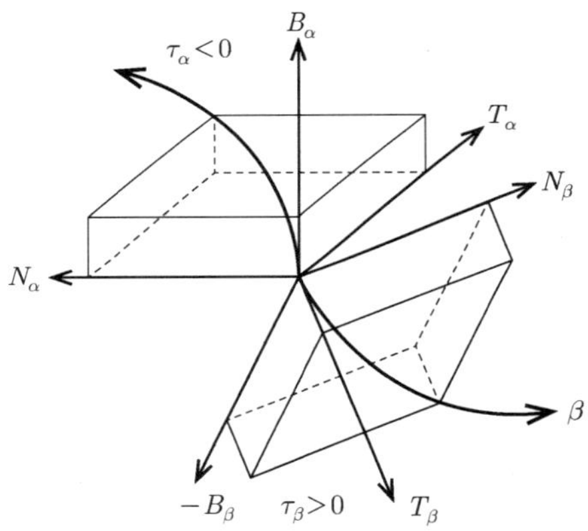

[그림 2.9]

(4) 다음 극한을 계산하라.

$$\lim_{s \to 0} \frac{z(s)}{y(s)}$$

2.3 ▎임의속력 매개함수의 곡률과 비틀림률

단위속력을 갖지 않는 정칙매개함수로 주어진 매개곡선 C는 단위속력을 갖는 매개함수를 이용하여 재매개화할 수 있음을 보였다. 따라서 일반적인 변수 t를 갖는 매개함수 $\alpha : I \to \mathbb{R}^3$의 곡률과 비틀림률은 $\beta(s) = \alpha(t(s))$을 만족하는 단위속력을 갖는 재매개화된 매개함수 β를 이용하여 정의되며 프레네-세레 틀마당도 같은 원리가 적용된다. 즉

$$\kappa_\alpha(t) = \kappa_\beta(s),\ \tau_\alpha(t) = \tau_\beta(s),$$
$$\boldsymbol{T}_\alpha(t) = \boldsymbol{T}_\beta(s),\ \boldsymbol{N}_\alpha(t) = \boldsymbol{N}_\beta(s),\ \boldsymbol{B}_\alpha(t) = \boldsymbol{B}_\beta(s)$$

로 정의한다. 단, 여기서 $s = s(t)$ 또는 $t = t(s)$를 만족한다.

일반적인 변수에 관해 정의된 프레네-세레 틀마당이 만족하는 프레네-세레 공식은 단위속력을 갖는 경우의 프레네-세레 공식에 속력이 더 곱해진 형태로 나타난다. 앞으로 혼란이 없는 경우에는 기호를 간단히 표현하기 위해 첨자에 붙였던 매개함수의 표시를 생략하기로 한다.

보조정리 2.3.1

일반적인 변수 t의 매개함수 α의 프레네-세레 틀마당 $\boldsymbol{T}(t), \boldsymbol{N}(t), \boldsymbol{B}(t)$는 다음 관계식을 만족한다.

$$\begin{aligned}\boldsymbol{T}'(t) &= \kappa(t)v(t)\boldsymbol{N}(t)\\ \boldsymbol{N}'(t) &= -\kappa(t)v(t)\boldsymbol{T}(t) - \tau(t)v(t)\boldsymbol{B}(t)\\ \boldsymbol{B}'(t) &= \tau(t)v(t)\boldsymbol{N}(t)\end{aligned}$$

단, 여기서 $v(t) = \|\alpha'(t)\|$을 나타낸다.

증명 $\boldsymbol{N}(t)$와 $\boldsymbol{B}(t)$에 관한 증명은 $\boldsymbol{T}(t)$의 경우와 비슷하다. 따라서 $\boldsymbol{T}(t)$인 경우만 증명하기로 한다. 실제로

$$\begin{aligned}\boldsymbol{T}_\alpha'(t) &= \frac{d\boldsymbol{T}_\alpha}{dt} = \frac{d\boldsymbol{T}_\beta}{ds}\cdot\frac{ds}{dt}\\ &= \kappa_\beta(s)\boldsymbol{N}_\beta(s)v(t)\\ &= \kappa_\alpha(t)\boldsymbol{N}_\alpha(t)v(t)\end{aligned}$$

이다. ✣

일반적인 변수의 매개함수로 주어진 곡선의 곡률과 비틀림률을 쉽게 구할 수 있는 공식이 있다.

보조정리 2.3.2

일반적인 변수 t를 갖는 매개함수 $\alpha: I \to \mathbb{R}^3$의 곡률 $\kappa_\alpha(t)$와 비틀림률 $\tau_\alpha(t)$는 다음과 같은 공식에 의해 주어진다.

$$\kappa_\alpha(t) = \frac{\|\alpha'(t) \times \alpha''(t)\|}{\|\alpha'(t)\|^3}, \quad \tau_\alpha(t) = -\frac{\langle \alpha'(t) \times \alpha''(t), \alpha'''(t) \rangle}{\|\alpha'(t) \times \alpha''(t)\|^2}$$

증명 α의 단위속력을 갖는 재매개화된 매개함수를 β라 하자.

$$\alpha'(t) = \|\alpha'(t)\| \boldsymbol{T}_\beta(s) = \frac{ds}{dt} \boldsymbol{T}_\beta(s), \; s = s(t)$$

를 이용하여

$$\alpha''(t) = \frac{d^2 s}{dt^2} \boldsymbol{T}_\beta(s) + \left(\frac{ds}{dt}\right)^2 \boldsymbol{T}_\beta{}'(s)$$

를 얻을 수 있다. 따라서

$$\begin{aligned}
\alpha'(t) \times \alpha''(t) &= \left(\frac{ds}{dt}\right)^3 \boldsymbol{T}_\beta(s) \times \boldsymbol{T}_\beta{}'(s) \\
&= \left(\frac{ds}{dt}\right)^3 \boldsymbol{T}_\beta(s) \times \kappa_\beta(s) \boldsymbol{N}_\beta(s) \\
&= \left(\frac{ds}{dt}\right)^3 \kappa_\beta(s) \boldsymbol{B}_\beta(s)
\end{aligned}$$

이므로

$$\|\alpha'(t) \times \alpha''(t)\| = \left(\frac{ds}{dt}\right)^3 \kappa_\beta(s) \|\boldsymbol{B}_\beta(s)\| = \left(\frac{ds}{dt}\right)^3 \kappa_\beta(s)$$

이다. 이를 $\kappa_\beta(s)$에 관해 정리하면

$$\kappa_\alpha(t) = \kappa_\beta(s) = \frac{\|\alpha'(t) \times \alpha''(t)\|}{\left(\dfrac{ds}{dt}\right)^3} = \frac{\|\alpha'(t) \times \alpha''(t)\|}{\|\alpha'(t)\|^3}$$

를 얻는다.

α의 비틀림률 공식을 유도하기 위해서는 먼저 적당한 $A(t), B(t)$를 이용하여 $\alpha'''(t)$를

$$\alpha'''(t)=A(t)\boldsymbol{T}_\beta(s)+B(t)\boldsymbol{N}_\beta(s)-\left(\frac{ds}{dt}\right)^3\kappa_\beta(s)\tau_\beta(s)\boldsymbol{B}_\beta(s)$$

의 형태로 표현할 수 있음을 알 필요가 있다. 이때

$$\alpha'(t)\times\alpha''(t)=\left(\frac{ds}{dt}\right)^3\kappa_\beta(s)\boldsymbol{B}_\beta(s)$$

이므로

$$\langle\alpha'(t)\times\alpha''(t),\alpha'''(t)\rangle=-\left(\frac{ds}{dt}\right)^6\kappa_\beta^2(s)\tau_\beta(s)=-\left(\frac{ds}{dt}\right)^6\kappa_\alpha^2(t)\tau_\alpha(t)$$

이다. 따라서

$$\begin{aligned}\tau_\alpha(t)&=-\frac{\langle\alpha'(t)\times\alpha''(t),\alpha'''(t)\rangle}{\left(\frac{ds}{dt}\right)^6\frac{\|\alpha'(t)\times\alpha''(t)\|^2}{\|\alpha'(t)\|^6}}\\&=-\frac{\langle\alpha'(t)\times\alpha''(t),\alpha'''(t)\rangle}{\|\alpha'(t)\times\alpha''(t)\|^2}\end{aligned}$$

가 된다.[2) ✣

보조정리 2.3.3

일반적인 변수 t를 갖는 매개함수 $\alpha: I\to\mathbb{R}^3$에 대하여, 다음 관계식이 성립한다.

$$\boldsymbol{T}_\alpha(t)=\frac{\alpha'(t)}{\|\alpha'(t)\|},\ \boldsymbol{B}_\alpha(t)=\frac{\alpha'(t)\times\alpha''(t)}{\|\alpha'(t)\times\alpha''(t)\|},\ \boldsymbol{N}_\alpha(t)=\boldsymbol{B}_\alpha(t)\times\boldsymbol{T}_\alpha(t)$$

증명 $\boldsymbol{B}_\alpha(t)$에 관한 식만 증명한다. 실제로, 보조정리 2.3.2의 증명으로부터

$$\alpha'(t)\times\alpha''(t)=\left(\frac{ds}{dt}\right)^3\kappa_\beta(s)\boldsymbol{B}_\beta(s)$$

를 얻었다. 따라서

2) 비틀림률 $\tau_\alpha(s)$를 $\boldsymbol{B}_\alpha'(s)=-\tau_\alpha(s)\boldsymbol{N}_\alpha(s)$로 정의하면 $\tau_\alpha(t)$가

$$\tau_\alpha(t)=\frac{\langle\alpha'(t)\times\alpha''(t),\alpha'''(t)\rangle}{\|\alpha'(t)\times\alpha''(t)\|^2}$$

로 주어진다.

$$B_\alpha(t) = B_\beta(s) = \frac{\alpha'(t)\times\alpha''(t)}{\left(\frac{ds}{dt}\right)^3 \kappa_\alpha(t)} = \frac{\alpha'(t)\times\alpha''(t)}{\|\alpha'(t)\times\alpha''(t)\|}$$

이다. ✤

예제 2.3.4 양의 상수 a와 영이 아닌 상수 b에 대하여 원형나선인 $\alpha(t) = (a\cos t, a\sin t, bt)$의 곡률과 비틀림률을 계산해 보자. 이를 위해

$$\alpha'(t) = (-a\sin t, a\cos t, b),\ \alpha''(t) = (-a\cos t, -a\sin t, 0)$$
$$\alpha'''(t) = (a\sin t, -a\cos t, 0)$$

이므로 $\alpha'(t)\times\alpha''(t) = (ab\sin t, -ab\cos t, a^2)$이다. 따라서

$$\kappa_\alpha(t) = \frac{\|\alpha'(t)\times\alpha''(t)\|}{\|\alpha'(t)\|^3} = \frac{a}{a^2+b^2}$$
$$\tau_\alpha(t) = -\frac{\langle\alpha'(t)\times\alpha''(t), \alpha'''(t)\rangle}{\|\alpha'(t)\times\alpha''(t)\|^2} = -\frac{b}{a^2+b^2}$$

이다. ◆

위의 예와 같이 원형나선의 곡률과 비틀림률은 모두 상수이다. 좀 더 일반적으로 곡률이 양수이고 곡률과 비틀림률의 비율이 상수를 갖는 매개곡선은 원기둥나선을 나타낸다. **원기둥나선(cylindrical helix)**이란 정칙매개함수 α의 상으로 주어진 곡선으로 상수의 단위벡터장 U_0와 상수의 각 θ_0에 대하여

$$\langle T_\alpha(t), U_0\rangle = \cos\theta_0$$

를 만족할 때이다([그림 2.10]). 이때 U_0를 α의 **축(axis)**이라 하고 θ_0를 **경사도(pitch)**라

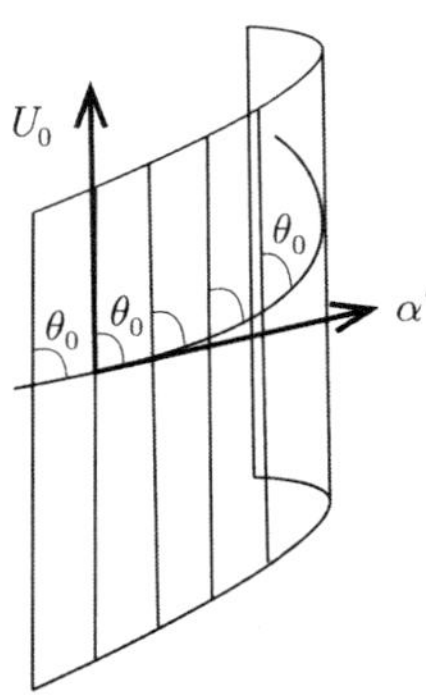

[그림 2.10]

부른다.

원기둥나선에 관하여 다음 정리가 성립한다.

정리 2.3.5

일반적인 변수 t를 갖는 매개함수 $\alpha : I \to \mathbb{R}^3$로 주어지는 곡선 C의 곡률 κ_α가 양수일 때, C가 원기둥나선일 필요충분조건은 $\dfrac{\tau_\alpha(t)}{\kappa_\alpha(t)}$가 상수인 것이다.

증명 일반성을 잃지 않고 매개변수가 단위속력변수라고 가정해도 된다. 만약 C가 원기둥나선이라면

$$\langle \boldsymbol{T}_\alpha(s), U_0 \rangle = \cos\theta_0$$

를 만족하는 상수의 단위벡터장 U_0와 상수 θ_0가 존재한다. 따라서 위의 식을 s에 관해 미분하여

$$0 = (\langle \boldsymbol{T}_\alpha(s), U_0 \rangle)' = \langle \boldsymbol{T}_\alpha{}'(s), U_0 \rangle = \langle \kappa_\alpha(s)\boldsymbol{N}_\alpha(s), U_0 \rangle$$

를 얻을 수 있다. 가정에 의해 κ_α는 양수이므로 $\langle \boldsymbol{N}_\alpha(s), U_0 \rangle = 0$이다. 이것은 U_0는 $\alpha(s)$를 지나면서 $\boldsymbol{T}_\alpha(s)$와 $\boldsymbol{B}_\alpha(s)$에 의해 생성된 평면에 놓여 있고 U_0와 $\boldsymbol{T}_\alpha(s)$ 사이의 각도가 θ_0임을 의미한다. 즉 U_0는

$$U_0 = \cos\theta_0 \boldsymbol{T}_\alpha(s) + \sin\theta_0 \boldsymbol{B}_\alpha(s)$$

를 만족한다. 마지막으로 위의 마지막 식을 s로 미분하여

$$\begin{aligned} 0 = U_0{}' &= \cos\theta_0 \boldsymbol{T}_\alpha{}'(s) + \sin\theta_0 \boldsymbol{B}_\alpha{}'(s) \\ &= \cos\theta_0 \kappa_\alpha(s)\boldsymbol{N}_\alpha(s) + \sin\theta_0 \tau_\alpha(s)\boldsymbol{N}_\alpha(s) \\ &= (\cos\theta_0 \kappa_\alpha(s) + \sin\theta_0 \tau_\alpha(s))\boldsymbol{N}_\alpha(s) \end{aligned}$$

를 얻고 이로부터 $\cos\theta_0\kappa_\alpha(s) + \sin\theta_0\tau_\alpha(s) = 0$이 됨을 알 수 있다. 따라서

$$\frac{\tau_\alpha(s)}{\kappa_\alpha(s)} = -\frac{\cos\theta_0}{\sin\vartheta_0} = -\cot\theta_0 = \text{상수}$$

이다. 여기서 위의 마지막 식을 얻기 위해, $\kappa_\alpha(s) > 0$을 사용하여 $\theta_0 \neq 0, \pi$이 된다는 사실을 이용하였다.

반대로 $\dfrac{\tau_\alpha(s)}{\kappa_\alpha(s)} = C =$상수라면 $-\cot\theta_0 = C$를 만족하는 θ_0를 택할 수 있다. 즉 θ_0는 $\dfrac{\tau_\alpha(s)}{\kappa_\alpha(s)} = -\cot\theta_0$를 만족한다. 이때

$$U(s) = \cos\theta_0 \boldsymbol{T}_\alpha(s) + \sin\theta_0 \boldsymbol{B}_\alpha(s)$$

라 놓으면

$$\begin{aligned} U'(s) &= \cos\theta_0 \boldsymbol{T}_\alpha'(s) + \sin\theta_0 \boldsymbol{B}_\alpha'(s) \\ &= \cos\theta_0 \kappa_\alpha(s) \boldsymbol{N}_\alpha(s) + \sin\theta_0 \tau_\alpha(s) \boldsymbol{N}_\alpha(s) \\ &= (\cos\theta_0 \kappa_\alpha(s) + \sin\theta_0 \tau_\alpha(s)) \boldsymbol{N}_\alpha(s) \\ &= 0 \end{aligned}$$

이 된다. 따라서 $U(s)$는, 예를 들어, 상수벡터장 U_0이고

$$\langle \boldsymbol{T}_\alpha(s), U(s) \rangle = \langle \boldsymbol{T}_\alpha(s), U_0 \rangle = \cos\theta_0$$

가 성립한다. 즉 α는 원기둥나선을 나타내는 매개함수이다. ✤

따름정리 2.3.6

일반적인 변수 t를 갖는 매개함수 $\alpha : I \to \mathbb{R}^3$로 주어지는 곡선 C가 원기둥나선일 때, 상수인 단위벡터장 U_0는 다음과 같이 주어진다.

$$U_0 = \frac{-\tau_\alpha(t)}{\sqrt{\kappa_\alpha^2(t) + \tau_\alpha^2(t)}} \boldsymbol{T}_\alpha(t) + \frac{\kappa_\alpha(t)}{\sqrt{\kappa_\alpha^2(t) + \tau_\alpha^2(t)}} \boldsymbol{B}_\alpha$$

증명 일반성을 잃지 않고 α가 단위속력을 가지고 있다고 가정하자. 이때 **정리 2.3.5**의 증명으로부터 U_0는

$$U_0 = \cos\theta_0 \boldsymbol{T}_\alpha(s) + \sin\theta_0 \boldsymbol{B}_\alpha(s)$$

로 주어지고 $\kappa_\alpha(s)$와 $\tau_\alpha(s)$는

$$\frac{\tau_\alpha(s)}{\kappa_\alpha(s)} = -\cot\theta_0$$

를 만족한다. 따라서 $1 + \cot^2\theta_0 = \csc^2\theta_0$을 이용하여

$$\sin\theta_0 = \frac{\kappa_\alpha(s)}{\sqrt{\kappa_\alpha^2(s)+\tau_\alpha^2(s)}}$$

이고

$$\cos\theta_0 = \frac{-\tau_\alpha(s)}{\sqrt{\kappa_\alpha^2(s)+\tau_\alpha^2(s)}}$$

이다. 즉 U_0는

$$\begin{aligned} U_0 &= \cos\theta_0 \boldsymbol{T}_\alpha(s) + \sin\theta_0 \boldsymbol{B}_\alpha(s) \\ &= \frac{-\tau_\alpha(s)}{\sqrt{\kappa_\alpha^2(s)+\tau_\alpha^2(s)}}\boldsymbol{T}_\alpha(s) + \frac{\kappa_\alpha(s)}{\sqrt{\kappa_\alpha^2(s)+\tau_\alpha^2(s)}}\boldsymbol{B}_\alpha(s) \end{aligned}$$

임을 알 수 있다. ✣

예제 2.3.7 $(-1,1)$에서 정의된 매개함수

$$\alpha(t) = \left(\frac{(1+t)^{\frac{3}{2}}}{3}, \frac{(1-t)^{\frac{3}{2}}}{3}, \frac{t}{\sqrt{2}}\right)$$

의 곡률과 비틀림률은 각각

$$\kappa_\alpha(t) = \frac{1}{2\sqrt{2}\sqrt{1-t^2}}, \quad \tau_\alpha(t) = -\frac{1}{2\sqrt{2}\sqrt{1-t^2}}$$

이다. 따라서 $\dfrac{\tau_\alpha(t)}{\kappa_\alpha(t)} = -1$로 상수이므로 α는 원기둥나선을 나타낸다([그림 2.11]). ◆

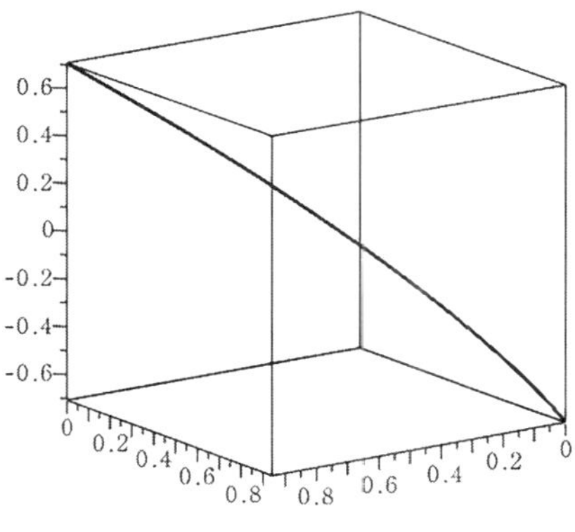

[그림 2.11]

다음 예제는 원기둥나선의 다른 예이다.

예제 2.3.8 $abc \neq 0$을 만족하는 상수 a, b, c에 대하여

$$\alpha(t) = (at, bt^2, ct^3)$$

로 정의된 매개함수가 원기둥나선이 될 필요충분조건은 $3ac = \pm 2b^2$임을 $\dfrac{\tau_\alpha(t)}{\kappa_\alpha(t)}$가 상수가 되는 조건을 이용하여 보일 수 있다. 예를 들어

$$\alpha(t) = \left(t, \frac{\sqrt{6}}{2}t^2, t^3\right)$$

로 정의된 매개함수는 원기둥나선이고([그림 2.12]), **볼록 기하학**(convex geometry)에서 자주 등장하는 **순환모멘트곡선**(cyclic moment curve)

$$\alpha(t) = (t, t^2, t^3)$$

은 원기둥나선이 아니다([그림 2.13]). ◆

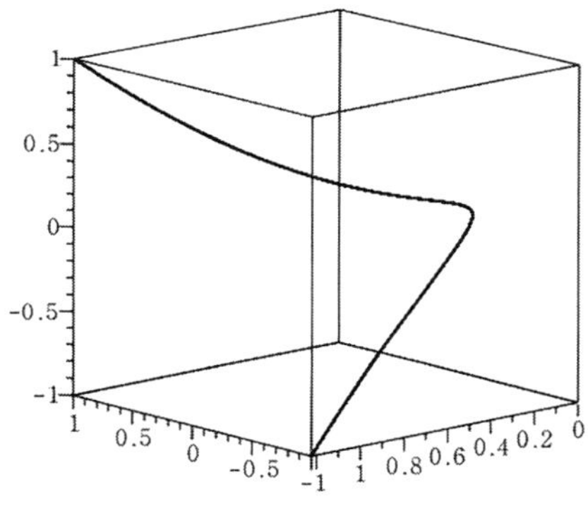

[그림 2.12]

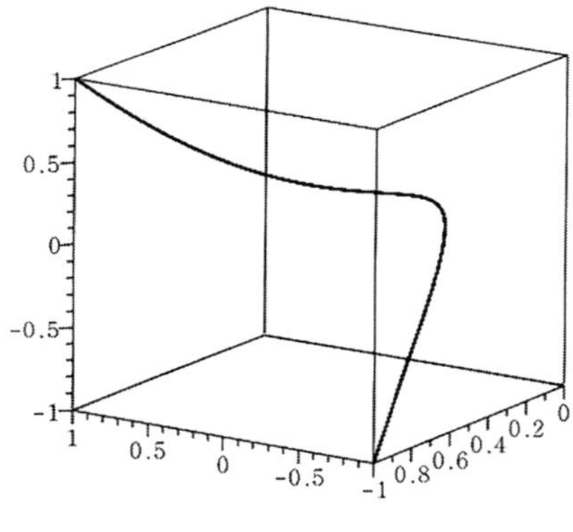

[그림 2.13]

2.3 ▎연습문제

1. $\alpha(t)=(x(t), y(t))$로 주어진 매개곡선의 곡률 κ_α는 다음 식으로 주어짐을 보여라.

$$\kappa_\alpha(t)=\frac{|x'(t)y''(t)-x''(t)y'(t)|}{((x'(t))^2+(y'(t))^2)^{3/2}}$$

특히, $\alpha(t)=(t, f(t))$일 때 $\kappa_\alpha(t)=\dfrac{|f''(t)|}{(1+(f'(t))^2)^{3/2}}$이다.

2. 극방정식 $\rho=\rho(\theta),\ a\le\theta\le b$으로 주어진 평면곡선 C에 대하여, 다음 물음에 답하라.

(1) C의 호길이가 다음 식으로 주어짐을 보여라.

$$\int_a^b\sqrt{\rho^2+(\rho')^2}\,d\theta$$

(2) C의 곡률 κ가 다음 식으로 주어짐을 보여라.

$$\kappa(\theta)=\frac{|\rho^2-\rho\rho''+2(\rho')^2|}{(\rho^2+(\rho')^2)^{3/2}}$$

3. 미분가능인 함수 $u, v:(a,b)\to\mathbb{R}$에 대하여 $u>0$일 때, 다음과 같은 매개함수 α를 정의하자.

$$\alpha(t)=\left(\int u(t)\cos t\,dt,\ \int u(t)\sin t\,dt,\ \int u(t)v(t)dt\right)$$

이때 α의 곡률 κ_α와 비틀림률 τ_α가 다음 식으로 주어짐을 보여라.

$$\kappa_\alpha=\frac{1}{u}\sqrt{\frac{1+v^2+(v')^2}{(1+v^2)^3}},$$

$$\tau_\alpha=\frac{1}{u}\cdot\frac{v+v''}{1+v^2+(v')^2}$$

4. 다음과 같이 주어진 매개함수가 원기둥나선을 나타내는지 판별하고, 원기둥나선이라면 경사도 θ_0를 구하라.

(1) $\alpha(t)=(3t-1,\ \sqrt{3}\,t, t^3+5)$

(2) $\alpha(t)=\left(\dfrac{(1+t)^{3/2}}{3}, \dfrac{(1-t)^{3/2}}{3}, \dfrac{t}{\sqrt{2}}\right),\ -1<t<1$

(3) $\alpha(t)=(3t-t^3+1, 3t^2-1, 3t+t^3)$

(4) $\alpha(t)=\left(2\ln t, t+\dfrac{1}{t}, t-\dfrac{1}{t}\right),\ t>0$

(5) $\alpha(t)=(e^t, e^{-t}, \sqrt{2}\,t)$

(6) $\alpha(t)=(\cosh t, \sinh t, t)$

(7) $\alpha(s)=(x(s), y(s), s\theta_0),\ \|\alpha'(s)\|=1,\ \theta_0=$ 상수

(8) $\alpha(s)=(x(s), y(s), z(s)),\ \|\alpha'(s)\|=1,\ y'(s)+z'(s)=\sqrt{2}\cos\theta_0$

단 여기서 $\theta_0=$상수

5. 정칙매개함수 $\alpha:(a,b)\to\mathbb{R}^3-\{(0,0,0)\}$가 모든 $t\in(a,b)$에 대하여

$$\alpha(t)\times\alpha'(t)=0$$

일 때, $\beta(t)=\dfrac{\alpha(t)}{\|\alpha(t)\|}$가 상수벡터임을 보여라.

6. 정칙매개함수 $\alpha:I=(a,b)\to\mathbb{R}^3-\{(0,0,0)\}$가 모든 $t\in I$에 대하여 곡률 $\kappa_\alpha(t)\neq 0$이라 하자. 모든 $t\in I$에 대하여

$$\langle\alpha(t)\times\alpha'(t), \alpha''(t)\rangle=0\text{이고 }\ \alpha(t)\times\alpha'(t)\neq 0$$

이면 $\alpha(t)$와 수직인 고정된 벡터 $B_0\neq 0$가 존재함을 보여라.

7. 단위속력변수 s를 갖는 매개함수 $\alpha:(a,b)\to\mathbb{R}^3$에 대하여 새로운 매개함수 β를 다음과 같이 정의할 때, 다음 물음에 답하라.

$$\beta:(a,b)\to S^2,\quad s\mapsto\alpha'(s)=\boldsymbol{T}_\alpha(s)$$

(1) 매개함수 β의 곡률 κ_β와 비틀림률 τ_β가 다음과 같이 주어짐을 보여라.

$$\kappa_\beta(s)=\left(1+\left(\frac{\tau_\alpha(s)}{\kappa_\alpha(s)}\right)^2\right)^{\frac{1}{2}},\quad \tau_\beta(s)=-\frac{\kappa_\alpha'(s)\tau_\alpha(s)-\kappa_\alpha(s)\tau_\alpha'(s)}{\kappa_\alpha(s)(\kappa_\alpha^2(s)+\tau_\alpha^2(s))}$$

(2) 매개함수 β가 상수벡터일 필요충분조건을 찾아라.

(3) 매개함수 β 위의 임의의 점 $\beta(s)$에서의 접선이 $\alpha(s)$에서의 단위주법벡터

$\boldsymbol{N}_\alpha(s)$와 평행함을 보여라.

(4) α가 경사도가 θ_0인 원기둥나선일 때, β가 단위구면상에 있는 반지름이 $\sin\theta_0$인 원이거나 원의 일부임을 보여라. 또한, 그 역도 성립함을 보여라.

8. 원형나선

$$\alpha(t) = (a\cos t, a\sin t, bt), \quad a > 0, b > 0$$

의 프레네-세레 틀마당 $\{\boldsymbol{T}_\alpha(t), \boldsymbol{N}_\alpha(t), \boldsymbol{B}_\alpha(t)\}$에 의해 정의되는 매개함수

$$\beta_1(t) = \boldsymbol{T}_\alpha(t), \ \beta_2(t) = \boldsymbol{N}_\alpha(t), \ \beta_3(t) = \boldsymbol{B}_\alpha(t)$$

에 대하여 $\beta_1, \beta_2, \beta_3$의 곡률을 구하라.

9. 단위속력곡선 $\alpha(s)$에 대하여, 새로운 매개함수 $\beta(s)$를 다음과 같이 정의할 때, 다음 물음에 답하라.

$$\beta(s) = \alpha(s) + u(s)\boldsymbol{T}_\alpha(s), \quad u(s) \neq 0$$

(1) $\beta(s)$가 정칙곡선일 필요충분조건을 구하라.

(2) $\beta(s)$의 곡률 $\kappa_\beta(s)$를 구하라.

10. 단위속력곡선 $\alpha(s)$에 대하여, 새로운 매개함수 $\beta(s)$를 다음과 같이 정의할 때, 다음 물음에 답하라.

$$\beta(s) = \alpha(s) + \frac{1}{\kappa_\alpha(s)}\boldsymbol{N}_\alpha(s), \quad \kappa_\alpha(s) > 0$$

여기서 β를 α의 **축폐선**(evolute)이라 한다.

(1) $\beta(s)$의 접선이 $\alpha(s)$의 법평면과 평행함을 보여라.

(2) α의 비틀림률 $\tau_\alpha(s) \equiv 0$일 때, $\beta(s)$의 곡률 $\kappa_\beta(s)$과 비틀림률 $\tau_\beta(s)$를 구하라.

11. 3차원 유클리드 공간 $\mathbb{R}^3$에서 $\alpha(1) = (0,0,0)$을 만족하는 단위속력곡선 $\alpha : \mathbb{R} \to \mathbb{R}^3$에 대하여, 새로운 매개함수 $\beta : \mathbb{R} \to \mathbb{R}^3$가

$$\beta(t) = \int_1^t (\alpha(s) + s^2\boldsymbol{N}_\alpha(s))ds$$

이고 $\langle \beta''(1), \alpha'(1) \rangle = \frac{1}{2}$일 때, 다음 물음에 답하라.

(1) $t=1$에서 α의 곡률 $\kappa_\alpha(1)$를 구하라.

(2) $\|\beta''(1)\|^2=5$일 때, $t=1$에서 α의 비틀림률 $\tau_\alpha(1)$를 구하라.

12. 단위속력곡선 $\alpha:\mathbb{R}\to\mathbb{R}^3$가 모든 $s\in\mathbb{R}$에 대하여 $\kappa_\alpha(s)+\tau_\alpha(s)\neq 0$일 때, 새로운 매개함수

$$\beta(s)=\alpha(s)+\int_0^s \boldsymbol{B}_\alpha(t)dt$$

에 대하여 다음 물음에 답하라.

(1) β의 곡률 κ_β와 비틀림률 τ_β를 구하라.

(2) β를 단위속력곡선 γ로 재매개화하여라.

13. 단위속력곡선 $\alpha:(a,b)\to\mathbb{R}^3$와 미분가능인 함수 $f:(a,b)\to\mathbb{R}$가 모든 $s\in(a,b)$에 대하여

$$\alpha(s)+f(s)\boldsymbol{N}_\alpha(s)=v_0 \ \ (v_0\text{는 상수벡터})$$

일 때, 다음 물음에 답하라.

(1) f가 상수함수인지 판별하라.

(2) α의 곡률 $\kappa_\alpha(s)$가 상수인지 판별하라.

(3) α의 비틀림률 τ_α를 구하라.

14. 곡률 $\kappa_\alpha\neq 0$과 비틀림률 $\tau_\alpha\neq 0$인 매개함수 $\alpha:(a,b)\to\mathbb{R}^3$의 법선이 모든 $t\in(a,b)$에서 또 다른 매개함수 $\overline{\alpha}:(a,b)\to\mathbb{R}^3$의 법선과 일치할 때, α를 **베르트랑곡선**(Bertrand curve)이라 하고 α와 $\overline{\alpha}$를 **베르트랑쌍**(Bertrand pair)이라 한다. 베르트랑쌍의 대표적인 예로는 원형나선들이 있다.

(1) 만약 α와 $\overline{\alpha}$가 베르트랑쌍이면 모든 $t\in(a,b)$에 대하여 다음을 만족하는 미분가능인 함수 $f:(a,b)\to\mathbb{R}$가 존재한다.

$$\overline{\alpha}(t)=\alpha(t)+f(t)\boldsymbol{N}_\alpha(t),\quad t\in(a,b)$$

이때 f가 상수함수임을 보여라.

(2) 베르트랑쌍 α와 $\overline{\alpha}$가 각각 단위속력변수 s와 $\overline{s}$로 매개화되었다고 가정하자. 이때, 다음 물음에 답하라.

(i) $\overline{s}=\overline{s}(s)$임을 이용하여 $\left\langle \boldsymbol{T}_\alpha(s),\boldsymbol{T}_{\overline{\alpha}}(\overline{s})\right\rangle=\cos\theta_0$임을 보여라. 단, 여기서

θ_0는 상수이다.

(ii) $\overline{\alpha}(s) = \alpha(s) + r\boldsymbol{N}_\alpha(s)$ $(r = \text{상수})$이고 $\boldsymbol{T}_{\overline{\alpha}}(\overline{s}) = \dfrac{d\overline{\alpha}}{ds}\dfrac{ds}{d\overline{s}}$ 임을 이용하여

$$\begin{aligned} \cos\theta_0 &= \langle \boldsymbol{T}_{\overline{\alpha}}(\overline{s}), \boldsymbol{T}_\alpha(s) \rangle = (1 - r\kappa_\alpha(s))\frac{ds}{d\overline{s}},\ 0 \le \theta_0 \le \pi, \\ \sin\theta_0 &= \| \boldsymbol{T}_{\overline{\alpha}}(\overline{s}) \times \boldsymbol{T}_\alpha(s) \| = \left| r\tau_\alpha(s)\frac{ds}{d\overline{s}} \right| \end{aligned}$$

임을 보여라. 단, 여기서 κ_α와 τ_α가 α의 곡률과 비틀림률을 나타낸다.

(iii) $B = \dfrac{1 - r\kappa_\alpha(s)}{\tau_\alpha(s)}$일 때, B가 상수임을 보여라.

(iv) $A = r$이고 $B = \dfrac{1 - r\kappa_\alpha(s)}{\tau_\alpha(s)}$일 때, 위의 (ii)를 이용하여 다음 등식이 성립함을 보여라.

$$A\kappa_\alpha(s) + B\tau_\alpha(s) = 1$$

(3) α가 단위속력변수 s로 매개화되었을 때, 다음 등식을 만족하는 영이 아닌 상수 A와 B가 존재한다고 가정하자.

$$A\kappa_\alpha(s) + B\tau_\alpha(s) = 1$$

$r = A$이고 $\overline{\alpha}(s) = \alpha(s) + r\boldsymbol{N}_\alpha(s)$일 때, 다음 물음에 답하라.

(i) $\dfrac{d\overline{\alpha}}{ds} = \tau_\alpha(s)(B\boldsymbol{T}_\alpha(s) - r\boldsymbol{B}_\alpha(s))$가 성립함을 보여라.

(ii) $\dfrac{d\boldsymbol{T}_{\overline{\alpha}}}{ds}$가 다음 식으로 주어짐을 보여라.

$$\frac{d\boldsymbol{T}_{\overline{\alpha}}}{ds} = \frac{(B\kappa_\alpha(s) - r\tau_\alpha(s))}{\sqrt{B^2 + r^2}}\boldsymbol{N}_\alpha(s)$$

(iii) $\overline{\alpha}$가 α의 **베르트랑짝**(Bertrand mate)임을 보여라.

(3) α가 두 개 이상의 베르트랑짝을 가지고 있다면 α의 곡률과 비틀림률이 상수임을 보여라. 따라서 α가 두 개 이상의 베르트랑짝을 가지고 있다면 원형나선으로 무한히 많은 베르트랑짝이 존재한다.

15. C가 다음과 같은 두 개의 방정식의 교집합으로 정의된 교선일 때, 다음 물음에 답하라.

$$x^2+y^2+z^2=1,\quad z>0$$
$$x^2+y^2=x$$

(1) 곡선 C를 매개화하는 정칙매개함수 α를 찾아라.

(2) 위의 (1)에서 구한 정칙매개함수 α를 이용하여 곡률 κ_α와 비틀림률 τ_α를 구하라.

16. 정칙매개함수 $\alpha:(a,b)\to\mathbb{R}^3$가 적당한 상수 $C>0$에 대하여,

$$\|\alpha(t)\|\ge C>0$$

이고 $t=t_0\in(a,b)$에서 원점에서 $\alpha(t)$까지의 거리가 최소가 될 때, 곡률 $\kappa_\alpha(t_0)$가 항상

$$\kappa_\alpha(t_0)\le\frac{1}{\|\alpha(t_0)\|}$$

을 만족하는지 판별하라. 즉, 위의 부등식이 만족하지 않는다면 반례(counter-example)를 들고, 만족한다면 부등식을 증명하라.

17. $\alpha(t)=(t,t^2,f(t))$가 평면곡선일 때, $f(t)$가 다음과 같이 주어짐을 보여라.

$$f(t)=C_1t^2+C_2t+C_3,\quad C_1,C_2,C_3\text{는 모두 상수}$$

18. $\alpha(t)=(t,\sin t,f(t))$의 단위주법벡터장 $\boldsymbol{N}_\alpha(t)$가 yz-평면과 평행할 때, 함수 $f(t)$가 다음 등식을 만족함을 보여라.

$$(f'(t))^2-\sin^2 t=C,\quad C=\text{상수}$$

19. 양의 상수 C에 대하여, $-C<x<C$에서 정의된 함수 f가 다음 조건을 만족한다.

(i) $f(x)>0$, (ii) $f(0)=C$, (iii) $f'(0)=0$, (iv) $f''(x)<0$

정칙매개함수 $\alpha(x)=(x,f(x))$, $-C<x<C$의 곡률

$$\kappa_\alpha(x)=-\frac{f''(x)}{(1+(f'(x))^2)^{3/2}}=\frac{1}{C}$$

일 때, 다음 물음에 답하라.

(1) f가 다음 미분방정식을 만족함을 보여라.

$$f^2 + (f')^2 f^2 = C^2$$

(2) 위의 (1)의 미분방정식을 미분하여 f가 다음 미분방정식을 만족함을 보여라.

$$f'(1 + f''f + (f')^2) = f'(1 + \frac{1}{2}(f^2)'') = 0$$

(3) 위의 (2)의 미분방정식을 이용하여 f가 다음과 같이 주어짐을 보여라.

$$f(x) = \sqrt{C^2 - x^2}, \ -C < x < C$$

20. 다음과 같이 주어진 매개함수 $\alpha : \mathbb{R} \to \mathbb{R}^3$에 대하여, 다음 물음에 답하라.

$$\alpha(t) = (e^t \cos t, \ e^t \sin t, \ \sqrt{2}\, e^t)$$

(1) α의 곡률 κ_α와 비틀림률 τ_α를 구하라.

(2) α가 원기둥나선인지 판별하라. 만약, α가 원기둥나선이라면 α의 경사도 θ_0와 축 U_0를 구하라.

21. 정칙매개함수

$$\alpha(t) = \left(a\int \sin(\varphi(t))\,dt, a\int \cos(\varphi(t))dt, bt\right), \ a,b \text{ 양의 상수}$$

의 곡률 κ_α와 비틀림률 τ_α가 $\left|\frac{\kappa_\alpha}{\tau_\alpha}\right| = \frac{b}{a}$을 만족함을 이용하여 α가 원기둥나선을 나타냄을 보여라.

22. 정칙매개함수 $\alpha : (a,b) \to \mathbb{R}^3$의 단위종법벡터장

$$\boldsymbol{B}_\alpha(t) = \frac{1}{\sqrt{2}}(-\sin t, \cos t, 1)$$

일 때, 다음 물음에 답하라. 단, 여기서 t는 일반적인 변수를 나타낸다.

(1) α를 단위속력변수 s로 재매개화할 때, α의 비틀림률 τ_α가 다음 등식을 만족함을 보여라.

$$\frac{dt}{ds} = \pm\sqrt{2}\,\tau_\alpha$$

(2) α의 곡률 κ_α와 비틀림률 τ_α가 다음 등식을 만족함을 보여라.

$$\left|\frac{\tau_\alpha(t)}{\kappa_\alpha(t)}\right|=1$$

23. 곡률이 영이 아닌 단위속력곡선 $\alpha(s)=(x(s),\, y(s),\, z(s)),\ a<s<b$가

$$x'(s)+y'(s)+z'(s)=\frac{\sqrt{6}}{2}$$

을 만족할 때, 다음 물음에 답하라.

(1) $\dfrac{\kappa_\alpha}{\tau_\alpha}=-1$임을 보여라. 단, 여기서 κ_α와 τ_α는 α의 곡률과 비틀림률을 나타낸다.

(2) $\boldsymbol{B}_\alpha$가 α의 단위종법벡터장을 나타낼 때,

$$\langle \boldsymbol{B}_\alpha(s),\ (1,1,1)\rangle=\frac{\sqrt{6}}{2}$$

임을 보여라.

24. 양의 곡률을 가진 단위속력곡선 $\alpha:(-\infty,\infty)\to\mathbb{R}^3$의 접벡터 $\alpha'(s)$와 고정된 단위벡터 $U_0=\dfrac{1}{\sqrt{3}}(1,1,1)$사이의 각이 항상 $\dfrac{\pi}{3}$일 때, 다음 물음에 답하라.

(1) $\dfrac{\tau_\alpha}{\kappa_\alpha}$의 값을 구하라. 단, 여기서 κ_α와 τ_α는 각각 α의 곡률과 비틀림률을 나타낸다.

(2) 새로운 매개함수

$$\beta:(-\infty,\infty)\to\mathbb{R}^3,\ \ \beta(s)=\boldsymbol{T}_\alpha(s)+\boldsymbol{N}_\alpha(s)+\boldsymbol{B}_\alpha(s)$$

에 대하여, 다음 적분을 계산하라. 단, 여기서 $\{\boldsymbol{T}_\alpha,\boldsymbol{N}_\alpha,\boldsymbol{B}_\alpha\}$는 α의 프레네-세레틀마당을 나타낸다.

$$\int_{-1}^{1}\frac{\|\beta'(s)\|}{\kappa_\alpha(s)}\,ds$$

25. 곡률이 0이 아닌 단위속력곡선 $\alpha:(a,b)\to\mathbb{R}^3$에 대하여, 다음 물음에 답하라.

(1) α가 원기둥나선을 나타낼 필요충분조건이

$$\langle \alpha''\times\alpha''',\alpha''''\rangle=0$$

임을 보여라.

(2) α가 원기둥나선을 나타낼 필요충분조건이 각각의 $s\in I$에 대하여 $\alpha(s)$를 통과하는 $\boldsymbol{N}_\alpha(s)$ 방향의 직선이 고정된 평면에 평행임을 보여라.

(3) α의 비틀림률이 0이 아닐 때, α가 원기둥나선을 나타낼 필요충분조건이 각각의 $s\in I$에 대하여 $\alpha(s)$를 통과하는 $\boldsymbol{B}_\alpha(s)$ 방향의 직선이 고정된 방향과 일정한 사잇각을 가짐을 보여라.

26. 음함수의 형태 $F(x,y)=0$로 주어진 평면곡선 C를 $a<x<b$에서 $y=f(x)$로 표현할 수 있을 때, 다음 물음에 답하라.

(1) $a<x<b$에서 $F_y(x,f(x))\neq 0$임을 보여라.

(2) 가정에 의해 $a<x<b$에서 C를 정칙매개함수 $\alpha(x)=(x,f(x))$로 나타낼 수 있다. 이때, $\alpha'(x)$와 $\alpha''(x)$가 다음과 같이 주어짐을 보여라.

$$\alpha'(x)=(1,\, f'(x))=\left(1,\ -\frac{F_x}{F_y}\right),$$
$$\alpha''(x)=(0,\, f''(x))=\left(0,\ -\frac{F_{xx}F_y^2-2F_{xy}F_xF_y+F_{yy}F_x^2}{F_y^3}\right)$$

단 여기서

$$F_x=F_x(x,\,f(x)),\ F_y=F_y(x,\,f(x)),$$
$$F_{xx}=F_{xx}(x,\,f(x)),\ F_{xy}=F_{xy}(x,\,f(x)),\ F_{yy}=F_{yy}(x,\,f(x))$$

를 나타낸다.

(3) $a<x<b$에서 C의 곡률 κ_α가 다음과 같은 식으로 주어짐을 보여라.

$$\kappa_\alpha(x)=\frac{|F_{xx}F_y^2-2F_{xy}F_xF_y+F_{yy}F_x^2|}{(F_x^2+F_y^2)^{3/2}}$$

(4) $F(x,\,y)=\dfrac{x^2}{4}+\dfrac{y^2}{3}-1=0$일 때, 평면곡선 C의 점 $\left(1,\,\dfrac{3}{2}\right)$에서 곡률 κ를 위의 (3)의 식을 이용하여 구하면 $\dfrac{16}{15\sqrt{5}}$임을 보여라.

(5) $F(x,\,y)=x^3+y^2-2x^2y=0$일 때, 평면곡선 C를 $y=tx$를 이용하여 매개함수 $\alpha(t)=(x(t),y(t))$로 표현하라.

(6) $F(x,\,y)=x^3+y^2-2x^2y=0$일 때, 평면곡선 C의 점 $(1,\,1)$에서 곡률 κ를 구하라.

27. $\alpha : I = (a,\ b) \to \mathbb{R}^3$가 단위속력변수를 갖는 매개함수이고 k와 l이 양의 상수일 때, 새로운 매개함수

$$\gamma : J = (la,\ lb) \to \mathbb{R}^3, \quad \gamma(t) = k\alpha\left(\frac{t}{l}\right)$$

에 대하여 다음 물음에 답하라. 단, 여기서 $0 \in I$이다.

(1) γ의 길이함수

$$s_\gamma = s_\gamma(t) = \int_0^t \|\gamma'(t)\| dt$$

를 찾아라.

(2) γ를 단위속력변수를 갖는 매개함수로 재매개화하여라.

(3) γ의 곡률 κ_γ를 α의 곡률 κ_α로 나타내라.

28. 단위속력곡선 $\alpha : \mathbb{R} \to \mathbb{R}^3$와 새로운 매개함수

$$\gamma(s) = 3\alpha(s) + \int_0^s t^2 \boldsymbol{B}_\alpha(t) dt$$

에 대하여, 다음 물음에 답하라.

(1) γ의 곡률 κ_γ를 구하라.

(2) $s = 0$에서 γ의 비틀림률 $\tau_\gamma(0)$를 구하라.

29. 임의의 속력을 가진 정칙매개함수 $\alpha : \mathbb{R} \to \mathbb{R}^3$에 대하여 α의 곡률 $\kappa_\alpha > 0$일 때, $\alpha(0)$에서 α의 접촉평면의 방정식이 다음과 같이 주어짐을 보여라.

$$\langle (x,\ y,\ z) - \alpha(0),\ \alpha'(0) \times \alpha''(0) \rangle = 0$$

30. 임의의 속력을 가진 정칙매개함수 $\alpha : \mathbb{R} \to \mathbb{R}^3$의 단위종법벡터장

$$\boldsymbol{B}_\alpha(t) = \frac{1}{t^2+2}(t^2,\ -2t,\ 2)$$

이고 $\|\alpha'(t)\| = t^2 + 2$일 때, $\alpha(0)$에서의 곡률 $\kappa_\alpha(0)$와 비틀림률 $\tau_\alpha(0)$의 절댓값의 합 $\kappa_\alpha(0) + |\tau_\alpha(0)|$를 구하라. (힌트: $\kappa_\alpha(0) + |\tau_\alpha(0)| = 1$.)

31. 매개곡선 C가 두 개의 원기둥

$$x^2+y^2=1,\ \ x^2+z^2=4$$

의 교선일 때, $p=(1,0,\sqrt{3})$에서 C의 곡률 κ, 비틀림률 τ, 그리고 프레네-세레 틀마당 $\boldsymbol{T}$, $\boldsymbol{N}$, $\boldsymbol{B}$가 다음과 같이 주어짐을 보여라.

$$\kappa(p)=\frac{2}{\sqrt{3}},\ \ \tau(p)=0,$$
$$\boldsymbol{T}(p)=(0,1,0),\ \ \boldsymbol{N}(p)=\left(-\frac{\sqrt{3}}{2},0,\frac{1}{2}\right),\ \ \boldsymbol{B}(p)=\left(\frac{1}{2},0,\frac{\sqrt{3}}{2}\right)$$

32. 매개곡선 C가 두 개의 방정식

$$x+\sinh x=y+\sin y,\ \ z+e^z=(x+1)+\ln(x+1)$$

의 교선일 때, $p=(0,0,0)$에서 C의 곡률 κ, 비틀림률 τ, 그리고 프레네-세레 틀마당 $\boldsymbol{T}$, $\boldsymbol{N}$, $\boldsymbol{B}$가 다음과 같이 주어짐을 보여라.

$$\kappa(p)=\frac{\sqrt{6}}{9},\ \ \tau(p)=-\frac{1}{2},$$
$$\boldsymbol{T}(p)=\frac{1}{\sqrt{3}}(1,1,1),\ \ \boldsymbol{N}(p)=\frac{1}{\sqrt{6}}(1,1,-2),\ \ \boldsymbol{B}(p)=\frac{1}{\sqrt{2}}(-1,1,0)$$

33. 매개함수 $\alpha:\mathbb{R}\to\mathbb{R}^3$가 $\alpha(t)=(t,\sin t,f(t))$일 때, $\alpha(0)=(0,0,1)$이고 $\alpha'(0)=(1,1,0)$이라 하자. 이때 모든 $t\in\mathbb{R}$에 대하여 α의 단위주법벡터장 $\boldsymbol{N}_\alpha(t)$가 yz-평면에 평행이 되는 $f(t)$는 $\cos t$이거나 또는 $-\cos t+2$임을 보여라.

2.4 ▌등장사상

평행이동은 대칭이동이나 회전이동과 마찬가지로 임의의 두 점 사이의 길이와 한 점에서 출발하는 두 벡터 사이의 각도를 보존하는 작용이다. 이와 같이 길이와 각도를 보존하는 작용을 **등장사상**(isometry)이라고 한다. 등장사상에 의해 한 곡선을 다른 곡선으로 포개 놓을 수 있을 때 두 곡선이 **합동**(congruence)이라고 말하고, 이에 관한 더 자세한 논의는 다음 절에서 설명할 예정이다.

이 절에서 d는 $\mathbb{R}^3$에서 정의된 유클리드 거리함수를 나타낸다. 즉

$$d(p,\, q) = \|p - q\|, \quad p,\, q \in \mathbb{R}^3$$

이다. 이때 3차원 유클리드 공간의 등장사상의 정의를 자세히 설명하면 다음과 같다. 함수 $F: \mathbb{R}^3 \to \mathbb{R}^3$가 전사함수이고 유클리드 거리함수에 관해 임의의 두 점 사이의 거리를 다음과 같이 보존할 때, F를 **등장사상**(isometry)이라 한다.

$$d(F(p), F(q)) = d(p, q), \quad p, q \in \mathbb{R}^3$$

위의 정의에 의해, F가 등장사상이면 F는 항상 일대일 함수임을 알 수 있다. 다시 말해서 만약 $F(p) = F(q)$이면 $0 = d(F(p),\, F(q)) = d(p, q)$이므로 $p = q$가 되어야 한다.

등장사상의 대표적인 예를 들어보면 다음과 같다.

예제 2.4.1

(1) 고정된 벡터 $p_0 \in \mathbb{R}^3$에 대하여, $F(p) = p + p_0$라 놓으면 F는 벡터 p의 종점을 벡터 p_0 방향으로 $\|p_0\|$만큼 평행이동시키는 작용을 한다. 또한

$$d(F(p), F(q)) = \|F(p) - F(q)\| = \|p + p_0 - (q + p_0)\| = \|p - q\| = d(p, q)$$

를 만족한다. 따라서 **평행이동**인 F는 등장사상이다.

(2) 3차원 유클리드 공간에서 **직교군**(orthogonal group) $O(3)$는 다음과 같이 정의된다.

$$O(3) = \{A \in M(3, \mathbb{R}) \mid AA^T = I_3\}$$

여기서 $M(3, \mathbb{R})$은 실수상에서 정의된 3×3 행렬의 모임을 나타내고 I_3는 단위행렬이다. 이때 $A \in O(3)$에 대하여 $F(p) = Ap$라 정의하면 F는 등장사상이 된다(여기서 p를 열벡터로 보고 있다). 실제로

$$
\begin{aligned}
d(F(p), F(q))^2 &= \| F(p) - F(q) \|^2 = \langle F(p) - F(q), F(p) - F(q) \rangle \\
&= \langle F(p-q), F(p-q) \rangle = \langle A(p-q), A(p-q) \rangle \\
&= \langle p-q, A^T A(p-q) \rangle = \langle p-q, p-q \rangle \\
&= \| p-q \|^2 \\
&= d(p,q)^2
\end{aligned}
$$

임을 알 수 있다. 임의의 **직교행렬(orthogonal matrix)** A는 $A^TA = AA^T = I_3$이므로 $\det(A) = \pm 1$이다. 하지만 그 역은 반드시 성립하지 않음을 예를 들어

$$
A = \begin{pmatrix} 2 & 0 & 0 \\ 0 & \frac{1}{2} & 0 \\ 0 & 0 & 1 \end{pmatrix} \notin O(3)
$$

을 통해 쉽게 보일 수 있다.

$$
A = \begin{pmatrix} \cos\theta & -\sin\theta & 0 \\ \sin\theta & \cos\theta & 0 \\ 0 & 0 & 1 \end{pmatrix} \in O(3)
$$

로 정의된 $F(p) = Ap$는 z-축을 회전축으로 각도 θ만큼 회전하는 이동을 나타낸다. 반면에

$$
B = \begin{pmatrix} \cos\theta & -\sin\theta & 0 \\ \sin\theta & \cos\theta & 0 \\ 0 & 0 & -1 \end{pmatrix} \in O(3)
$$

로 정의된 $G(p) = Bp$는 xy-평면에 대칭이동을 한 후 z-축을 회전축으로 각도 θ만큼 회전이동을 하는 등장사상이다. ◈

다음 보조정리가 성립한다.

보조정리 2.4.2

$F, G : \mathbb{R}^3 \to \mathbb{R}^3$가 모두 등장사상일 때, $F \circ G$와 $G \circ F$도 등장사상이다.

증명 F와 G가 모두 전단사 함수이므로 $F \circ G$가 전단사 함수이다. 또한

$$
\begin{aligned}
d(F \circ G(p), F \circ G(q)) &= d(F(G(p)), F(G(q))) \\
&= d(G(p), G(q)) \\
&= d(p,q), \quad p, q \in \mathbb{R}^3
\end{aligned}
$$

가 성립한다. 따라서 $F \circ G$가 등장사상이다. $G \circ F$ 경우도 비슷하게 증명된다. ✤

3차원 유클리드 공간의 등장사상은 아주 특별한 형태를 가지고 있다. 실제로 다음 정리가 성립한다.

정리 2.4.3

$F: \mathbb{R}^3 \to \mathbb{R}^3$가 임의의 등장사상일 때,

$$F(p) = Ap + p_0$$

를 만족하는 행렬 $A \in O(3)$와 상수벡터 p_0가 유일하게 존재한다.

이와 같은 형태의 사상을 **아핀사상(affine mapping)**이라 하고 $\det(A) > 0$이거나 $\det(A) < 0$이면 F가 각각 **양의 방향성(positive orientation)**과 **음의 방향성(negative orientation)**을 가진다고 말한다.

위의 정리를 증명하기 위해, 먼저 다음 보조정리를 증명한다.

보조정리 2.4.4

$F: \mathbb{R}^3 \to \mathbb{R}^3$가 $F(0) = 0$을 만족하는 등장사상일 때,

$$F(p) = Ap$$

를 만족하는 행렬 $A \in O(3)$가 유일하게 존재한다. 즉 F는 **직교변환(orthogonal transformation)**이다.

증명 $F(0) = 0$이므로

$$\|F(p)\| = \|F(p) - F(0)\| = \|p - 0\| = \|p\|, \quad p \in \mathbb{R}^3$$

가 성립한다. 한편

$$\begin{aligned} \|F(p) - F(q)\|^2 &= \langle F(p) - F(q), F(p) - F(q) \rangle \\ &= \|F(p)\|^2 - 2\langle F(p), F(q) \rangle + \|F(q)\|^2 \\ &= \|p\|^2 - 2\langle F(p), F(q) \rangle + \|q\|^2 \end{aligned}$$

이고

$$\begin{aligned}\|F(p)-F(q)\|^2 &= \|p-q\|^2 \\ &= \langle p-q, p-q\rangle \\ &= \|p\|^2 - 2\langle p, q\rangle + \|q\|^2\end{aligned}$$

이므로 $\langle F(p), F(q)\rangle = \langle p, q\rangle$, $p, q \in \mathbb{R}^3$을 얻는다. 따라서

$$e_1 = (1,0,0),\ e_2 = (0,1,0),\ e_3 = (0,0,1)$$

이라 할 때,

$$\langle F(e_i), F(e_j)\rangle = \langle e_i, e_j\rangle = \delta_{ij}$$

가 성립한다. 즉, $\{F(e_1), F(e_2), F(e_3)\}$는 3차원 벡터공간 $\mathbb{R}^3$의 정규직교기저가 된다. 이 사실을 이용하면

$$F(p) = \sum_{i=1}^{3}\langle F(p), F(e_i)\rangle F(e_i), \quad p \in \mathbb{R}^3$$

로 표현할 수 있고, 최종적으로

$$F(p) = \sum_{i=1}^{3}\langle F(p), F(e_i)\rangle F(e_i) = \sum_{i=1}^{3}\langle p, e_i\rangle F(e_i)$$

가 된다. 따라서 F는 선형사상임을 알 수 있다.

선형사상으로 내적을 보존하는 사상은 직교변환뿐이다. 즉 $F(p) = Ap$를 만족하는 직교행렬 A가 존재한다. 그리고 직교행렬은 항상 역행렬이 존재하기 때문에 $F(p) = Ap$를 만족하는 직교행렬 A는 유일하게 존재해야 한다. ❖

보조정리 2.4.4를 이용하여 **정리** 2.4.3을 쉽게 증명할 수 있다. 즉 등장사상 $F: \mathbb{R}^3 \to \mathbb{R}^3$에 대하여, 새로운 등장사상 G를

$$G(p) = F(p) - F(0)$$

라 정의하면 $G(0) = F(0) - F(0) = 0$을 만족한다. 따라서 **보조정리** 2.4.4에 의해 $G(p) = Ap$를 만족하는 직교행렬 A가 유일하게 존재한다. 마지막으로 $G(p) = Ap = F(p) - F(0)$으로부터 F를 $F(p) = Ap + F(0)$의 형태로 유일하게 표현할 수 있다. ❖

2.4 ❙ 연습문제

1. 다음 사상이 등장인지 판별하라.

(1) $F(p) = -p$

(2) $F(p) = (p_1, p_2, 1),\ p = (p_1, p_2, p_3)$

(3) $F(p) = 3p + 5$

(4) $F(p) = p - 2\dfrac{\langle p, v\rangle}{\|v\|^2}v,\quad v(\neq 0) \in \mathbb{R}^3$

(5) $F(p) = p - 2\dfrac{\langle p, v\rangle}{\|v\|^2}v + p_0,\quad p_0 \in \mathbb{R}^3,\ v(\neq 0) \in \mathbb{R}^3$

2. v를 $\mathbb{R}^3$의 단위벡터라 할 때, 다음과 같이 정의된 함수

$$L(p) = kv \times p + \langle v, p\rangle v,\quad k \in \mathbb{R}$$

에 대하여 다음 물음에 답하라.

(1) L이 선형사상(linear map)임을 보여라.

(2) 선형사상 L이 직교변환(orthogonal transformation)이 되도록 실수의 상수 k를 결정하라.

3. $F: \mathbb{R}^3 \to \mathbb{R}^3$가 직교변환이고 T_a가 a만큼 평행이동을 나타낼 때, 다음 등식을 증명하라.

$$F \circ T_a = T_{F(a)} \circ F$$

4. $\Delta(abc)$가 꼭짓점 a, b, c와 꼭지각 $\alpha, \beta, \gamma > 0$를 갖는 2차원 유클리드 평면에 있는 삼각형이고 그 경계가 시계반대방향의 방향성을 갖고 있을 때, 다음 회전이동들의 합성함수

$$R(a, 2\alpha) \circ R(b, 2\beta) \circ R(c, 2\gamma)$$

가 항상 항등함수임을 보여라. 단, 여기서 $R(a, 2\alpha)$, $R(a, 2\beta)$, $R(c, 2\gamma)$는 각각 a, b, c를 회전축으로 시계반대방향으로 2α, 2β, 2γ만큼 회전하는 이동을 나타낸다.

5. f와 g가 양의 방향성을 갖는 두 2차원 유클리드 공간의 등장사상이라 할 때,

$$[f, g] := f \circ g \circ f^{-1} \circ g^{-1}$$

이 평행이동임을 보여라.

6. 2차원 유클리드 공간의 임의의 평행이동 T는 적당한 두 개의 등장사상 f, g를 이용하여

$$T = [f, g]$$

로 주어짐을 보여라.

7. 2차원 유클리드 평면에서 a를 회전축으로 π만큼 회전하는 회전이동 $R(a, \pi)$를 H_a로 나타내고 반회전(half-turn)이라 부른다. 이때 다음 물음에 답하라.

(1) 임의의 두 점 $a, b \in \mathbb{R}^2$에 대하여, $H_b \circ H_a$가 평행이동임을 보여라.

(2) 임의의 평행이동 T_a를 적당한 두 점 $b, c \in \mathbb{R}^2$와 H_b, H_c를 이용하여

$$T_a = H_b \circ H_c$$

로 나타낼 수 있음을 보여라.

2.5 ❙ 두 곡선의 합동

두 정칙인 매개함수로 표현된 3차원 유클리드 공간에 놓여 있는 두 곡선이 놓여 있는 위치만 다를 뿐이고, 근본적으로 같은 기하학적인 성질을 만족하는 경우가 있다. 예를 들어 중심은 다르지만 반지름이 같은 평면에 놓여 있는 두 원은 한 원을 평행이동시켜 다른 원에 포개 놓을 수 있고, 따라서 비록 두 원이 다른 위치에 놓여 있지만 똑같은 기하학적 성질을 가지고 있음은 직관적으로 자명한 사실이다.

이 절에서는 정칙인 매개함수로 표현된 3차원 유클리드 공간에 놓여 있는 두 곡선이 등장사상에 의해 합동이 될 필요충분조건에 관한 논의를 한다.

이를 위해 먼저 2.4절에서 소개한 등장사상의 개념을 이용하여 매개함수로 주어진 두 곡선의 합동을 엄밀하게 정의한다. 즉 정칙인 두 매개함수 $\alpha, \beta : I \to \mathbb{R}^3$에 대하여

$$\beta(t) = F(\alpha(t)), \quad t \in I$$

를 만족하는 등장사상 $F: \mathbb{R}^3 \to \mathbb{R}^3$가 존재할 때, α와 β가 **합동**(congruence)이라 말한다.

앞서 언급한 바와 같이 미분가능인 매개함수 $\alpha : I = (a, b) \to \mathbb{R}^3$에 의해 주어지는 곡선의 길이 $L(\alpha)$는 다음과 같은 이상적분(improper integral)

$$\int_a^b \| \alpha'(t) \| \, dt$$

가 존재하는 경우에 이 이상적분의 값으로 정의하고, $L(\alpha)$를 간단히 α의 **호길이**(arc length)라 부른다(2.1절 참고).

보조정리 2.5.1

정칙인 두 매개함수 $\alpha, \beta : I = (a, b) \to \mathbb{R}^3$가 $F(p) = Ap + p_0$, $A \in O(3)$로 주어지는 등장사상 $F: \mathbb{R}^3 \to \mathbb{R}^3$에 의해 합동일 때, 다음이 성립한다.

(1) 모든 $t \in I$에 대하여 $\| \alpha'(t) \| = \| \beta'(t) \|$이다. 따라서 α와 β의 호길이도 서로 같다.

(2) 모든 $t \in I$에 대하여 $\kappa_\alpha(t) = \kappa_\beta(t)$이다.

(3) 모든 $t \in I$에 대하여 $\tau_\alpha(t) = \det(A)\tau_\beta(t) = \pm\,\tau_\beta(t)$이다.

증명 (1) 가정에 의해, $\beta(t) = F(\alpha(t))$이므로

$$\beta'(t) = \frac{d}{dt}(A\alpha(t) + p_0) = A\alpha'(t),\ \beta''(t) = A\alpha''(t)$$

가 성립한다. 따라서 $\|\beta'(t)\| = \|A(\alpha'(t))\| = \|\alpha'(t)\|$이고, 이를 이용하여

$$L(\alpha) = \int_a^b \|\alpha'(t)\| dt = \int_a^b \|\beta'(t)\| dt = L(\beta)$$

임을 알 수 있다.

(2) 곡률 공식에 의해

$$\kappa_\beta(t) = \frac{\|\beta'(t) \times \beta''(t)\|}{\|\beta'(t)\|^3} = \frac{\|A(\alpha'(t)) \times A(\alpha''(t))\|}{\|A(\alpha'(t))\|^3}$$

이 성립한다. 한편

$$\begin{aligned}
&\|A(\alpha'(t)) \times A(\alpha''(t))\|^2 \\
&\quad = \|A(\alpha'(t))\|^2 \|A(\alpha''(t))\|^2 - \langle A(\alpha'(t)), A(\alpha''(t))\rangle^2 \\
&\quad = \|\alpha'(t)\|^2 \|\alpha''(t)\|^2 - \langle \alpha'(t), \alpha''(t)\rangle^2 \\
&\quad = \|\alpha'(t) \times \alpha''(t)\|^2
\end{aligned}$$

이므로

$$\kappa_\beta(t) = \frac{\|A(\alpha'(t)) \times A(\alpha''(t))\|}{\|A(\alpha'(t))\|^3} = \frac{\|\alpha'(t) \times \alpha''(t)\|}{\|\alpha'(t)\|^3} = \kappa_\alpha(t)$$

가 성립한다.

(3) 비틀림률 공식에 의해

$$\begin{aligned}
\tau_\beta(t) &= -\frac{\langle \beta'(t) \times \beta''(t), \beta'''(t)\rangle}{\|\beta'(t) \times \beta''(t)\|^2} \\
&= -\frac{\langle A\alpha'(t) \times A\alpha''(t), A\alpha'''(t)\rangle}{\|A\alpha'(t) \times A\alpha''(t)\|^2}
\end{aligned}$$

로 주어진다. 한편

$$\begin{aligned}
\langle Au \times Av, Aw\rangle &= \det(Au\,Av\,Aw)_{3\times 3} \\
&= \det(A(u\,v\,w)_{3\times 3}) \\
&= \det(A)\det(uvw)_{3\times 3} \\
&= \det(A)\langle u \times v, w\rangle
\end{aligned}$$

가 성립한다. 따라서

$$\begin{aligned}\tau_\beta(t) &= -\frac{\langle A\alpha'(t)\times A\alpha''(t), A\alpha'''(t)\rangle}{\|A\alpha'(t)\times A\alpha''(t)\|^2}\\ &= -\det(A)\frac{\langle \alpha'(t)\times \alpha''(t), \alpha'''(t)\rangle}{\|\alpha'(t)\times \alpha''(t)\|^2}\\ &= \det(A)\tau_\alpha(t)\end{aligned}$$

가 증명된다. ✤

사실 보조정리 2.5.1의 역도 성립한다.

정리 2.5.2

정칙인 두 매개함수 $\alpha, \beta : I = (a, b) \to \mathbb{R}^3$가 모든 $t \in I$에 대하여

(1) $\|\alpha'(t)\| = \|\beta'(t)\|$

(2) $\kappa_\alpha(t) = \kappa_\beta(t)$

(3) $\tau_\alpha(t) = \pm\tau_\beta(t)$, 즉 $|\tau_\alpha(t)| = |\tau_\beta(t)|$

을 만족할 때, 모든 $t \in I$에 대하여 $\beta(t) = F(\alpha(t))$을 만족하는 등장사상 $F : \mathbb{R}^3 \to \mathbb{R}^3$가 존재한다.

증명 먼저 $\tau_\beta(t) = \tau_\alpha(t)$인 경우를 증명한다. 이를 위해 두 매개함수가 모두 단위속력을 가지고 있다고 가정해도 일반성을 잃지 않는다. 그런 다음 정의역 I의 한 점 t_0를 고정하고 다음을 만족하는 3×3 직교행렬 A를 택하자.

$$\boldsymbol{T}_\beta(t_0) = A\boldsymbol{T}_\alpha(t_0), \quad \boldsymbol{N}_\beta(t_0) = A\boldsymbol{N}_\alpha(t_0), \quad \boldsymbol{B}_\beta(t_0) = A\boldsymbol{B}_\alpha(t_0)$$

프레네-세레 틀마당은 항상 오른손 법칙을 만족하기 때문에 직교행렬 A는 $\det(A) = 1$을 만족함을 알 수 있다.

이제 새로운 매개함수

$$\gamma(t) = A(\alpha(t) - \alpha(t_0)) + \beta(t_0)$$

을 정의하여 얻은 프레네-세레 틀마당 $\{\boldsymbol{T}_\gamma(t), \boldsymbol{N}_\gamma(t), \boldsymbol{B}_\gamma(t)\}$을 이용하여 실숫값을 갖는 함수

$$f(t) = \|\boldsymbol{T}_\beta(t) - \boldsymbol{T}_\gamma(t)\|^2 + \|\boldsymbol{N}_\beta(t) - \boldsymbol{N}_\gamma(t)\|^2 + \|\boldsymbol{B}_\beta(t) - \boldsymbol{B}_\gamma(t)\|^2$$

을 정의하자. 그러면 프레네-세레 공식을 이용하는 복잡하지만 어렵지 않은 계산에 의해, 모든 $t \in I$에 대하여 $f'(t) = 0$임을 보일 수 있다. 즉 $f(t) = C =$상수이다. 실제로,

$$\gamma'(t) = A\alpha'(t),\ \gamma''(t) = A\alpha''(t),\ \gamma'''(t) = A\alpha'''(t)$$

이므로 $\kappa_\gamma(t) = \kappa_\alpha(t) = \kappa_\beta(t)$이고 $\tau_\gamma(t) = \tau_\alpha(t) = \tau_\beta(t)$이다. 따라서 다음 등식이 성립한다.

$$\begin{aligned}
f'(t) = 2(&< \boldsymbol{T}_\beta'(t) - \boldsymbol{T}_\gamma'(t), \boldsymbol{T}_\beta(t) - \boldsymbol{T}_\gamma(t) > \\
&+ < \boldsymbol{N}_\beta'(t) - \boldsymbol{N}_\gamma'(t), \boldsymbol{N}_\beta(t) - \boldsymbol{N}_\gamma(t) > \\
&+ < \boldsymbol{B}_\beta'(t) - \boldsymbol{B}_\gamma'(t), \boldsymbol{B}_\beta(t) - \boldsymbol{B}_\gamma(t) >) \\
= 2(&< \kappa_\beta(t)\boldsymbol{N}_\beta(t) - \kappa_\gamma(t)\boldsymbol{N}_\gamma(t), \boldsymbol{T}_\beta(t) - \boldsymbol{T}_\gamma(t) > \\
&+ < -(\kappa_\beta(t)\boldsymbol{T}_\beta(t) + \tau_\beta(t)\boldsymbol{B}_\beta(t)) \\
&+ (\kappa_\gamma(t)\boldsymbol{T}_\gamma(t) + \tau_\gamma(t)\boldsymbol{B}_\gamma(t)), \boldsymbol{N}_\beta(t) - \boldsymbol{N}_\gamma(t) > \\
&+ < \tau_\beta(t)\boldsymbol{N}_\beta(t) - \tau_\gamma(t)\boldsymbol{N}_\gamma(t), \boldsymbol{B}_\beta(t) - \boldsymbol{B}_\gamma(t) >) \\
= 2(&< \kappa_\beta(t)\boldsymbol{N}_\beta(t) - \kappa_\beta(t)\boldsymbol{N}_\gamma(t), \boldsymbol{T}_\beta(t) - \boldsymbol{T}_\gamma(t) > \\
&+ < -(\kappa_\beta(t)\boldsymbol{T}_\beta(t) + \tau_\beta(t)\boldsymbol{B}_\beta(t)) \\
&+ (\kappa_\beta(t)\boldsymbol{T}_\gamma(t) + \tau_\beta(t)\boldsymbol{B}_\gamma(t)), \boldsymbol{N}_\beta(t) - \boldsymbol{N}_\gamma(t) > \\
&+ < \tau_\beta(t)\boldsymbol{N}_\beta(t) - \tau_\beta(t)\boldsymbol{N}_\gamma(t), \boldsymbol{B}_\beta(t) - \boldsymbol{B}_\gamma(t) >) \\
= 2(&\kappa_\beta(t)(< \boldsymbol{N}_\beta(t), \boldsymbol{T}_\gamma(t) > - < \boldsymbol{N}_\gamma(t), \boldsymbol{T}_\beta(t) >) \\
&+ \kappa_\beta(t)(- < \boldsymbol{N}_\beta(t), \boldsymbol{T}_\gamma(t) > + < \boldsymbol{N}_\gamma(t), \boldsymbol{T}_\beta(t) >) \\
&+ \tau_\beta(t)(< \boldsymbol{B}_\beta(t), \boldsymbol{N}_\gamma(t) > + < \boldsymbol{B}_\gamma(t), \boldsymbol{N}_\beta(t) >) \\
&+ \tau_\beta(t)(- < \boldsymbol{B}_\beta(t), \boldsymbol{N}_\gamma(t) > - < \boldsymbol{B}_\gamma(t), \boldsymbol{N}_\beta(t) >)) \\
= 0&
\end{aligned}$$

한편 보조정리 2.5.3에 의해 $t = t_0$에서

$$\boldsymbol{T}_\beta(t_0) = \boldsymbol{T}_\gamma(t_0),\ \boldsymbol{N}_\beta(t_0) = \boldsymbol{N}_\gamma(t_0),\ \boldsymbol{B}_\beta(t_0) = \boldsymbol{B}_\gamma(t_0)$$

가 성립하므로 $f(t_0) = 0 = C$이다. 따라서 모든 $t \in I$에 대하여 $f(t) = 0$이 성립한다. 이것은 특히

$$\| \boldsymbol{T}_\beta(t) - \boldsymbol{T}_\gamma(t) \| = 0$$

임을 의미한다. 즉 모든 $t \in I$에 대하여

$$\beta'(t) = \gamma'(t) = A\alpha'(t)$$

이므로

$$\beta(t) = A\alpha(t) + p_0, \quad p_0\text{는 상수벡터}$$

의 형태로 표현할 수 있다. 마지막으로 $F(p) = Ap + p_0$라 놓으면 $A \in O(3)$이므로 F는 $\beta(t) = F(\alpha(t))$를 만족하는 등장사상이 된다. 단, 여기서 $p_0 = \beta(t_0) - A\alpha(t_0)$로 주어진다.

$\tau_\beta(t) = -\tau_\alpha(t)$인 경우의 증명도 비슷하다. 다만 정의역 I의 한 점 t_0를 고정하고

$$\boldsymbol{T}_\beta(t_0) = A\boldsymbol{T}_\alpha(t_0), \quad \boldsymbol{N}_\beta(t_0) = A\boldsymbol{N}_\alpha(t_0), \quad -\boldsymbol{B}_\beta(t_0) = A\boldsymbol{B}_\alpha(t_0)$$

를 만족하는 직교행렬 A를 택하는 과정만 다를 뿐이다(이 경우에는 $\det(A) = -1$이다). 자세한 과정은 연습문제로 남겨둔다. ✤

보조정리 2.5.3

3×3 직교행렬 A는 항상 다음 관계식을 만족한다.

$$A(u \times v) = \det(A)(Au \times Av), \quad u, v \in \mathbb{R}^3$$

증명

$$e_1 = (1, 0, 0),\ e_2 = (0, 1, 0),\ e_3 = (0, 0, 1)$$

일 때, Ae_1, Ae_2, Ae_3는 각각 행렬 A의 첫 번째, 두 번째, 세 번째 열을 나타낸다. 한편 $A \in O(3)$이므로 $\det(A) = \pm 1$이다. 따라서 오른손 법칙에 의해

$$Ae_3 = \det(A) Ae_1 \times Ae_2$$

를 만족한다. 또는 $\{Ae_1, Ae_2, Ae_3\}$가 정규직교기저이므로

$$Ae_1 \times Ae_2 = a_1 Ae_1 + a_2 Ae_2 + a_3 Ae_3, \quad a_1, a_2, a_3 \in \mathbb{R}$$

로 나타낼 수 있다. 한편

$$\begin{aligned} a_3 &= \langle a_3 Ae_3, Ae_3 \rangle = \langle Ae_1 \times Ae_2, Ae_3 \rangle = \det(Ae_1 Ae_2 Ae_3) \\ &= \det(A)\det(e_1 e_2 e_3) = \det(A) \end{aligned}$$

이다. 또한, 각각의 $i=1,2$에 대하여

$$
\begin{aligned}
a_i &= \langle a_i Ae_i, Ae_i \rangle = \langle Ae_1 \times Ae_2, Ae_i \rangle = \det(Ae_1 Ae_2 Ae_i) \\
&= \det(A)\det(e_1 e_2 e_i) = 0
\end{aligned}
$$

이다. 비슷한 방법으로

$$
Ae_1 = \det(A) Ae_2 \times Ae_3, \quad Ae_2 = \det(A) Ae_3 \times Ae_1
$$

이 성립함도 보일 수 있다. 따라서 u와 v가 e_1, e_2 또는 e_3인 경우에는 보조정리의 등식이 성립한다.

일반적으로 보조정리의 등식이 성립함을 보이기 위해서는 위의 등식이 두 벡터 u와 v에 대하여 모두 선형적임을 알면 된다. 즉 임의의 벡터 u를

$$
u = x_1 e_1 + x_2 e_2 + x_3 e_3, \; x_1, x_2, x_3 \in \mathbb{R}
$$

의 일차결합으로 표현할 수 있고, 이를 이용하여

$$
\begin{aligned}
Au \times Ae_1 &= A(x_1 e_1 + x_2 e_2 + x_3 e_3) \times Ae_1 \\
&= x_1 Ae_1 \times Ae_1 + x_2 Ae_2 \times Ae_1 + x_3 Ae_3 \times Ae_1 \\
&= -x_2 \det(A) Ae_3 + x_3 \det(A) Ae_2 \\
&= \det(A) A(-x_2 e_3 + x_3 e_2) \\
&= \det(A) A((x_1 e_1 + x_2 e_2 + x_3 e_3) \times e_1) \\
&= \det(A) A(u \times e_1)
\end{aligned}
$$

을 보일 수 있다. 비슷한 방법으로, 관계식의 선형성을 이용하여

$$
Au \times Ae_i = \det(A) A(u \times e_i), \; i = 2, 3
$$

와

$$
Au \times Av = \det(A) A(u \times v), \; u, v \in \mathbb{R}^3
$$

도 성립함을 보일 수 있다. ✤

보조정리 2.5.3을 이용하여, $\det(A)=1$인 경우에 정리 2.5.2를 증명하는 과정에서 나온 등식

$$
\boldsymbol{B}_\gamma(t_0) = \boldsymbol{T}_\gamma(t_0) \times \boldsymbol{N}_\gamma(t_0)
$$

$$
\begin{aligned}
&= A\boldsymbol{T}_\alpha(t_0)\times A\boldsymbol{N}_\alpha(t_0)\\
&= \det(A)A(\boldsymbol{T}_\alpha(t_0)\times \boldsymbol{N}_\alpha(t_0))\\
&= A\boldsymbol{B}_\alpha(t_0)\\
&= \boldsymbol{B}_\beta(t_0)
\end{aligned}
$$

가 성립함을 보일 수 있다.

예제 2.5.4 α, β, γ는 정의역이 실수 전체인 다음과 같이 주어진 매개함수이다.

$$
\begin{aligned}
&\alpha(t) = (t+\sqrt{3}\sin t, 2\cos t, \sqrt{3}t-\sin t),\\
&\beta(t) = (2\cos t, 2\sin t, -2t),\\
&\gamma(t) = (2\cos t, 2\sin t, 2t-1)
\end{aligned}
$$

이때 α, β, γ의 속력, 곡률, 비틀림률을 각각 계산하면

$$
\begin{aligned}
&\|\alpha'(t)\| = \|\beta'(t)\| = \|\gamma'(t)\| = 2\sqrt{2},\\
&\kappa_\alpha(t) = \kappa_\beta(t) = \kappa_\gamma(t) = \frac{1}{4},\ \tau_\alpha(t) = \tau_\beta(t) = \frac{1}{4} = -\tau_\gamma(t)
\end{aligned}
$$

이다.

따라서 정리 2.5.2에 의해 α, β, γ는 서로 합동이다. 사실 곡률과 비틀림률이 모두 영이 아닌 상수이므로 α, β, γ는 모두 원형나선을 나타낸다([그림 2.14], [그림 2.15], [그림 2.16]).

이제 α를 β로 보내주는 등장사상 F를 구체적으로 찾기 위해 $t=0$에서 먼저 α의 프레네-세레 틀마당은

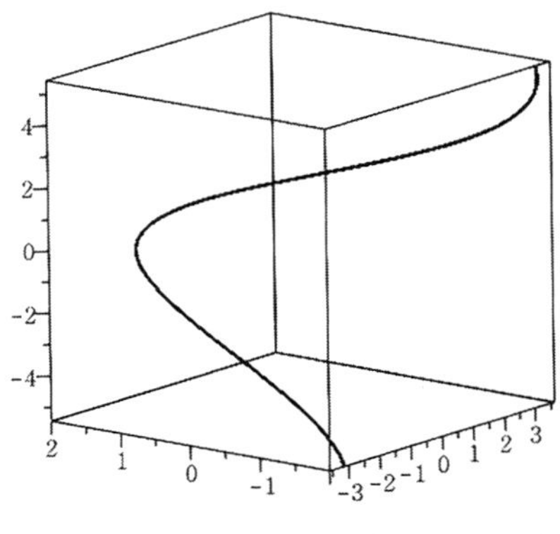

[그림 2.14] 예제 2.5.4의 α

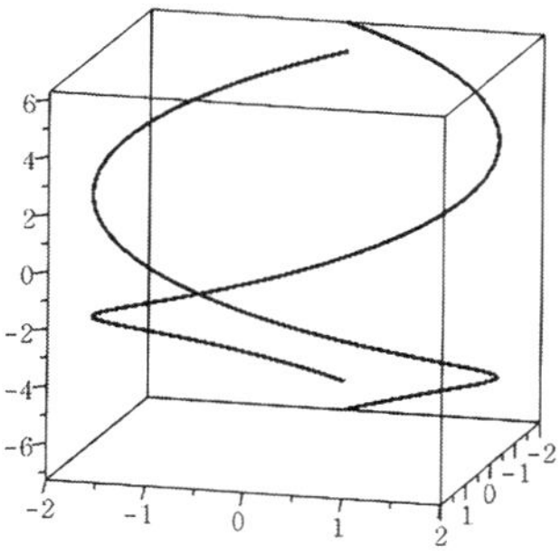

[그림 2.15] 예제 2.5.4의 β와 γ

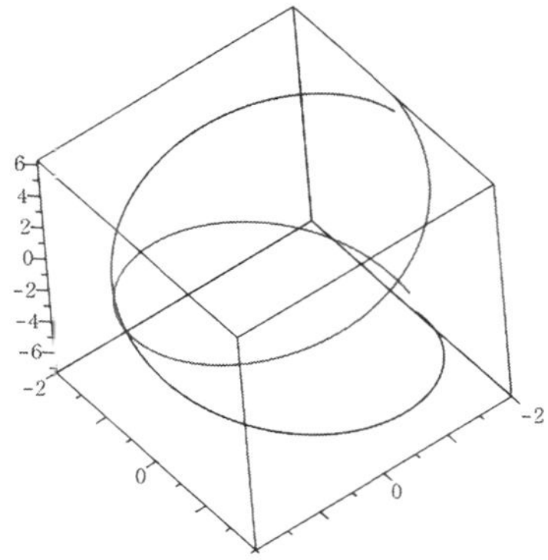

[그림 2.16] 다른 각도에서 본 예제 2.5.4의 β와 γ

$$
\begin{aligned}
\boldsymbol{T}_\alpha(0) &= \frac{\alpha'(0)}{\|\alpha'(0)\|} = \frac{1}{2\sqrt{2}}(1+\sqrt{3}, 0, -1+\sqrt{3}),\\
\boldsymbol{B}_\alpha(0) &= \frac{\alpha'(0)\times\alpha''(0)}{\|\alpha'(0)\times\alpha''(0)\|} = \frac{1}{2\sqrt{2}}(-1+\sqrt{3}, 0, -1-\sqrt{3}),\\
\boldsymbol{N}_\alpha(0) &= \boldsymbol{B}_\alpha(0)\times\boldsymbol{T}_\alpha(0) = (0, -1, 0)
\end{aligned}
$$

이고 β의 프레네-세레 틀마당은

$$
\begin{aligned}
\boldsymbol{T}_\beta(0) &= \frac{\beta'(0)}{\|\beta'(0)\|} = \frac{1}{\sqrt{2}}(0, 1, -1),\\
\boldsymbol{B}_\beta(0) &= \frac{\beta'(0)\times\beta''(0)}{\|\beta'(0)\times\beta''(0)\|} = \frac{1}{\sqrt{2}}(0, 1, 1),\\
\boldsymbol{N}_\beta(0) &= \boldsymbol{B}_\beta(0)\times\boldsymbol{T}_\beta(0) = (-1, 0, 0)
\end{aligned}
$$

임을 알자. $\tau_\alpha(t)=\tau_\beta(t)$이므로 α의 프레네-세레 틀마당

$$\{\boldsymbol{T}_\alpha(0), \boldsymbol{N}_\alpha(0), \boldsymbol{B}_\alpha(0)\}$$

을 β의 프레네-세레 틀마당

$$\{\boldsymbol{T}_\beta(0), \boldsymbol{N}_\beta(0), \boldsymbol{B}_\beta(0)\}$$

으로 보내는 행렬 A는

$$
\begin{aligned}
A &= (\boldsymbol{T}_\beta(0)\,\boldsymbol{N}_\beta(0)\,\boldsymbol{B}_\beta(0))_{3\times 3}(\boldsymbol{T}_\alpha(0)\,\boldsymbol{N}_\alpha(0)\,\boldsymbol{B}_\alpha(0))^{-1}_{3\times 3}\\
&= (\boldsymbol{T}_\beta(0)\,\boldsymbol{N}_\beta(0)\,\boldsymbol{B}_\beta(0))_{3\times 3}(\boldsymbol{T}_\alpha(0)\,\boldsymbol{N}_\alpha(0)\,\boldsymbol{B}_\alpha(0))^{T}_{3\times 3}
\end{aligned}
$$

$$
=\begin{pmatrix} 0 & -1 & 0 \\ \frac{1}{\sqrt{2}} & 0 & \frac{1}{\sqrt{2}} \\ -\frac{1}{\sqrt{2}} & 0 & \frac{1}{\sqrt{2}} \end{pmatrix}\begin{pmatrix} \frac{1+\sqrt{3}}{2\sqrt{2}} & 0 & \frac{-1+\sqrt{3}}{2\sqrt{2}} \\ 0 & -1 & 0 \\ \frac{-1+\sqrt{3}}{2\sqrt{2}} & 0 & -\frac{1+\sqrt{3}}{2\sqrt{2}} \end{pmatrix}
$$

$$
=\begin{pmatrix} 0 & 1 & 0 \\ \frac{\sqrt{3}}{2} & 0 & -\frac{1}{2} \\ -\frac{1}{2} & 0 & -\sqrt{3} \end{pmatrix}
$$

로 주어진다. 따라서 α를 β로 보내는 등장사상 F는 $F(p)=Ap+p_0$로 주어진다. 상수 벡터 p_0를 구하기 위해

$$
p_0=\beta(0)-A\alpha(0)=\begin{pmatrix} 0 \\ 0 \\ 0 \end{pmatrix}
$$

을 계산하면 된다. 즉, $F(p)=Ap$가 모든 t에 대하여 $\beta(t)=A\alpha(t)$를 만족한다. 또한 γ의 프레네-세레 틀마당은

$$
\begin{aligned}
\boldsymbol{T}_\gamma(0)&=\frac{\gamma'(0)}{\|\gamma'(0)\|}=\frac{1}{\sqrt{2}}(0,1,1),\\
\boldsymbol{B}_\gamma(0)&=\frac{\gamma'(0)\times\gamma''(0)}{\|\gamma'(0)\times\gamma''(0)\|}=\frac{1}{\sqrt{2}}(0,-1,1),\\
\boldsymbol{N}_\gamma(0)&=B_\gamma(0)\times T_\gamma(0)=(-1,0,0)
\end{aligned}
$$

이다. $\tau_\gamma(t)=-\tau_\beta(t)$이므로 β의 프레네-세레 틀마당

$$
\{\boldsymbol{T}_\beta(0),\boldsymbol{N}_\beta(0),\boldsymbol{B}_\beta(0)\}
$$

을 γ의 프레네-세레 틀마당의 변형인

$$
\{\boldsymbol{T}_\gamma(0),\boldsymbol{N}_\gamma(0),-\boldsymbol{B}_\gamma(0)\}
$$

으로 보내는 행렬 B는

$$
\begin{aligned}
B&=(\boldsymbol{T}_\gamma(0)\,\boldsymbol{N}_\gamma(0)-\boldsymbol{B}_\gamma(0))_{3\times3}(\boldsymbol{T}_\beta(0)\,\boldsymbol{N}_\beta(0)\,\boldsymbol{B}_\beta(0))_{3\times3}^{-1}\\
&=(\boldsymbol{T}_\gamma(0)\,\boldsymbol{N}_\gamma(0)-\boldsymbol{B}_\gamma(0))_{3\times3}(\boldsymbol{T}_\beta(0)\,\boldsymbol{N}_\beta(0)\,\boldsymbol{B}_\beta(0))_{3\times3}^{T}\\
&=\begin{pmatrix} 0 & -1 & 0 \\ \frac{1}{\sqrt{2}} & 0 & \frac{1}{\sqrt{2}} \\ \frac{1}{\sqrt{2}} & 0 & -\frac{1}{\sqrt{2}} \end{pmatrix}\begin{pmatrix} 0 & -1 & 0 \\ \frac{1}{\sqrt{2}} & 0 & \frac{1}{\sqrt{2}} \\ -\frac{1}{\sqrt{2}} & 0 & \frac{1}{\sqrt{2}} \end{pmatrix}^T
\end{aligned}
$$

$$
= \begin{pmatrix} 1 & 0 & 0 \\ 0 & 1 & 0 \\ 0 & 0 & -1 \end{pmatrix}
$$

로 주어진다. 따라서 β를 γ로 보내는 등장사상 G는 $G(p) = Bp + q_0$로 주어진다. 마지막으로 상수벡터 q_0를 구하기 위해

$$
q_0 = \gamma(0) - B\beta(0) = \begin{pmatrix} 0 \\ 0 \\ -1 \end{pmatrix}
$$

을 계산하면 된다. 즉 $G(p) = Bp + q_0$가 모든 t에 대하여 $\gamma(t) = B\beta(t) + q_0$을 만족한다.

◆

앞으로 양의 상수 a와 영이 아닌 상수 b에 대하여,

$$
\beta_{a,b}(s) = \left(a\cos\frac{s}{c}, a\sin\frac{s}{c}, \frac{bs}{c} \right), \quad c = \sqrt{a^2 + b^2}
$$

라 하자.

따름정리 2.5.5

단위속력변수를 갖는 매개함수 $\alpha : I \to \mathbb{R}^3$에 대하여, 다음이 성립한다.

(1) 만약 α가 $\beta_{a,b}$와 합동이면 α의 곡률과 비틀림률이 모두 영이 아닌 상수이다.

(2) α의 곡률 κ_α과 비틀림률 τ_α가 모두 영이 아닌 상수일 때,

$$
a = \frac{\kappa_\alpha}{\kappa_\alpha^2 + \tau_\alpha^2}, \quad b = \pm \frac{\tau_\alpha}{\kappa_\alpha^2 + \tau_\alpha^2}
$$

라 하면 α와 $\beta_{a,b}$가 서로 합동이다.

증명 (1) α가 $\beta_{a,b}$와 합동이므로

$$
\kappa_\alpha(s) = \kappa_{\beta_{a,b}}(s) = \frac{a}{a^2 + b^2} \neq 0 \text{이고} \ \pm\tau_\alpha(s) = \tau_{\beta_{a,b}}(s) = -\frac{b}{a^2 + b^2} \neq 0
$$

이다.

(2) 반대로 κ_α와 τ_α가 모두 영이 아닌 상수라 하자. 이때

$$
a = \frac{\kappa_\alpha}{\kappa_\alpha^2 + \tau_\alpha^2}, \quad b = \pm \frac{\tau_\alpha}{\kappa_\alpha^2 + \tau_\alpha^2}
$$

라 놓으면 $\beta_{a,b}$의 곡률과 비틀림률은 각각

$$\kappa_{\beta_{a,b}}(s) = \frac{a}{a^2+b^2} = \kappa_\alpha, \quad \tau_{\beta_{a,b}}(s) = -\frac{b}{a^2+b^2} = \mp\,\tau_\alpha$$

이다. 따라서 α와 $\beta_{a,b}$는 서로 합동이다. ✤

정의에 의해 매개곡선의 곡률은 항상 음이 아니므로 지금까지의 논의를 표로 정리하면 다음과 같다.

$\kappa \equiv 0$	직선
$\tau \equiv 0$	평면곡선
κ는 양의 상수, $\tau \equiv 0$	원
κ는 양의 상수이고 τ는 영이 아닌 상수	원형나선
$\frac{\tau}{\kappa}$=상수, $\kappa > 0$	원기둥나선

2.5 ▌연습문제

1. α와 β가 정의역이 $\mathbb{R}$이고 공역이 $\mathbb{R}^3$인 다음과 같이 정의된 매개함수라 하자. 이때 다음 물음에 답하라.

$$\alpha(t) = (t+3, t+4, -t^2+5), \quad \beta(t) = (-\sqrt{2}\,t, 0, t^2)$$

(1) α의 프레네-세레 틀마당 $\{\boldsymbol{T}_\alpha, \boldsymbol{N}_\alpha, \boldsymbol{B}_\alpha\}$와 곡률 κ_α와 비틀림률 τ_α를 구하라.

(2) β의 프레네-세레 틀마당 $\{\boldsymbol{T}_\beta, \boldsymbol{N}_\beta, \boldsymbol{B}_\beta\}$와 곡률 κ_β와 비틀림률 τ_β를 구하라.

(3) α가 평면곡선인지 판별하라. 만일 α가 평면곡선이라면 α를 포함하고 있는 평면의 방정식을 구체적으로 구하라.

(4) e_1, e_2, e_3를 $\mathbb{R}^3$에서 다음과 같이 정의된 **좌표벡터**(coordinate vector)라 하자.

$$e_1 = (1,0,0), \; e_2 = (0,1,0), \; e_3 = (0,0,1)$$

이때 다음을 만족하는 직교행렬 A와 B를 구하라.

$$A(e_1) = \boldsymbol{T}_\alpha(0),\ A(e_2) = \boldsymbol{N}_\alpha(0),\ A(e_3) = \boldsymbol{B}_\alpha(0),$$
$$B(e_1) = \boldsymbol{T}_\beta(0),\ B(e_2) = \boldsymbol{N}_\beta(0),\ B(e_3) = \boldsymbol{B}_\beta(0)$$

(5) α와 β가 서로 합동인지 판별하라. 만일 α와 β가 서로 합동이라면 α를 β로 보내주는 등장사상 $F: \mathbb{R}^3 \to \mathbb{R}^3$를

$$F(u) = Cu + u_0$$

의 형태로 찾아라. 단, 여기서 C는 3×3 직교행렬이고 u_0는 상수벡터이다.

2. α와 β가 다음과 같이 정의된 매개함수일 때, 위의 문제 1의 (1)-(5)에 답하라.

$$\alpha(t) = (t+3, t+4, -t^2+5),\quad \beta(t) = (\sqrt{2}t, 0, t^2)$$

3. α와 β가 다음과 같이 정의된 매개함수일 때, 위의 문제 1의 (1)-(5)에 답하라.

$$\alpha(t) = (\sqrt{2}t,\ t^2,\ 1),\quad \beta(t) = (-t,\ t,\ t^2)$$

4. α와 β가 다음과 같이 정의된 매개함수일 때, 위의 문제 1의 (1)-(5)에 답하라.

(1) $\alpha(t) = (t + \sqrt{3}\sin t, 2\cos t,\ \sqrt{3}t - \sin t)$,
$\beta(t) = (-2\sin t,\ \sqrt{2}(\cos t - t),\ \sqrt{2}(\cos t + t))$

(2) $\alpha(t) = (\cosh t, \sinh t, t),\quad \beta(t) = \left(\frac{e^{-t}}{\sqrt{2}}, \frac{e^t}{\sqrt{2}}, t+2\right)$

5. 다음과 같이 주어진 두 매개함수

$$\alpha(t) = \left(2t, t^2, \frac{1}{3}t^3\right),\quad -\infty < t < \infty,$$
$$\beta(t) = \left(at + \frac{b}{6}t^3 + 1, at^2 + 2, bt + \frac{t^3}{6} + 3\right),\quad -\infty < t < \infty$$

이 서로 합동이 되도록 상수 $a < 0,\ b > 0$를 결정하라.

6. 매개함수

$$\alpha(t) = (t + \sqrt{3}\sin t, 2\cos t,\ \sqrt{3}t - \sin t),\quad -\infty < t < \infty$$

일 때, α가 원형나선을 나타내는지 판별하라. 만약 α가 원형나선을 나타낸다면 α와 합동인 새로운 매개함수

$$\beta(t) = (a\cos t, a\sin t, bt),\ a, b\text{는 양의 상수}$$

를 구체적으로 찾아라.

7. α와 β가 다음과 같이 정의된 매개함수일 때, 다음 물음에 답하라.

$$\alpha(t) = (\sqrt{2}t+3,\ t^2+2,\ 1),$$
$$\beta(t) = \left(-\frac{1}{\sqrt{2}}(t+t^2)+1,\ t+2,\ \frac{1}{\sqrt{2}}(-t+t^2)\right),\quad t\in\mathbb{R}$$

(1) α와 β가 서로 합동인지 판별하라.

(2) 만약 α와 β가 서로 합동이면, $F(\alpha(t)) = \beta(t)$를 만족하는 등장사상 $F: \mathbb{R}^3 \to \mathbb{R}^3$를 찾아라.

8. 실수의 집합에서 정의된 두 정칙매개함수 α와 β가 서로 합동이고

$$\langle \alpha'(t)\times\alpha''(t),\ \alpha'''(t)\rangle = \langle \beta'(t)\times\beta''(t),\ \beta'''(t)\rangle,\quad t\in\mathbb{R}$$

일 때, 상수 A, B, C를 모두 찾아라.

$$\alpha(t) = (At+Bt^2,\ t-t^2,\ 1+Ct^3),$$
$$\beta(t) = (At^2+t^3,\ 1+Ct,\ t^2-Bt^3)$$

9. $\{u_1,\ u_2,\ u_3\}$가

$$\langle u_1\times u_2,\ u_3\rangle > 0$$

을 만족하는 3차원 유클리드 공간 $\mathbb{R}^3$의 정규직교기저이고 A가 $\det(A)\neq 0$을 만족하는 3×3 행렬일 때, 다음 물음에 답하라.

(1) 다음 등식이 성립하는지 판별하라.

$$\langle Au_1\times Au_3,\ Au_2\rangle = \det(A)$$

(2) $A^TA = 4I_3$이고 $\det(A) > 0$일 때, 다음 등식이 성립하는지 판별하라. 단, 여기서 I_3은 3×3 단위행렬을 나타낸다.

$$Au_1 \times Au_2 = \frac{1}{2} Au_3$$

10. 정칙인 매개함수 $\alpha : I \to \mathbb{R}^3$와 단위길이를 갖는 상수벡터 U_0에 대하여

$$\beta(t) = \alpha(t) - 2\langle \alpha(t), U_0 \rangle U_0 + (1, 2, 3), \quad t \in I$$

일 때, $\kappa_\beta(t) = \kappa_\alpha(t)$와 $\tau_\beta(t) = -\tau_\alpha(t)$가 성립함을 보여라.

대역적 곡선론

CHAPTER 03

미/분/기/하/학/개/론

이 장에서는 2차원 유클리드 공간에 주어진 닫힌 평면곡선의 대역적 성질(global property)에 관한 정리를 살펴본다. 닫힌 평면곡선의 회전수(rotation index), 4정점 정리, 등주 부등식에 관한 성질이 이 장에서 살펴볼 곡선의 대표적인 대역적 성질이다.

3.1 ▌ 닫힌 평면곡선의 회전수

$\alpha : I \rightarrow \mathbb{R}^2$를 단위속력을 가진 미분가능인 매개함수라 할 때, 단위접벡터장 $\boldsymbol{T}_\alpha(s)$는 $\boldsymbol{T}_\alpha(s) = \alpha'(s)$로 주어진다. 이때 $\boldsymbol{T}_\alpha(s)$를 $\alpha(s)$에서 시계반대방향으로 $\frac{\pi}{2}$만큼 회전하여 얻은 α를 따른 벡터장을 $\boldsymbol{n}_\alpha(s)$라 하자. 그러면 $\{\boldsymbol{T}_\alpha(s), \boldsymbol{n}_\alpha(s)\}$는 평면에서 오른손 법칙을 만족하고 이를 이용하여 **부호가 있는 곡률**(signed curvature) $k_\alpha(s)$를 다음과 같이 정의할 수 있다.

$$k_\alpha(s) = \langle \boldsymbol{T}_\alpha{}'(s), \boldsymbol{n}_\alpha(s) \rangle$$

앞에서 정의된 곡선의 곡률 κ_α가 항상 0 이상인 것과 달리 k_α는 음수, 영, 양수의 값을 모두 가질 수 있다. $k_\alpha(s)$가 음수인 경우에는 곡선이 $\alpha(s)$ 근처에서 시계방향으로 휘어져 있음을 의미하고, $k_\alpha(s)$가 양수인 경우에는 그 반대의 모양을 가지고 있음을 의미한다([그림 3.1]).

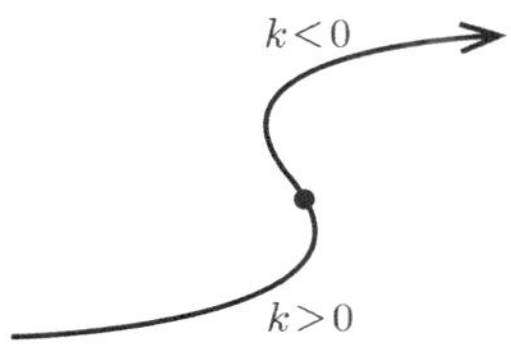

[그림 3.1]

예제 3.1.1 $$\alpha(s) = \left(r\cos\frac{s}{r}, -r\sin\frac{s}{r}\right)$$

은 원점을 중심으로 반지름이 r인 원을 나타낸다. α는 s가 증가하면서 원점을 중심으로 시계방향으로 회전하고 있다. 실제로

$$\boldsymbol{T}_\alpha(s) = \alpha'(s) = \left(-\sin\frac{s}{r}, -\cos\frac{s}{r}\right), \quad \boldsymbol{T}_\alpha{}'(s) = \left(-\frac{1}{r}\cos\frac{s}{r}, \frac{1}{r}\sin\frac{s}{r}\right)$$

이고 $\boldsymbol{n}_\alpha(s) = \left(\cos\frac{s}{r}, -\sin\frac{s}{r}\right)$이다. 따라서

$$k_\alpha(s) = \langle \boldsymbol{T}_\alpha{}'(s), \boldsymbol{n}_\alpha(s) \rangle = -\frac{1}{r} < 0$$

이다. ◆

닫힌 평면곡선의 회전수를 정의하기 위해, 먼저 미분가능인 닫힌곡선과 주기곡선의 의미를 설명할 필요가 있다. 미분가능인 **닫힌곡선**(closed curve)이란 정칙매개함수 $\alpha : [a, b] \to \mathbb{R}^2$로 $\alpha(a) = \alpha(b)$이고 a와 b에서 α의 모든 차수의 미분계수가 같을 때이다. 또한 닫힌 평면곡선 α가 $[a, b)$에서 일대일 함수일 때, α를 **단순**(simple)이라 한다. 즉 α가

$$t_1 \neq t_2 \in [a,\, b) \Rightarrow \alpha(t_1) \neq \alpha(t_2)$$

을 만족할 때이다.

평면곡선의 매개함수 $\alpha : I = (a,\, b) \to \mathbb{R}^2$에 대하여

$$\alpha(t) = \alpha(t + r), \quad t \in I$$

를 만족하는 양의 실수 r이 존재할 때, α를 **주기곡선**(periodic curve)이라 하고 위의 등식을 만족하는 최소의 실수 r을 α의 **주기**(period)라 한다. 정의에 의해 주기곡선은 시작점과 종점이 같은 닫힌곡선이다.

보조정리 3.1.2

매개함수 $\alpha : I = (a,\, b) \to \mathbb{R}^2$가 주기가 r인 주기함수이고 $0 \in I$일 때, $\beta(s) = \alpha(t(s))$을 만족하는 단위속력을 갖는 재매개화 함수 $\beta : J \to \mathbb{R}^2$는 다시 주기함수이고 주기가

$$l = \int_0^r \|\alpha'(t)\|\, dt$$

로 주어진다.

증명 증명을 위해, 먼저

$$\begin{aligned} s(t+r) &= \int_0^{t+r} \|\alpha'(t)\|\, dt \\ &= \int_0^r \|\alpha'(t)\|\, dt + \int_r^{t+r} \|\alpha'(t)\|\, dt \\ &= l + \int_0^t \|\alpha'(u+r)\|\, du,\ u = t - r \\ &= l + \int_0^t \|\alpha'(u)\|\, du \\ &= l + s(t) \end{aligned}$$

임을 이용하여

$$\begin{aligned}\beta(s+l) &= \beta(s(t)+l) = \beta(s(t+r)) \\ &= \alpha(t+r) = \alpha(t) = \beta(s(t)) \\ &= \beta(s)\end{aligned}$$

을 보일 수 있다. 이때 l이 β의 주기가 된다. 실제로 만약

$$\beta(s+l') = \beta(s), \quad s \in J$$

를 만족하는 $0 < l' < l$이 존재한다고 가정하면, $s = s(t)$는 증가함수이므로 $s(r') = l'$인 $0 < r' < r$가 존재하게 된다. 따라서, 예를 들어,

$$\alpha(r') = \alpha(t(l')) = \beta(l') = \beta(0) = \alpha(t(0)) = \alpha(0), \quad t(0) = 0$$

이 되어 모순이다. ✤

위의 **보조정리** 3.1.2에 의해 주기곡선을 주는 매개함수 $\alpha : I = (a, b) \to \mathbb{R}^2$가 항상 단위속력을 가지고 있는 것으로 가정해도 일반성을 잃지 않는다. 미분가능인 함수 $\theta(s)$를

$$\cos(\theta(s)) = \langle \boldsymbol{T}_\alpha(s), e_1 \rangle, \quad e_1 = (1, 0)$$

으로 정의할 때, $0 \in I$이고 α의 주기가 l이면 α의 **회전수**(rotation index 또는 number)는

$$\frac{1}{2\pi}(\theta(l) - \theta(0))$$

로 정의된다.

정리 3.1.3

$$\frac{1}{2\pi}(\theta(l) - \theta(0)) = \frac{1}{2\pi}\int_0^l k_\alpha(s)ds$$

증명

$$\begin{aligned}\boldsymbol{T}_\alpha(s) &= \langle \boldsymbol{T}_\alpha(s), e_1 \rangle e_1 + \langle \boldsymbol{T}_\alpha(s), e_2 \rangle e_2, \quad e_2 = (0, 1) \\ &= \cos\theta(s)e_1 + \sin\theta(s)e_2 \\ &= (\cos\theta(s), \sin\theta(s))\end{aligned}$$

이고

$$\boldsymbol{n}_\alpha(s) = (-\sin\theta(s), \cos\theta(s))$$

이므로

$$k_{\alpha}(s) = \langle \boldsymbol{T}_{\alpha}'(s), \boldsymbol{n}_{\alpha}(s) \rangle = \theta'(s)$$

로 주어진다. 따라서 l을 주기로 갖는 단위속력을 갖는 매개함수 α의 회전수는

$$\frac{1}{2\pi}(\theta(l) - \theta(0)) = \frac{1}{2\pi}\int_0^l \theta'(s)ds = \frac{1}{2\pi}\int_0^l k_{\alpha}(s)ds$$

로 주어진다. ✤

다음 정리는 호프(Hopf)에 의해 처음 증명되었으며, 이에 대한 증명은 생략한다.

정리 3.1.4

회전수 정리
평면의 모든 단순 닫힌곡선의 회전수는 항상 ± 1이다.

3.1 ▌연습문제

1. 다음 그림과 같은 방향성을 가진 평면곡선의 회전수를 계산하라.

(1)

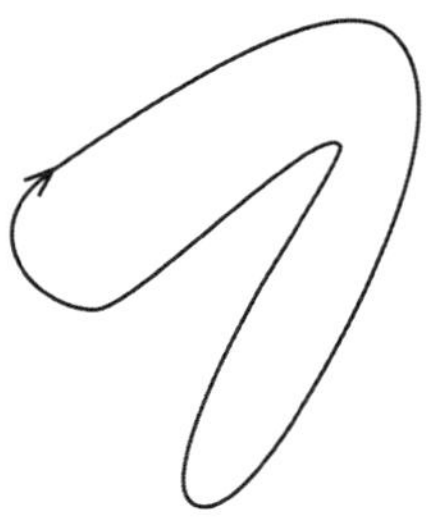

(2)

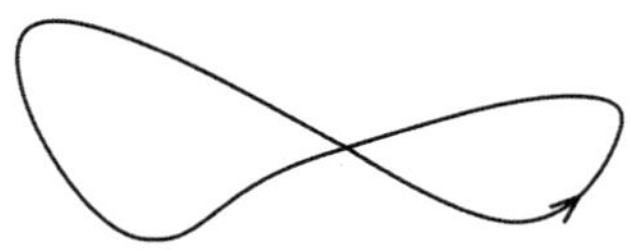

(3)

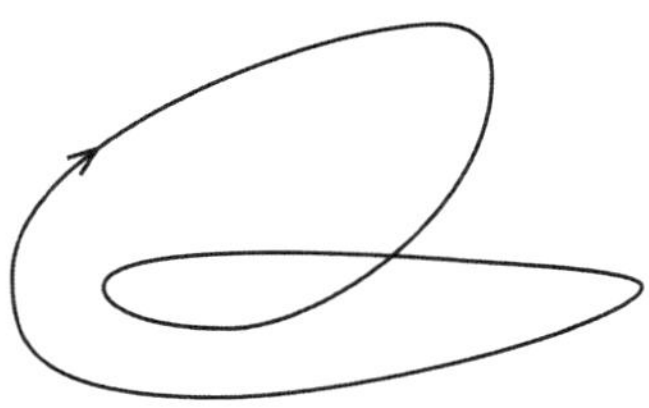

(4)

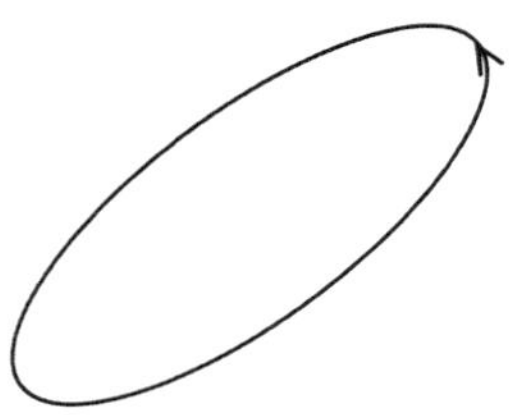

2. 단위속력변수 s를 갖는 매개함수 $\alpha(s)$, $s \in [0, l]$가 닫힌 평면곡선 C를 나나내고 곡률 $k(s)$가

$$0 < k(s) \leq k_0, \ k_0\text{는 양의 상수}$$

을 만족할 때, 다음 물음에 답하라.

(1) α가 단순 매개함수일 때, C의 호길이가 $\dfrac{2\pi}{k_0}$ 이상임을 보여라.

(2) α의 회전수가 N일 때, C의 호길이가 $\dfrac{2\pi N}{k_0}$ 이상임을 보여라.

3. C가 양의 곡률 k와 양의 방향성(또는 시계반대방향의 방향성)을 가진 닫힌 평면곡선이고 자기교차점(self-intersection point) p를 적어도 한 점 가지고 있다고 할 때, 다음 물음에 답하라.

(1) p의 접선과 평행한 접선을 가지는 또 다른 점 $p' \in C$가 존재함을 보여라.

(2) $pp'p$로 구성된 C의 양의 호(arc)의 회전각은 π보다 크다는 것을 보여라.

(3) C의 회전수는 2 이상임을 보여라.

4. p와 q가 $p > q > 0$을 만족하는 상수이고

$$\alpha(t) = (p\cos t, \ q\sin t), \quad t \in [0, \ 2\pi]$$

일 때, 다음 부등식이 성립함을 보여라.

(1) $\dfrac{q}{p^2} \leq k_\alpha(t) \leq \dfrac{p}{q^2}$

(2) $\dfrac{2q^2\pi}{p} \leq \displaystyle\int_0^{2\pi} \|\alpha'(t)\| dt \leq \dfrac{2p^2\pi}{q}$

5. 단위속력곡선 $\alpha : [a,b] \to \mathbb{R}^2$가 닫힌 평면곡선을 나타낼 때, 부호가 있는 곡률 k_α의 그래프가 다음과 같다([그림 3.2]).

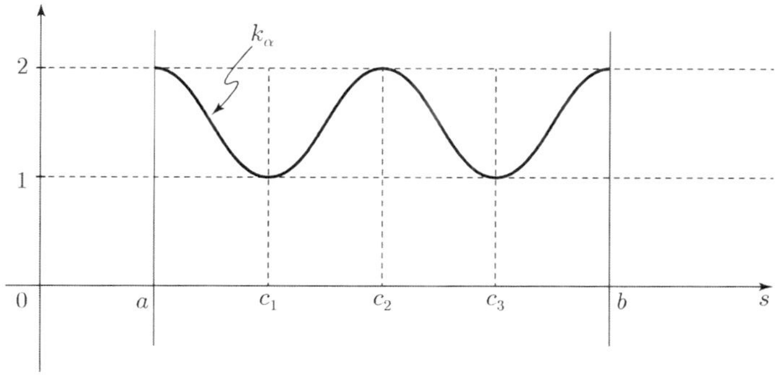

[그림 3.2]

$\beta(s) = \alpha(s) + \dfrac{1}{k_\alpha(s)}\boldsymbol{n}_\alpha(s)$일 때,

$$\int_a^b \|\beta'(s)\|\,ds = 2$$

임을 보여라.

6. 정칙매개함수

$$\alpha : [0, 2\pi] \to \mathbb{R}^2, \ t \mapsto (\cos t, \sin(2t))$$

에 대하여, 다음 물음에 답하라([그림 3.3]).

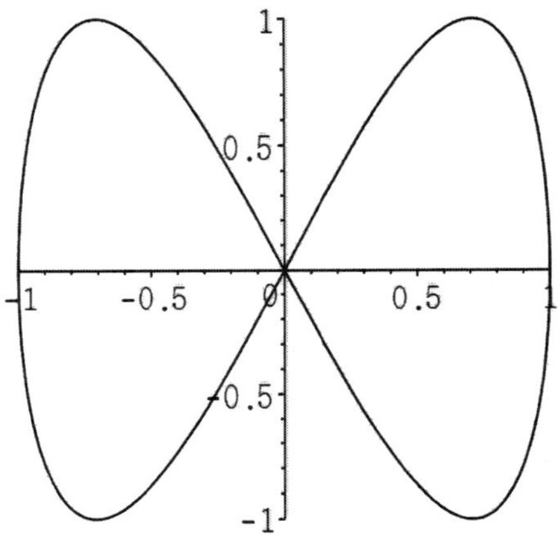

[그림 3.3] $\alpha(t) = (\cos t, \sin(2t)),\ 0 \le t \le 2\pi$

(1) α의 부호가 있는 곡률 $k_\alpha(t)$가 다음과 같이 주어짐을 보여라.

$$k_\alpha(t) = \frac{2\cos t(2\sin^2 t + 1)}{(\sin^2 t + 4\cos^2(2t))^{3/2}}$$

(2) α의 전곡률 $\displaystyle\int_0^{2\pi} k_\alpha(t)\,ds = 0$임을 보여라.

(3) 매개곡선 $C = \alpha([0, 2\pi])$의 회전수를 구하라.

(4) 다음과 같이 정의된 새로운 매개함수

$$\beta(t) = \alpha(t) + \frac{1}{k_\alpha(t)}\boldsymbol{n}_\alpha(t), \ \ 0 \le t < \frac{\pi}{2}$$

에 대하여, $t=0$에서 $t=\frac{\pi}{4}$까지 β의 호길이 $\int_0^{\frac{\pi}{4}}\|\beta'(t)\|\,dt = \frac{31}{8}$임을 보여라.

7. 단위속력을 갖는 매개함수 $\alpha : [a,b] \to \mathbb{R}^2$가 단순 닫힌곡선을 나타낼 때, α의 부호가 있는 곡률 $k_\alpha(s)$가 다음 세 가지 조건 (i), (ii), (iii)을 만족한다고 하자.

(i) 모든 $a \le s \le b$에 대하여 $k_\alpha(s) > 0$이고,

$$a = c_0 < c_1 < c_2 < \cdots < c_{2k-1} < c_{2k} = b$$

와 모든 $0 \le i \le 2k$에 대하여 $k_\alpha{}'(c_i) = 0$이다.

(ii) 각각의 $0 \le i \le k-1$에 대하여, 만약 $c_{2i} < s < c_{2i+1}$이면 $k_\alpha{}'(s) < 0$이다.

(iii) 각각의 $0 \le i \le k-1$에 대하여, 만약 $c_{2i+1} < s < c_{2i+2}$이면 $k_\alpha{}'(s) > 0$이다.

이때, 새로운 매개함수

$$\beta(s) = \alpha(s) + \frac{1}{k_\alpha(s)}\boldsymbol{n}_\alpha(s), \quad a \le s \le b$$

에 대하여 호길이 $\int_a^b \|\beta'(s)\|\,ds$가 다음과 같이 주어짐을 보여라.

$$\int_a^b \|\beta'(s)\|\,ds = 2\sum_{i=0}^{k-1}\left(\frac{1}{k_\alpha(c_{2i+1})} - \frac{1}{k_\alpha(c_{2i})}\right)$$

3.2 ▎닫힌 평면곡선의 4정점 정리

4정점 정리를 정확하게 서술하기 위해서는, 먼저 정칙인 **닫힌 평면곡선의 볼록성**(convexity)의 정의를 알 필요가 있다. 모든 $t \in [a, b]$에 대하여 α의 상 $\alpha([a, b])$가 항상 $\alpha(t)$에서 α의 접선을 경계로 가지는 반평면의 한쪽에만 놓여있을 때, α를 **볼록**(convex)이라 한다.

닫힌 평면곡선을 나타내는 정칙매개함수 $\alpha : [a, b] \to \mathbb{R}^2$의 **정점** 또는 **꼭짓점**(vertex)이란 α의 곡률 k_α가 $k_\alpha{}'(t_0) = 0$을 만족하는 점 $t_0 \in [a, b]$를 말한다. 예를 들어 원이 아닌 타원의 정점은 두 개의 축이 타원과 만나는 4개의 점뿐이고, 원은 원 위의 모든 점이 정점이 된다.

정리 3.2.1

4정점 정리(Four-vertex Theorem)

모든 볼록인 단순 닫힌곡선은 적어도 4개의 정점을 가지고 있다.

볼록이 아닌 단순 닫힌곡선도 4정점 정리가 성립한다(Do Carmo, p. 40).

정리를 증명하기 위해, 다음 보조정리를 먼저 증명한다.

보조정리 3.2.2

단위속력을 갖는 매개함수 $\alpha : [0, l] \to \mathbb{R}^2$가 닫힌곡선을 나타내고

$$\alpha(s) = (x(s), y(s))$$

라 할 때, 임의의 상수 A, B, C에 대하여 다음 등식이 성립한다.

$$\int_0^l (Ax(s) + By(s) + C)\frac{dk_\alpha}{ds}ds = 0$$

증명 $\boldsymbol{T}_\alpha{}'(s) = k_\alpha(s)\boldsymbol{n}_\alpha(s)$이므로

$$x''(s) = -k_\alpha(s)y'(s), \quad y''(s) = k_\alpha(s)x'(s)$$

가 성립한다. 간단히 $k = k_\alpha$라 할 때,

$$\int_0^l k'(s)ds = 0,$$

$$\int_0^l x(s)k'(s)ds = -\int_0^l k(s)x'(s)ds = -\int_0^l y''(s)ds = 0$$

$$\int_0^l y(s)k'(s)ds = -\int_0^l k(s)y'(s)ds = \int_0^l x''(s)ds = 0$$

이므로 보조정리의 식이 성립함을 쉽게 알 수 있다. ✤

증명 (정리 3.2.1의 증명)

이제 정리 3.2.1을 증명하기 위해, 간단히 $k = k_\alpha$라 하자. k가 콤팩트 집합인 $[0, l]$상에서 정의된 연속함수이므로 k가 최대 또는 최소가 되는 점 $t_0 \in [0, l]$가 존재한다. 한편 k가 최대 또는 최소가 되는 점은 임계점(critical point)이므로 t_0에서 $k'(t_0) = 0$이 된다.

증명을 간단히 하기 위해 $t_0 \neq 0$라 가정하고 다음 두 경우를 고려하자.

(i) α의 정점이 두 개인 경우:

이 경우에 증명을 간단히 하기 위해 $k'(t_1) = 0$을 만족하는 또 다른 정점 t_1을 l이라 할 때, $t_0 < s < l$에서는 $k'(s)$가 음수인 반면 $0 < s < t_0$에서는 $k'(s)$가 양수라고 가정해도 된다([그림 3.4]).

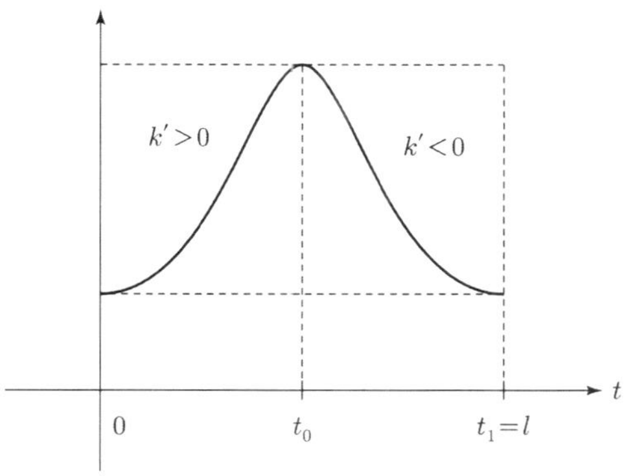

[그림 3.4]

그런 다음 $\alpha(t_0)$와 $\alpha(t_1)$을 통과하는 직선 L를 새로운 x-축으로, L에 수직인 한 직선을 택하여 y-축으로 정하면, α를 $\alpha(s) = (x(s), y(s))$라 할 수 있다. 일반적으로 주어진 곡선의 곡률은 표현하는 매개함수에 의존하지 않으므로 새롭게 택한 x, y-좌표축에 관해서도 $\alpha((0, t_0))$ 부분에서는 k'이 양수이고, $\alpha((t_0, l))$

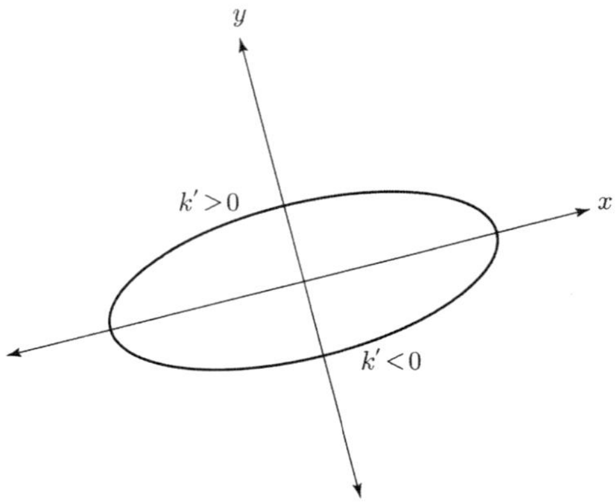

[그림 3.5]

부분에서는 k'이 음수이다([그림 3.5]). 또한 좌표축의 선택에 의해 $\alpha((0, t_0))$ 부분에서는 $y(s)$값이 양수이고 $\alpha((t_0, l))$ 부분에서는 $y(s)$값이 음수라고 가정해도 된다. 위의 사실을 종합하면 $\alpha((0, t_0)\bigcup(t_0, l))$에서 $k'(s)y(s)$가 항상 양수임을 알 수 있다.

마지막으로 부분적분법과 **보조정리 3.2.2**를 이용하여

$$0 < \int_0^l k'(s)y(s)ds = -\int_0^l k(s)y'(s)ds = 0$$

을 얻어 모순이 됨을 알 수 있다. 따라서 이 경우는 생기지 않는다.

(ii) α의 정점이 세 개인 경우:

이 경우에는 세 개의 정점이 $t_0 = 0 < t_1 < t_2 < l$로 나타난다고 가정해도 된다. 이때 $\alpha((t_0, t_1))$, $\alpha((t_1, t_2))$, $\alpha((t_2, l))$에서 k'의 부호가 차례로 다음과 같은 여섯 가지 중 하나로 나타난다([그림 3.6]).

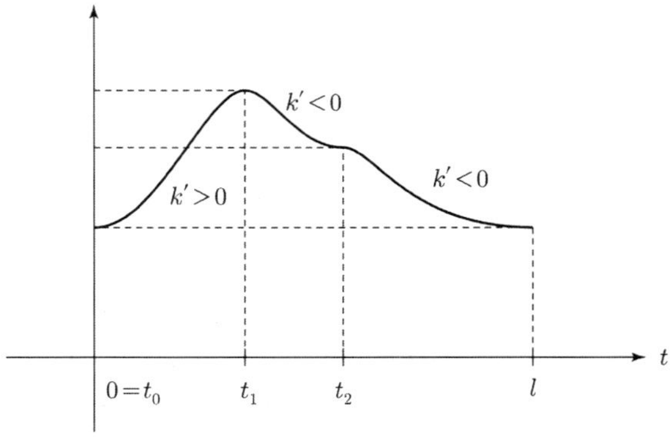

[그림 3.6]

$$(1)\ +,\ +,\ -,\quad (2)\ +,\ -,\ +,\quad (3)\ -,\ +,\ +,$$
$$(4)\ -,\ +,\ -,\quad (5)\ -,\ -,\ +,\quad (6)\ +,\ -,\ -$$

하지만 α가 닫힌 주기곡선이므로 위의 여섯 가지 모두에서 항상 같은 부호가 연달아 두 번 나타남을 알 수 있다. 따라서 (i)의 경우와 같이 k'이 연달아 두 개의 같은 부호를 가지는 쪽과 아닌 쪽으로 나누어 새로운 x, y-좌표를 잡을 수 있다. 그런 다음 (i)의 증명을 비슷하게 적용하면 이 경우에도 모순이 생김을 알 수 있다.

위의 (i)과 (ii)에 의해, α는 적어도 4개의 정점을 가져야만 한다. ✤

적어도 4개의 정점을 가지는 경우에는 **정리** 3.2.1의 증명 방법을 적용할 수 없다.

예제 3.2.3 $\alpha(t) = (2\cos t, \sin t),\ t \in [0, 2\pi]$는 타원을 나타내는 정칙인 매개함수이다. 이때 곡률 k_α를 계산하면

$$k_\alpha(t) = \frac{2}{(1 + 3\sin^2 t)^{3/2}}$$

이다. 따라서

$$k_\alpha{}'(t) = -\frac{18\sin t\cos t}{(1 + 3\sin^2 t)^{5/2}} = 0 \iff t = 0,\ \frac{\pi}{2},\ \pi,\ \frac{3\pi}{2}$$

임을 알 수 있다. 즉 타원은 정확하게 4개의 정점을 가지고 있다. ◆

3.2 ❙ 연습문제

1. 다음 극좌표로 주어진 매개곡선의 정점을 모두 구하라.

(1) $\rho = 1 + 2\cos\theta,\ 0 \le \theta \le 2\pi$

(2) $\rho = 1 + 2\cos(2\theta),\ 0 \le \theta \le 2\pi$

(3) $\rho^4(\cos^4\theta + \sin^4\theta) = 1,\ 0 \le \theta \le 2\pi$

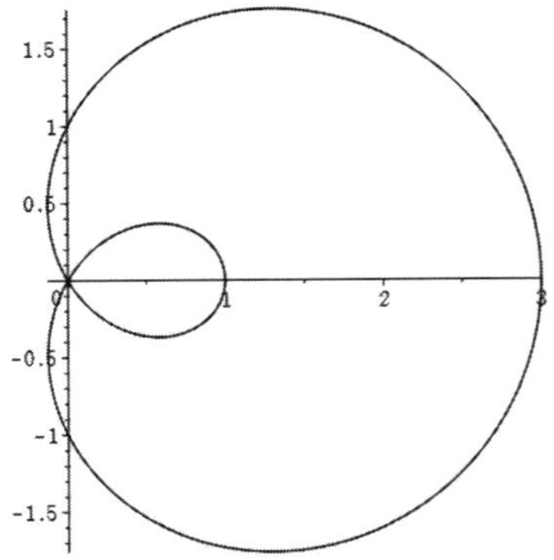

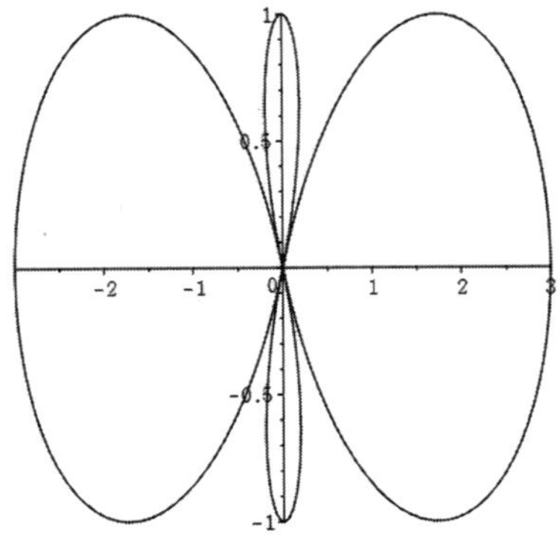

2. $\alpha : [0, l] \to \mathbb{R}^2$가 단위속력변수 s를 갖는 단순, 볼록 닫힌곡선을 나타내는 매개함수일 때, 최소한 네 점에서 $\boldsymbol{T}_\alpha''(s) = -k_\alpha^2(s)\boldsymbol{T}_\alpha(s)$가 됨을 보여라.

3. $\alpha : (-\varepsilon, \varepsilon) \to \mathbb{R}^2$, $\varepsilon > 0$가 단위속력변수 s를 갖는 단순, 볼록 매개곡선을 나타낼 때, $\alpha(s) = (x(s), y(s))$, $\alpha(0) = (0, 0) = p$, $\alpha'(0) = (1, 0)$이라 하자. 이때 다음 물음에 답하라.

(1) 테일러 정리(Taylor's Theorem)

$$\alpha(s) = \alpha(0) + \alpha'(0)s + \frac{\alpha''(0)}{2!}s^2 + R_2(s)$$

을 이용하여

$$x(s) = s + R_x, \quad y(s) = \pm \frac{k(0)s^2}{2} + R_y$$

임을 보여라. 단, 여기서 $\lim_{s \to 0} \frac{R_2(s)}{s^2} = 0$이고 $R_2 = (R_x, R_y)$이다.

(2) $\alpha(0)$에서 x-축으로 $|d|$인 거리에 있는 점 A를 지나 x-축에 수직인 선분 L이 α와 만나는 점이 B일 때, $h(d) = |AB|$라 하자. 이때

$$|k(p)| = \lim_{d \to 0} \frac{2h(d)}{d^2}$$

임을 보여라.

4. 단위속력을 가진 매개함수 $\alpha : (a, b) \to \mathbb{R}^2$의 부호가 있는 곡률 k_α가 영이 아닐 때, 새로운 매개함수 $\beta : (a, b) \to \mathbb{R}^2$를 다음과 같이 정의하자.

$$\beta(s) = \alpha(s) + \frac{1}{k_\alpha(s)}\boldsymbol{n}_\alpha(s)$$

이때, α가 $s = s_0\ (a < s_0 < b)$에서 정점을 가질 필요충분조건을 β를 이용하여 찾아라.

5. 단위속력을 가진 매개함수 $\alpha : [0,\ l] \to \mathbb{R}^2$가 다음 그림과 같은 방향성을 가진 닫힌 평면곡선 C를 나타낼 때, 다음 물음에 답하라([그림 3.7], [그림 3.8]). 단, 여기서

$$\alpha(0) = \alpha\left(\frac{l}{2}\right) = \alpha(l) = (0,\ 0)$$

이고 $\alpha'(0)$는 x-축에 접하고 $\alpha'\left(\frac{l}{2}\right)$는 y-축에 접한다.

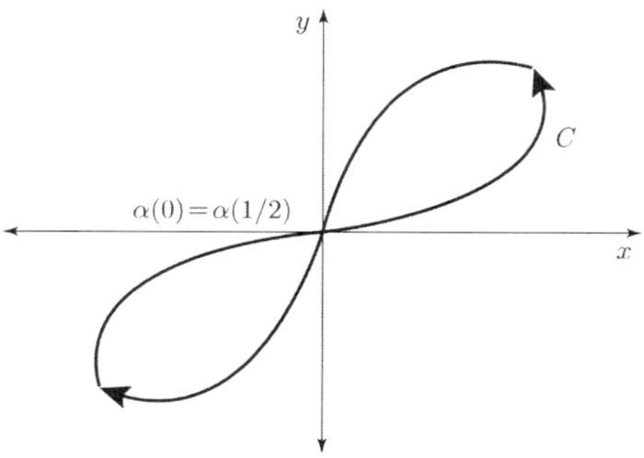

[그림 3.7]

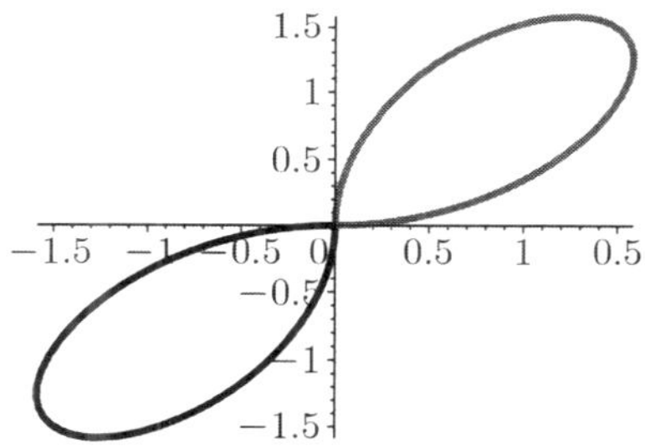

[그림 3.8]

(1) k_α가 α의 부호가 있는 곡률을 나타낼 때,

$$\int_0^{\frac{l}{2}} k_\alpha(s)ds \text{와 } \int_0^l k_\alpha(s)ds$$

를 계산하라.

(2) 평면곡선 C의 정점(또는 꼭짓점, vertex)의 최소 개수를 구하고, 그 이유를 설명하라.

3.3 ❙ 등주 부등식

이 절에서는 다음 정리를 증명하고자 한다. 이 정리에 내재되어 있는 수학적 문제는 기하학에서 가장 오래된 질문 중의 하나로 여겨진다.

정리 3.3.1

등주 부등식(isoperimetric inequality)

$\alpha:[0,l]\to\mathbb{R}^2$를 단위속력을 갖는 단순, 닫힌 평면곡선 C를 나타내는 매개함수라 할 때, C의 호길이는 l이다. 이때 C에 의해 둘러싸인 유한 영역의 넓이 A는 항상 다음 부등식을 만족한다([그림 3.9]).

$$l^2 \geq 4\pi A$$

또한 위의 부등식에서 등호가 될 필요충분조건은 C가 원인 경우이다.

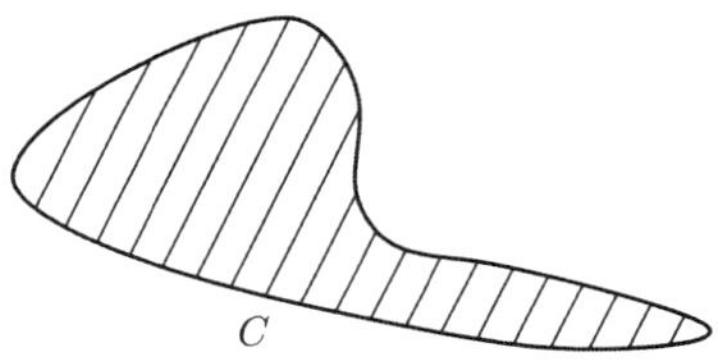

[그림 3.9]

위의 정리를 증명하기 위해, $\alpha(t)=(x(t),y(t))$, $t\in[a,b]$로 주어진 양의 방향성을 가진 단순, 닫힌 평면곡선 C에 의해 둘러싸인 영역의 넓이 A는 **그린 정리**(Green's theorem)에 의해

$$A=-\int_a^b y(t)x'(t)dt=\int_a^b x(t)y'(t)dt=\frac{1}{2}\int_a^b (x(t)y'(t)-y(t)x'(t))dt$$

로 주어짐을 알 필요가 있다. 아래 증명에서는 일반성을 잃지 않고 α가 양의 방향성을 갖는다고 가정한다.

증명 (정리 3.3.1의 증명)

증명을 위해, 곡선 C가 y-축에 평행한 두 직선 L, L'과 접한다고 하자. 이때 C에 둘러싸인 유한영역은 L과 L'에 의해 둘러싸인 수직 띠(vertical strip)에

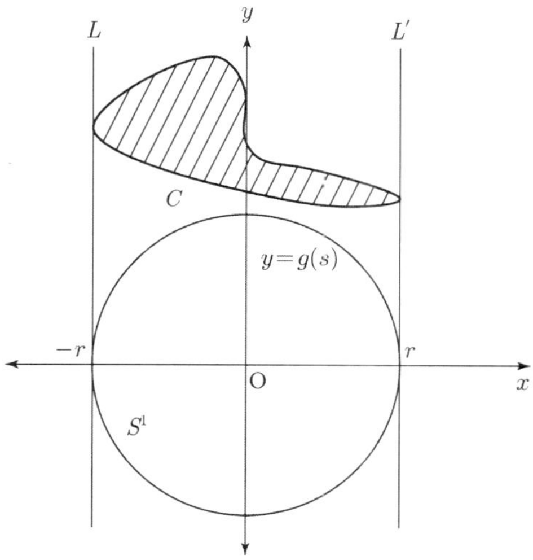

[그림 3.10]

포함되어 있게 된다. 그런 다음 L과 L'과 접하면서 C와 만나지 않는 원 S^1을 고려하자([그림 3.10]). 원 S^1의 중심을 원점이라 할 때, S^1을 표현하는 매개함수 $\beta(s)=(f(s),g(s))$을 택하고, $s=0$와 $s=s_1$에서 두 직선 L, L'과 각각 접한다고 가정하자. 그러면 $\alpha(s)=(x(s),y(s))$일 때, 정의에 의해 $f(s)=x(s)$이다. 즉 $\beta(s)=(x(s),g(s))$로 주어진다.

C와 S^1에 의해 둘러싸인 영역의 넓이를 각각 A와 $\overline{A}$라 하고 L과 L'사이의 거리가 $2r$이라 하면

$$A=\int_0^l x(s)y'(s)ds, \quad \overline{A}=\pi r^2=-\int_0^l g(s)x'(s)ds$$

로 주어진다. 따라서

$$\begin{aligned}A+\pi r^2 &= \int_0^l (xy'-gx')ds \leq \int_0^l \sqrt{(xy'-gx')^2}\,ds \\ &\leq \int_0^l \sqrt{(x^2+g^2)((x')^2+(y')^2)}\,ds \\ &= \int_0^l \sqrt{x^2+g^2}\,ds = \int_0^l r ds \\ &= lr\end{aligned}$$

이다. 한편

$$\sqrt{A}\,\sqrt{\pi r^2} \le \frac{1}{2}(A+\pi r^2) \le \frac{1}{2}lr$$

이므로 $4\pi A r^2 \le l^2 r^2$, 즉 $4\pi A \le l^2$을 얻는다.

그리고 $l^2 = 4\pi A$인 경우에는 위의 증명에 있는 부등호가 모두 등호가 되는 경우이다. 특히 $A = \pi r^2$이고 $l = 2\pi r$이 된다. 따라서 r은 수직선 L를 택하는 방법에 상관없이 동일하게 주어진다. 또한 위의 증명으로부터 다음 등식이 성립한다.

$$(xy' - gx')^2 = (x^2 + g^2)((x')^2 + (y')^2) \Leftrightarrow (xx' + gy')^2 = 0$$

따라서

$$\begin{aligned}(y')^2 r^2 &= (y')^2 (x^2 + g^2) = (y')^2 x^2 + (y')^2 g^2 = (y')^2 x^2 + (x')^2 x^2 \\ &= ((x')^2 + (y')^2)x^2 \\ &= x^2\end{aligned}$$

이다. 여기서 세 번째 등식을 얻기 위해 $xx' = -gy'$을 이용하였다. 이로부터 $x = \pm ry'$을 얻는다.

앞에서 언급한 바와 같이 r은 수직선 L를 택하는 방법에 의존하지 않는다. 따라서 x와 y의 역할을 바꾸는 새로운 직각좌표계 $\overline{x}$와 $\overline{y}$를 택하여 위와 같은 방법을 적용하면 다음 관계식이 성립함을 알 수 있다.

$$\overline{x} = y,\ \ \overline{y} = x,\ \ \overline{x} = \pm r(\overline{y})'$$

즉, $y = \pm rx'$이 성립한다. 결론적으로

$$x^2 + y^2 = r^2((y')^2 + (x')^2) = r^2$$

이 성립하여 평면곡선 C는 원이 된다. 반대로 C가 원이면 자명하게 $l^2 = 4\pi A$가 성립하여 증명이 완료된다. ✣

3.3 ▎연습문제

1. 평면의 두 점 P, Q를 잇는 선분 $\overline{PQ}$와 $a > |\overline{PQ}| > 0$을 만족하는 실수 a에 대하여, 두 점 P, Q를 잇는 호길이가 a인 곡선 C와 선분 $\overline{PQ}$로 이루어진 단순, 닫힌 평면곡선에 의해 둘러싸인 영역의 넓이가 최소일 C의 조건을 찾아라.

2. $\alpha : [0, l] \to \mathbb{R}^2$가 단위속력변수 s를 갖는 양의 방향을 가지는 단순 닫힌곡선을 나타내는 매개함수일 때, $\boldsymbol{n}_\alpha(s)$를 단위접벡터 $\boldsymbol{T}_\alpha(s)$를 시계반대방향으로 $\frac{\pi}{2}$만큼 회전하여 얻은 단위법벡터라 하고 매개함수 β를

$$\beta(s) = \alpha(s) - r\boldsymbol{n}_\alpha(s), \quad r\text{은 아주 작은 양의 상수}$$

하자. 이때 다음 물음에 답하라.

(1) $\langle \boldsymbol{T}_\alpha(s), \boldsymbol{n}_\alpha{}'(s) \rangle$와 $\|\boldsymbol{n}_\alpha{}'(s)\|^2$을 계산하라.

(2) β의 호길이 L_β를 α의 호길이 L_α로 나타내라.

(3) $\alpha(s) = (x(s), y(s))$일 때, $\beta(s)$를 $x(s), y(s)$와 그 미분계수로 나타내라.

(4) $\gamma(t) = (x(t), y(t))$, $a \le t \le b$가 단순 닫힌곡선일 때, γ에 의해 둘러싸인 유한 영역의 넓이 $A(\gamma)$가

$$\begin{aligned} A(\gamma) &= -\int_a^b y(s)x'(t)dt \\ &= \int_a^b x(t)y'(t)dt \\ &= \frac{1}{2}\int_a^b (x(t)y'(t) - y(t)x'(t))dt \end{aligned}$$

로 주어짐을 이용하여, $A(\beta)$를 $A(\alpha)$로 나타내라.

(5) β의 곡률 k_β가 α의 곡률 k_α로 다음 식에 의해 주어짐을 보여라.

$$k_\beta(s) = \frac{k_\alpha(s)}{1 + rk_\alpha(s)}$$

3. p와 q가 $p > q > 0$을 만족하는 상수이고

$$\alpha(t) = (p\cos t,\ q\sin t), \quad t \in [0,\ 2\pi]$$

일 때, 다음 부등식이 성립함을 보여라.

$$\int_0^{2\pi} ||\alpha'(t)|| dt \geq 2\pi\sqrt{pq}$$

3.4 ▌전곡률과 전비틀림률

이 절에서는 곡선의 대역적 성질의 마지막 주제로 정칙매개함수의 **전곡률**(total curvature)과 **전비틀림률**(total torsion)의 개념을 소개한다.

정칙매개함수 $\alpha:(a,b)\to\mathbb{R}^3$의 전곡률은

$$\int_a^b \kappa_\alpha(t)ds=\int_a^b \kappa_\alpha(t)\frac{ds}{dt}dt=\int_a^b \kappa_\alpha(t)\|\alpha'(t)\|dt$$

로 정의된다. 특히 α가 단위속력을 갖는 경우에 $\beta(s)=\boldsymbol{T}_\alpha(s)$라 하면 α의 전곡률

$$\int_a^b \kappa_\alpha(s)ds=\int_a^b \|\boldsymbol{T}_\alpha{}'(s)\|ds=\int_a^b \|\beta'(s)\|ds$$

이므로 구면곡선 β의 호길이와 같음을 알 수 있다.

예제 3.4.1 $\alpha(t)=(3t-t^3,3t^2,3t+t^3)$, $0\le t\le 1$로 주어진 정칙매개함수의 전곡률을 구해보자. 이를 위해, 먼저 α의 곡률을 계산하면 다음과 같다.

$$\kappa_\alpha(t)=\frac{1}{3(1+t^2)^2}$$

따라서 α의 전곡률은

$$\begin{aligned}\int_0^1 \kappa_\alpha(t)ds&=\int_0^1\frac{1}{3(1+t^2)^2}3\sqrt{2}(1+t^2)dt\\&=\int_0^1\frac{\sqrt{2}}{1+t^2}dt\\&=\int_0^{\frac{\pi}{4}}\frac{\sqrt{2}}{1+\tan^2\theta}\sec^2\theta d\theta\\&=\int_0^{\frac{\pi}{4}}\sqrt{2}\,d\theta\\&=\frac{\sqrt{2}}{4}\pi\end{aligned}$$

이다. ◆

다음 두 정리는 공간에 놓여 있는 단순 닫힌곡선에 관한 대역적 성질 중에서 가장 잘 알려진 것이다. 그 증명은 이 책의 범위를 벗어나므로 생략한다.

정리 3.4.2

펜첼의 정리(Fenchel's Theorem)

정칙매개함수 $\alpha:[a,b]\to\mathbb{R}^3$가 단순 닫힌곡선을 나타낼 때, α의 전곡률은 다음 부등식을 만족한다.

$$\int_a^b \kappa_\alpha(t)ds \geq 2\pi$$

특히 위의 부등식에서 등호가 성립할 필요충분조건은 α가 평면곡선으로 볼록인 것이다.

단순 닫힌곡선 C를 연속적으로 변형시켜 원의 형태로 만들 수 있을 때, C가 **매듭이 없다**(unknotted)고 말하고([그림 3.11]), 그렇지 않은 경우에는 **매듭이 있다**(knotted)고 말한다([그림 3.12]).

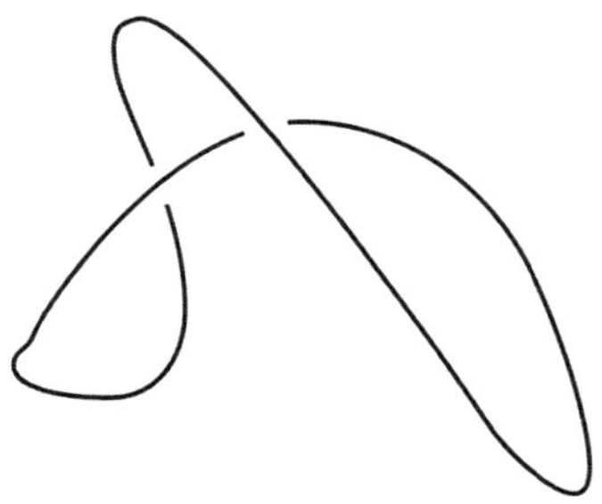

[그림 3.11] 매듭이 없는 곡선의 예
(The unknot)

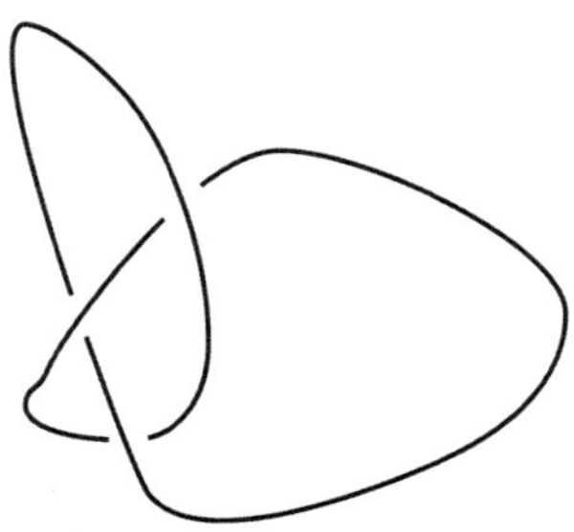

[그림 3.12] 매듭이 있는 곡선의 예
(The trefoil knot)

매듭이 있는 단순 닫힌곡선에 관한 다음 정리는 보통 **패리-밀너 정리**(Fary-Milnor Theorem)라 불린다. 프린스턴 대학교 학부 학생이었던 밀너(Milnor)는 수업시간에 늦어 그 당시까지만 해도 미해결 문제였던 이 정리의 결론을 과제인 것으로 오해하고 완벽한 해를 찾아, 오랫동안 미해결로 남아 있던 이 문제를 해결했다는 유명한 일화가 있다.

정리 3.4.3

패리-밀너 정리(Fary-Milnor Theorem)
임의의 매듭이 있는 단순 닫힌곡선은 적어도 4π보다 큰 전곡률을 가지고 있다.

마지막으로 정칙매개함수 $\alpha:(a,b)\to\mathbb{R}^3$의 전비틀림률은

$$\int_a^b \tau_\alpha(t)ds = \int_a^b \tau_\alpha(t)\frac{ds}{dt}dt = \int_a^b \tau_\alpha(t)\|\alpha'(t)\|dt$$

로 정의된다.

예제 3.4.4 $\alpha(t)=(3t-t^3, 3t^2, 3t+t^3)$, $0\le t\le 1$로 주어진 정칙매개함수의 전비틀림률을 구해보자. 이를 위해 먼저 α의 비틀림률을 계산하면 다음과 같다.

$$\tau_\alpha(t) = -\frac{1}{3(1+t^2)^2}$$

따라서 α의 전비틀림률도 전곡률과 같이

$$\int_0^1 \tau_\alpha(t)ds = \int_0^1 \frac{-1}{3(1+t^2)^2}3\sqrt{2}(1+t^2)dt = -\frac{\sqrt{2}}{4}\pi$$

이다. ◆

측지비틀림률(geodesic torsion)의 개념과 2차원 구인 S^2상의 모든 닫힌곡선은 위상적으로 한 점과 같다는 사실을 이용하여 다음 정리를 증명할 수 있다. 더 자세한 내용은 정리 6.5.9를 참고하기 바라며 아래에 주어진 증명은 이 책의 6장을 공부한 후에 읽어보면 훨씬 쉽게 이해될 것이다.

정리 3.4.5

구면 S^2상의 닫힌곡선 C의 전비틀림률은 항상 0이다.

증명 $\alpha:[0,l]\to S^2$가 C를 나타내는 단위속력을 갖는 매개함수일 때, **정리 6.5.9**에 의해

$$\frac{d\theta}{ds} = \tau_\alpha(s) - \tau_g(s)$$

가 성립한다. 여기서 $\boldsymbol{N}$이 단위구면 S^2상의 단위법벡터장일 때, $\langle \boldsymbol{N}(s), \boldsymbol{N}_\alpha(s) \rangle = \cos\theta(s)$이고 $\tau_g(s)$는 측지비틀림률을 나타낸다.

한편 단위구면 S^2의 모든 정칙곡선은 주곡률곡선이므로 $\tau_g \equiv 0$이다. 따라서

$$\oint_C \tau_\alpha ds = \int_0^l \tau_\alpha(s) ds = \theta(l) - \theta(0) = 2\pi I, \quad I = \text{정수}$$

이다. 또한 $\dfrac{1}{2\pi}\oint_C \tau_\alpha ds$는 정수 I이므로 C를 연속적으로 약간 변형한 새로운 닫힌곡선 C' 위의 선적분 $\dfrac{1}{2\pi}\oint_{C'} \tau_\alpha ds$와 같다. 하지만 S^2상의 모든 닫힌곡선은 위상적으로 한 점과 같기 때문에 정리의 결론과 같이 정수 $I=0$이 되어야 한다. ✤

3.4 ❙ 연습문제

1. 매개함수

$$\alpha(t) = \left(\left(2 - \sin\frac{t}{2}\right)\sin t, \left(2 - \sin\frac{t}{2}\right)\cos t, \cos\frac{t}{2}\right), \quad 0 \le t \le 4\pi$$

로 주어진 뫼비우스 띠의 경계([그림 3.13])의 전곡률이 다음 부등식을 만족함을 직접 계산을 하거나 또는 메이플(Maple) 프로그램을 이용하여 보여라.

$$4\pi > \int_0^{4\pi} \kappa_\alpha(t) ds \approx 12.3857 \ge \frac{6\sqrt{5}}{5}\pi > 2\pi$$

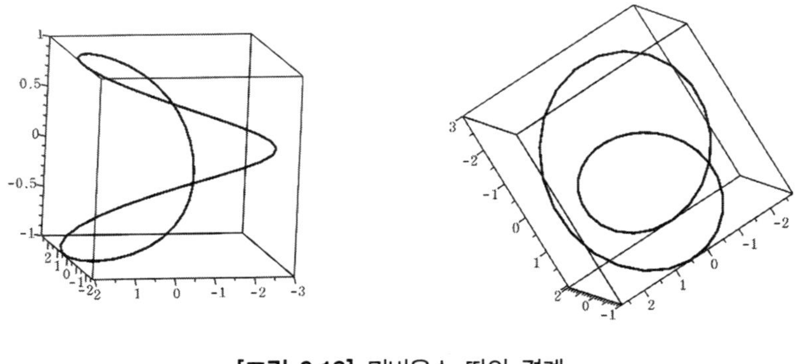

[그림 3.13] 뫼비우스 띠의 경계

(힌트: $0 \le t \le 4\pi$에 대하여 $\dfrac{\|\alpha'(t)\times\alpha''(t)\|}{\|\alpha'(t)\|^2} \ge \dfrac{3\sqrt{5}}{10}$임을 보여라.)

2. 조각적으로 정칙인 곡선(piecewise regular curve) C상에서 곡률은 정칙인 곡선부분에서만 정의된다(6.6절 참고). 또한, 이 경우에 C상의 전곡률을 각각의 정칙인 곡선부분상에서의 전곡률의 합으로 정의한다.

2차원 유클리드 평면 $\mathbb{R}^2$상에서 다음과 같이 정의된 영역 R이 양의 방향성(또는 시계반대방향의 방향성)을 가지고 있다고 가정하자. 이때, 양의 방향성을 가진 경계 ∂R에 대하여, 다음 물음에 답하라([그림 3.14]).

$$R = \left\{(x, y)\in\mathbb{R}^2 \mid x^2 + y^2 \le 4,\ (x-\sqrt{3})^2 + y^2 \ge 1,\ x \ge -|y|\right\}$$

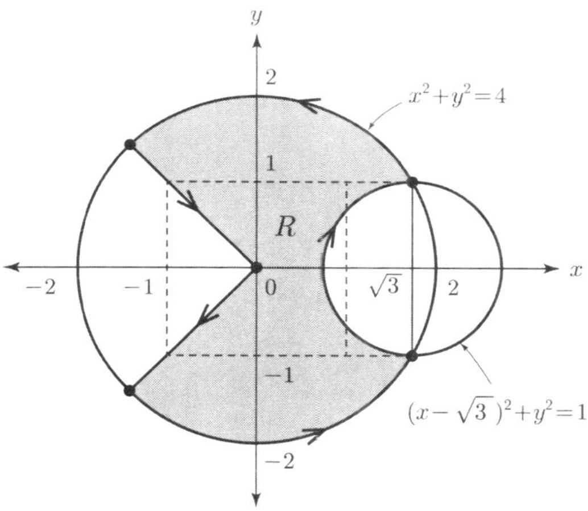

[그림 3.14]

(1) $k_{\partial R}$가 평면곡선 ∂R의 부호가 있는 곡률을 나타낼 때, 전곡률

$$\int_{\partial R} k_{\partial R}\, ds = \frac{\pi}{6}$$

임을 보여라.

(2) 평면곡선 ∂R상에서 다음 선적분

$$\int_{\partial R} x dy - y dx = \frac{11}{3}\pi + 2\sqrt{3}$$

임을 보여라.

3. 다음 [그림 3.15]와 같이 지름이 2인 세 개의 원의 호 부분 AB, BC, CA로 이루어진 양의 방향성을 가진 평면곡선을 C라 할 때, 다음 물음에 답하라. 단, 여기서 호 BC는 $\left(\frac{1}{2}, \frac{\sqrt{3}}{2}\right)$을 통과한다.

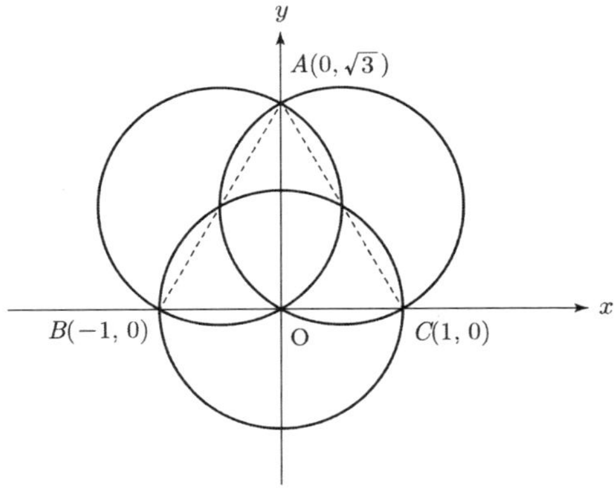

[그림 3.15]

(1) 세 점 A, B, C에서 외각 $\theta_A, \theta_B, \theta_C$는 각각 $-\frac{\pi}{3}, \frac{2\pi}{3}, \frac{2\pi}{3}$임을 보여라.

(2) 호 AB, BC, CA에서 부호가 있는 곡률 k는 각각 $1, -1, 1$임을 보여라.

(3) 정리 6.6.1에 의해, 평면곡선 C의 회전각은 2π임을 보여라. 즉 C의 회전각은

$$\left(\pi - \frac{\pi}{3}\right) + \left(\pi + \frac{2\pi}{3}\right) + \left(-\pi + \frac{2\pi}{3}\right) = 2\pi$$

이다.

(4) 평면곡선 C의 전곡률 $\int_0^{3\pi} k(s)ds = \pi$임을 확인하라.

(5) 평면곡선 C의 전곡률 $\int_0^{3\pi} \kappa(s)ds = 3\pi$임을 확인하라.

정칙곡면론

CHAPTER 04

미/분/기/하/학/개/론

이 장에서는 먼저 3차원 유클리드 공간에 주어진 정칙곡면의 정의를 소개하고, 정칙곡면의 다양한 예를 자세히 살펴본다. 이를 위해서는 일변수 함수보다는 다변수 함수에 관한 기본적인 성질을 알 필요가 있다. 특히 벡터값을 갖는 다변수함수의 미분계수와 역함수 및 음함수 정리의 정확한 이해는 이 장의 전체적인 내용을 파악하는 데 큰 도움이 된다.

4.1 ❙ 정칙곡면의 정의

정칙곡면의 정의를 시작하기 전에 위상다양체(topological manifold)의 정의를 먼저 알아보자. n차원 **위상다양체**는 제2가산공리(second countability)를 만족하는 위상 공간으로 각각의 점 근처가 위상적으로 유클리드 공간 $\mathbb{R}^n$과 같은 것으로 정의된다. 특히 $n=2$인 경우에 이 위상다양체를 **리만곡면**(Riemann surface)이라 부른다. 약간 엄밀하지 않게 말하면, 이 절에서 정의하고자 하는 정칙곡면은 리만곡면 중에서 매끄러운 표면을 가진 곡면이라고 생각하면 된다.

정칙곡면 S는 유클리드 공간 $\mathbb{R}^3$의 2차원 리만곡면으로, 임의의 점 $p\in S$에 대하여 p의 열린근방(open neighborhood) $V\subset\mathbb{R}^3$와 u와 v를 **좌표**(coordinate)로 갖는 $\mathbb{R}^2$의 열린집합 U에서 정의된 다음 세 가지 조건을 만족하는 함수 $\mathbf{x}: U\to\mathbb{R}^3$가 존재할 때이다([그림 4.1]).

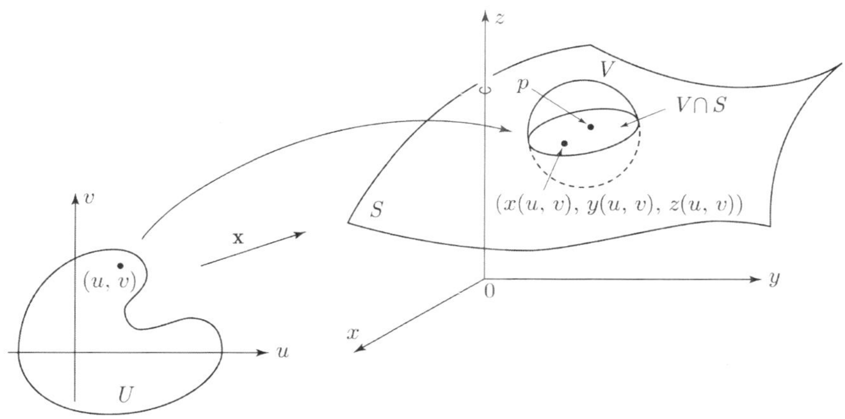

[그림 4.1]

(1) $\mathbf{x}(u,v)=(x(u,v),y(u,v),z(u,v))$가 무한 번 미분가능(smooth)하다.

(2) $\mathbf{x}: U\to V\cap S$가 위상동형사상이다. 즉 $\mathbf{x}: U\to V\cap S$가 일대일 대응이고 연속함수이며 그 역함수 $\mathbf{x}^{-1}$도 연속함수이다.

(3) 임의의 점 $q\in U$에 대하여, 미분사상 $d\mathbf{x}_q: T_qU\cong\mathbb{R}^2\to T_{\mathbf{x}(q)}\mathbb{R}^3\cong\mathbb{R}^3$가 계수(rank) 2를 가지고 있다.

이때 순서쌍 $(\mathbf{x},U)$를 S의 **좌표조각함수**(coordinate patch, local parametrization 또

는 local chart) 또는 단순히 **좌표함수**나 **좌표계**라 부르고, $\mathbf{x}(U)$를 **좌표근방**(coordinate neighborhood)이라 한다.

좌표조각함수를 구성하는 위의 세 가지 조건 중에서 세 번째 조건이 가지는 기하학적인 의미를 설명하기 위해, 먼저 $e_1=(1,0)$, $e_2=(0,1)$를 $\mathbb{R}^2$의 표준기저(standard basis)라 하자. 이때

$$\mathbf{x}_u(q) := d\mathbf{x}_q(e_1) = \frac{d}{dt}\bigg|_{t=0}\mathbf{x}(q+te_1) = \left(\frac{\partial x}{\partial u}(q), \frac{\partial y}{\partial u}(q), \frac{\partial z}{\partial u}(q)\right),$$

$$\mathbf{x}_v(q) := d\mathbf{x}_q(e_2) = \frac{d}{dt}\bigg|_{t=0}\mathbf{x}(q+te_2) = \left(\frac{\partial x}{\partial v}(q), \frac{\partial y}{\partial v}(q), \frac{\partial z}{\partial v}(q)\right)$$

이다. 여기서 매개함수 $\mathbf{x}(q+te_1)$로 주어지는 곡면상의 곡선을 **u-매개변수곡선**(u-parameter curve)이라 하고, 매개함수 $\mathbf{x}(q+te_2)$로 주어지는 곡면상의 곡선을 **v-매개변수곡선**(v-parameter curve)이라 한다. u-매개변수곡선과 v-매개변수곡선은 주어진 정칙곡면을 이해하는 데 아주 중요한 역할을 한다([그림 4.2]).

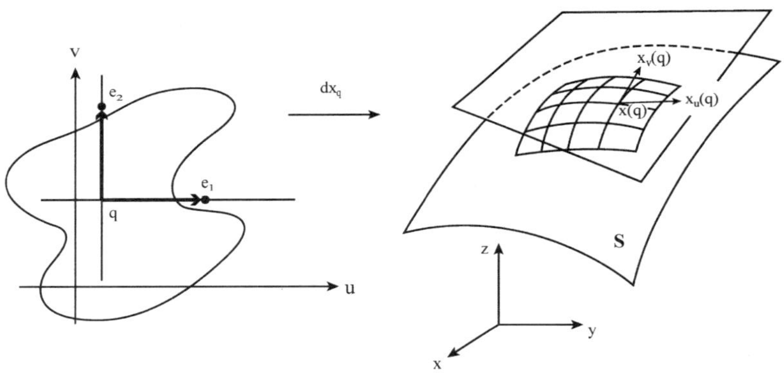

[그림 4.2]

$\mathbf{x}_u(q)$와 $\mathbf{x}_v(q)$는 정칙곡면의 $\mathbf{x}(q)$에서의 접평면에 놓여있는 두 벡터이고, 미분사상 $d\mathbf{x}_q$를 3×2 행렬인 **야코비 행렬**(Jacobi matrix) $J_{\mathbf{x}}$로 표현하면 다음과 같다.

$$J_{\mathbf{x}}(q) = \begin{pmatrix} \frac{\partial x}{\partial u}(q) & \frac{\partial x}{\partial v}(q) \\ \frac{\partial y}{\partial u}(q) & \frac{\partial y}{\partial v}(q) \\ \frac{\partial z}{\partial u}(q) & \frac{\partial z}{\partial v}(q) \end{pmatrix} = (\mathbf{x}_u(q)\,\mathbf{x}_v(q))_{3\times 2}$$

이때 미분사상 $d\mathbf{x}_q$의 계수(rank)가 2라는 것은 위의 야코비 행렬의 계수가 2라는 의미

이다. 다시 말해서 야코비 행렬의 두 열(column)이 일차독립이고 야코비 행렬의 세 개의 행(row) 중에서 적어도 두 개는 일차독립임을 의미한다. 이것을 외적을 이용하여

$$\mathbf{x}_u(q) \times \mathbf{x}_v(q) \neq 0$$

으로 나타낼 수 있다.

또한

$$\frac{\partial(x, y)}{\partial(u, v)} = \det\begin{pmatrix} \frac{\partial x}{\partial u} & \frac{\partial x}{\partial v} \\ \frac{\partial y}{\partial u} & \frac{\partial y}{\partial v} \end{pmatrix}, \quad \frac{\partial(y, z)}{\partial(u, v)} = \det\begin{pmatrix} \frac{\partial y}{\partial u} & \frac{\partial y}{\partial v} \\ \frac{\partial z}{\partial u} & \frac{\partial z}{\partial v} \end{pmatrix}, \quad \frac{\partial(x, z)}{\partial(u, v)} = \det\begin{pmatrix} \frac{\partial x}{\partial u} & \frac{\partial x}{\partial v} \\ \frac{\partial z}{\partial u} & \frac{\partial z}{\partial v} \end{pmatrix}$$

라 할 때, $d\mathbf{x}_q$의 계수(rank)가 2가 될 필요충분조건은 위의 세 **소행렬**(minor)의 행렬식이 q에서 적어도 하나는 0이 아닌 것이다.

예제 4.1.1 U를 2차원 유클리드 공간 $\mathbb{R}^2$의 열린집합이라 하고 $f : U \to \mathbb{R}$를 미분가능인(smooth) 함수라 할 때,

$$\mathbf{x} : U \to \mathbb{R}^3, \quad \mathbf{x}(u, v) = (u, v, f(u, v))$$

는 좌표조각함수의 조건을 모두 만족한다. 실제로 $\mathbf{x}$는 미분가능하고 일대일 대응이며 U와 $\mathbf{x}(U)$는 $\mathbf{x}$에 위상동형이다. 또한 $d\mathbf{x}$의 야코비 행렬 $J_{\mathbf{x}}$은

$$J_{\mathbf{x}} = \begin{pmatrix} 1 & 0 \\ 0 & 1 \\ \frac{\partial f}{\partial u} & \frac{\partial f}{\partial v} \end{pmatrix}$$

이고 $\frac{\partial(x, y)}{\partial(u, v)} = 1$이므로 $d\mathbf{x}$의 계수는 2이다. 따라서

$$\mathbf{x}(U) = \{(u, v, f(u, v)) \mid (u, v) \in U\} =: \Gamma_f$$

는 함수 f의 **그래프**로 정칙곡면이고 이와 같은 형태의 좌표조각함수를 특히 **몽주 좌표조각함수**(Monge coordinate patch)라 부른다.

예를 들어

$$f(u, v) = au + bv + c, \quad a, b, c\text{는 실수의 상수}$$

라 놓으면 f의 그래프 Γ_f는 정칙곡면이 되고 사실은 Γ_f가 평면을 나타낸다. ◆

좀 더 체계적으로 정칙곡면을 구성하는 방법을 설명하기 위해 미분가능인 함수의 **임계점**(critical point), **임곗값**(critical value), **정칙값**(regular value)에 관한 정의를 소개할 필요가 있다.

U를 $\mathbb{R}^n$의 열린집합이라 하고 $F: U \to \mathbb{R}^m$를 미분가능인 함수라 하자. 이때 F의 미분계수인 선형사상

$$dF_p : T_pU \cong \mathbb{R}^n \to T_{F(p)}\mathbb{R}^m \cong \mathbb{R}^m$$

의 계수가 m이 아닐 때, p를 F의 **임계점**이라 하고 $F(p)$를 F의 **임곗값**이라 부른다. 그리고 임곗값이 아닌 $\mathbb{R}^m$에 있는 임의의 점을 **정칙값**으로 정의한다. 이 정의에 의해 특히 함수 F의 상(image)에 있지 않은 $\mathbb{R}^m$의 임의의 점은 F의 정칙값이 된다. 따라서 정칙값의 F의 역상(inverse image)에는 임계점이 존재할 수 없다. 임곗값이 아닌 정의역의 점을 **정칙점**(regular point)라 한다. 하지만 일반적으로 정칙점의 상이 정칙값은 아니다.

다음 정리는 일반적인 사드(Sard)의 정리의 특별한 경우로 임곗값의 빈도를 보여주는 아주 흥미로운 정리이다.

정리 4.1.2

사드의 정리(Sard's Theorem)
미분가능인 함수 $F: \mathbb{R}^n \to \mathbb{R}^m$의 모든 임곗값으로 이루어진 집합은 $\mathbb{R}^m$에서 측도(measure) 0을 가지고 있다.

여기서 $\mathbb{R}^m$의 부분집합 A의 측도를 $\mathbb{R}^m$에서 A의 부피 정도로 생각하면 된다.

미분가능인 함수 $F: \mathbb{R}^3 \to \mathbb{R}$에 대하여 $r \in F(\mathbb{R}^3)$에서 F의 정칙값이 될 필요충분조건은 임의의 $p \in F^{-1}(r)$에 대하여

$$F_x(p),\ F_y(p),\ F_z(p)$$

중에서 적어도 하나는 0이 아닌 것이다. 이를 이용하여 다음 정리를 증명할 수 있다. 하지만 자세하고 엄밀한 증명은 복잡하므로 생략한다.

정리 4.1.3

U를 $\mathbb{R}^3$의 열린집합이라 하고 $F: U \to \mathbb{R}$이 미분가능이라 할 때, r이 F의 정칙값이고 $F^{-1}(r)$이 공집합이 아니면 $F^{-1}(r)$은 항상 정칙곡면이다.

증명 p가 $F^{-1}(r)$의 임의의 점일 때, r이 F의 정칙값이므로 일반성을 잃지 않고 $F_z(p) \neq 0$라고 가정해도 충분하다. 그러면 음함수 정리에 의해 $\mathbb{R}^2$의 열린집합 U와 U에서 정의된 함수 $z = f(x,y)$가 존재하여

$$F(x,y,z) = F(x,\, y,\, f(x,y)) = r,\ (x,\, y) \in U$$

를 만족한다([그림 4.3]). 따라서 $F^{-1}(r)$의 임의의 점 p 근방을 몽주 좌표조각 함수

$$\mathbf{x}(u,\, v) = (u,\, v,\, f(u,v)),\ (u\,,v) \in U$$

를 이용하여 나타낼 수 있다. 즉, $F^{-1}(r)$은 정칙곡면이다.

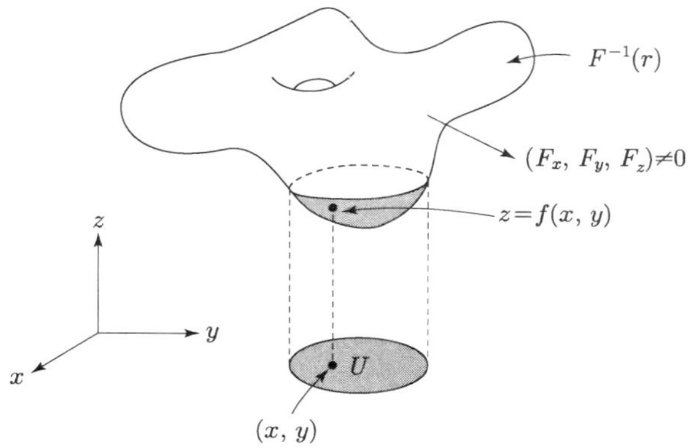

✤

[그림 4.3]

일반적으로 위 정리의 역은 성립하지 않는다. 예를 들어 $\mathbb{R}^3$에서 정의된 $F(x,y,z) = z^2$의 0에서의 역상

$$F^{-1}(0) = \{(x,y,0) \mid x,y \in \mathbb{R}\}$$

은 평면으로 정칙곡면이다. 하지만 $F_x = 0, F_y = 0, F_z = 2z$이므로 $(x,y,0)$은 F의 임계점이 된다. 따라서 0은 F의 정칙값이 아니다.

예제 4.1.4 **평면**

임의의 실수 $a, b, c \neq 0, d$에 대하여

$$F(x,y,z) = ax + by + cz + d, \quad (x,y,z) \in \mathbb{R}^3$$

라 놓으면, $F^{-1}(0)$은 3차원 유클리드 공간 안에 놓여있는 $ax + by + cz + d = 0$로 주어

진 평면을 나타낸다. 한편

$$F_x = a, \quad F_y = b, \quad F_z = c \neq 0$$

이므로 0은 F의 정칙값이다. 따라서 $ax+by+cz+d=0$으로 주어진 평면은 정칙곡면이다. ◆

예제 4.1.5 **타원면**

양의 실수 a, b, c에 대하여

$$F: \mathbb{R}^3 \to \mathbb{R}, \quad (x, y, z) \mapsto \frac{x^2}{a^2} + \frac{y^2}{b^2} + \frac{z^2}{c^2} - 1$$

이라 놓으면 $F_x = \dfrac{2x}{a^2}$, $F_y = \dfrac{2y}{b^2}$, $F_z = \dfrac{2z}{c^2}$이므로 0이 F의 정칙값이 된다. 따라서

$$F^{-1}(0) = \left\{ (x, y, z) \in \mathbb{R}^3 \;\middle|\; \frac{x^2}{a^2} + \frac{y^2}{b^2} + \frac{z^2}{c^2} = 1 \right\}$$

은 정칙곡면이 되고, **타원면(ellipsoid)**을 나타낸다. 특히 $a=b=c=1$일 때, $F^{-1}(0)$를 2차원 **단위구면(unit sphere)** 또는 간단히 **단위구**라 부르고 보통 S^2라 쓴다. ◆

더 다양한 정칙곡면의 예는 다음 절에서 다룬다.

4.1 ▌연습문제

1. 단위구면 또는 토러스와 같이 경계가 없는 콤팩트 정칙곡면은 단 한 개의 좌표조각함수의 상으로 주어질 수 없음을 보여라.

2. 다음과 같이 주어진 사상 $\mathbf{x}$가 좌표조각함수임을 보여라. 즉 $\mathbf{x}$가 미분가능하고 단사함수이며, 임의의 점 $p \in \mathbb{R}^2$에 대하여 미분사상 $d\mathbf{x}_p$의 계수가 2임을 보여라.

$$\mathbf{x}: \mathbb{R}^2 \to \mathbb{R}^3, \quad \mathbf{x}(u, v) = (u, u^2, v+v^3)$$

3. 다음과 같이 주어진 사상 $\mathbf{x}$가 좌표조각함수임을 보이고 그 상을 그려라.

$$\mathbf{x}(u,v)=(\sqrt{1-u^2}\cos v,\ \sqrt{1-u^2}\sin v,\ u),\quad -1<u<1,\ 0<v<2\pi$$

4. $$S=\{(x,y,z)\in\mathbb{R}^3 \mid z=-3x^2\}\text{이고 } U=\{(u,v)\in\mathbb{R}^2 \mid u+v>0\}$$

일 때, 다음과 같이 주어진 함수

$$\mathbf{x}: U\to\mathbb{R}^3,\ \ (u,v)\mapsto(u-v,\ uv,\ -3(u-v)^2)$$

가 S의 좌표조각함수인지 판별하라.

5. $$S=\{(x,y,z)\in\mathbb{R}^3 \mid z=x^2-y^2\}$$

일 때, 다음과 같이 주어진 사상 $\mathbf{x}$가 S의 좌표조각함수인지 판별하라.

(1) $\mathbf{x}(u,v)=(u+v,\ u-v.4uv),\ \ (u,v)\in\mathbb{R}^2$

(2) $\mathbf{x}(u,v)=(u\cosh v,\ u\sinh v,\ u^2),\ \ (u,v)\in\mathbb{R}^2,\ u\neq 0$

6. $\alpha: I=(a,b)\to\mathbb{R}^3$가 정칙인 매개함수일 때, 사상 $\mathbf{x}$가 다음과 같이 주어져 있다. 이때 $\mathbf{x}$의 미분사상 $d\mathbf{x}$의 계수가 2가 될 조건을 매개함수 α의 곡률을 이용하여 찾아라.

$$\mathbf{x}: I\times(\mathbb{R}-\{0\})\to\mathbb{R}^3,\ \ (u,v)\mapsto\alpha(u)+v\alpha'(u)$$

7. $L:\mathbb{R}^3\to\mathbb{R}^3$이 선형사상일 때, 임의의 점 $p\in\mathbb{R}^3$와 벡터 $v\in T_p\mathbb{R}^3$에 대하여 다음 등식을 증명하라.

$$dL_p(v)=L(v)$$

8. $f(x,y,z)=y^k-3yx^2,\ k>1$일 때, 다음 물음에 답하라.

(1) f의 임계점을 모두 구하라.

(2) f의 정칙값을 모두 구하라.

(3) $f^{-1}(r)$가 정칙곡면이 되는 모든 실수 r를 찾아라.

9. $f(x, y, z) = (x^4 + z^2 + 5)^k$, $k > 1$일 때, $f^{-1}(r)$가 정칙곡면이 되는 모든 실수 r을 찾아라.

10. $f(x, y, z) = (2x + 3y - z - 1)^k$, $k > 1$일 때, $f^{-1}(r)$가 정칙곡면이 되는 모든 실수 r을 찾아라.

11. 다음 물음에 답하라.

(1) 다음과 같이 정의된 집합 S가 정칙곡면이 되는지 판별하라.

$$S = \{(x, y, z) \in \mathbb{R}^3 \mid (x^2 - y^2)^3 - 5z^2 = -1\}$$

(2) 다음과 같이 정의된 집합 S_r이 정칙곡면이 되는 모든 실수 r를 찾아라.

(i) $S_r = \{(x, y, z) \in \mathbb{R}^3 \mid x^2 - 4x + yz = r\}$

(ii) $S_r = \{(x, y, z) \in \mathbb{R}^3 \mid x^2 - xy + y^2 - yz + z^2 = r\}$

(iii) $S_r = \{(x, y, z) \in \mathbb{R}^3 \mid (x^2 + y^2 + z^2 + 3)^2 - 16(x^2 + y^2) = r\}$

12. 단위속력곡선 $\alpha : (a, b) \to \mathbb{R}^3$의 곡률 κ_α가 영이 아닐 때, 양의 상수 a에 대하여 다음과 같이 정의된 함수

$$\begin{aligned} \mathbf{x} &: (a,\ b) \times (0,\ 2\pi) \to \mathbb{R}^3, \\ &(s,\ \theta) \mapsto \alpha(s) + a(\cos\theta\, \boldsymbol{N}_\alpha(s) + \sin\theta\, \boldsymbol{B}_\alpha(s)) \end{aligned}$$

의 미분사상 $d\mathbf{x}$의 계수(rank)가 2가 될 충분조건을 κ_α를 이용하여 찾아라. 단, 여기서 $\{\boldsymbol{T}_\alpha, \boldsymbol{N}_\alpha, \boldsymbol{B}_\alpha\}$는 α의 프레네-세레 틀마당을 나타낸다.

13. 다음과 같이 주어진 함수 $F: \mathbb{R}^3 \to \mathbb{R}$의 역상 $F^{-1}(0)$이 정칙곡면인지 판별하라.

(1) $F(x, y, z) = x^2 + y^2 + z^4 - 1$

(2) $F(x, y, z) = (x^2 + y^2 + z^2 + a^2 - b^2)^2 - 4a^2(x^2 + y^2)$, $a > b > 0$인 상수

14. 다음과 같이 주어진 함수 $F: \mathbb{R}^3 \to \mathbb{R}$에 대하여 다음 물음에 답하라.

$$F(x,\ y,\ z) = x^2 + y^2 - 2z^2 - \frac{2}{3}xy + 4z$$

(1) F의 역상 $F^{-1}(k)$가 정칙곡면이 되는 모든 $k \in \mathbb{R}$를 찾아라.

(2) 임의의 $k \in \mathbb{R}$에 대하여, $F^{-1}(k)$의 모양에 관해 논하라.

15. $V = \left(-\frac{\pi}{2},\ \frac{\pi}{2}\right) \times \mathbb{R} \times (0, 2\pi)$일 때, V에서 정의된 다음과 같은 함수 F와 G을 고려하자.

$$F(x,\ y,\ z) = x\sin x - y\cos z, \quad G(x,\ y,\ z) = x\sin z - y\cos z$$

이때, 다음 물음에 답하라.

(1) F의 임계점과 임곗값을 모두 구하고, $F^{-1}(k)$가 정칙곡면이 되는 모든 실수 $k(k \neq 0)$를 찾아라. (힌트: F의 모든 임계점은 $\left(0, 0, \frac{\pi}{2}\right), \left(0, 0, \frac{3}{2}\pi\right)$.)

(2) G의 임계점과 임곗값을 모두 구하고, $G^{-1}(k)$가 정칙곡면이 되는 모든 실수 k를 찾아라. (힌트: G의 임계점 없음.)

16. 미분가능한 함수 $f : \mathbb{R} \to \mathbb{R}$가 $f(0) = 0$과 $f' < 0$을 만족할 때, 다음과 같이 정의된 함수 $F : \mathbb{R}^3 \to \mathbb{R}$를 고려하자.

$$F(x, y, z) = xyz - f(x - y - z), \quad (x, y, z) \in \mathbb{R}^3$$

이때, 다음 물음에 답하라.

(1) F의 임계점과 임곗값을 모두 찾아라. (힌트: 임계점 없음.)

(2) $F^{-1}(k)$가 정칙곡면이 되는 모든 실수 k를 찾아라. (힌트: k는 모든 실수.)

4.2 ❙ 정칙곡면의 예

앞 절에서 이미 단위구면이 정칙곡면이 됨을 **정리 4.1.3**을 이용하여 보였다. 이 절에서는 정칙곡면 중에서 미분기하학에서 잘 알려 있으며 중요한 역할을 하는 더 많은 예를 소개한다. 주어진 곡면이 정칙임을 보이기 위해, 좌표조각함수를 구체적으로 찾거나 또는 **정리 4.1.3** 등 여러 가지 다양한 방법을 이용한다.

예제 4.2.1 단위구면

앞에서와는 달리 단위구면이 정칙곡면임을 좌표조각함수를 구체적으로 찾아 보일 수도 있다. 즉 $U=\{(u,v)\in\mathbb{R}^2 \mid u^2+v^2<1\}$ 일 때,

$$\mathbf{x}_1(u,v)=(u,v,\sqrt{1-u^2-v^2})$$

라 놓으면 $\mathbf{x}_1$은 미분가능함수이다. 또한

$$\mathbf{x}_1(U)=\{(x,y,z)\in S^2 \mid z>0\}$$

이고 U와 $\mathbf{x}_1(U)$는 위상동형이다. 마지막으로 $\mathbf{x}_1$의 야코비 행렬은

$$J_{\mathbf{x}_1}=\begin{pmatrix} 1 & 0 \\ 0 & 1 \\ -\dfrac{u}{\sqrt{1-u^2-v^2}} & -\dfrac{v}{\sqrt{1-u^2-v^2}} \end{pmatrix}$$

이므로 $d\mathbf{x}_1$의 계수는 2가 되어 $(\mathbf{x}_1, U)$는 단위구면의 **북반구**(northern hemisphere)의 임의의 점 $(p_1,p_2,p_3)\in S^2$, $p_3>0$ 근처의 좌표조각함수가 된다.

마찬가지로 단위구면의 **남반구**(southern hemisphere), **동반구**(eastern hemisphere), **서반구**(western hemisphere), **앞반구**(front hemisphere), **뒷반구**(back hemisphere)의 임의의 점 근처의 좌표조각함수는 각각 다음과 같이 주어진다.

$$\mathbf{x}_2(u,v)=(u,v,-\sqrt{1-u^2-v^2})$$

$$\mathbf{x}_3(u,v)=(u,\sqrt{1-u^2-v^2},v)$$

$$\mathbf{x}_4(u,v)=(u,-\sqrt{1-u^2-v^2},v)$$

$$\mathbf{x}_5(u,v)=(\sqrt{1-u^2-v^2},u,v)$$

$$\mathbf{x}_6(u,v)=(-\sqrt{1-u^2-v^2},u,v)$$

이 방법으로 단위구면을 좌표조각함수로 덮기 위해서는 좌표조각함수가 적어도 6개 필요함을 알 수 있다([그림 4.4]).

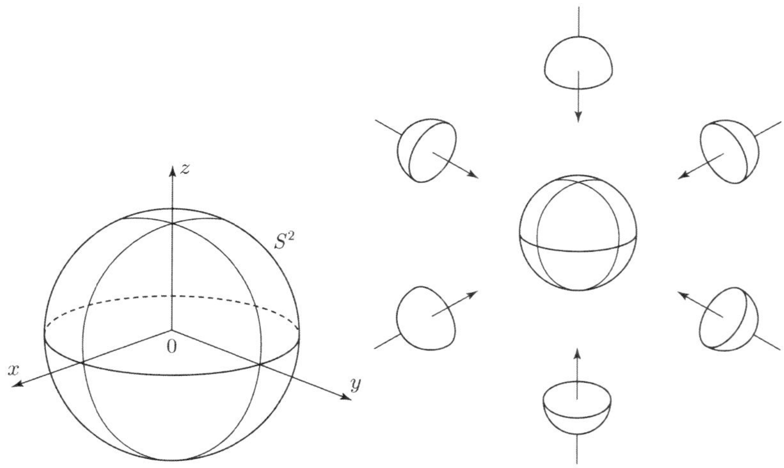

[그림 4.4]

좀 더 효율적으로, **극사영** 또는 **입체사영**(stereographic projection)을 이용하여 2개의 좌표조각함수로 단위구면을 덮을 수 있는 방법이 있다.
이를 설명하기 위해, 먼저 단위구면이 다음과 같이 주어져 있다고 가정하자.

$$S^2 = \{(x, y, z) \in \mathbb{R}^3 \,|\, x^2 + y^2 + (z-1)^2 = 1\}$$

이때 S^2의 임의의 점 (x, y, z)와 북극점 $N = (0, 0, 2)$를 통과하는 직선 l의 방정식은

$$(0, 0, 2) + t(x, y, z-2) = (tx, ty, 2 + t(z-2)), \ -\infty < t < \infty$$

로 주어진다. 이 직선 l은 $t = -\dfrac{2}{z-2}$일 때, xy-평면과 만난다. 따라서 다음과 같은 미분가능하고 일대일 대응인 함수를 얻을 수 있다.

$$\varphi : S^2 - \{(0, 0, 2)\} \to \{(x, y) \,|\, x, y \in \mathbb{R}\}, \ \ (x, y, z) \mapsto \left(\frac{2x}{2-z}, \frac{2y}{2-z}\right)$$

이 함수 φ를 극사영이라 부른다([그림 4.5]). 이 함수의 역함수 φ^{-1}을 이용하여 단위구면 전체에서 북극점을 제외한 영역 $S^2 - \{(0, 0, 2)\}$을 덮는 좌표조각함수

$$\mathbf{y}_1(u, v) = \left(\frac{4u}{u^2 + v^2 + 4}, \frac{4v}{u^2 + v^2 + 4}, \frac{2(u^2 + v^2)}{u^2 + v^2 + 4}\right)$$

을 얻을 수 있다.

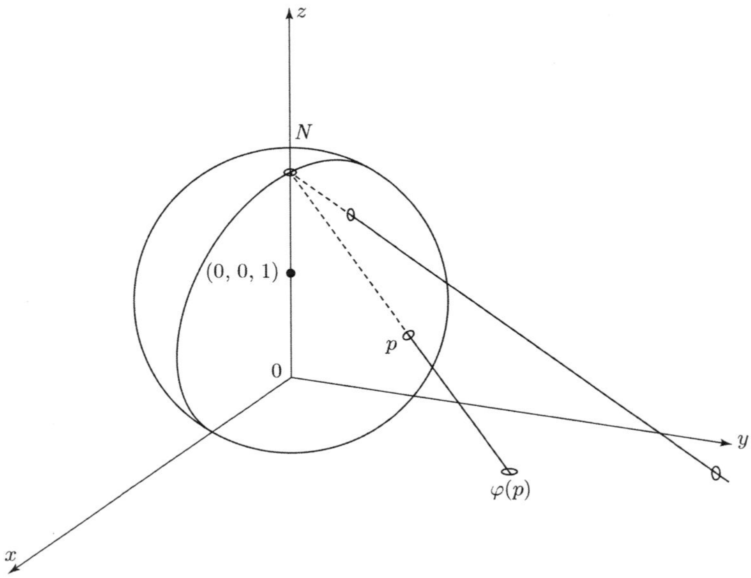

[그림 4.5]

비슷한 방법으로, xy-평면(즉 $z=0$) 대신 $z=2$로 주어진 평면을 이용하여 $S^2-\{(0,0,0)\}$을 덮는 좌표조각함수

$$\mathbf{y}_2(u,v)=\left(\frac{4u}{u^2+v^2+4},\frac{4v}{u^2+v^2+4},\frac{8}{u^2+v^2+4}\right)$$

도 얻을 수 있다. 따라서 극사영 방법으로 전체 단위구면을 덮기 위해 두 개의 좌표조각함수만 있으면 충분하다.

단위구면을 좌표조각함수로 덮기 위해 **구면좌표계**(spherical coordinates system)를 이용할 수도 있다. 예를 들어

$$\mathbf{x}(\varphi,\theta)=(\sin\varphi\cos\theta,\sin\varphi\sin\theta,\cos\varphi),\ 0<\varphi<\pi,\ 0<\theta<2\pi$$

등이 단위구면의 좌표조각함수의 역할을 한다. ◆

예제 4.2.2 토러스 또는 원환면

다음은 **토러스**(torus) 또는 **원환면**이 정칙곡면이 됨을 보이자. 사실 토러스는 **회전곡면**(surface of revolution)의 일종이므로 좀 더 일반적으로 회전곡면이 정칙곡면임을 보이면 충분하지만, 토러스는 곡면론에서 중요한 역할을 차지하고 있기 때문에 토러스 자체에 대해 자세히 설명한다.

이를 위해 먼저 토러스 T^2는 xy-평면에 있는 중심이 $(a,0)$이고 반지름이 r인 원(circle)

$$(x-a)^2+y^2=r^2,\ 0<r<a$$

을 y-축을 회전축으로 회전하여 얻을 수 있다. 이때 토러스의 임의의 점 (x, y, z)는

$$(\sqrt{x^2+z^2}-a)^2+y^2=r^2$$

을 만족한다. 한편

$$F(x, y, z)=(\sqrt{x^2+z^2}-a)^2+y^2-r^2,\ (x, y, z)\in\mathbb{R}^3$$

라 놓으면 $T^2=F^{-1}(0)$이고

$$F_x=\frac{2x(\sqrt{x^2+z^2}-a)}{\sqrt{x^2+z^2}},\ F_y=2y,\ F_z=\frac{2z(\sqrt{x^2+z^2}-a)}{\sqrt{x^2+z^2}}$$

이므로 0이 F의 정칙값이다. 따라서 토러스 $T^2=F^{-1}(0)$는 정칙곡면이다.
토러스가 정칙곡면임을 보이기 위해 구체적인 좌표조각함수를 찾을 수도 있다. 예를 들어 xy-평면과 xz-평면의 **극좌표**(polar coordinates)의 각을 각각 u와 v라 할 때, 매개함수

$$\mathbf{x}(u, v)=((r\cos u+a)\cos v, r\sin u, (r\cos u+a)\sin v),\quad 0<u, v<2\pi$$

는 토러스의 좌표조각함수가 된다([그림 4.6]). ◆

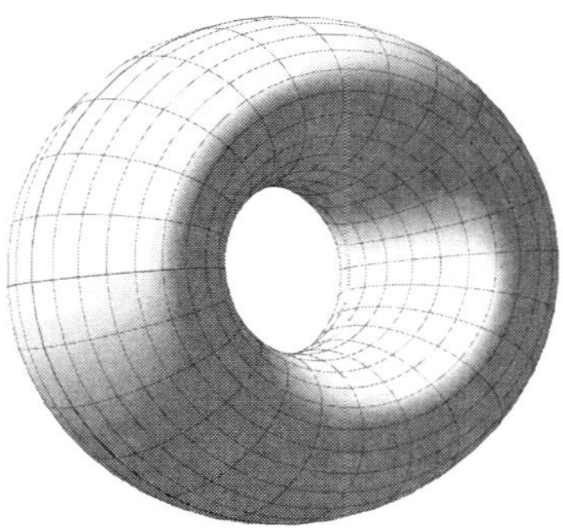

[그림 4.6] 토러스

예제 4.2.3 회전곡면

위의 토러스의 경우와 같이, yz-평면에 있는 곡선 C가 단순이고 정칙인 매개함수

$$\alpha(v)=(0, f(v), g(v)),\quad f(v)>0, v\in I$$

로 주어져 있다고 하자. α가 정칙곡선이므로

$$\|\alpha'(v)\|^2 = f'(v)^2 + g'(v)^2 \neq 0, \quad v \in I$$

이다.

이때 C를 z-축을 회전축으로 회전하여 2차원 정칙곡면 S를 얻을 수 있고 S를 **회전곡면**(surface of revolution)이라 부르고, 곡선 C를 S의 **생성곡선**(generating curve) 또는 **윤곽선**(profile curve)이라 한다.

회전곡면 S의 좌표조각함수로

$$\mathbf{x}(u, v) = (f(v)\cos u, f(v)\sin u, g(v)), \quad v \in I, \quad 0 < u < 2\pi$$

를 택할 수 있다. 실제로 α가 단순곡선을 나타내기 때문에 $\mathbf{x}$는 $(0, 2\pi) \times I$에서 일대일 대응이고 $(0, 2\pi) \times I$와 $\mathbf{x}((0, 2\pi) \times I)$는 위상동형이다. 또한 $\mathbf{x}$는

$$\|\mathbf{x}_u \times \mathbf{x}_v\|^2 = f(v)^2 (f'(v)^2 + g'(v)^2) \neq 0$$

을 만족한다. 따라서 $d\mathbf{x}$의 계수가 2이다.

$\mathbf{x}$의 v-매개변수곡선을 정칙곡면 S의 **경도선**(meridian)이라 하고 u-매개변수곡선을 S의 **위도선**(parallel)이라 부른다([그림 4.7]).

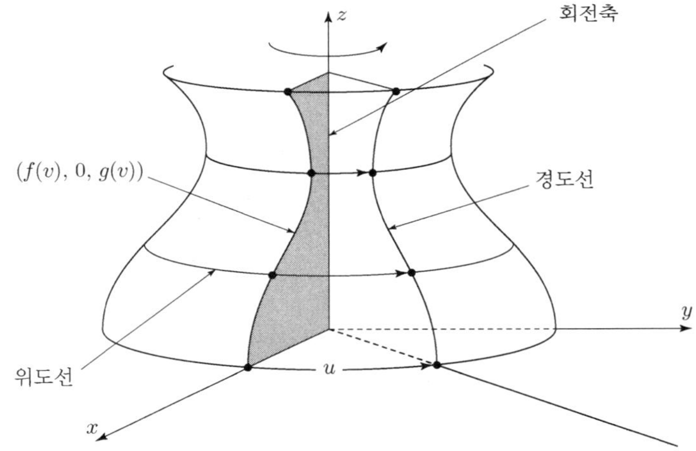

[그림 4.7]

회전곡면의 경도선은 항상 **측지선**(geodesic)이다. 하지만 위도선의 경우에는 α의 접벡터가 z-축에 평행인 점을 회전시켜 얻은 위도선만 측지선이 된다([그림 6.4]). 측지선은 국소적으로 볼 때, 두 점 사이에 최단거리를 주는 곡면에 있는 곡선이다. 측지선에 관한 더 자세한 내용은 나중에 다시 다룬다(6.4절과 6.5절 참고). ◆

4.2 ❙ 연습문제

1. (타원면, ellipsoid)

$$S=\left\{(x,y,z)\in\mathbb{R}^3 \,\middle|\, \frac{x^2}{a^2}+\frac{y^2}{b^2}+\frac{z^2}{c^2}=1\right\},\ a,b,c>0$$

일 때, 다음과 같이 주어진 사상 $\mathbf{x}$가 S의 좌표조각함수인지 판별하라.

$$\mathbf{x}(u,v)=(a\cos u\cos v,\ b\cos u\sin v,\ c\sin u),\ \ (u,v)\in(0,\pi)\times(0,2\pi)$$

2. (일엽타원쌍곡면, elliptic hyperboloid of one sheet)

$$S=\left\{(x,y,z)\in\mathbb{R}^3 \,\middle|\, \frac{x^2}{a^2}+\frac{y^2}{b^2}-\frac{z^2}{c^2}=1\right\},\ a,b,c>0$$

일 때, 다음과 같이 주어진 사상 $\mathbf{x}$가 S의 좌표조각함수인지 판별하라.

$$\mathbf{x}(u,v)=(a\cosh u\cos v,\ b\cosh u\sin v,\ c\sinh u),\ \ (u,v)\in\mathbb{R}\times(0,2\pi)$$

3. (이엽타원쌍곡면, elliptic hyperboloid of two sheets)

$$S=\left\{(x,y,z)\in\mathbb{R}^3 \,\middle|\, \frac{x^2}{a^2}+\frac{y^2}{b^2}-\frac{z^2}{c^2}=-1\right\},\ a,b,c>0$$

일 때, 다음과 같이 주어진 사상 $\mathbf{x}$가 S의 좌표조각함수인지 판별하라.

$$\mathbf{x}(u,v)=(a\sinh u\cos v,\ b\sinh u\sin v,\ c\cosh u),\ \ (u,v)\in(\mathbb{R}-\{0\})\times(0,2\pi)$$

4. (타원포물면, elliptic paraboloid)

$$S=\left\{(x,y,z)\in\mathbb{R}^3 \,\middle|\, z=\frac{x^2}{a^2}+\frac{y^2}{b^2}\right\},\ a,b>0$$

일 때, 다음과 같이 주어진 사상 $\mathbf{x}$가 S의 좌표조각함수인지 판별하라.

$$\mathbf{x}(u,v)=(au\cos v,\ bu\sin v,\ u^2),\ \ (u,v)\in(0,\infty)\times(0,2\pi)$$

5. (쌍곡포물면, hyperbolic paraboloid)

$$S=\left\{(x,y,z)\in\mathbb{R}^3 \;\middle|\; z=\frac{x^2}{a^2}-\frac{y^2}{b^2}\right\},\ a,b>0$$

일 때, 다음과 같이 주어진 사상 $\mathbf{x}$가 S의 좌표조각함수인지 판별하라.

$$\mathbf{x}(u,v)=(a(u+v),b(u-v),4uv),\ (u,v)\in(-\infty,\infty)\times(-\infty,\infty),$$

또는

$$\mathbf{x}(u,v)=\left(\frac{a(u+v)}{2},\frac{b(u-v)}{2},uv\right),\ (u,v)\in(-\infty,\infty)\times(-\infty,\infty)$$

6. xy-평면상에서 정의된 함수 $y=x^3+3x^2+2x+4,\ y>0$를 $y=\frac{1}{2}x$를 회전축으로 회전하여 얻은 회전곡면을 S라 하자([그림 4.8]). 이때, 다음 물음에 답하라. 단, 여기서

$$f(x)=\frac{x^3+3x^2+4x+4}{\sqrt{5}},\quad g(x)=\frac{2x^3+6x^2+3x+8}{\sqrt{5}}$$

이고 x_0는 $x^3+3x^2+2x+4=0$의 유일한 실수의 해를 나타낸다.

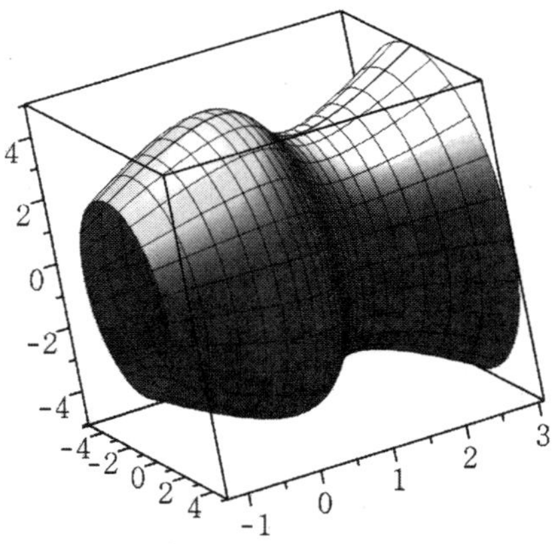

[그림 4.8]

(1) 3차원 유클리드 공간 $\mathbb{R}^3$의 정규직교기저

$$\left\{f_1=\left(\frac{2}{\sqrt{5}},\frac{1}{\sqrt{5}},0\right),\ f_2=\left(-\frac{1}{\sqrt{5}},\frac{2}{\sqrt{5}},0\right),\ f_3=(0,0,1)\right\}$$

를 이용하여 만든 새로운 XYZ-직교좌표계에 대하여, S의 한 좌표조각함수가 다음과 같이 주어짐을 보여라.

$$\mathbf{x}(x,u) = (f(x), g(x)\cos u, g(x)\sin u), (x, u) \in (x_0, \infty) \times (0, 2\pi)$$

(2) $\mathbb{R}^3$의 xyz-직교좌표계에 대하여, S의 한 좌표조각함수가 다음과 같이 주어짐을 보여라.

$$\mathbf{x}(x, u) = (\frac{2}{\sqrt{5}}f(x) - \frac{1}{\sqrt{5}}g(x)\cos u, \frac{1}{\sqrt{5}}f(x) + \frac{2}{\sqrt{5}}g(x)\cos u,$$
$$g(x)\sin u), (x, u) \in (x_0, \infty) \times (0, 2\pi)$$

4.3 ▎매개화된 정칙곡면

정칙곡면은 일반적으로 한 개의 좌표조각함수로 덮을 수 없다. 하지만 몇 가지 대표적인 경우를 제외하면 대부분의 정칙곡면은 한 개의 좌표조각함수로 주어진다. 가장 대표적인 예가 바로 몽주 좌표조각함수로 주어지는 경우이다. 물론 단위구면이나 토러스 등은 위상적으로 콤팩트(compact) 공간이므로 적어도 2개 이상의 좌표조각함수가 필요하다.

이 절에서는 한 개의 좌표조각함수로 주어지는 대표적인 곡면의 예를 소개하고자 한다. 사실 실제로 자연현상에서 나타나는 곡면은 좌표조각함수의 정의보다 더 약한 조건을 갖는 경우가 대부분이다.

매개화된 정칙곡면(parametrized regular surface)은 단 한 개의 좌표조각함수의 상으로 주어진 곡면으로 정의된다. 단, 여기서의 좌표조각함수는 이전과 같이 미분가능이고 미분사상의 계수가 2이지만 일대일 함수일 필요는 없다. 따라서 매개화된 정칙곡면은 자기 자신과 서로 교차할 수도 있어 **접힌 모양**(folding)의 형태로 나타날 수 있다.

예제 4.3.1 접가접면

정칙매개함수 $\alpha : I \to \mathbb{R}^3$의 곡률 κ_α가 $\kappa_\alpha(u) \neq 0$일 때,

$$\mathbf{x}(u, v) = \alpha(u) + v\alpha'(u), \quad (u, v) \in I \times (\mathbb{R} - \{0\})$$

라 놓으면 $\mathbf{x}$는 미분가능하고

$$\kappa_\alpha(u) = \frac{\|\alpha'(u) \times \alpha''(u)\|}{\|\alpha'(u)\|^3} \neq 0$$

이므로

$$\mathbf{x}_u \times \mathbf{x}_v = (\alpha'(u) + v\alpha''(u)) \times \alpha'(u) = -v\alpha'(u) \times \alpha''(u) \neq 0$$

이다. 따라서 $\mathbf{x}(I \times (\mathbb{R} - \{0\}))$는 매개화된 정칙곡면으로 **접가접면**(tangential developable surface)이라 불린다([그림 4.9]).

이 곡면은 나중에 자세히 소개(5.5절 참고)할 **선직면**(ruled surface)의 예이고 α가 단위속력을 가지고 있다고 할 때,

$$\begin{aligned}\mathbf{x}_u \times \mathbf{x}_v &= -v\alpha'(u) \times \alpha''(u) \\ &= -v\kappa_\alpha(u)\boldsymbol{T}_\alpha(u) \times \boldsymbol{N}_\alpha(u) \\ &= -v\kappa_\alpha(u)\boldsymbol{B}_\alpha(u)\end{aligned}$$

[그림 4.9] $\mathbf{x}(u,v)=(u,u^2,u^3)+v(1,2u,3u^2),\ -10<u,v<10$

를 만족한다. 따라서 각각의 u에 대하여 l_u를 $\alpha(u)+v\alpha'(u)$로 주어진 직선이라 하면 l_u를 따라 똑같은 벡터 $\boldsymbol{B}_\alpha(u)$가 접평면의 법벡터(normal vector)로 주어진다. 다시 말해서 $\mathbf{x}(I\times(\mathbb{R}-\{0\}))$는 직선 l_u를 따라 평행한 접평면을 가지고 있다.

일반적으로 각각의 **모선**(ruling) l_u를 따라 평행한 접평면을 가지고 있는 곡면을 **가전면**(developable surface)이라 한다.

예를 들어 $\alpha(u)=(\cos u,\sin u,0),\ 0<u<2\pi$일 때,

$$\begin{aligned}\mathbf{x}(u,v)&=\alpha(u)+v\alpha'(u)\\&=(\cos u,\sin u,0)+v(-\sin u,\cos u,0)\end{aligned}$$

로 주어진 매개화된 정칙곡면은 단위원판(unit disk)이 빠진 xy-평면이다([그림 4.10]). ◆

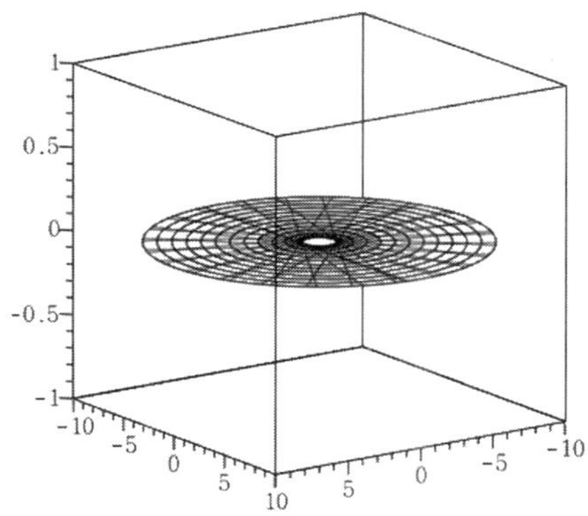

[그림 4.10]

예제 4.3.2 선직면

두 개의 매개함수 $\alpha, \beta : I \to \mathbb{R}^3$을 이용하여 정의된

$$\mathbf{x}(u, v) = \alpha(u) + v\beta(u)$$

를 매개함수로 가진 매개화된 정칙곡면을 **선직면**(ruled surface)이라 한다. 이때 α를 **기저곡선**(base curve 또는 directrix), β를 **방향곡선**(director curve)이라 부른다. 선직면은 각각의 u에 대하여 $\alpha(u) + v\beta(u)$로 주어진 직선(**모선**, ruling) l_u을 채워 만든 곡면이다. 모선은 직선이므로 모든 모선은 선직면에서 항상 측지선이다.

예를 들어 $\alpha(u) = p$이고 $\beta(u) \times \beta'(u) \neq 0$일 때

$$\mathbf{x}(u, v) = p + v\beta(u)$$

로 주어진 선직면을 **일반화된 뿔면**(generalized cone) 또는 간단히 **뿔면**(cone)이라 부르고, 점 p를 **꼭짓점**(vertex)이라 한다([그림 4.11]).

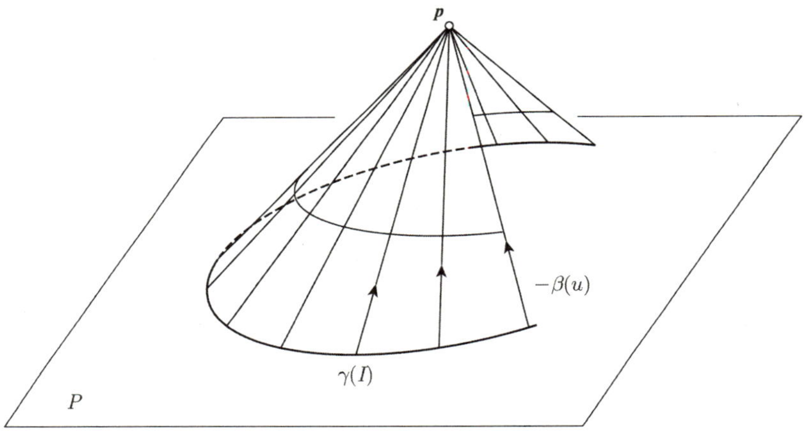

[그림 4.11]

한편 $\beta(u) = w$이고 $\alpha'(u) \times w \neq 0$일 때,

$$\mathbf{x}(u, v) = \alpha(u) + v \cdot w$$

로 주어진 선직면을 **일반화된 원기둥면**(generalized cylinder) 또는 간단히 **원기둥면**(cylinder)이라 한다([그림 4.12]). ◆

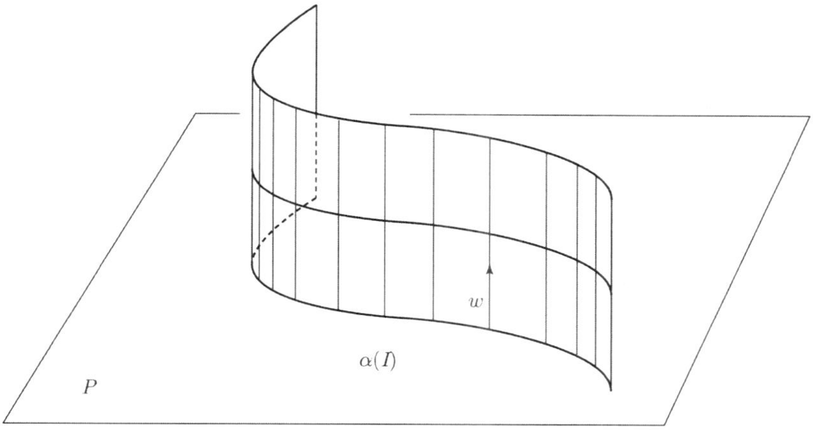

[그림 4.12]

예제 4.3.3 나선면

양의 실수 a에 대하여

$$\alpha(u) = (0, 0, au),\ 0 < u < 2\pi$$

이고 $\beta(u) = (\cos u, \sin u, 0)$일 때,

$$\mathbf{x}(u, v) = \alpha(u) + v\beta(u) = (v\cos u, v\sin u, au)$$

로 주어진 선직면을 **나선면(helicoid)**이라 한다([그림 4.13]). 특히 $\mathbf{x}(u, 1) = (\cos u, \sin u, au)$는 원형나선을 나타낸다. ◆

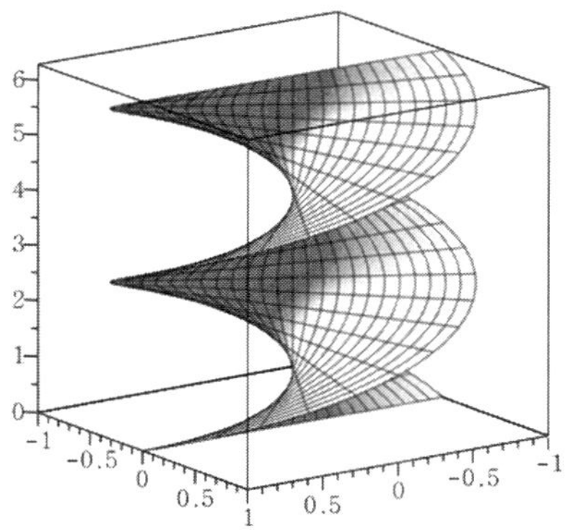

[그림 4.13] $a = 1$인 나선면

예제 4.3.4 쌍곡포물면

$z = kxy,\ k \neq 0$로 주어지는 정칙곡면을 **쌍곡포물면**(hyperbolic paraboloid)이라 한다. 이 곡면은 좌표조각함수

$$\mathbf{x}(t, v) = (t, 0, 0) + v(0, 1, kt), \quad (t, v) \in \mathbb{R} \times \mathbb{R},$$
$$\text{또는} \quad \mathbf{x}(t, v) = (0, t, 0) + v(1, 0, kt), \quad (t, v) \in \mathbb{R} \times \mathbb{R}$$

로 주어지는 선직면이다([그림 4.14]). ◆

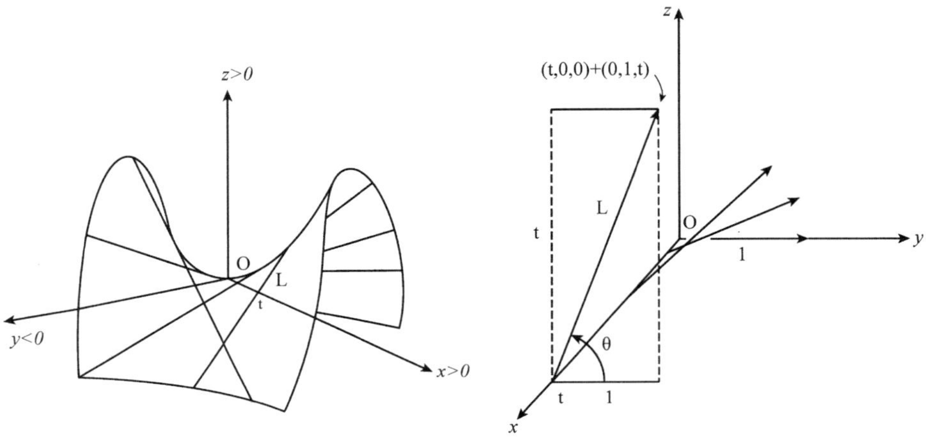

[그림 4.14] $z = xy$인 쌍곡포물면

예제 4.3.5 이중선직면: 일엽쌍곡면

적어도 두 가지 이상의 좌표조각함수로 표시할 수 있는 선직면 S를 **이중선직면**(doubly ruled surface)이라 한다. 따라서 이 경우에는 S를 두 개의 서로 다른 좌표조각함수

$$\mathbf{x}(u, v) = \alpha(u) + v\beta(u), \ \mathbf{y}(u, v) = \gamma(u) + v\delta(u)$$

로 표현할 수 있는 경우이다. 여기서 이중선직면은 α와 γ가 같은 매개함수인 것은 허용되지만 β와 δ는 반드시 달라야만 한다.

이중선직면의 대표적인 예로는 평면과 $x^2 + y^2 - z^2 = 1$로 주어지는 **일엽쌍곡면**(hyperboloid of one sheet)이 있다. 구체적으로

$$\alpha(u) = (\cos u, \sin u, 0), \ \beta(u) = \alpha'(u) + e_3 = (-\sin u, \cos u, 1)$$

을 이용하여

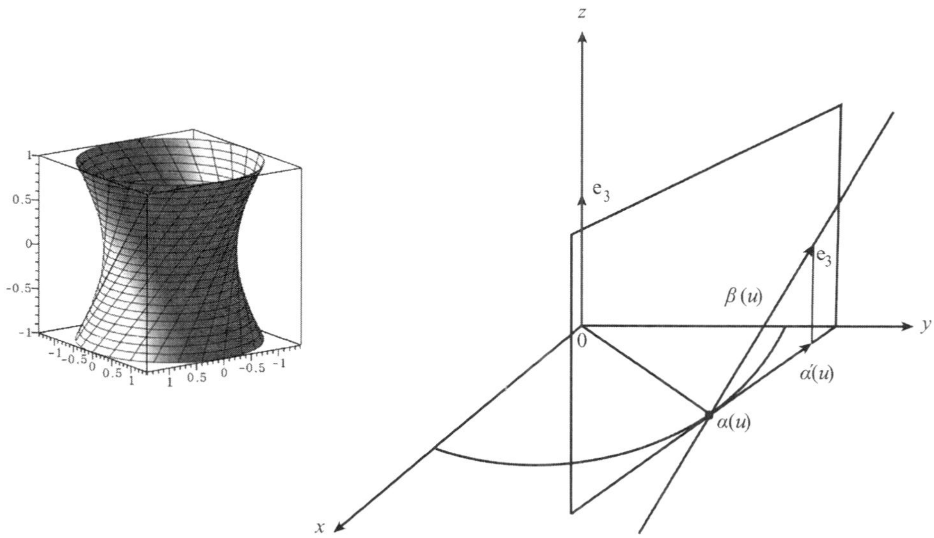

[그림 4.15]

$$\mathbf{x}(u,v) = \alpha(u) + v\beta(u)$$
$$= (\cos u - v\sin u, \sin u + v\cos u, v),\ 0 < u < 2\pi,\ -\infty < v < \infty$$

를 정의하여 일엽쌍곡면을 표현할 수 있다([그림 4.15]).

사실 이 일엽쌍곡면은 이중선직면으로

$$\mathbf{y}(u,v) = \alpha(u) + v(\alpha'(u) - e_3)$$

로도 똑같은 일엽쌍곡면을 나타낼 수 있다.

특히 일엽쌍곡면은

$$(1,0,0) + v(0,1,1),\ -\infty < v < \infty$$

로 주어진 직선을 z-축을 회전시켜 얻을 수 있다. 따라서 정육면체를 정육면체의 대각선을 회전축으로 회전하면 일엽쌍곡면과 원뿔면으로 구성된 곡면을 얻을 수 있다([그림 4.16], [그림 4.17]). ◆

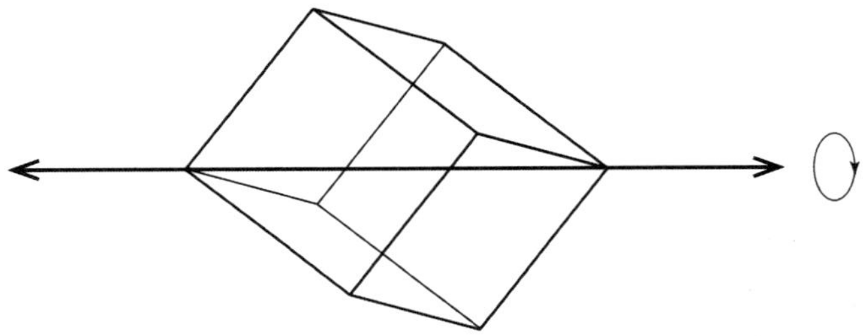

[그림 4.16]

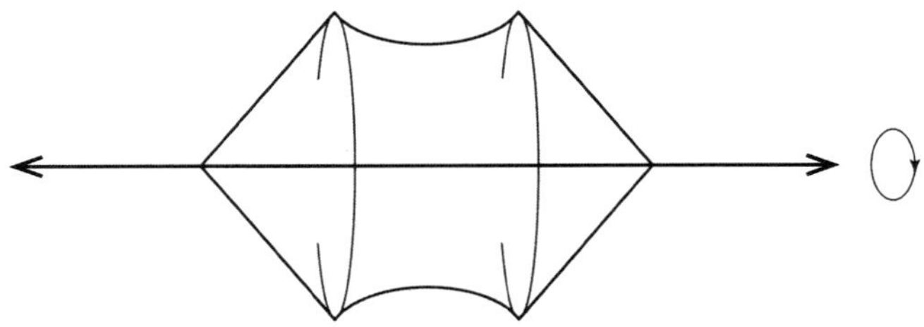

[그림 4.17]

4.3 ▎연습문제

1. 매개함수

$$\mathbf{x}(u,v)=\left(u-\frac{u^3}{3}+uv^2,\, v-\frac{v^3}{3}+vu^2,\, u^2-v^2\right),\ (u,v)\in\mathbb{R}^2$$

에 대하여, 다음 물음에 답하라.

(1) 모든 점 $p\in\mathbb{R}^2$에서 미분사상 $d\mathbf{x}_p$의 계수가 2임을 보여라.

(2) (u,v)가 $u^2+v^2<3$일 때, $\mathbf{x}$가 일대일 함수임을 보여라.

2. 다음과 같이 주어진 집합

$$S=\{(x,y,z)\in\mathbb{R}^3\,|\,y=0 \text{ 또는 } y=x^2\}$$

이 정칙곡면인지 판별하라.

3. C가 xy-평면에 있는 8자 그림일 때([그림 4.18]),

$$S = \{(x, y, z) \in \mathbb{R}^3 \mid (x, y) \in C\}$$

는 정칙곡면인지 판별하라.

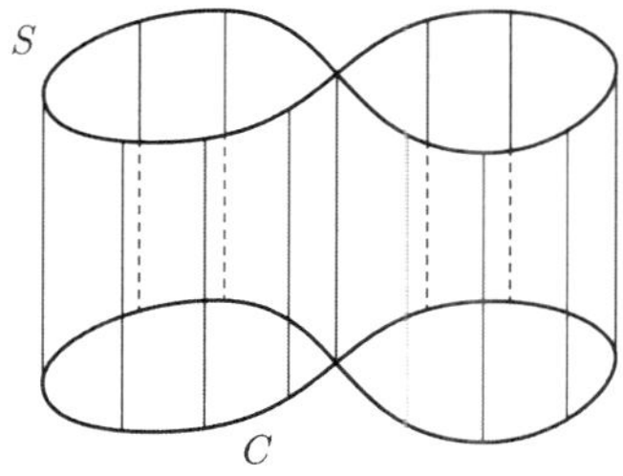

[그림 4.18]

4. $\varepsilon > 0$에 대하여, $U = (-\varepsilon, \varepsilon) \times (-\varepsilon, \varepsilon) \subset \mathbb{R}^2$이고 $\mathbf{x}: U \to \mathbb{R}^3$가 $S = \mathbf{x}(U)$의 좌표조각함수라 하자. 이때 $(\mathbf{x}, U)$가 다음 두 방정식

$$\mathbf{x}_{vv} = \mathbf{x}_{vu} = 0$$

을 만족할 때, S가 선직면인지 판별하라. 단약 S가 선직면이면 S의 모양을 구체적으로 묘사하라.

5. 다음 물음에 답하라.

(1) $z = kxy$, $k \neq 0$로 주어지는 쌍곡포물면이 이중선직면임을 보여라.

(2) $\dfrac{x^2}{a^2} + \dfrac{y^2}{b^2} - \dfrac{z^2}{c^2} = 1$, $a, b, c > 0$로 주어지는 일엽쌍곡면이 다음과 같은 두 좌표조각함수 $\mathbf{x}_{\pm}$를 가짐을 보여 이중선직편임을 확인하라.

$$\mathbf{x}_{\pm}(u, v) = (a\cos u, b\sin u. 0) \pm v(-a\sin u, b\cos u, c),$$
$$0 < u < 2\pi, \ -\infty < v < \infty$$

4.4 ❙ 정칙곡면의 접평면

이 절에서는 곡면에 있는 한 점의 접평면에 관한 엄밀한 정의와 몇 가지 중요한 성질을 정리한다. 사실 앞에서도 엄밀한 정의 없이 정칙곡면의 접벡터와 접평면을 여러 번 언급했던 것이 사실이다. 따라서 앞에서는 직관적인 이해를 통해 접평면에 관련된 여러 가지 문제를 이해하는 것에 만족해야만 했다.

S가 정칙곡면이고 p가 S의 임의의 점일 때, p에서 S의 **접벡터** v_p는 $\alpha(0)=p$이고 $\alpha'(0)=v_p$을 만족하는 매개함수 $\alpha:(-\varepsilon,\varepsilon)\to S$에 의해 주어진다. 이때 p에서 S의 모든 접벡터의 모임을 T_pS로 나타내고 이것을 S의 p에서의 **접평면**(tangent space)이라 한다. 1.3절의 논의와 같이, T_pS는 2차원 벡터공간이고 벡터공간 $\mathbb{R}^2$와 선형적으로 동형이다. 따라서 앞으로 별다른 언급 없이 T_pS를 $\mathbb{R}^2$와 동일시한다.

보조정리 4.4.1

$(\mathbf{x}, U)$가 $\mathbf{x}(q)=p$를 만족하는 정칙곡면 S의 좌표조각함수일 때,

$$d\mathbf{x}_q(T_qU)=T_pS$$

가 성립한다.

증명 보조정리를 증명하기 위해 (1) $d\mathbf{x}_q(T_qU)\subset T_pS$, (2) $T_pS\subset d\mathbf{x}_q(T_qU)$을 보여야 한다. 앞으로 간단히 v_q와 w_p를 v와 w로 쓰도록 한다.

(1) $d\mathbf{x}_q(T_qU)\subset T_pS$;

임의의 접벡터 $v\in T_qU$에 대하여, $w=d\mathbf{x}_q(v)$라 하자. 정의에 의해 $\alpha(0)=q$이고 $\alpha'(0)=v$인 매개함수 $\alpha:(-\varepsilon,\varepsilon)\to U$가 존재한다. 이때 새로운 매개함수 β를

$$\beta=\mathbf{x}\circ\alpha:(-\varepsilon,\varepsilon)\to S$$

라 놓으면

$$\beta(0)=\mathbf{x}\circ\alpha(0)=\mathbf{x}(q)=p,$$
$$\beta'(0)=d\mathbf{x}_q(\alpha'(0))=d\mathbf{x}_q(v)=w$$

가 성립한다. 따라서 $w\in T_pS$이다.

(2) $T_pS \subset d\mathbf{x}_q(T_qU)$;

반대로 임의의 $w \in T_pS$에 대하여 $d\mathbf{x}_q(v) = w$를 만족하는 $v \in T_qU$를 찾으면 된다. 실제로 $\beta(0) = p$이고 $\beta'(0) = w$인 매개함수 $\beta : (-\varepsilon, \varepsilon) \to S$에 대하여 새로운 매개함수 α를

$$\alpha = \mathbf{x}^{-1} \circ \beta : (-\varepsilon, \varepsilon) \to U$$

로 놓으면,

$$\begin{aligned} \alpha(0) &= \mathbf{x}^{-1} \circ \beta(0) = \mathbf{x}^{-1}(p) = q, \\ \alpha'(0) &= d\mathbf{x}_p^{-1}(\beta'(0)) = d\mathbf{x}_p^{-1}(w) = (d\mathbf{x}_q)^{-1}(w) \end{aligned}$$

가 성립한다. 따라서 $v = \alpha'(0) \in T_qU$라 하면

$$d\mathbf{x}_q(v) = w$$

가 된다. 즉 $w \in d\mathbf{x}_q(T_qU)$이다. ✣

정의에 의해

$$\begin{aligned} \mathbf{x}_u(q) &:= d\mathbf{x}_q(e_1) = \frac{d}{dt}\bigg|_{t=0} \mathbf{x}(q + te_1), \\ \mathbf{x}_v(q) &:= d\mathbf{x}_q(e_2) = \frac{d}{dt}\bigg|_{t=0} \mathbf{x}(q + te_2) \end{aligned}$$

이지만, $p = \mathbf{x}(q)$일 때 $\mathbf{x}_u(q)$와 $\mathbf{x}_v(q)$를 각각 $\mathbf{x}_u(p)$와 $\mathbf{x}_v(p)$로 나타내기도 한다. 이때 $\mathbf{x}_u(p)$와 $\mathbf{x}_v(p)$도 p에서 정칙곡면 S의 접벡터이고 서로 일차독립이다. 따라서 $\mathbf{x}_u(p)$와 $\mathbf{x}_v(p)$에 의해 S의 접평면 T_pS를 생성할 수 있다. 즉 임의의 접벡터 $w \in T_pS$를

$$w = a\mathbf{x}_u(p) + b\mathbf{x}_v(p), \quad a, b \in \mathbb{R}$$

로 유일하게 나타낼 수 있고, $\{\mathbf{x}_u(p), \mathbf{x}_v(p)\}$에 관해 w를 좌표로

$$w = (a, b)$$

와 같이 간단히 표현할 수 있다.

임의의 두 정칙곡면 S_1, S_2와 S_1과 S_2 사이의 함수 $\varphi : S_1 \to S_2$에 대하여, φ가 미분가능이라는 것을 임의의 점 $p \in S_1$와 $q = \varphi(p)$ 근방에서 각각 좌표조각함수 $(\mathbf{x}, U)$와 $(\mathbf{y}, V)$를 택하여 만든 다음 합성함수가 미분가능이라는 것으로 정의한다.

$$h := \mathbf{y}^{-1} \circ \varphi \circ \mathbf{x} : U \to V,\ \varphi(\mathbf{x}(U)) \subseteq \mathbf{y}(V)$$

즉 $h(u,v) = (h_1(u,v), h_2(u,v))$가 미분가능하다.

위 정의는 p와 q 근처의 좌표조각함수의 선택에 의존하지만 φ의 미분가능성은 그것의 선택에 의존하지 않음을 다음 관계식에 의해 쉽게 알 수 있다.

$$\mathbf{y}_2^{-1} \circ \varphi \circ \mathbf{x}_2 = (\mathbf{y}_2^{-1} \circ \mathbf{y}_1) \circ (\mathbf{y}_1^{-1} \circ \varphi \circ \mathbf{x}_1) \circ (\mathbf{x}_1^{-1} \circ \mathbf{x}_2)$$

여기서 $\mathbf{y}_2^{-1} \circ \mathbf{y}_1$과 $\mathbf{x}_1^{-1} \circ \mathbf{x}_2$는 좌표조각함수의 정의에 의해 항상 미분가능인 함수이고 **좌표변환함수**(coordinates transformation)라 불린다([그림 4.19]).

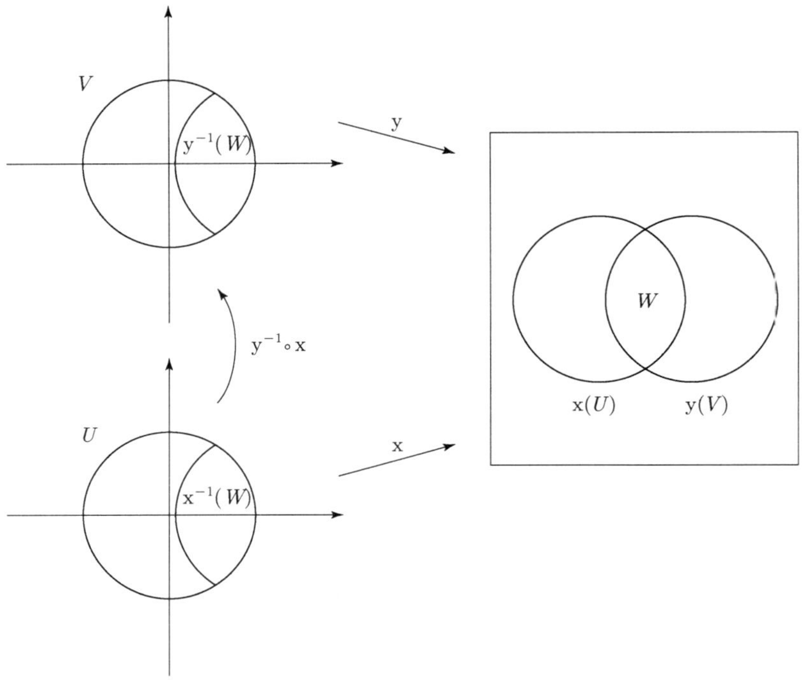

[그림 4.19]

함수 $\varphi : S_1 \to S_2$가 미분가능일 때, 임의의 점 $p \in S_1$와 $q = \varphi(p)$에 대하여 φ의 미분사상 $d\varphi : T_pS_1 \cong \mathbb{R}^2 \to T_qS_2 \cong \mathbb{R}^2$는 선형사상이다. 따라서 p와 q 근처에서 정의된 좌표조각함수 $(\mathbf{x}, U)$와 $(\mathbf{y}, V)$를 이용하여 $d\varphi$를 표현할 수 있다. 즉 앞에서와 같이

$$h = \mathbf{y}^{-1} \circ \varphi \circ \mathbf{x},\quad h(u,v) = (h_1(u,v), h_2(u,v))$$

라 할 때,

$$\frac{d}{dt}h(u(t),\, v(t)) = \left(\frac{\partial h_1}{\partial u}u'(t) + \frac{\partial h_1}{\partial v}v'(t),\, \frac{\partial h_2}{\partial u}u'(t) + \frac{\partial h_2}{\partial u}v'(t)\right)$$
$$= \begin{pmatrix} \dfrac{\partial h_1}{\partial u} & \dfrac{\partial h_1}{\partial v} \\ \dfrac{\partial h_2}{\partial u} & \dfrac{\partial h_2}{\partial v} \end{pmatrix} \begin{pmatrix} u'(t) \\ v'(t) \end{pmatrix}$$

이므로 h의 야코비 행렬 J_h는

$$J_h = \begin{pmatrix} \dfrac{\partial h_1}{\partial u} & \dfrac{\partial h_1}{\partial v} \\ \dfrac{\partial h_2}{\partial u} & \dfrac{\partial h_2}{\partial v} \end{pmatrix}$$

로 주어진다. 여기서 J_h는 T_pS_1의 기저 $\{\mathbf{x}_u(p), \mathbf{x}_v(p)\}$와 $T_{\mathbf{y}^{-1}(q)}\mathbb{R}^2$의 기저 $\{e_1, e_2\}$를 이용하여 $d\varphi$를 2×2 행렬로 표현하고 있다.

사실

$$d\mathbf{y} \circ dh = d\varphi \circ d\mathbf{x} \text{ 이고 } \mathbf{y}_u = d\mathbf{y}(e_1),\ \mathbf{y}_v = d\mathbf{y}(e_2)$$

이므로 V의 좌표가 $\bar{u}$와 $\bar{v}$라 할 때, $d\mathbf{y}$를 두 기저 $\{e_1, e_2\}$와 $\{\mathbf{y}_{\bar{u}}, \mathbf{y}_{\bar{v}}\}$에 관해 표현하면 단위행렬 I_2이 된다. 따라서 $d\varphi$를 T_pS_1의 기저 $\{\mathbf{x}_u(p), \mathbf{x}_v(p)\}$와 T_qS_2의 기저 $\{\mathbf{y}_{\bar{u}}(q), \mathbf{y}_{\bar{v}}(q)\}$에 관해 표현해도

$$J_h = \begin{pmatrix} \dfrac{\partial h_1}{\partial u} & \dfrac{\partial h_1}{\partial v} \\ \dfrac{\partial h_2}{\partial u} & \dfrac{\partial h_2}{\partial v} \end{pmatrix}$$

로 주어진다. 앞으로 혼란이 없는 경우에는 별다른 언급 없이

$$d\varphi = J_h$$

라는 표현을 이용한다.

두 정칙곡면 S_1, S_2와 S_1과 S_2 사이의 함수 $\varphi : S_1 \to S_2$가 일대일 대응이고 φ가 미분가능(smooth)하며 그 역함수 φ^{-1} 또한 미분가능일 때, φ를 **미분동형사상**(diffeomorphism)이라 한다. 임의의 두 정칙곡면 사이에 미분동형사상이 존재할 때, 두 정칙곡면은 서로 **미분동형이다**(diffeomorphic)라고 말한다.

실숫값을 갖는 함수 $\varphi : S \to \mathbb{R}$의 미분가능성도 위와 비슷한 방법으로 정의할 수 있다. 즉 임의의 점 $p \in S$ 근처에 적당한 좌표조각함수 $(\mathbf{x}, U)$를 택하여 $\varphi \circ \mathbf{x}$가 미분가

능일 때, φ가 p에서 미분가능하다고 정의한다. 앞에서와 같이 이 정의는 좌표조각함수의 선택에 의존하지 않는다.

임의의 정칙곡면 S와 S의 점 p에 대하여, T_pS에 수직인 단위벡터는 두 개가 있다. 이것을 S의 점 p에서 **단위법벡터**(unit normal vector)라 부른다. 또한 점 p를 통과하고 단위법벡터 방향을 갖는 직선을 점 p를 통과하는 S의 **법선**(normal line)이라 한다.

공통점 p에서 교차하는 두 정칙곡면 S_1과 S_2는 점 p에서 두 개의 단위법벡터가 있다. 이 두 법벡터 사이의 각을 두 정칙곡면 S_1과 S_2의 **사이의 각**으로 정의한다. 다시 말해서 점 p 근처에서 S_1과 S_2의 좌표조각함수를 각각 $(\mathbf{x}, U)$, $(\mathbf{y}, V)$라 할 때,

$$\boldsymbol{N}_1 = \frac{\mathbf{x}_u \times \mathbf{x}_v}{\|\mathbf{x}_u \times \mathbf{x}_v\|} \text{과 } \boldsymbol{N}_2 = \frac{\mathbf{y}_{\bar{u}} \times \mathbf{y}_{\bar{v}}}{\|\mathbf{y}_{\bar{u}} \times \mathbf{y}_{\bar{v}}\|}$$

를 S_1과 S_2의 단위법벡터로 택할 수 있다. 이때 $\boldsymbol{N}_1$과 $\boldsymbol{N}_2$ 사이의 각

$$\theta = \cos^{-1}(\langle \boldsymbol{N}_1, \boldsymbol{N}_2 \rangle), \ 0 \le \theta \le \pi$$

가 바로 p에서 S_1과 S_2 사이의 각이다.

4.4 ❙ 연습문제

1. 다음과 같이 주어진 정칙곡면 S와 한 점 $p \in S$의 접평면을 구하라.

(1) $S = \{(x, y, z) \in \mathbb{R}^3 \mid (x-1)^2 + y^2 + (z+1)^2 = 3\}$, $p = (0, 1, 0)$

(2) $S = \{(x, y, z) \in \mathbb{R}^3 \mid (x-1)^2 + y^2 - (z+1)^2 = 1\}$, $p = (0, 1, 0)$

(3) $\mathbf{x}(u, v) = (u\cos v, u\sin v, 3v)$, $(u, v) \in (0, \infty) \times (0, 2\pi)$일 때,

$S = \mathbf{x}((0, \infty) \times (0, 2\pi))$, $p = \mathbf{x}\left(2, \dfrac{\pi}{4}\right)$

(4) $S = \{(x, y, z) \in \mathbb{R}^3 \mid (\sqrt{x^2 + z^2} - 3)^2 + y^2 = 1\}$, $p = (4, 0, 0)$

(5) $S = \{(x, y, z) \in \mathbb{R}^3 \mid (\sqrt{x^2 + z^2} - 3)^2 + y^2 = 1\}$, $p = (3, 1, 0)$

(6) $S = \{(x, y, z) \in \mathbb{R}^3 \mid (\sqrt{x^2 + z^2} - 3)^2 + y^2 = 1\}$, $p = (2, 0, 0)$

(7) $S = \{(x, y, z) \in \mathbb{R}^3 \mid (\sqrt{x^2 + z^2} - 3)^2 + y^2 = 1\}$, $p = (3, -1, 0)$

2. 다음과 같이 정의된 2차원 단위구면

$$S^2 = \{(x, y, z) \in \mathbb{R}^3 \mid x^2 + y^2 + (z-1)^2 = 1\}$$

에 대하여, 다음 물음에 답하라.

(1) S^2의 북극점 $(0, 0, 2)$와 $z = 0$ 평면을 이용하여 얻은 극사영(stereographic projection)을 φ라 할 때, $\mathbf{x}_1 = \varphi^{-1}$가 다음과 같이 주어짐을 보여라.

$$\mathbf{x}_1 : \mathbb{R}^2 \to S^2 - \{(0, 0, 2)\},$$
$$(u, v) \mapsto \left(\frac{4u}{u^2 + v^2 + 4}, \frac{4v}{u^2 + v^2 + 4}, \frac{2(u^2 + v^2)}{u^2 + v^2 + 4}\right)$$

(2) S^2의 남극점 $(0, 0, 0)$과 $z = 2$ 평면을 이용하여 얻은 극사영을 ψ라 할 때, 이를 이용하여 $\mathbb{R}^2$에서 $S^2 - \{(0, 0, 0)\}$으로 가는 좌표조각함수 $\mathbf{x}_2$를 찾아라.

(3) 좌표변환함수

$$h := \mathbf{x}_2^{-1} \circ \mathbf{x}_1 : \mathbb{R}^2 - \{(0, 0)\} \to \mathbb{R}^2 - \{(0, 0)\}$$

을 구체적으로 찾고, h의 야코비 행렬식 J_h의 부호를 결정하라.

3. $f : \mathbb{R}^3 \to \mathbb{R}$가 미분가능인 함수일 때, $z = xf(y/x)$에 의해 정의된 곡면의 접평면은 항상 원점 $(0, 0, 0)$을 지나는지 판별하라.

4. S가 이차방정식 $x^2 + y^2 = z^2 - 1$, $z > 0$으로 주어진 정칙곡면일 때, 다음 물음에 답하라.

(1) xy-평면과 S 사이의 미분동형사상을 구체적으로 찾아라.

(2) $D^2 = \{(x, y) \in \mathbb{R}^2 \mid x^2 + y^2 < 1\}$과 S 사이의 미분동형사상이 존재하는지 판별하라.

4.5 ❙ 제1기본형식: 정칙곡면의 넓이

지금까지의 논의에서와 같이 $\langle\ ,\ \rangle$를 3차원 유클리드 공간 $\mathbb{R}^3$의 기본내적(standard inner product)이라 하자.

S가 $\mathbb{R}^3$에 있는 정칙곡면이고 $p\in S$일 때, T_pS에 있는 임의의 두 접벡터 v_p, w_p에 대하여 점 p에서의 v_p와 w_p의 내적 $\langle v_p, w_p \rangle_p$를

$$\langle v_p, w_p \rangle_p = \langle v, w \rangle$$

로 정의한다. 여기서 v와 w를 원점에서 출발하는 벡터로 보고 있다. 이때 T_pS에서의 2차형식(quadratic form)

$$I_p(v_p) = \langle v_p, v_p \rangle_p = \langle v, v \rangle = \|v\|^2$$

을 S의 p에서 제1기본형식(first fundamental form)이라 한다. 제1기본형식을 이용하여 정칙곡면에 있는 곡선의 호길이, 두 접벡터의 사이의 각, 영역(region)의 넓이 등 기하학적인 양을 계산할 수 있다.

다음 보조정리의 증명은 제1기본형식의 정의에 의해 자명하다.

보조정리 4.5.1

정칙곡면 S의 점 p 근처의 좌표조각함수 $(\mathbf{x}, U)$와 $w\in T_pS$에 대하여

$$w_p = a\mathbf{x}_u(p) + b\mathbf{x}_v(p),\ a, b\in\mathbb{R}$$

라 할 때,

$$\begin{aligned} I_p(w) &= a^2\langle \mathbf{x}_u, \mathbf{x}_u \rangle_p + 2ab\langle \mathbf{x}_u, \mathbf{x}_v \rangle_p + b^2\langle \mathbf{x}_v, \mathbf{x}_v \rangle_p \\ &= a^2E(p) + 2abF(p) + b^2G(p) \end{aligned}$$

이다. 여기서

$$E(p) = \langle \mathbf{x}_u, \mathbf{x}_u \rangle_p,\ F(p) = \langle \mathbf{x}_u, \mathbf{x}_v \rangle_p,\ G(p) = \langle \mathbf{x}_v, \mathbf{x}_v \rangle_p$$

이고 제1기본형식의 계수(coefficient)라 부른다.

특히 $\alpha(t) = \mathbf{x}(u(t), v(t))$라 할 때,

$$\alpha'(t) = u'(t)\,\mathbf{x}_u(u(t), v(t)) + v'(t)\,\mathbf{x}_v(u(t), v(t))$$

이므로

$$I(\alpha'(t)) = (u')^2 E + 2u'v'F + G(v')^2$$

이다. 따라서 제1기본형식을 간단히

$$I = ds^2 = Edu^2 + 2Fdudv + Gdv^2$$

로 표현하기도 한다.

예제 4.5.2 좌표조각함수

$$\mathbf{x}(u, v) = (v\cos u, v\sin u, au),\ 0 < u < 2\pi,\ -\infty < v < \infty$$

로 주어진 나선면의 제1기본형식의 계수는

$$E = v^2 + a^2,\ F = 0,\ G = 1$$

이다. 따라서 제1기본형식은

$$I = (v^2 + a^2)du^2 + dv^2$$

로 주어진다. ◆

다음 정리의 증명은 참고문헌 [3]의 13.1.1절을 참고하기 바란다.

정리 4.5.3

제1기본형식의 계수 E, F, G가 u와 v의 해석적(analytic) 함수일 때,

$$\begin{aligned} I &= E(u, v)du^2 + 2F(u, v)dudv + G(u, v)dv^2 \\ &= E(\bar{u}, \bar{v})d\bar{u}^2 + G(\bar{u}, \bar{v})d\bar{v}^2 \end{aligned}$$

을 만족하는 새로운 좌표조각함수의 좌표 $\bar{u}$와 $\bar{v}$를 찾을 수 있다.

정리 4.5.3과 같은 좌표계를 **직교좌표계** 또는 **직교좌표조각함수**(orthogonal coordinates system)라 한다. 이 경우에, u-매개변수곡선과 v-매개변수곡선의 접벡터 $\mathbf{x}_u$와 $\mathbf{x}_v$가 서로 직각으로 만난다.

예제 4.5.4 단위구면의 좌표조각함수

$$\mathbf{x}(\theta, \varphi) = (\sin\varphi\cos\theta, \sin\varphi\sin\theta, \cos\varphi),\ 0 < \theta < 2\pi,\ 0 < \varphi < \pi$$

의 제1기본형식의 계수 E, F, G는 각각

$$E = \|\mathbf{x}_\theta\|^2 = \sin^2\varphi,\ F = \langle \mathbf{x}_\theta, \mathbf{x}_\varphi \rangle = 0,\ G = \|\mathbf{x}_\varphi\|^2 = 1$$

로 주어진다. 따라서 $(\mathbf{x}, (0, 2\pi)\times(0, \pi))$는 직교좌표계이다.
이를 이용하여, $\theta = \theta_0$로 주어진 φ-매개변수곡선과 항상 일정한 각도 β로 만나는 단위구면의 곡선인 **항정선(loxodrome)** C가 만족하는 조건을 구해보자. 실제로 단위구면의 곡선 C를

$$\alpha(t) = \mathbf{x}(\theta(t), \varphi(t))$$

로 나타내면,

$$\alpha'(t) = \theta' \cdot \mathbf{x}_\theta + \varphi' \cdot \mathbf{x}_\varphi$$

이므로

$$\cos\beta = \frac{\langle \mathbf{x}_\varphi, \alpha'(t) \rangle}{\|\mathbf{x}_\varphi\|\ \|\alpha'(t)\|} = \frac{\varphi'}{\sqrt{(\theta')^2\sin^2\varphi + (\varphi')^2}}$$

을 얻을 수 있다. 위의 식을 $1 + \tan^2\beta = \sec^2\beta$를 이용하여 약간 변형하면

$$\tan^2\beta(\varphi')^2 = \sin^2\varphi(\theta')^2,\ \text{즉}\ \frac{\varphi'}{\sin\varphi} = \pm\frac{\theta'}{\tan\beta}$$

이 된다. 따라서 위의 식을 t에 관해 적분하여, C가 만족해야 하는 조건을 다음과 같이 찾을 수 있다.

$$\ln|\csc\varphi - \cot\varphi| = \int \frac{\varphi'}{\sin\varphi}dt = \pm\int \frac{\theta'}{\tan\beta}dt = \pm\frac{\theta}{\tan\beta} + \text{상수}$$ ◆

직교좌표계 중에서 $E = G$, $F = 0$을 만족하는 좌표계를 **등온좌표계** 또는 **등온좌표조각함수(isothermal coordinates system)**라 한다.

예제 4.5.5 $$I = du^2 + f(u)dv^2,\ f(u) > 0$$

일 때,

$$d\bar{u} = du,\ \ d\bar{v} = \sqrt{f(u)}\,dv,\ \text{즉}\ \ \bar{u} = u + C_1,\ \ \bar{v} = \sqrt{f(u)}\,v + C_2$$

를 만족하는 새로운 좌표계를 택하자. 단, 여기서 C_1과 C_2는 실수인 상수를 나타낸다. 그러면

$$\begin{aligned} I &= du^2 + f(u)dv^2 = du^2 + (\sqrt{f(u)}\,dv)^2 \\ &= d\bar{u}^2 + d\bar{v}^2 \end{aligned}$$

인 등온좌표계를 얻는다. ◆

매개함수 $\alpha(t) = \mathbf{x}(u(t), v(t)),\ a < t < b$라 할 때, 정칙곡면에 있는 α의 **호길이**는

$$\begin{aligned} L(\alpha) &= \int_a^b \|\alpha'(t)\|\,dt \\ &= \int_a^b \langle u'\mathbf{x}_u + v'\mathbf{x}_v, u'\mathbf{x}_u + v'\mathbf{x}_v \rangle^{\frac{1}{2}} dt \\ &= \int_a^b \sqrt{E(u')^2 + 2Fu'v' + G(v')^2}\,dt \\ &= \int \sqrt{Edu^2 + 2Fdudv + Gdv^2} \\ &= \int ds \end{aligned}$$

로 주어진다.

예제 4.5.6 반지름이 R인 구면의 좌표조각함수

$$\mathbf{x}(\theta, \varphi) = R(\sin\varphi\cos\theta, \sin\varphi\sin\theta, \cos\varphi),\ \ 0 < \theta < 2\pi,\ \ 0 < \varphi < \pi$$

를 이용하여 다음과 같이 정의된 단위구면의 곡선 C의 호길이를 구해보자.

$$C: \alpha(\theta, \varphi_0) = R(\sin\varphi_0\cos\theta, \sin\varphi_0\sin\theta, \cos\varphi_0),\ \ 0 < \theta < 2\pi$$

실제로 제1기본형식의 계수는 $\varphi = \varphi_0$에서

$$E = R^2\sin^2\varphi_0,\ \ F = 0,\ \ G = R^2$$

이고,

$$u(t) = \theta(t) = t\text{이고}\ \ v(t) = \varphi(t) = \varphi_0$$

이므로 $u'=1$, $v'=0$이다. 따라서 C의 호길이는

$$\begin{aligned} L(\alpha) &= \int_0^{2\pi} \sqrt{E(u')^2 + 2Fu'v' + G(v')^2}\, dt \\ &= \int_0^{2\pi} R\sin\varphi_0 dt \\ &= 2\pi R\sin\varphi_0 \end{aligned}$$

이다. ◆

정칙곡면 S의 넓이에 관한 주제를 다루기 위해, 먼저 **유계영역**(bounded region)에 관한 정의를 소개한다.

S의 열린 부분집합으로 연결성(connectivity)을 가지고 있으며 경계가 유한점을 제외하고 원의 미분가능인 함수의 상으로 주어지는 집합을 **연결영역**(domain)이라 한다. 그리고 연결영역들의 합집합으로 이루어진 집합을 단순히 **영역**(region)이라 부른다. 하지만 **영역**을 종종 연결영역들의 합집합 M과 M의 경계 ∂M의 합집합인 M의 폐포(closure)로 정의하기도 한다(6.6절 참고). 영역 R이 $x_0 \in \mathbb{R}^3$을 중심으로 하고 반지름이 N인 열린볼(open ball) $B(x_0, N) \subset \mathbb{R}^3$ 안에 포함되어 있을 때 **유계**(bounded)라 말한다.

정칙곡면 S에 포함된 유계영역 R의 넓이를 계산하는 공식을 주기 위해, 간단히 R이 하나의 좌표조각함수 $(\mathbf{x}, U)$의 상(image)에 포함되어 있다고 가정하자. R이 여러 개의 좌표조각함수에 포함되어 있는 경우에도 결론적으로 똑같은 공식을 얻지만, 엄밀한 증명을 위해서는 **단위분할**(partition of unity)이라는 개념이 더 필요하다.

정리 4.5.7

R이 정칙곡면 S의 유계영역이고 하나의 좌표조각함수 $(\mathbf{x}, U)$의 상에 포함되어 있을 때, R의 넓이는 다음과 같은 이상적분으로 주어진다.

$$\iint_R \mathrm{dvol} = \iint_{\mathbf{x}^{-1}(R)} \|\mathbf{x}_u \times \mathbf{x}_v\|\, dudv = \iint_{\mathbf{x}^{-1}(R)} \sqrt{EG - F^2}\, dudv$$

단, 여기서 $\mathrm{dvol} = \|\mathbf{x}_u \times \mathbf{x}_v\|\, dudv$이다.

증명 증명을 위해 먼저 $Q = \mathbf{x}^{-1}(R)$이라 할 때, 가로가 Δu이고 세로가 Δv인 조그만 사각형 또는 그 일부인 Q_{ij}로 구성된 Q의 분할 $\wp$를 택하자. 한편 Q_{ij}의 $\mathbf{x}$의 상 $\mathbf{x}(Q_{ij})$의 넓이를 $\mathbf{x}_u$와 $\mathbf{x}_v$에 의해 생성된 평행사변형의 넓이 $\|\mathbf{x}_u \times \mathbf{x}_v\|$

을 이용하여 $\|\mathbf{x}_u \times \mathbf{x}_v\| \Delta u \Delta v$로 근사할 수 있다. 따라서 유계영역 R의 넓이는

$$\sum_{\wp} \|\mathbf{x}_u \times \mathbf{x}_v\| \Delta u \Delta v$$

로 근사된다. 이제 마지막 단계로 위의 식에서 Δu와 Δv의 크기를 0으로 보내는 극한을 택하면 극한이 존재하고 다음을 만족한다.

$$\sum_{\wp} \|\mathbf{x}_u \times \mathbf{x}_v\| \Delta u \Delta v \to \iint_Q \|\mathbf{x}_u \times \mathbf{x}_v\| du dv$$

그리고 정리의 마지막 식을 유도하기 위해서는 다음 관계식을 이용하면 된다.

$$\|\mathbf{x}_u \times \mathbf{x}_v\|^2 = \|\mathbf{x}_u\|^2 \|\mathbf{x}_v\|^2 - \langle \mathbf{x}_u, \mathbf{x}_v \rangle^2 = EG - F^2$$ ✤

정리 4.5.7의 넓이 공식은 유계영역 R을 덮는 좌표조각함수의 선택에 의존하지 않는다. 실제로 R이 좌표조각함수 $(\mathbf{y}, V)$의 상에도 포함되어 있다고 가정할 때,

$$h(\bar{u}, \bar{v}) = \mathbf{x}^{-1} \circ \mathbf{y}(\bar{u}, \bar{v}) = (u(\bar{u}, \bar{v}), v(\bar{u}, \bar{v}))$$

는

$$\mathbf{y}(\bar{u}, \bar{v}) = \mathbf{x} \circ h(\bar{u}, \bar{v}) = \mathbf{x}(u(\bar{u}, \bar{v}), v(\bar{u}, \bar{v}))$$

이므로 다음 관계식을 만족한다.

$$\mathbf{y}_{\bar{u}} = \mathbf{x}_u \frac{\partial u}{\partial \bar{u}} + \mathbf{x}_v \frac{\partial v}{\partial \bar{u}},$$
$$\mathbf{y}_{\bar{v}} = \mathbf{x}_u \frac{\partial u}{\partial \bar{v}} + \mathbf{x}_v \frac{\partial v}{\partial \bar{v}}$$

이를 이용하여,

$$\begin{aligned}\|\mathbf{y}_{\bar{u}} \times \mathbf{y}_{\bar{v}}\| &= \left| \left(\frac{\partial u}{\partial \bar{u}} \frac{\partial v}{\partial \bar{v}} - \frac{\partial v}{\partial \bar{u}} \frac{\partial u}{\partial \bar{v}} \right) \right| \|\mathbf{x}_u \times \mathbf{x}_v\| \\ &= \left| \frac{\partial(u, v)}{\partial(\bar{u}, \bar{v})} \right| \|\mathbf{x}_u \times \mathbf{x}_v\|\end{aligned}$$

을 얻을 수 있다. 따라서

$$\begin{aligned}\iint_{\mathbf{y}^{-1}(R)} \|\mathbf{y}_{\bar{u}} \times \mathbf{y}_{\bar{v}}\| d\bar{u} d\bar{v} &= \iint_{\mathbf{y}^{-1}(R)} \|\mathbf{x}_u \times \mathbf{x}_v\| \left| \frac{\partial(u, v)}{\partial(\bar{u}, \bar{v})} \right| d\bar{u} d\bar{v} \\ &= \iint_{\mathbf{x}^{-1}(R)} \|\mathbf{x}_u \times \mathbf{x}_v\| du dv\end{aligned}$$

이 성립한다. 위에서 마지막 등식을 얻기 위해, 적분에 관한 변수변환 공식을 이용하였다.

예제 4.5.8

토러스의 좌표조각함수

$$\mathbf{x}(u,v)=((ar\cos u)\sin v,\ (a+r\cos u)\sin v,\ r\sin u),\ \ 0<u,v<2\pi$$

를 이용하여 토러스의 넓이를 구할 수 있다. 실제로 $\mathbf{x}$의 제1기본형식의 계수

$$E=r^2,\ F=0,\ G=(a+r\cos u)^2$$

이다. 따라서 토러스의 넓이는

$$\begin{aligned}\int_0^{2\pi}\int_0^{2\pi}\sqrt{EG-F^2}\,dudv &= \int_0^{2\pi}\int_0^{2\pi} r(a+r\cos u)dudv \\ &= \int_0^{2\pi}(aru+r^2\sin u)|_0^{2\pi}dv \\ &= \int_0^{2\pi} 2\pi ar dv \\ &= 4\pi^2 ar\end{aligned}$$

이다. ◆

예제 4.5.9

$z=f(x,y)$로 주어진 정칙곡면 S의 좌표조각함수를 다음과 같이 몽주 좌표조각함수로 택할 수 있다.

$$\mathbf{x}(u,v)=(u,v,f(u,v)),\ \ (u,v)\in Q$$

이때 제1기본형식의 계수는

$$E=1+f_u^2,\ F=f_uf_v,\ G=1+f_v^2$$

으로 주어진다. 따라서 S의 넓이를 주는 공식은

$$\iint_Q \sqrt{EG-F^2}\,dudv=\iint_Q\sqrt{1+f_u^2+f_v^2}\,dudv$$

이다. ◆

예제 4.5.10 반지름이 R인 구면의 좌표조각함수

$$\mathbf{x}(\theta, \varphi) = R(\sin\varphi\cos\theta, \sin\varphi\sin\theta, \cos\varphi), \ 0 < \theta < 2\pi, \ 0 < \varphi < \pi$$

를 이용하여 다음과 같이 정의된 단위구면의 영역 $D = \mathbf{x}((0, 2\pi) \times (0, \varphi_0))$의 넓이를 구해 보자. 이 영역 D는 생긴 모양 때문에 보통 **구면모자**(spherical cap)라 불린다([그림 4.20]).

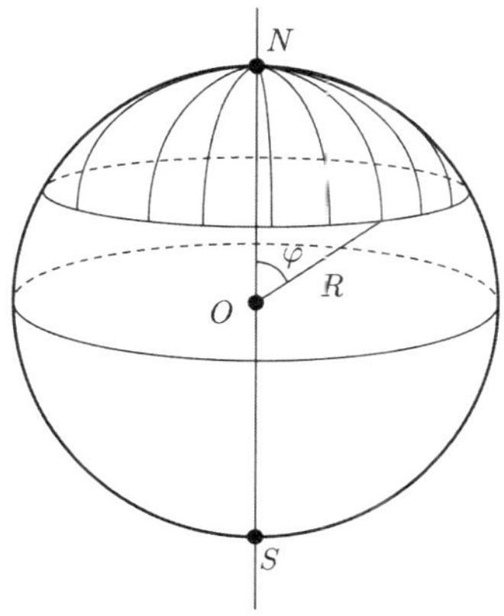

[그림 4.20] 구면모자

앞에서와 같이, 제1기본형식의 계수는

$$E = R^2\sin^2\varphi, \ F = 0, \ G = R^2$$

로 주어진다. 따라서 영역 D의 넓이는

$$\begin{aligned} A(D) &= \int_0^{\varphi_0}\int_0^{2\pi} \sqrt{EG - F^2}\, d\theta d\varphi = \int_0^{\varphi_0}\int_0^{2\pi} R^2 \sin\varphi d\theta d\varphi \\ &= 2\pi R^2 \int_0^{\varphi_0} \sin\varphi d\varphi = 2\pi R^2(-\cos\varphi)\big|_0^{\varphi_0} \\ &= 2\pi R^2(1 - \cos\varphi_0) = 2\pi R^2\left(1 - \cos\frac{\rho}{R}\right) \end{aligned}$$

이다. 여기서 ρ는 구면모자의 반지름을 나타낸다. 따라서 $\rho \to \pi R$로 극한을 택하면 $A(D)$는 반지름이 R인 구면의 넓이 $4\pi R^2$으로 접근한다. ◆

예제 4.5.11 양의 실수 a에 대하여, 좌표조각함수

$$\mathbf{x}(u, v) = (v\cos u, v\sin u, au), \ 0 < u < 2\pi, \ 0 < v < 1$$

는 나선면의 일부인 유계영역 R를 나타낸다. 이때 R의 넓이는

$$\begin{aligned}\int_0^{2\pi}\int_0^1 \|\mathbf{x}_u \times \mathbf{x}_v\| dvdu &= \int_0^{2\pi}\int_0^1 \sqrt{a^2+v^2}\, dvdu \\ &= 2\pi\int_0^1 \sqrt{a^2+v^2}\, dv,\ v = a\tan\theta,\ dv = a\sec^2\theta d\theta \\ &= 2\pi a^2 \int_{v=0}^{v=1} \sec^3\theta d\theta \\ &= \pi a^2 (\sec\theta\tan\theta + \ln|\sec\theta + \tan\theta|)_{v=0}^{v=1} \\ &= \pi a^2 \left(\frac{\sqrt{a^2+v^2}}{a} \cdot \frac{v}{a} + \ln\left| \frac{\sqrt{a^2+v^2}}{a} + \frac{v}{a} \right| \right)_{v=0}^{v=1} \\ &= \pi(\sqrt{a^2+1} + a^2(\ln(\sqrt{a^2+1}+1) - \ln a))\end{aligned}$$

이다. ◆

4.5 ▌ 연습문제

1. 좌표조각함수

$$\mathbf{x}(u,v) = v(\cos u, \sin u, 1),\ 0 < u < 2\pi,\ 0 < v < \infty$$

에 의해 주어진 정칙곡면 S에 대하여, 다음 물음에 답하라.

(1) $\alpha(t) = \mathbf{x}(\sqrt{2}t, e^t)$일 때, $\alpha'(t)$를 $\mathbf{x}_u$와 $\mathbf{x}_v$로 나타내라.

(2) $\alpha(t)$에서 $\alpha'(t)$과 $\mathbf{x}_u$ 사이의 각을 계산하라.

(3) $I = [1,3]$일 때, 곡선 $C = \alpha(I)$의 호길이를 찾아라.

(4) 영역 $A = \mathbf{x}\left((\frac{\pi}{2}, \pi) \times (1,3)\right) \subset S$의 넓이를 계산하라.

2. 정칙곡면의 좌표조각함수

$$\mathbf{x}: \mathbb{R}^2 \to \mathbb{R}^3,\ \mathbf{x}(u,v) = (u, u^2, v+v^3)$$

에 대하여, 영역 $R = \mathbf{x}((-1,1) \times (0,1))$의 넓이를 구하라.

3. xy-평면에 놓여있는 정칙곡선

$$\alpha(u) = (u, e^{-u}, 0), \quad -1 < u < \infty$$

을 x-축으로 회전하여 얻은 회전곡면 S의 넓이를 계산하라.

4. S가 이차방정식 $x^2 + y^2 = z^2 - 1,\ z > 0$으로 주어진 정칙곡면이고

$$D^2 = \{(x, y) \in \mathbb{R}^2 \mid x^2 + y^2 < 1\}$$

일 때,

$$\varphi : D^2 \to S, \quad (x, y) \mapsto (x, y, \sqrt{x^2 + y^2 + 1})$$

라 하자. 이때 다음 적분을 계산하라.

$$\iint_{D^2} \frac{1}{\sqrt{1 + 2u^2 + 2v^2}} \|\varphi_u \times \varphi_v\| dudv$$

5. $-1 < u < 1$에 대하여, xy-평면에 있는 정칙곡선 C의 매개함수의 x와 y의 좌표함수가 각각 $x = g(u),\ g'(u) > 0$와 $y = h(u) > 0$로 주어져 있다. C를 x-축으로 회전하여 얻은 회전면을 S라 할 때, 제1기본형식의 계수 E, F, G가

$$E = (1 + u^2)^2, \quad F = 0, \quad G = 1$$

인 회전면 S의 좌표함수 $(\mathbf{x}, U)$를 구체적으로 찾아라.

6. 정칙곡면 S에서 정의된 미분가능인 함수 $f : S \to \mathbb{R}$에 대하여,

$$\nabla f : S \to \mathbb{R}^3$$

를 임의의 점 $p \in S$에서 다음을 만족하는 p에서의 접벡터 $\nabla f(p) \in T_pS$로 정의하자.

$$\langle \nabla f(p), v \rangle = df_p(v), \quad v \in T_pS$$

이때 S의 좌표조각함수 $(\mathbf{x}, U)$의 상 $\mathbf{x}(U)$에서

$$\nabla f(p) = \frac{f_u G - f_v F}{EG - F^2}\mathbf{x}_u + \frac{f_v E - f_u F}{EG - F^2}\mathbf{x}_v$$

임을 보여라. 단, 여기서

$$f_u = \frac{\partial}{\partial u}(f \circ \mathbf{x}),\ f_v = \frac{\partial}{\partial v}(f \circ \mathbf{x})$$

이다.

7. 양의 실수 a에 대하여, 좌표조각함수

$$\mathbf{x}(u,\ v) = (v\cos u,\ v\sin u,\ au), \quad -\pi < u < \pi,\ -\infty < v < \infty$$

의 상으로 주어진 정칙곡면을 S라 하자. 즉, $S = \mathbf{x}((-\pi,\ \pi) \times (-\infty,\ \infty))$이다.

$$D = \{(u,\ v) \in (-\pi,\ \pi) \times (-\infty,\ \infty) \mid 0 < u < 1,\ v < au,\ v > -au\}$$

일 때, S의 영역 $R = \mathbf{x}(D)$의 넓이를 구하라. (힌트: $\text{Area}(R) = \frac{a^2}{2}\ln(3 + 2\sqrt{2}) + \frac{1}{3}(2 - \sqrt{2})a^2$)

8. 다음과 같이 정의된 좌표조각함수

$$\mathbf{x} : U := (0,1) \times (0, 2\pi) \to \mathbb{R}^3,\ \mathbf{x}(u,v) = (u\cos v, u\sin v, u+v)$$

에 대하여, $S = \mathbf{x}(U)$라 하자. 이때, 다음 물음에 답하라.

(1) S가 선직면인지 판별하라.

(2) S의 넓이가 다음과 같이 주어짐을 보여라.

$$\frac{\sqrt{2}}{2}(\sqrt{6} + \ln(\sqrt{3} + \sqrt{2}))\pi$$

(3) S를 직교좌표조각함수(또는 직교좌표계, 즉 $F = 0$)

$$\tilde{\mathbf{x}} : V \to S$$

로 나타내는 것이 가능한지 판별하고, 가능하다면 직교좌표조각함수 $\tilde{\mathbf{x}}$를 구체적으로 찾아라.

(힌트: $\tilde{\mathbf{x}}(u,v) = \left(\left(u - \frac{v}{2}\right)\cos v, \left(u - \frac{v}{2}\right)\sin v, u + \frac{v}{2}\right)$)

4.6 정칙곡면의 방향성

이 절에서는 정칙곡면의 방향성에 관한 논의를 한다. 이 개념은 다음 장에서 다룰 가우스사상을 이해하는 데 큰 도움이 된다.

정칙곡면의 방향성을 논하기 전에 먼저, 실수 계수를 갖는 **벡터공간의 방향성**부터 알아보면 다음과 같다. 즉 V를 실수를 계수로 갖는 n차원 벡터공간이라 할 때, V의 순서가 주어진 기저들의 모임을 $\mathscr{B}$라 하자. 그런 다음 $\mathscr{B}$의 임의의 두 원소 $(v_1, v_2, \cdots, v_n)$, $(v_1{}', v_2{}', \cdots, v_n{}')$에 대하여

$$(v_1, v_2, \cdots, v_n) \sim (v_1{}', v_2{}', \cdots, v_n{}')$$

일 필요충분조건으로 모든 $i = 1, 2, \cdots, n$에 대하여 $Av_i = v_i{}'$과 $\det(A) > 0$를 동시에 만족하는 일반선형군의 원소 A가 존재하는 것으로 정의한다. 위의 관계는 **동치관계**(equivalence relation)가 된다. 이때 동치류들의 모임 $Or(V) = \mathscr{B}/\sim$을 벡터공간 V의 **방향성**(orientation)으로 정의한다.

사실 $Or(V)$는 단 두 개의 원소로 이루어져 있기 때문에 V에는 두 개의 방향성만이 존재한다. 이 방향성을 $\mathscr{B}$에서 대표원 $(v_1, v_2, \cdots, v_n)$을 택하여 보통

$$v_1 \wedge v_2 \wedge \cdots \wedge v_n$$

으로 나타낸다. 예를 들어 2차원 유클리드 공간 $\mathbb{R}^2$에는 두 개의 방향성 $e_1 \wedge e_2$와 $e_2 \wedge e_1$이 존재한다. 여기서 $e_1 \wedge e_2$가 바로 **오른손 법칙**(right-hand rule)을 만족하는 방향성이다. 3차원 유클리드 공간도 2차원의 경우와 같이 두 개의 방향성인 $e_1 \wedge e_2 \wedge e_3$과 $e_1 \wedge e_3 \wedge e_2$가 있다. 이때 $e_1 \wedge e_2 \wedge e_3$가 오른손 법칙을 만족하는 방향성이다.

정칙곡면 S의 방향성은 벡터공간의 방향성을 이용하여 정의한다. 다시 말해서 모든 정칙곡면에는 항상 2차원 벡터공간인 접평면이 존재한다. 따라서 우선 고정된 한 점 p 근처를 좌표조각함수 $(\mathbf{x}, U)$로 덮고, p의 접평면 T_pS에 좌표조각함수의 기저 $\{\mathbf{x}_u, \mathbf{x}_v\}$를 이용하여 방향성을 준다. 하지만 좌표조각함수는 점 p뿐만 아니라 점 p 근방에서 정의되어 있으므로 이 방법으로 점 p 근방의 모든 점에 연속적으로 변하는 방향성을 줄 수 있다.

S의 모든 점에서 방향성을 주기 위해서는 일단 S의 임의의 점 근방에서 좌표조각함수를 이용하여 위와 같은 방법으로 방향성을 준다. 좌표조각함수가 겹치는 부분에서는 각각의 좌표근방(coordinate neighborhood)에서 정의될 수 있는 방향성은 두 개밖에 없으므로 서로의 방향성을 맞추어주면 된다. 이 같은 방향성을 교정하는 과정은 국소적으로

는 항상 가능하다. 하지만 뫼비우스 띠의 예에서 보는 바와 같이, 대역적으로는 불가능한 경우도 존재한다. 따라서 대역적으로도 이 같은 교정 과정을 거쳐 방향성을 줄 수 있는 정칙곡면을 **방향성을 줄 수 있는 곡면**(orientable surface)이라 하고, 그렇지 못한 곡면을 **방향성을 줄 수 없는 곡면**(non-orientable surface)이라 부른다.

정칙곡면의 방향성을 좀 더 엄밀하게 정의하기 위해, 먼저 다음 보조정리를 증명한다.

보조정리 4.6.1

정칙곡면 S의 두 좌표조각함수 $(\mathbf{x}, U)$와 $(\mathbf{y}, V)$에 대하여 $\mathbf{x}(U)\cap\mathbf{y}(V)\neq\varnothing$일 때,

$$h(\bar{u},\bar{v})=\mathbf{x}^{-1}\circ\mathbf{y}(\bar{u},\bar{v})=(u(\bar{u},\bar{v}),v(\bar{u},\bar{v}))$$

라 하자. 이때 다음 관계식이 성립한다.

(1) $\mathbf{y}_{\bar{u}}=\mathbf{x}_u\dfrac{\partial u}{\partial\bar{u}}+\mathbf{x}_v\dfrac{\partial v}{\partial\bar{u}},\ \mathbf{y}_{\bar{v}}=\mathbf{x}_u\dfrac{\partial u}{\partial\bar{v}}+\mathbf{x}_v\dfrac{\partial v}{\partial\bar{v}}$

(2) $\mathbf{y}_{\bar{u}}\times\mathbf{y}_{\bar{v}}=\left(\dfrac{\partial u}{\partial\bar{u}}\dfrac{\partial v}{\partial\bar{v}}-\dfrac{\partial v}{\partial\bar{u}}\dfrac{\partial u}{\partial\bar{v}}\right)\mathbf{x}_u\times\mathbf{x}_v=\dfrac{\partial(u,v)}{\partial(\bar{u},\bar{v})}\mathbf{x}_u\times\mathbf{x}_v$

증명 정리 4.5.7의 증명을 참고 바란다. ✤

예제 4.6.2 단위구면 S^2의 두 좌표조각함수

$$\mathbf{x}_1: U=\{(u,v)\,|\,u^2+v^2<1\}\to S^2,\ \mathbf{x}_1(u,v)=(u,v,\sqrt{1-u^2-v^2})$$

$$\mathbf{x}_2: V=\{(\bar{u},\bar{v})\,|\,\bar{u}^2+\bar{v}^2<1\}\to S^2,\ \mathbf{x}_2(\bar{u},\bar{v})=(\bar{u},\sqrt{1-\bar{u}^2-\bar{v}^2},-\bar{v}))$$

에 대하여, 좌표변환함수의 야코비 행렬식을 계산해보자. 실제로

$$\begin{aligned}h(\bar{u},\bar{v})&=\mathbf{x}_1^{-1}\circ\mathbf{x}_2(\bar{u},\bar{v})\\&=\mathbf{x}_1^{-1}(\bar{u},\sqrt{1-\bar{u}^2-\bar{v}^2},-\bar{v})\\&=(\bar{u},\sqrt{1-\bar{u}^2-\bar{v}^2}),\ \bar{v}<0\end{aligned}$$

이므로

$$\frac{\partial(u,v)}{\partial(\bar{u},\bar{v})}=\det\begin{pmatrix}1 & 0\\ -\dfrac{\bar{u}}{\sqrt{1-\bar{u}^2-\bar{v}^2}} & -\dfrac{\bar{v}}{\sqrt{1-\bar{u}^2-\bar{v}^2}}\end{pmatrix}$$

$$= -\frac{\bar{v}}{\sqrt{1-\bar{u}^2-\bar{v}^2}} > 0$$

이다. ◆

보조정리 4.6.1에 의해, 한 좌표조각함수 $(\mathbf{x}, U)$의 좌표근방에서 $\mathbf{x}_u \times \mathbf{x}_v$로 정의된 방향성을 겹치는 부분에서 다른 좌표조각함수 $(\mathbf{y}, V)$로 정의된 방향성 $\mathbf{y}_{\bar{u}} \times \mathbf{y}_{\bar{v}}$로 확장하기 위해서는 좌표변환함수 h의 야코비 행렬식 $\frac{\partial(u, v)}{\partial(\bar{u}, \bar{v})}$가 양수가 되어야 함을 알 수 있다.

위의 논의를 바탕으로, **방향성을 줄 수 있는 정칙곡면(orientable regular surface)**을 겹치는 부분에서 좌표변환함수의 야코비 행렬식이 양수가 되는 좌표조각함수들로 정칙곡면 전체를 덮을 수 있는 경우로 정의한다. 이때 **정칙곡면의 방향성(orientation)**을 이와 같은 좌표조각함수들의 모임으로 정의한다.

정의에 의해 하나의 좌표조각함수로 덮을 수 있는 정칙곡면은 항상 방향성을 줄 수 있다. 예를 들어 $z = f(x, y)$의 그래프로 주어지는 정칙곡면은 항상 방향성을 줄 수 있다. 또한 방향성을 줄 수 있는 정칙곡면의 열린 부분집합도 다시 방향성을 줄 수 있는 정칙곡면에 해당된다.

또한 다음 보조정리도 성립한다.

보조정리 4.6.3

정칙곡면 S가 두 개의 좌표조각함수 $(\mathbf{x}_1, U_1)$, $(\mathbf{x}_2, U_2)$의 좌표근방의 합집합 $\mathbf{x}_1(U_1) \cup \mathbf{x}_2(U_2)$으로 표현된다고 가정하자. 만약에

$$W = \mathbf{x}_1(U_1) \cap \mathbf{x}_2(U_2)$$

가 연결공간이면 S는 항상 방향성을 가진다.

증명 만약 좌표변환함수 h의 야코비 행렬식 J_h가 음수이면, 좌표조각함수 $(\mathbf{x}_2, U_2)$ 대신에 새로운 좌표조각함수 $(\mathbf{x}_3, U_3)$을 다음과 같이 택하자.

$$\mathbf{x}_3(\bar{u}, \bar{v}) = \mathbf{x}_2(-\bar{u}, \bar{v}),\ U_3 = \{(\bar{u}, \bar{v}) \mid (-\bar{u}, \bar{v}) \in U_2\}$$

그러면 새로운 좌표변환함수

$$\begin{aligned} g(\bar{u}, \bar{v}) &= \mathbf{x}_1^{-1} \circ \mathbf{x}_3(\bar{u}, \bar{v}) = \mathbf{x}_1^{-1}(\mathbf{x}_2(-\bar{u}, \bar{v})) \\ &= h(-\bar{u}, \bar{v}) = (u(-\bar{u}, \bar{v}), v(-\bar{u}, \bar{v})) \end{aligned}$$

의 야코비 행렬식과 h의 야코비 행렬식은

$$J_g(\bar{u}, \bar{v}) = \det\begin{pmatrix} -u_{\bar{u}} & u_{\bar{v}} \\ -v_{\bar{u}} & v_{\bar{v}} \end{pmatrix} = -J_h(-\bar{u}, \bar{v})$$

의 관계를 가지고 있다. 따라서 J_g는 양수가 된다. 즉 S에 두 좌표조각함수 $(\mathbf{x}_1, U_1)$, $(\mathbf{x}_3, U_3)$을 이용하여 방향성을 줄 수 있다. ✤

보조정리 4.6.3과 달리, 정칙곡면 S가 두 개의 좌표조각함수 $(\mathbf{x}_1, U_1)$, $(\mathbf{x}_2, U_2)$의 좌표근방의 합집합 $\mathbf{x}_1(U_1) \cup \mathbf{x}_2(U_2)$으로 이루어져 있을 때,

$$W = \mathbf{x}_1(U_1) \cap \mathbf{x}_2(U_2)$$

가 두 개의 연결성분으로 되어 있고 각각의 연결성분에서 좌표변환함수의 야코비 행렬식의 부호가 서로 다르면 S에는 방향성을 줄 수 없다. 이 성질을 만족하는 대표적인 예가 **뫼비우스 띠(Moebius band)**이다. 따라서 뫼비우스 띠에는 방향성을 줄 수 없다. 또한 **2차원 사영평면(projective plane)**은 뫼비우스 띠와 원판을 그 경계인 원을 따라 붙여 만들어진다. 따라서 2차원 사영평면도 방향성을 가질 수 없다. 비슷한 이유로 두 개의 뫼비우스 띠를 그 경계인 원을 따라 붙여 만든 **클라인 병(Klein bottle)**도 방향성을 가질 수 없다.

다음 정리가 성립한다.

정리 4.6.4

정칙곡면 S에 방향성이 존재할 필요충분조건은 S에 미분가능인 단위법벡터장이 존재하는 것이다.

증명 $(\Rightarrow)$ 가정에 의해, 두 좌표조각함수가 겹치는 부분에서 좌표변환함수의 야코비 행렬식이 양수가 되는 S 전체를 덮는 좌표조각함수들의 모임이 존재한다. 일단 각각의 좌표조각함수 $(\mathbf{x}, U)$를 이용하여 좌표근방 $\mathbf{x}(U)$에서

$$\boldsymbol{N}_U(p) = \frac{\mathbf{x}_u \times \mathbf{x}_v}{\|\mathbf{x}_u \times \mathbf{x}_v\|}$$

로 단위법벡터장을 주자. 두 좌표근방이 겹치는 부분 $\mathbf{x}(U) \cap \mathbf{y}(V)$에서는 보조정리 4.6.1에 의해

$$\mathbf{y}_{\bar{u}} \times \mathbf{y}_{\bar{v}} = \frac{\partial(u, v)}{\partial(\bar{u}, \bar{v})} \mathbf{x}_u \times \mathbf{x}_v$$

의 관계식이 성립하고 $\dfrac{\partial(u,v)}{\partial(\bar{u},\bar{v})}$이 양수이므로 $\mathbf{x}(U)\cap\mathbf{y}(V)$에서

$$\boldsymbol{N}_U=\boldsymbol{N}_V$$

이다. 따라서 위의 관계식을 이용하여 $\mathbf{x}(U)$에서 정의된 단위법벡터장 $\boldsymbol{N}_U$를 정칙곡면 S 전체로 확장하여 S 전체에서 정의된 법벡터장 $\boldsymbol{N}$을 얻을 수 있다.

($\Leftarrow$) 반대로 S 전체에서 정의된 단위법벡터장 $\boldsymbol{N}$이 존재한다고 가정하자. S의 방향성을 찾기 위해, 먼저 S 전체를 적당한 좌표조각함수들로 덮는다. 이때 좌표조각함수를 적절히 조정하여 각각의 좌표근방 $\mathbf{x}(U)$에서

$$\boldsymbol{N}|_{\mathbf{x}(U)}=\frac{\mathbf{x}_u\times\mathbf{x}_v}{\|\mathbf{x}_u\times\mathbf{x}_v\|}$$

를 만족하도록 좌표조각함수를 택하도록 한다.[1] 이때 좌표근방들의 교집합 $\mathbf{x}(U)\cap\mathbf{y}(V)$에서

$$\frac{\mathbf{x}_u\times\mathbf{x}_v}{\|\mathbf{x}_u\times\mathbf{x}_v\|}=\boldsymbol{N}|_{\mathbf{x}(U)\cap\mathbf{y}(V)}=\frac{\mathbf{y}_{\bar{u}}\times\mathbf{y}_{\bar{v}}}{\|\mathbf{y}_{\bar{u}}\times\mathbf{y}_{\bar{v}}\|}$$

가 성립한다. 이 사실과

$$\mathbf{y}_{\bar{u}}\times\mathbf{y}_{\bar{v}}=\frac{\partial(u,v)}{\partial(\bar{u},\bar{v})}\mathbf{x}_u\times\mathbf{x}_v$$

를 이용하면 좌표변환함수의 야코비 행렬식 $\dfrac{\partial(u,v)}{\partial(\bar{u},\bar{v})}$이 항상 양수임을 알 수 있다. 따라서 두 좌표조각함수가 겹치는 부분에서 좌표변환함수의 야코비 행렬식이 양수가 되는 S 전체를 덮는 좌표조각함수들의 모임을 찾을 수 있게 되어 S의 방향성이 존재한다. ✤

따름정리 4.6.5

열린집합 $U\subset\mathbb{R}^2$에서 정의된 함수 $z=f(x,y)$의 그래프로 정의된 정칙곡면 S는 항상 방향성을 가진다.

---

1) 만약 $\boldsymbol{N}|_{\mathbf{x}(U)}=-\dfrac{\mathbf{x}_u\times\mathbf{x}_v}{\|\mathbf{x}_u\times\mathbf{x}_v\|}$라면 보조정리 4.6.3과 같이 $\mathbf{y}(u,v)=\mathbf{x}(v,u)$ 또는 $\mathbf{y}(u,v)=\mathbf{x}(-u,v)$로 택하면 $\boldsymbol{N}|_{\mathbf{y}(V)}=\dfrac{\mathbf{y}_u\times\mathbf{y}_v}{\|\mathbf{y}_u\times\mathbf{y}_v\|}$이 된다.

증명 좌표조각함수

$$\mathbf{x}(u, v) = (u, v, f(u, v)), \ (u, v) \in U$$

와 $\mathbf{x}_u \times \mathbf{x}_v$를 이용하여 S의 전체에서 정의된 단위법벡터장

$$\boldsymbol{N}(u, v) = \frac{\mathbf{x}_u \times \mathbf{x}_v}{\|\mathbf{x}_u \times \mathbf{x}_v\|} = \frac{(-f_u, -f_v, 1)}{\sqrt{1 + f_u^2 + f_v^2}}$$

을 정의할 수 있다. 따라서 **정리 4.6.4**에 의해 S에 방향성이 존재한다. ✤

따름정리 4.6.6

3차원 유클리드 공간 $\mathbb{R}^3$의 열린 부분집합 U에서 정의된 미분가능인 함수 $f : U \to \mathbb{R}$에 대하여, f의 정칙값 c의 역상(inverse image) $S = f^{-1}(c) \neq \varnothing$로 정의된 정칙곡면은 항상 방향성을 가진다.

증명 f의 그래디언트(gradient) $\nabla f = (f_x, f_y, f_z)$는 $f^{-1}(c)$의 임의의 점에서 $f^{-1}(c)$의 접평면에 수직임은 잘 알려진 사실이다. 실제로 임의의 점 $p \in S$와 $v_p \in T_pS$에 대하여 $\alpha(0) = p$이고 $\alpha'(0) = v_p$인 매개함수 $\alpha : I = (-\varepsilon, \varepsilon) \to S$를 택하자. 그러면 $c = f(\alpha(t))$, $t \in I$를 만족한다. 따라서

$$0 = \left.\frac{d}{dt}\right|_{t=0} f(\alpha(t)) = \langle \nabla f(\alpha(0)), \alpha'(0) \rangle = \langle \nabla f(p), v_p \rangle$$

가 성립한다. 즉 $\nabla f(p)$는 v_p와 서로 수직이다.

이제

$$\boldsymbol{N}(p) = \frac{\nabla f(p)}{\|\nabla f(p)\|}$$

라 놓으면, $\boldsymbol{N}$은 S의 전체에서 정의된 단위법벡터장이 된다. 따라서 **정리 4.6.4**에 의해 S에 방향성을 줄 수 있다. ✤

4.6 ▌연습문제

1. 방향성을 줄 수 있는 정칙곡면의 열린 부분집합은 다시 방향성을 줄 수 있는 정칙곡면임을 보여라.

2. $(\mathbf{x}, U)$와 $(\mathbf{y}, V)$가 정칙곡면 S의 두 좌표조각함수이고 좌표가 각각 u, v와 $\bar{u}, \bar{v}$일 때, $S = \mathbf{x}(U) \cup \mathbf{y}(V)$이고 $\mathbf{x}(U) \cap \mathbf{y}(V)$가 공집합이 아닌 두 개의 연결성분 W_1과 W_2으로 이루어져 있으며 다음과 같은 세 가지 조건을 만족한다고 하자.

   (i) U와 V는 $\mathbb{R}^2$의 연결부분공간이다.

   (ii) $\dfrac{\partial(\bar{u}, \bar{v})}{\partial(u, v)}$가 항상 $\mathbf{x}^{-1}(W_1)$에서 양의 부호를 갖는다.

   (iii) $\dfrac{\partial(\bar{u}, \bar{v})}{\partial(u, v)}$가 항상 $\mathbf{x}^{-1}(W_2)$에서 음의 부호를 갖는다.

   이때 S에 방향성이 존재하는지 판별하라.

3. 두 정칙곡면 S_1, S_2에 대하여 $\varphi : S_1 \to S_2$가 미분동형사상일 때, S_1이 방향성을 가지는 것과 S_2가 방향성을 가지는 것은 서로 동치 조건임을 보여라.

4. 두 개의 뫼비우스 띠를 경계인 원을 따라 붙여 클라인 병을 만들 수 있음을 보여, 클라인 병이 방향성을 가질 수 없음을 증명하라.

가우스사상의 기하학

CHAPTER 05

미/분/기/하/학/개/론

정칙인 곡선의 경우에는 접선의 순간적인 변화율을 이용하여 곡선의 굽은 정도를 측정하였다. 이와 비슷하게 정칙곡면의 굽은 정도를 측정하기 위해, 접평면의 순간적인 변화율을 이용할 수 있다. 하지만 접평면의 순간 변화율을 직접적으로 측정하는 것은 거의 불가능하다. 다만 접평면에 대응하는 단위법벡터장인 가우스사상(Gauss map)을 임의의 접벡터 방향으로 순간 변화율을 계산하는 방법은 수학적으로 가능하고, 가우스사상의 미분은 2차원 접평면에서 잘 정의된 선형사상이다. 따라서 가우스사상의 미분사상의 행렬식(determinant)인 가우스곡률(Gaussian curvature)을 이용하여 주어진 정칙곡면의 굽은 정도를 측정할 수 있다.

정칙곡면의 굽은 정도를 수치화하기 위해, 가우스사상의 미분사상인 선형사상의 행렬식을 사용하는 이유는 이 값이 선형사상을 표현하는 행렬에 상관없다는 점 때문이다. 행렬식 이외에 선형사상을 표현하는 행렬에 관계없이 일정한 값을 얻을 수 있는 또 한 가지 방법은 주어진 사상의 대각합(trace)을 이용하는 것이다. 가우스사상의 미분사상의 대각합으로 정의된 정칙곡면의 불변량을 평균곡률(mean curvature)이라 부른다.

이 장에서는 가우스사상의 정의와 이와 연관된 여러 가지 불변량인 주곡률(principal curvature), 법곡률(normal curvature), 측지곡률(geodesic curvature) 등의 중요한 성질을 알아본다.

5.1 ❙ 가우스사상과 주곡률

정칙곡면 S의 임의의 점 p에 대하여, p 근방에서 좌표조각함수 $(\mathbf{x}, U)$가 항상 존재한다. 따라서 좌표근방 $\mathbf{x}(U)$에서 정의된 미분가능인 단위법벡터장

$$\boldsymbol{N}(q) = \frac{\mathbf{x}_u \times \mathbf{x}_v}{\|\mathbf{x}_u \times \mathbf{x}_v\|}(q), \ q \in \mathbf{x}(U)$$

가 존재한다. 하지만 모든 정칙곡면에 정칙곡면 전체에서 정의된 미분가능인 단위법벡터장이 존재하는 것은 아님을 4장에서 알았다. 즉 방향성을 가진 정칙곡면만 그와 같은 단위법벡터장을 가질 수 있고, 뫼비우스 띠와 같은 정칙곡면은 방향성이 없어 전체에서 정의된 단위법벡터장을 가질 수 없다.

앞으로 논의에서는 정칙곡면의 방향성을 전체에서 정의된 단위법벡터장과 동일시한다.

단위구면 $S^2 = \{(x, y, z) \in \mathbb{R}^3 \mid x^2 + y^2 + z^2 = 1\}$에 대하여, 방향성 $\boldsymbol{N}$을 가진 정칙곡면 S의 **가우스사상**(Gauss map)은 같은 문자 $\boldsymbol{N}$을 이용하여

$$\boldsymbol{N} : S \to S^2, \ \ p \mapsto \boldsymbol{N}(p)$$

로 정의된다. 다시 말해서, 가우스사상 $\boldsymbol{N}$은 각각의 점 $p \in S$에 대하여 S의 단위법벡터 $\boldsymbol{N}(p)$를 $\mathbb{R}^3$의 원점에서 출발하는 벡터가 되도록 평행이동시켜 얻어진 벡터의 종점으로 정의된다([그림 5.1]). 이때 $\boldsymbol{N}$은 미분가능하고 가우스사상의 미분사상

$$d\boldsymbol{N}_p : T_pS \to T_{\boldsymbol{N}(p)}S^2$$

는 선형사상이다. 한편 가우스사상의 정의에 의해 $T_{\boldsymbol{N}(p)}S^2$는 T_pS와 평행하므로 가우스사상의 미분사상 $d\boldsymbol{N}_p$을 2차원 벡터공간 T_pS에서 T_pS 자신으로 가는 선형사상으로 볼 수

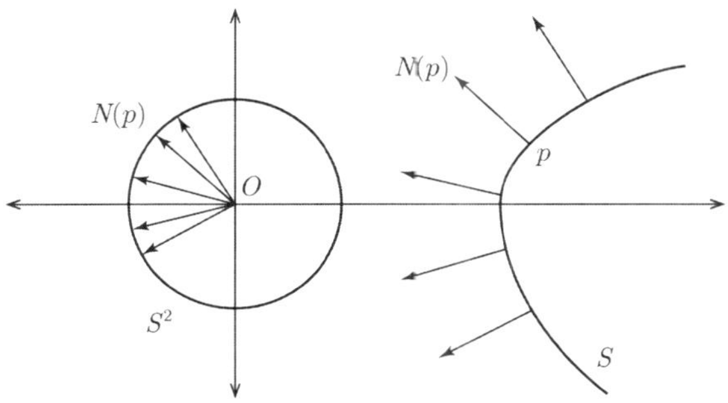

[그림 5.1] 가우스사상

있다.

가우스사상의 미분사상을 몇 가지 중요한 예를 들어 계산해보자.

예제 5.1.1 $ax+by+cz+d=0$으로 주어진 평면 P의 가우스사상은

$$\boldsymbol{N}(x, y, z)=\frac{(a, b, c)}{\sqrt{a^2+b^2+c^2}}$$

로 주어진다([그림 5.2]). 따라서 $\alpha(0)=p\in P$인 매개함수 $\alpha:(-\varepsilon, \varepsilon)\to P$에 대하여

$$dN_p(\alpha'(0))=\left.\frac{d}{dt}\right|_{t=0} N(\alpha(t))=(0,0,0)$$

이다. $\alpha'(0)$를 T_pP의 임의의 접벡터로 택할 수 있으므로 가우스사상 $\boldsymbol{N}$의 미분사상 $d\boldsymbol{N}_p\equiv 0$이다.

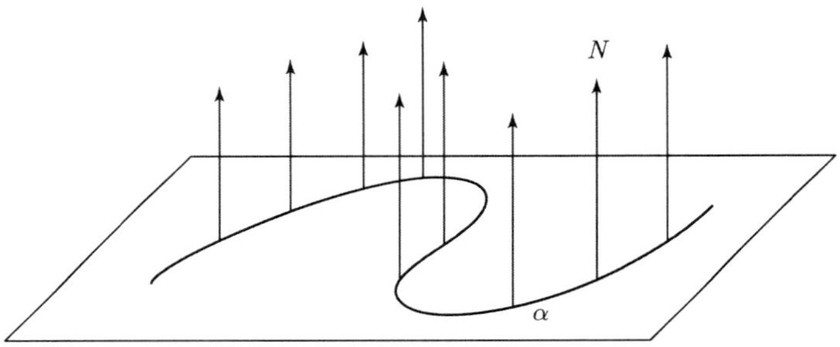

[그림 5.2]

한편 평면인 정칙곡면 P의 임의의 좌표조각함수 $(\mathbf{x}, U)$에 대하여

$$\boldsymbol{N}(u, v):=\boldsymbol{N}(\mathbf{x}(u, v))=\frac{(a, b, c)}{\sqrt{a^2+b^2+c^2}}$$

이므로

$$\boldsymbol{N}_u(p)=d\boldsymbol{N}_p(\mathbf{x}_u(p))=0\cdot\mathbf{x}_u(p)+0\cdot\mathbf{x}_v(p),$$
$$\boldsymbol{N}_v(p)=d\boldsymbol{N}_p(\mathbf{x}_v(p))=0\cdot\mathbf{x}_u(p)+0\cdot\mathbf{x}_v(p)$$

이다. 따라서 T_pP의 기저 $\{\mathbf{x}_u(p), \mathbf{x}_v(p)\}$에 관해,

$$d\boldsymbol{N}_p=\begin{pmatrix}0 & 0\\ 0 & 0\end{pmatrix}$$

이 된다. ◆

예제 5.1.2 단위구면

$$S^2 = \{(x, y, z) \in \mathbb{R}^3 \mid x^2 + y^2 + z^2 = 1\}$$

과 S^2상의 매개함수 $\alpha(t) = (x(t), y(t), z(t))$은

$$x(t)^2 + y(t)^2 + z(t)^2 = 1$$

을 만족한다. 따라서

$$\begin{aligned} 0 &= 2x(t)x'(t) + 2y(t)y'(t) + 2z(t)z'(t) \\ &= 2\langle (x(t), y(t), z(t)), (x'(t), y'(t), z'(t)) \rangle \end{aligned}$$

이다. 즉 $(x, y, z) \in S^2$는 S^2의 임의의 접벡터에 수직이다. 따라서 S^2의 단위법벡터장을 $\boldsymbol{N}(x, y, z) = (x, y, z)$ 또는 $\boldsymbol{N}(x, y, z) = -(x, y, z)$로 택할 수 있다([그림 5.3]).

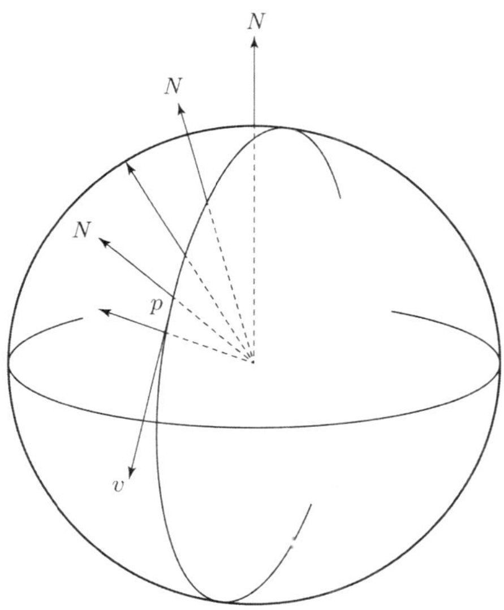

[그림 5.3]

한편

$$\boldsymbol{N}(t) := \boldsymbol{N}(\alpha(t)) = (x(t), y(t), z(t))$$

라 할 때,

$$\begin{aligned} \boldsymbol{N}'(t) &= \frac{d}{dt}\boldsymbol{N}(\alpha(t)) = d\boldsymbol{N}(\alpha'(t)) \\ &= d\boldsymbol{N}((x'(t), y'(t), z'(t)) \\ &= (x'(t), y'(t), z'(t)) \end{aligned}$$

이므로

$$dN_p(v) = v,\ v \in T_pS^2$$

이다. 즉 T_pS^2의 기저 $\{\mathbf{x}_u(p), \mathbf{x}_v(p)\}$에 관해

$$dN_p = \begin{pmatrix} 1 & 0 \\ 0 & 1 \end{pmatrix} = I_2$$

가 성립한다. ◆

예제 5.1.3 $f(x, y, z) = x^2 + y^2 = 1$로 정의된 **원기둥면**(cylinder)의 단위법벡터장은

$$N(x, y, z) = \frac{\nabla f}{\|\nabla f\|}(x, y, z) = \frac{(2x, 2y, 0)}{\sqrt{4x^2 + 4y^2}} = (x, y, 0)$$

로 주어진다([그림 5.4]). 따라서 좌표조각함수

$$\mathbf{x}(u, v) = (\cos u, \sin u, v),\ 0 < u < 2\pi,\ -\infty < v < \infty$$

에 대하여

$$N(u, v) = N(\mathbf{x}(u, v)) = (\cos u, \sin u, 0)$$

이고

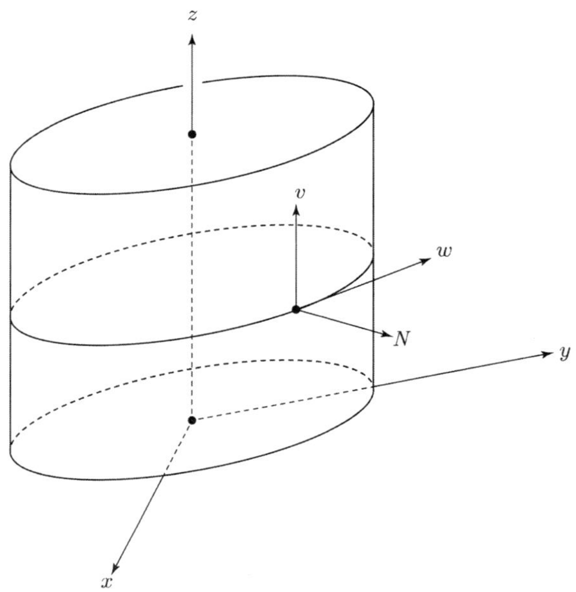

[그림 5.4]

$$\boldsymbol{N}_u = (-\sin u, \cos u, 0), \quad \boldsymbol{N}_v = (0, 0, 0)$$

이다. 한편

$$\mathbf{x}_u = (-\sin u, \cos u, 0), \quad \mathbf{x}_v = (0, 0, 1)$$

이고

$$\begin{aligned} \boldsymbol{N}_u &= d\boldsymbol{N}(\mathbf{x}_u) = (-\sin u, \cos u, 0) = \mathbf{x}_u = 1 \cdot \mathbf{x}_u + 0 \cdot \mathbf{x}_v \\ \boldsymbol{N}_v &= d\boldsymbol{N}(\mathbf{x}_v) = (0, 0, 0) = 0 \cdot \mathbf{x}_u + 0 \cdot \mathbf{x}_v \end{aligned}$$

이므로 $d\boldsymbol{N}$은 기저 $\{\mathbf{x}_u(p), \mathbf{x}_v(p)\}$에 관해

$$d\boldsymbol{N} = \begin{pmatrix} 1 & 0 \\ 0 & 0 \end{pmatrix}$$

로 나타내어진다. ◆

예제 5.1.4 마지막으로

$$z = f(x, y) = y^2 - x^2$$

으로 주어진 **쌍곡포물면**(hyperbolic paraboloid) S의 가우스사상과 미분사상을 구해보자. $F(x, y, z) = x^2 - y^2 + z$라 할 때, 0은 F의 정칙값이고 $S = F^{-1}(0)$로 주어진다. 따라서 S의 가우스사상 $\boldsymbol{N}$은

$$\boldsymbol{N}(x, y, z) = \frac{\nabla F}{\|\nabla F\|}(x, y, z) = \frac{(2x, -2y, 1)}{\sqrt{4x^2 + 4y^2 + 1}}$$

로 주어진다. 따라서 좌표조각함수

$$\mathbf{x}(u, v) = (u, v, -u^2 + v^2), \quad (u, v) \in \mathbb{R}^2$$

에 대하여

$$\boldsymbol{N}(u, v) = \boldsymbol{N}(\mathbf{x}(u, v)) = \frac{(2u, -2v, 1)}{\sqrt{4u^2 + 4v^2 + 1}}$$

을 얻을 수 있다([그림 5.5]).

$p = (0, 0, 0) = \mathbf{x}(0, 0) \in S$에서 가우스사상의 미분사상은

$$d\boldsymbol{N}_p(\mathbf{x}_u(0, 0)) = (2, 0, 0), \ d\boldsymbol{N}_p(\mathbf{x}_v(0, 0)) = (0, -2, 0)$$

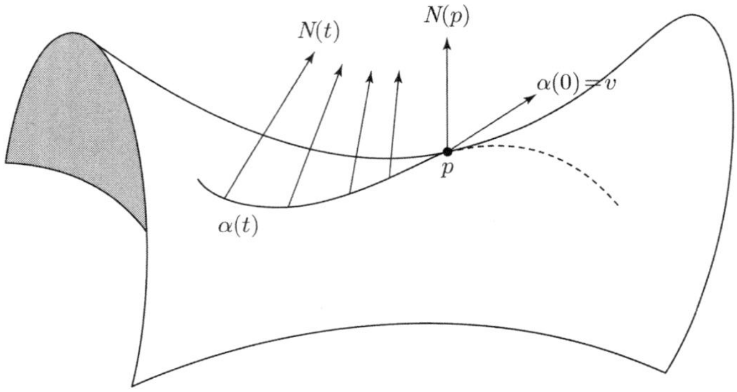

[그림 5.5]

이 된다.

한편

$$\mathbf{x}_u(0,0)=(1,0,0),\ \mathbf{x}_v(0,0)=(0,1,0)$$

이고

$$dN_p(\mathbf{x}_u(0,0))=(2,0,0)=2\cdot\mathbf{x}_u(0,0)+0\cdot\mathbf{x}_v(0,0),$$
$$dN_p(\mathbf{x}_v(0,0))=(0,-2,0)=0\cdot\mathbf{x}_u(0,0)-2\cdot\mathbf{x}_v(0,0)$$

이므로 dN_p는 기저 $\{\mathbf{x}_u(p),\mathbf{x}_v(p)\}$에 관해

$$dN_p=\begin{pmatrix}2&0\\0&-2\end{pmatrix}$$

로 나타내어진다. 여기서 $\mathbf{x}_u(0,0)=\mathbf{x}_u(p)$, $\mathbf{x}_v(0,0)=\mathbf{x}_v(p)$로 기호를 약간 모호하게 사용하고 있다. 이 책에서는 앞으로도 큰 혼란이 없는 경우에는, 아주 정확하지는 않지만 더 많은 의미를 가지는 경우에 이와 같이 기호를 약간 모호하게 사용하기로 한다. ◆

다음 정리는 앞으로의 논의에서 아주 중요한 역할을 한다.

정리 5.1.5

정칙곡면 S와 임의의 점 $p\in S$에 대하여, 가우스사상 $N : S\to S^2$의 미분사상

$$dN_p : T_pS\to T_{N(p)}S^2\cong T_pS$$

는 항상 **자기수반(self-adjoint)**이다. 즉 임의의 두 접벡터 $v_1, v_2\in T_pS$에 대하여

$$\langle dN_p(v_1), v_2 \rangle = \langle v_1, dN_p(v_2) \rangle$$

이 성립한다.

증명 $(\mathbf{x}, U)$를 점 p 근처에서 정의된 좌표조각함수라 할 때 $\{\mathbf{x}_u(p), \mathbf{x}_v(p)\}$가 T_pS의 기저이므로 증명을 위해 다음 등식을 보이면 충분하다.

$$\langle dN_p(\mathbf{x}_u), \mathbf{x}_v \rangle = \langle \mathbf{x}_u, dN_p(\mathbf{x}_v) \rangle$$

실제로

$$\langle N, \mathbf{x}_u \rangle = 0 = \langle N, \mathbf{x}_v \rangle$$

가 성립하고 위의 식을 변수 v와 u에 관해 각각 편미분하면

$$\langle dN(\mathbf{x}_v), \mathbf{x}_u \rangle + \langle N, \mathbf{x}_{uv} \rangle = 0,$$
$$\langle dN(\mathbf{x}_u), \mathbf{x}_v \rangle + \langle N, \mathbf{x}_{vu} \rangle = 0$$

을 얻을 수 있다. 한편 좌표조각함수 $\mathbf{x}$의 2차 편미분은 $\mathbf{x}_{uv} = \mathbf{x}_{vu}$을 만족하므로 위의 두 식으로부터

$$\langle dN_p(\mathbf{x}_u), \mathbf{x}_v \rangle = \langle \mathbf{x}_u, dN_p(\mathbf{x}_v) \rangle$$

가 성립함을 알 수 있다. ✤

따름정리 5.1.6

정칙곡면 S와 임의의 점 $p \in S$에 대하여, 가우스사상 $N : S \to S^2$의 미분사상

$$dN_p : T_pS \to T_{N(p)}S^2 \cong T_pS$$

은 항상 실수상에서 **대각화가능**(diagonalizable)하다. 즉 다음을 만족하는 실수 $k_1(p)$, $k_2(p)$와 접평면 T_pS의 정규직교기저 $\{w_1, w_2\}$가 존재한다.

$$dN_p(w_1) = -k_1(p)w_1, \quad dN_p(w_2) = -k_2(p)w_2$$

증명 정리 5.1.5에 의해, 가우스사상의 미분사상 dN_p가 자기수반이다. 따라서 선형대수의 기본적인 성질에 의해 dN_p는 항상 실수상에서 대각화가능하다. 즉 $-dN_p$는

$$-dN_p(w_1) = k_1(p)w_1, \quad -dN_p(w_2) = k_2(p)w_2$$

를 만족하는 고윳값 $k_1(p)$, $k_2(p) \in \mathbb{R}$와 그에 대응하는 직교인 단위 고유벡터 $w_1, w_2 \in T_pS$를 찾을 수 있다. ✤

따름정리 5.1.6의 실수의 고윳값 $k_1(p), k_2(p)$와 직교인 단위 고유벡터 w_1, w_2를 각각 $d\boldsymbol{N}_p$의 **주곡률**(principal curvature)과 **주벡터**(principal vector)라 부른다.

주곡률을 정의하기 위해 $d\boldsymbol{N}_p$ 대신에 $-d\boldsymbol{N}_p$를 이용하는 이유는 제2기본형식의 정의와 오랜 기하학의 전통에서 비롯된다. 혼란이 없는 경우에는 주곡률 $k_1(p), k_2(p)$를 간단히 k_1, k_2로 나타내기로 한다.

예제 5.1.7 예제 5.1.2에 의해, 단위구면 S^2의 가우스사상 $\boldsymbol{N}$의 미분사상 $d\boldsymbol{N}_p$은 T_pS^2의 기저 $\{\mathbf{x}_u(p), \mathbf{x}_v(p)\}$에 관해

$$d\boldsymbol{N}_p = \begin{pmatrix} 1 & 0 \\ 0 & 1 \end{pmatrix} = I_2$$

로 표현된다. 따라서 $d\boldsymbol{N}_p$의 주곡률 k_1, k_2는 모두 -1이고 T_pS의 모든 방향이 주벡터의 방향이다. ◆

예제 5.1.8 예제 5.1.3에 의해, 원기둥면의 미분사상 $d\boldsymbol{N}_p$은 T_pS^2의 기저 $\{\mathbf{x}_u(p), \mathbf{x}_v(p)\}$에 관해

$$d\boldsymbol{N}_p = \begin{pmatrix} 1 & 0 \\ 0 & 0 \end{pmatrix}$$

로 표현된다. 따라서 $d\boldsymbol{N}_p$의 주곡률 k_1, k_2는 각각 $-1, 0$이고 $\mathbf{x}_u$와 $\mathbf{x}_v$의 방향이 주벡터의 방향이 된다. ◆

예제 5.1.9 예제 5.1.4에 의해, 점 $p=(0,0,0)$에서 쌍곡포물면의 미분사상 $d\boldsymbol{N}_p$은 T_pS의 기저 $\{\mathbf{x}_u(p), \mathbf{x}_v(p)\}$에 관해

$$d\boldsymbol{N}_p = \begin{pmatrix} 2 & 0 \\ 0 & -2 \end{pmatrix}$$

로 표현된다. 따라서 $d\boldsymbol{N}_p$의 주곡률 k_1, k_2은 각각 $-2, 2$이고 $\mathbf{x}_u$와 $\mathbf{x}_v$의 방향이 주벡터의 방향이 된다. ◆

예제 5.1.10 좌표조각함수

$$\mathbf{x}(u,v)=(u,v,uv),\ (u,v)\in\mathbb{R}^2$$

로 표현된 쌍곡포물면의 $p=(0,0,0)$에서 가우스사상의 미분사상의 주곡률과 주벡터의 방향을 구해보자. 실제로 $\mathbf{x}_u=(1,0,v)$이고 $\mathbf{x}_v=(0,1,u)$이므로 가우스사상 $\boldsymbol{N}$은

$$\boldsymbol{N}(u,v)=\frac{\mathbf{x}_u\times\mathbf{x}_v}{\|\mathbf{x}_u\times\mathbf{x}_v\|}=\frac{(-v,-u,1)}{\sqrt{u^2+v^2+1}}$$

로 주어진다. 따라서

$$\boldsymbol{N}_u(0,0)=(0,-1,0)=0\cdot\mathbf{x}_u(0,0)-1\cdot\mathbf{x}_v(0,0),$$
$$\boldsymbol{N}_v(0,0)=(-1,0,0)=-1\cdot\mathbf{x}_u(0,0)+0\cdot\mathbf{x}_v(0,0)$$

이므로 $d\boldsymbol{N}_p$을 T_pS^2의 기저 $\{\mathbf{x}_u(p),\mathbf{x}_v(p)\}$에 관해 표현하면 다음과 같다.

$$d\boldsymbol{N}_p=\begin{pmatrix}0 & -1\\ -1 & 0\end{pmatrix}$$

이로부터 $d\boldsymbol{N}_p$의 주곡률 k_1, k_2은 각각 $1, -1$이지만 이번에는 $\mathbf{x}_u$와 $\mathbf{x}_v$의 방향이 주벡터의 방향이 아니고 $\mathbf{x}_u(0,0)+\mathbf{x}_v(0,0)$과 $\mathbf{x}_u(0,0)-\mathbf{x}_v(0,0)$이 각각 주벡터의 방향이다. ◆

$d\boldsymbol{N}_p$의 주곡률은 곡면의 기하학적인 성질을 이해하는 데 큰 역할을 한다. 특히 다음과 같이 접평면 T_pS에서 정의된 이차형식인 **제2기본형식(second fundamental form)** $I\!I$는 미분기하학에서 중요한 의미를 지닌다.

$$I\!I_p(v)=-\langle d\boldsymbol{N}_p(v),v\rangle,\quad v\in T_pS$$

점 p 근방의 좌표조각함수를 $(\mathbf{x},U)$라 할 때, 제2기본형식 $I\!I$를 단위법벡터장 $\boldsymbol{N}$과

$$e=-\langle\mathbf{x}_u, d\boldsymbol{N}(\mathbf{x}_u)\rangle=\langle\mathbf{x}_{uu},\boldsymbol{N}\rangle,$$
$$f=-\langle\mathbf{x}_u, d\boldsymbol{N}(\mathbf{x}_v)\rangle=\langle\mathbf{x}_{uv},\boldsymbol{N}\rangle,$$
$$g=-\langle\mathbf{x}_v, d\boldsymbol{N}(\mathbf{x}_v)\rangle=\langle\mathbf{x}_{vv},\boldsymbol{N}\rangle$$

을 이용하여 다음과 같이 나타낼 수 있다.

$$I\!I(\alpha'(t))=I\!I(u'\mathbf{x}_u+v'\mathbf{x}_v)=e(u')^2+2fu'v'+g(v')^2$$

실제로 $\alpha(t)=\mathbf{x}(u(t),v(t))$라 할 때, $\alpha'(t)=u'\mathbf{x}_u+v'\mathbf{x}_v$이므로

$$\begin{aligned} II(\alpha'(t)) &= -\langle d\boldsymbol{N}(\alpha'(t)), \alpha'(t)\rangle \\ &= -\langle d\boldsymbol{N}(u'\mathbf{x}_u + v'\mathbf{x}_v), u'\mathbf{x}_u + v'\mathbf{x}_v\rangle \\ &= -(u')^2\langle d\boldsymbol{N}(\mathbf{x}_u), \mathbf{x}_u\rangle - 2u'v'\langle d\boldsymbol{N}(\mathbf{x}_u), \mathbf{x}_v\rangle - (v')^2\langle d\boldsymbol{N}(\mathbf{x}_v), \mathbf{x}_v\rangle \\ &= e(u')^2 + 2fu'v' + g(v')^2 \end{aligned}$$

이 성립한다.

다음 보조정리가 성립한다.

보조정리 5.1.11

$k_2(p) \le k_1(p)$이고 $U(T_pS) = \{v \in T_pS \mid \|v\| = 1\}$라 할 때, 다음이 성립한다.

(1) 제2기본형식 II_p를 $U(T_pS)$에 제한하여 얻은 함수

$$\varphi := II_p|_{U(T_pS)} : U(T_pS) \to \mathbb{R}$$

의 최댓값과 최솟값은 각각 $k_1(p)$, $k_2(p)$이다.

(2) 반대로 φ가 최댓값과 최솟값을 각각 v_1과 v_2에서 가지면, v_1과 v_2는 $-d\boldsymbol{N}_p$의 고유벡터이고 $\varphi(v_1)$과 $\varphi(v_2)$는 각각 $-d\boldsymbol{N}_p$의 고윳값이다.

증명 (1) $d\boldsymbol{N}_p$의 주벡터 w_1과 w_2가 T_pS의 정규직교기저이므로 T_pS의 임의의 단위 벡터 v를

$$v = \lambda_1 w_1 + \lambda_2 w_2, \quad \lambda_1^2 + \lambda_2^2 = 1, \quad \lambda_1, \lambda_2 \in \mathbb{R}$$

로 표현할 수 있다. 따라서

$$\begin{aligned} \varphi(v) &= -\langle d\boldsymbol{N}_p(v), v\rangle \\ &= -\langle d\boldsymbol{N}_p(\lambda_1 w_1 + \lambda_2 w_2), \lambda_1 w_1 + \lambda_2 w_2\rangle \\ &= -\langle -k_1\lambda_1 w_1 - k_2\lambda_2 w_2, \lambda_1 w_1 + \lambda_2 w_2\rangle \\ &= k_1\lambda_1^2 + k_2\lambda_2^2 = k_1\lambda_1^2 + k_2(1-\lambda_1^2) \\ &= (k_1 - k_2)\lambda_1^2 + k_2, \ -1 \le \lambda_1 \le 1 \end{aligned}$$

을 얻을 수 있다.

(i) $k_1 = k_2$인 경우: $\varphi(v) = k_2 = k_1$이므로 상수이고 보조정리의 결론이 자명하게 성립한다.

(ii) $k_1 > k_2$인 경우: φ는 λ_1의 이차함수이다. 따라서 $-1 \le \lambda_1 \le 1$의 범

위에서 φ는 $\lambda_1 = \pm 1$에서 최댓값 k_1을, 그리고 $\lambda_1 = 0$에서 최솟값 k_2를 갖는다.

위의 (i), (ii)에 의해 (1)의 증명이 완료된다.

(2) 함수 φ가 최댓값과 최솟값을 각각 v_1과 v_2에서 가지기 때문에 $i = 1, 2$에 대하여

$$0 = \frac{d}{dt}\bigg|_{t=0} \varphi(v_i + tu + O(2)) = -2\langle d\boldsymbol{N}_p(v_i), u\rangle, \ \langle v_i, u\rangle = 0$$

이 성립한다. 따라서 $\langle v_i, u\rangle = 0$이므로 $-d\boldsymbol{N}_p(v_i) = \lambda_i v_i$을 만족하는 실수 λ_i가 존재한다. 즉 v_i는 $-d\boldsymbol{N}_p$의 고유벡터이다. 또한

$$\varphi(v_i) = -\langle d\boldsymbol{N}_p(v_i), v_i\rangle = \langle \lambda_i v_i, v_i\rangle = \lambda_i, \ v_i \in U(T_pS)$$

가 성립한다. ✣

5.1 ▌연습문제

1. 다음과 같이 주어진 정칙곡면 S의 가우스사상 $\boldsymbol{N} : S \to S^2$의 상을 구하라.

(1) $S\colon\ ax + by + cz + d = 0,\ a, b, c \neq 0, d$

(2) $S = \left\{(x,\ y,\ \sqrt{x^2 + y^2}) \mid x,\ y \in \mathbb{R},\ (x,\ y) \neq (0, 0)\right\}$

(3) $S\colon\ z = \dfrac{x^2}{3} + y^2 - 1$

2. 좌표조각함수

$$\mathbf{x}\colon \mathbb{R}^2 \to \mathbb{R}^3,\ \ (u, v) \mapsto \left(\frac{1}{2}(u+v), \frac{1}{2}(u-v), uv\right)$$

로 주어진 매개화된 정칙곡면 S에 대하여, 다음 물음에 답하라.

(1) 가우스사상 $\boldsymbol{N} : S \to S^2$의 상을 구체적으로 찾아라.

(2) $p = (0, 0, 0)$일 때, 주곡률 $k_1(p), k_2(p)$와 주벡터 $w_1(p), w_2(p)$를 구하라.

3. S가 $z = (x+y)^2$으로 주어진 정칙곡면이고 $p = (0, 0, 0)$일 때, 다음 물음에 답하라.

(1) 가우스사상 $\boldsymbol{N} : S \to S^2$의 상을 구하라.

(2) $d\boldsymbol{N}_p$를 구하라.

(3) 주곡률 $k_1(p), k_2(p)$와 주벡터 $w_1(p), w_2(p)$를 구하라.

4. $0 < r < a$일 때, 좌표조각함수

$$\mathbf{x}: (0, 2\pi) \times (0, 2\pi) \to \mathbb{R}^3,$$
$$\mathbf{x}(u, v) = ((a + r\cos u)\cos v,\ (a + r\cos u)\sin v,\ r\sin u)$$

로 주어진 정칙곡면 S의 임의의 점 $p \in S$에서 주곡률 $k_1(p), k_2(p)$와 주벡터 $w_1(p), w_2(p)$를 구하라.

5. S가 $z = f(x, y)$로 주어진 정칙곡면이고

$$f(0, 0) = f_x(0, 0) = f_y(0, 0) = 0$$

일 때, 다음 물음에 답하라.

(1) S의 가우스사상 $\boldsymbol{N}$을 구체적으로 찾아라. 단, $N(0, 0) = (0, 0, 1)$이다.

(2) $p = (0, 0, 0)$일 때, $d\boldsymbol{N}_p$를 접평면 T_pS의 기저 $\{(1, 0, 0), (0, 1, 0)\}$에 관해 행렬로 나타내면 다음과 같이 주어짐을 보여라.

$$-d\boldsymbol{N}_p = \begin{pmatrix} f_{xx}(0, 0) & f_{xy}(0, 0) \\ f_{yx}(0, 0) & f_{yy}(0, 0) \end{pmatrix}$$

6. 정칙곡면 S의 좌표조각함수 $(\mathbf{x}, U)$와 $p \in \mathbf{x}(U)$에 대하여, $\{\mathbf{x}_u, \mathbf{x}_v\}$가 접평면 T_pS의 정규직교기저라 하자. 이때 가우스사상 $\boldsymbol{N} : S \to S^2$의 미분사상 $d\boldsymbol{N}_p$를 기저 $\{\mathbf{x}_u, \mathbf{x}_v\}$에 관해 다음과 같이 행렬로 나타내면 이 행렬이 대칭행렬임을 보여라.

$$d\boldsymbol{N}_p = \begin{pmatrix} a & c \\ b & d \end{pmatrix}$$

7. $\{u_p, v_p\}$가 접평면 T_pS의 정규직교기저이고 $d\boldsymbol{N}_p$가 가우스사상 $\boldsymbol{N}$의 미분사상일 때, 다음과 같이 주어진 식으로부터 주곡률 k_1, k_2에 관한 식을 찾아라.

(1) $\langle d\boldsymbol{N}_p(u_p), v_p \rangle = 0$

(2) $d\boldsymbol{N}_p(u_p) + d\boldsymbol{N}_p(v_p) = 0$

(3) $d\boldsymbol{N}_p(u_p) \times d\boldsymbol{N}_p(v_p) = 0$

(4) $\langle d\boldsymbol{N}_p(u_p), d\boldsymbol{N}_p(v_p) \rangle = 0$

5.2 ▌법곡률

반지름이 $r>0$인 구면 $S^2(r)$에 놓여 있는 대원(great circle) C의 굽은 정도인 곡률을 3차원 유클리드 공간에서 측정하면 $\dfrac{1}{r}$이다. 하지만 구면 $S^2(r)$에 살고 있는 사람은 대원 C가 굽은 정도가 전혀 없는 직선과 같은 느낌을 갖는다. 이와 같은 현상을 수학적으로 정확하게 설명하기 위해 **법곡률**(normal curvature) κ_n과 **측지곡률**(geodesic curvature) κ_g의 개념이 필요하다.

간단히 말하면, 법곡률 κ_n은 정칙곡면에 있는 곡선의 굽은 정도를 정칙곡면의 법벡터 $\boldsymbol{N}$에 관해 측정하여 얻은 불변량인 반면, 측지곡률 κ_g는 곡선의 굽은 정도를 접평면에 관해 측정한 불변량이라고 말할 수 있다. 따라서 반지름이 r인 구면 $S^2(r)$의 대원의 측지곡률 κ_g는 영이 되어야 한다. 또한 법곡률과 측지곡률은 정의에 의해 다음과 같은 관계식도 성립해야 함을 알 수 있다.

$$\kappa_\alpha^2=\kappa_n^2+\kappa_g^2$$

이 절에서는 위와 같은 사실을 수학적으로 정확하게 증명하고 관련된 여러 가지 성질도 같이 알아본다.

먼저 법곡률를 정의하기 위해, S가 단위법벡터장인 방향성 $\boldsymbol{N}$을 가진 정칙곡면이고 C를 S상의 정칙곡선이라 하자. 이때 $\beta: I\to S$가 C의 단위속력을 가진 매개함수라 할 때, C의 $\beta(s)$에서의 **법곡률** $\kappa_n(\beta(s), C)$를 다음과 같이 정의한다.

$$\kappa_n(\beta(s), C)=\langle \boldsymbol{N}(s), \beta''(s)\rangle=\kappa_\beta(s)\langle \boldsymbol{N}(s), \boldsymbol{N}_\beta(s)\rangle=\kappa_\beta(s)\cos(\theta(s))$$

여기서 $\boldsymbol{N}_\beta(s):=\boldsymbol{N}_\beta(\beta(s))$는 β의 단위주법벡터장을 나타내고 $\theta(s)$ $(0\le\theta(s)\le\pi)$는 $\boldsymbol{N}(s):=\boldsymbol{N}(\beta(s))$와 $\boldsymbol{N}_\beta(s)$ 사이의 각을 나타낸다([그림 5.6]).

$\alpha: I\to S$가 일반적인 변수를 갖는 C의 매개변수라 하고 $\beta: J\to S$를 $\beta(s)=\alpha(t(s))$를 만족하는 단위속력을 갖는 α의 재매개화라 할 때,

$$\begin{aligned}\kappa_n(\alpha(t), C)=\kappa_n(\beta(s), C)&=\kappa_\beta(s)\langle \boldsymbol{N}(\beta(s)), \boldsymbol{N}_\beta(\beta(s))\rangle\\&=\kappa_\alpha(t)\langle \boldsymbol{N}(\alpha(t)), \boldsymbol{N}_\alpha(\alpha(t))\rangle\\&=\kappa_\alpha(t)\langle \boldsymbol{N}(t), \boldsymbol{N}_\alpha(t)\rangle\end{aligned}$$

로 주어진다. 다만 여기서 $\boldsymbol{N}_\beta(s)=\boldsymbol{N}_\beta(\beta(s))=\dfrac{\beta''(s)}{\|\beta''(s)\|}$이지만, $\boldsymbol{N}_\alpha(t)\neq\dfrac{\alpha''(t)}{\|\alpha''(t)\|}$임에 유의하자. 따라서 $\kappa_n(\alpha(t), C)$와 $\kappa_n(\beta(s), C)$를 각각 $\kappa_n(t)$와 $\kappa_n(s)$로 나타낼 때,

$\kappa_n(t) = \kappa_n(s)$가 성립한다.

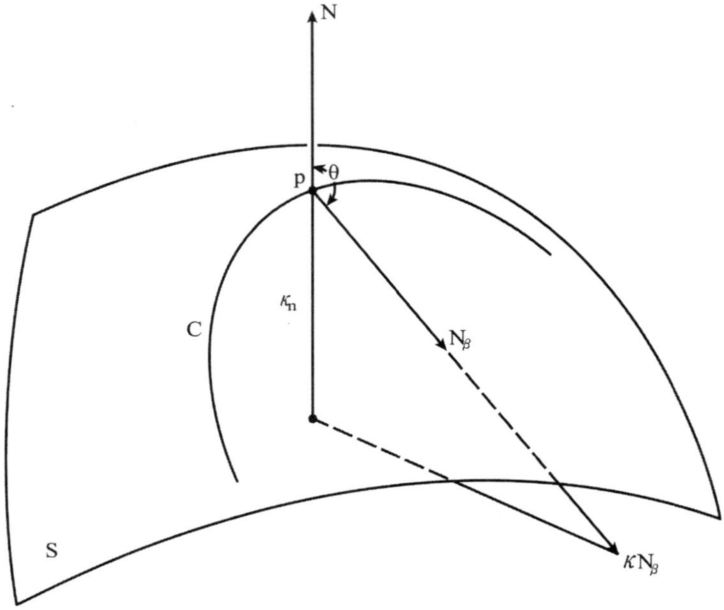

[그림 5.6]

보조정리 5.2.1

무니에의 정리(Meusnier Theorem)

정칙곡면의 주어진 점에서 같은 접선방향이 갖는 정칙곡선의 법곡률은 모두 일정하다.

증명 증명을 위해 먼저 위의 법곡률의 정의를 제2기본형식을 이용하여 표현한다. 실제로

$$\langle \boldsymbol{N}(s), \beta'(s) \rangle = 0$$

이므로 위의 식을 s에 관해 미분하여

$$0 = \langle d\boldsymbol{N}(\beta'(s)), \beta'(s) \rangle + \langle \boldsymbol{N}(s), \beta''(s) \rangle$$

를 얻을 수 있다. 따라서

$$\begin{aligned}
\kappa_n(\beta(s), C) &= \kappa_\beta(s) \langle \boldsymbol{N}(s), \boldsymbol{N}_\beta(s) \rangle \\
&= \langle \boldsymbol{N}(s), \boldsymbol{T}_\beta{}'(s) \rangle \\
&= \langle \boldsymbol{N}(s), \beta''(s) \rangle \\
&= -\langle d\boldsymbol{N}(\beta'(s)), \beta'(s) \rangle
\end{aligned}$$

$$= II_{\beta(s)}(\beta'(s))$$

가 성립한다. 따라서 C의 주어진 점 $\beta(s)$에서의 법곡률은 $\beta'(s)$에만 의존함을 알 수 있다. 다시 말해서 $\gamma: I \to S$가 $\beta(s)$를 지나고 $\gamma'(s) = \beta'(s)$을 만족하는 단위속력을 가진 매개함수일 때, 일반적으로 C와 $\gamma(I)$는 S상에 있는 서로 다른 곡선이다. 하지만 $\beta'(s) = \gamma'(s)$이므로 C와 $\gamma(I)$의 $\beta(s) = \gamma(s)$에서의 법곡률은 서로 일치함을 알 수 있다. ❖

또한 위의 식을 이용하면 일반적인 변수를 가진 C의 매개함수에 관한 법곡률 공식을 제1기본형식과 제2기본형식을 이용하여 다음과 같이 나타낼 수 있다.

보조정리 5.2.2

$\alpha: I \to S$를 곡선 $C \subset S$의 일반적인 변수 t를 가진 매개함수라 할 때, 법곡률 $\kappa_n(t)$는 다음과 같이 주어진다.

$$\begin{aligned}\kappa_n(t) = \kappa_n(\alpha(t), C) &= -\left\langle dN\left(\frac{\alpha'(t)}{\|\alpha'(t)\|}\right), \frac{\alpha'(t)}{\|\alpha'(t)\|}\right\rangle \\ &= \frac{-\langle dN(\alpha'(t)), \alpha'(t)\rangle}{\|\alpha'(t)\|^2} \\ &= \frac{II(\alpha'(t))}{I(\alpha'(t))}\end{aligned}$$

특히 다음 등식이 성립한다.

$$\kappa_n(t) = \frac{\langle N(\alpha(t)), \alpha''(t)\rangle}{\|\alpha'(t)\|^2}$$

증명 $\beta: J \to S$를 $\beta(s) = \alpha(t(s))$를 만족하는 α의 단위속력을 갖는 재매개화라 하자. 이때 $\beta'(s) = \dfrac{\alpha'(t)}{\|\alpha'(t)\|}$이므로

$$\begin{aligned}\kappa_n(\alpha(t), C) = \kappa_n(\beta(s), C) &= -\langle dN(\beta'(s)), \beta'(s)\rangle \\ &= -\left\langle dN\left(\frac{\alpha'(t)}{\|\alpha'(t)\|}\right), \frac{\alpha'(t)}{\|\alpha'(t)\|}\right\rangle \\ &= \frac{-\langle dN(\alpha'(t)), \alpha'(t)\rangle}{\|\alpha'(t)\|^2} \\ &= \frac{II(\alpha'(t))}{I(\alpha'(t))}\end{aligned}$$

가 성립한다.

마지막으로 $\langle \boldsymbol{N}(t), \alpha'(t) \rangle = 0$을 이용하면

$$0 = \frac{d}{dt}\langle \boldsymbol{N}(t), \alpha'(t) \rangle = \langle d\boldsymbol{N}(\alpha'(t)), \alpha'(t) \rangle + \langle \boldsymbol{N}(t), \alpha''(t) \rangle$$

를 얻을 수 있다. 따라서

$$-\langle d\boldsymbol{N}(\alpha'(t)), \alpha'(t) \rangle = \langle \boldsymbol{N}(t), \alpha''(t) \rangle$$

이므로

$$\begin{aligned}\kappa_n(\alpha(t), C) &= \frac{-\langle d\boldsymbol{N}(\alpha'(t)), \alpha'(t) \rangle}{\|\alpha'(t)\|^2} \\ &= \frac{\langle \boldsymbol{N}(t), \alpha''(t) \rangle}{\|\alpha'(t)\|^2}\end{aligned}$$

가 성립한다. ✤

다음 공식은 법곡률을 주곡률을 이용하여 쉽게 구할 수 있도록 해준다.

정리 5.2.3

오일러 공식(Euler Formula)

방향성 $\boldsymbol{N}$을 가진 정칙곡면 S와 임의의 단위접벡터 $v \in T_pS$에 대하여, 점 p에서 v 방향의 법곡률은 다음과 같이 주어진다.

$$\kappa_n(p, v) = k_1(p)\cos^2\theta + k_2(p)\sin^2\theta$$

단, 여기서 $k_1(p)$와 $k_2(p)$는 $\boldsymbol{N}$의 점 p에서의 주곡률을 나타내고, w_1과 w_2를 각각 $k_1(p)$과 $k_2(p)$의 주벡터라 할 때, $\theta(0 \le \theta \le \pi)$는 v와 w_1 사이의 각을 나타낸다.

증명 정의에 의해 w_1과 w_2가 T_pS의 정규직교기저이므로 v를

$$v = \cos\theta w_1 + \sin\theta w_2$$

로 표현할 수 있다. 이때

$$\begin{aligned}\kappa_n(p, v) &= -\langle d\boldsymbol{N}(v), v \rangle \\ &= -\langle d\boldsymbol{N}(\cos\theta w_1 + \sin\theta w_2), \cos\theta w_1 + \sin\theta w_2 \rangle \\ &= -\langle \cos\theta d\boldsymbol{N}(w_1) + \sin\theta d\boldsymbol{N}(w_2), \cos\theta w_1 + \sin\theta w_2 \rangle\end{aligned}$$

$$= - \langle \cos\theta(-k_1(p)w_1) + \sin\theta(-k_2(p)w_2), \cos\theta w_1 + \sin\theta w_2 \rangle$$
$$= k_1(p)\cos^2\theta + k_2(p)\sin^2\theta$$

이 성립함을 알 수 있다. ✣

예제 5.2.4 단위접벡터 $v \in T_pS$와 S의 단위법벡터 $\boldsymbol{N}(p)$에 의해 생성된 평면과 S의 교집합으로 주어지는 곡선 C를 **점 p에서 v 방향의 S의 법단면**(normal section)이라 한다([그림 5.7]).

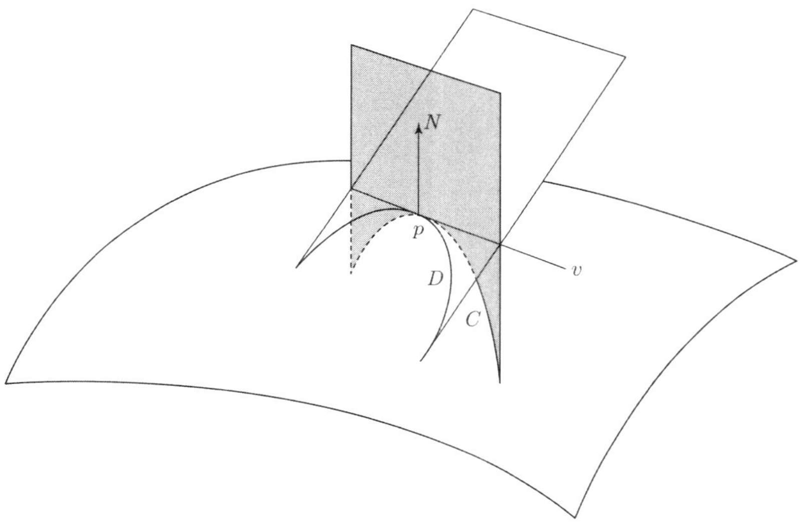

[그림 5.7]

정의에 의해, 법단면 C는 정칙인 평면곡선이다. 또한 $\alpha : I \to S$를 $\alpha(0) = p$를 만족하는 C의 단위속력을 갖는 매개함수라 할 때, 만약 $\alpha''(0) \neq 0$라면 점 p에서 법단면의 단위주법벡터 $\boldsymbol{N}_\alpha(p)$는 $\pm \boldsymbol{N}(p)$이다. 그리고 $\alpha''(0) = 0$인 경우에는

$$\kappa_\alpha(t) = \frac{\|\alpha'(t) \times \alpha''(t)\|}{\|\alpha'(t)\|^3}$$

으로부터 $\kappa_\alpha(0) = \kappa_n(0) = 0$이다. 따라서 **점 p에서 v 방향의 S의 법단면 C의 점 p에서의 법곡률은 항상 다음 등식을 만족한다.**

$$\kappa_n(0) = \kappa_n(p, C) = \pm \kappa_\alpha(0)$$

[그림 5.7]에서 D는 법단면이 아니다.

정칙곡면상의 곡선 C가 모든 점에서 법단면일 때, C의 임의의 점에서 법곡률의 절댓값은 C의 곡률과 같다. ◆

예제 5.2.5 yz-평면에 있는 $z=y^4$ 그래프를 z-축으로 회전하여 얻은 정칙곡면을 S라 할 때, S를 다음과 같은 한 개의 좌표조각함수 $(\mathbf{x}, \mathbb{R}^2)$로 덮을 수 있다([그림 5.8]).

$$\mathbf{x}: \mathbb{R}^2 \to \mathbb{R}^3, \quad (u, v) \mapsto (u, v, (u^2+v^2)^2)$$

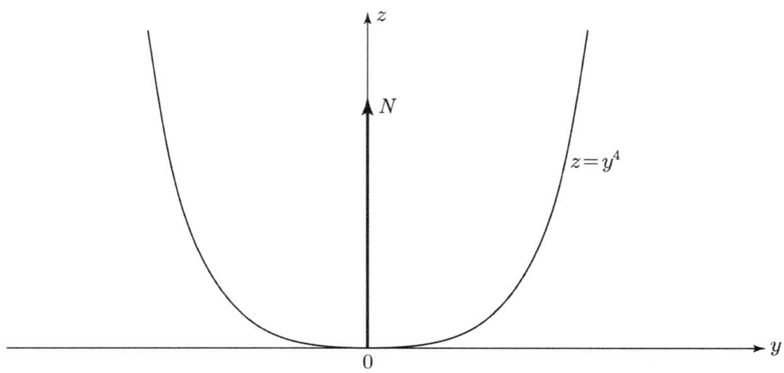

[그림 5.8]

따라서 S의 가우스사상

$$\begin{aligned} \boldsymbol{N}(u, v) &= \frac{\mathbf{x}_u \times \mathbf{x}_v}{\|\mathbf{x}_u \times \mathbf{x}_v\|} \\ &= \frac{(-4u(u^2+v^2), -4v(u^2+v^2), 1)}{\sqrt{16(u^2+v^2)^3+1}} \end{aligned}$$

으로부터 점 $p=(0,0,0) \in S$에서 가우스사상의 미분사상 $d\boldsymbol{N}_p$는 기저 $\{\mathbf{x}_u, \mathbf{x}_v\}$에 관해 다음과 같이 표현된다.

$$d\boldsymbol{N}_p = \begin{pmatrix} 0 & 0 \\ 0 & 0 \end{pmatrix}$$

따라서 점 p에서 단위접벡터 $v \in T_pS$의 법곡률 $\kappa_n(p)$는 오일러 공식에 의해

$$\kappa_n(p) = k_1(p)\cos^2\theta + k_2(p)\sin^2\theta = 0 \cdot \cos^2\theta + 0 \cdot \sin^2\theta = 0$$

이 된다.

또는 점 $p \in S$에서 모든 법단면은 $z=y^4$ 그래프를 z-축을 회전축으로 회전하여 얻어진

다. 한편 yz-평면에 있는 $z=y^4$ 그래프의 곡률은 점 p에서 계산에 의해 0이다. 따라서 점 p에서 법곡률의 절댓값은 곡률인 0과 같고 법곡률도 항상 0이 된다. ◆

예제 5.2.6 반지름이 $r>0$인 구면의 대원 C는 C의 모든 점에서 법단면임을 알 수 있다([그림 5.9]). 따라서 C의 임의의 점의 법곡률의 절댓값은 항상 C의 곡률인 $\frac{1}{r}$과 같다.

또는 예제 5.1.7에 의해 반지름이 $r>0$인 구면 $S^2(r)$의 가우스사상 $\boldsymbol{N}$의 미분사상 $d\boldsymbol{N}_p$은 T_pS^2의 기저 $\{\mathbf{x}_u(p), \mathbf{x}_v(p)\}$에 관해

$$d\boldsymbol{N}_p=\begin{pmatrix} \frac{1}{r} & 0 \\ 0 & \frac{1}{r} \end{pmatrix}$$

로 표현된다. 따라서 $d\boldsymbol{N}_p$의 주곡률 k_1, k_2는 모두 $-\frac{1}{r}$이고 T_pS의 모든 방향이 주벡터의 방향이다. 따라서 점 p에서 주벡터 w_1과 θ의 각을 이루는 $v\in T_pS^2(r)$ 방향의 법곡률 $\kappa_n(p,v)$는

$$\kappa_n(p,v)=-\frac{1}{r}\cos^2\theta-\frac{1}{r}\sin^2\theta=-\frac{1}{r}$$

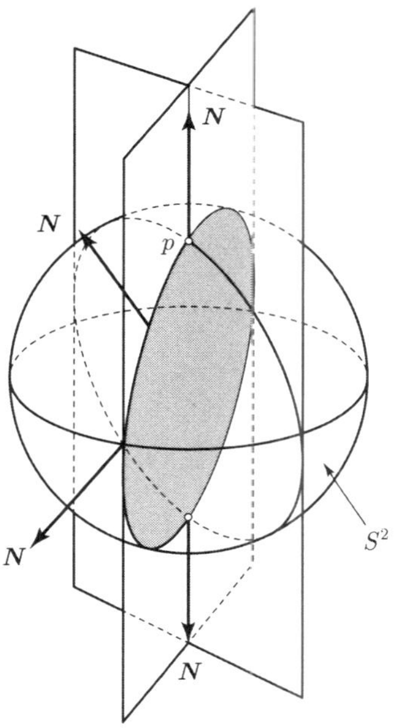

[그림 5.9]

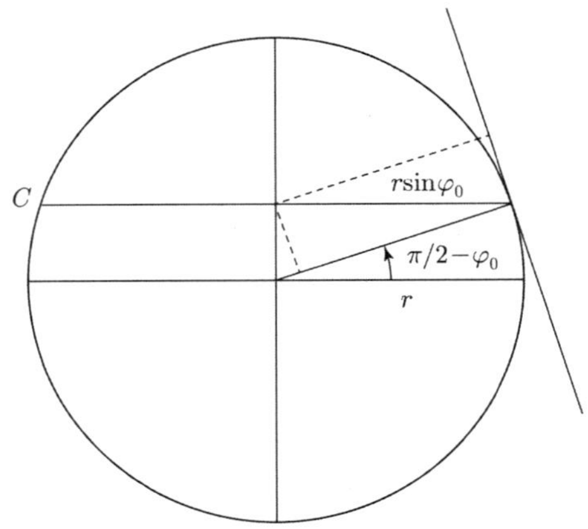

[그림 5.10]

이 된다. 하지만, 구면 $S^2(r)$의 경우에 모든 방향이 주방향이므로 점 p에서 모든 방향의 법곡률이 항상 $-\dfrac{1}{r}$임을 알 수 있다.

이제 C를 xy-평면에 수평인 평면과 구면 $S^2(r)$의 교집합이라 하자. 이때 C가 대원이 아니라면 법단면이 될 수 없다([그림 5.10]). 특히 C가 구면좌표계로 $\varphi = \varphi_0$인 곡선을 나타낼 때, C의 곡률은 $\dfrac{1}{r\sin\varphi_0}$이고, C의 단위주법벡터장은 C를 경계로 가진 xy-평면에 평행인 원판(disk)의 중심을 향하고 있다. 따라서 구면 $S^2(r)$의 바깥쪽으로 향하는 법벡터와 C의 단위주법벡터장 사이의 각은 $\varphi_0 + \dfrac{\pi}{2}$이다. 이를 종합하면, C의 법곡률 κ_n은 φ_0에 관계없이 항상

$$\kappa_n = \frac{1}{r\sin\varphi_0}\cos\left(\varphi_0 + \frac{\pi}{2}\right) = -\frac{1}{r}$$

이 된다. ◆

예제 5.2.7 예제 5.1.8과 같이, 반지름이 $r > 0$인 원 위의 원기둥면의 미분사상 $d\boldsymbol{N}_p$은 T_pS^2의 기저 $\{\mathbf{x}_u(p), \mathbf{x}_v(p)\}$에 관해

$$d\boldsymbol{N}_p = \begin{pmatrix} \frac{1}{r} & 0 \\ 0 & 0 \end{pmatrix}$$

로 표현된다. 따라서 $d\boldsymbol{N}_p$의 주곡률 k_1, k_2는 각각 $-\dfrac{1}{r}, 0$이고 $\mathbf{x}_u$와 $\mathbf{x}_v$의 방향이 주벡터의

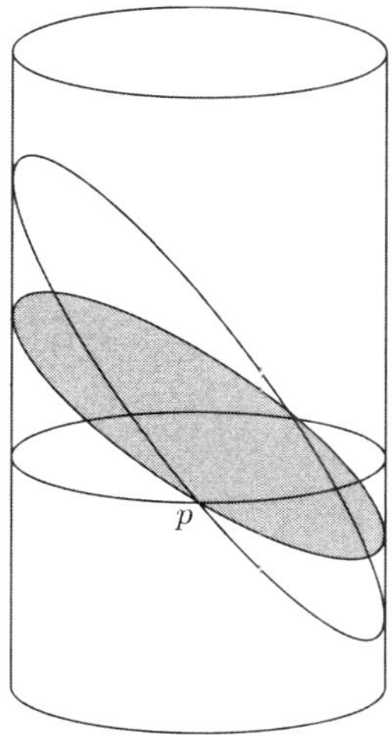

[그림 5.11]

방향이 된다. 따라서 점 p에서 주벡터 $\mathbf{x}_u$과 θ의 각을 이루는 v 방향의 법곡률 $\kappa_n(p, v)$는

$$\kappa_n(p, v) = -\frac{1}{r}\cos^2\theta - 0 \cdot \sin^2\theta = -\frac{1}{r}\cos^2\theta$$

가 된다([그림 5.11]). ◆

예제 5.2.8 예제 5.1.9에 의해, $p = (0, 0, 0)$에서 쌍곡포물면의 미분사상 $d\boldsymbol{N}_p$은 T_pS^2의 기저 $\{\mathbf{x}_u(p), \mathbf{x}_v(p)\}$에 관해

$$d\boldsymbol{N}_p = \begin{pmatrix} 2 & 0 \\ 0 & -2 \end{pmatrix}$$

로 표현된다. 따라서 $d\boldsymbol{N}_p$의 주곡률 k_1, k_2은 각각 $-2, 2$이고 $\mathbf{x}_u$와 $\mathbf{x}_v$의 방향이 주벡터의 방향이 된다. 따라서 점 p에서 $\mathbf{x}_u(p)$와 θ각을 이루는 접벡터 $v \in T_pS$의 법곡률 $\kappa_n(p, v)$는

$$\kappa_n(p, v) = -2\cos^2\theta + 2\sin^2\theta = 2(1 - 2\cos^2\theta)$$

로 주어진다. 특히 $\theta = \frac{\pi}{4}$이면 $\kappa_n(p, v) = 0$이다. ◆

예제 5.2.9 좌표조각함수

$$\mathbf{x}(u, v) = ((r\cos u + a)\cos v, r\sin u, (r\cos u + a)\sin v), \quad 0 < u, v < 2\pi$$

로 주어진 토러스에 있는 몇몇 정칙곡선의 법곡률을 구체적으로 구해보자. 먼저 $\alpha(t)=\mathbf{x}(u(t), v(t))$로 주어진 정칙곡선의 법곡률 $\kappa_n(t)$는 **보조정리 5.2.2**에 의해

$$\kappa_n(t)=\frac{II(\alpha'(t))}{I(\alpha'(t))}=\frac{r(u')^2+\cos u(a+r\cos u)(v')^2}{r^2(u')^2+(a+r\cos u)^2(v')^2}$$

로 주어진다. 특히 $u(t)=t,\ v(t)=$ 상수일 때,

$$\kappa_n(t)=\frac{1}{r}$$

이고, $u(t)=u_0=$ 상수, $v(t)=t$일 때,

$$\kappa_n(t)=\frac{\cos u_0}{a+r\cos u_0}$$

이다. 따라서 예를 들어 $u_0=0$이면 법곡률이 $\dfrac{1}{a+r}$이고 $u_0=\dfrac{\pi}{2}$이면 법곡률이 0이다.

◆

5.2 ▌연습문제

1. $\mathbf{x}(u,v)=(u,v,u^2-v^2)$일 때, $\alpha(t)=\mathbf{x}(t^2+t,t)$으로 주어진 정칙곡선의 $t=-1$에서의 법곡률 $\kappa_n(-1)$을 구하라.

2. 좌표조각함수

$$\mathbf{x}(u,\ v)=(v\cos u,\ v\sin u,\ u),\ 0<u<1,\ 0<v<2\pi$$

로 주어진 나선면의 v-매개변수곡선 $\alpha(v)=\mathbf{x}(u_0, v)$의 법곡률 $\kappa_n(v)$를 구하라.

3. 다음 물음에 답하라.

(1) 정칙곡면 S의 두 주곡률 $k_1,\ k_2$가 $k_1k_2>0$을 만족할 때, S상의 임의의 정칙곡선 C의 곡률 κ는 항상 다음 부등식을 만족함을 보여라.

$$\kappa(C)\geq\min\{|k_1|,\ |k_2|\}$$

(2) 정칙곡면 S의 두 주곡률 k_1, k_2가 $|k_1| \le 1, |k_2| \le \frac{1}{2}$을 만족할 때, S상의 임의의 정칙곡선 C의 곡률 κ는 항상 다음 부등식을 만족하는지 판별하라.

$$0 \le \kappa(C) \le \max\{|k_1|, |k_2|\} \le 1$$

4. $(x, y) \in \mathbb{R}^2 - \{(0,0)\}$일 때, $x^2 + y^2 = z^2$으로 주어진 정칙곡면 S와 $z = 1$로 주어진 평면 P의 교선을 C라 하자. 이때 S상의 C의 법곡률 $\kappa_n(C)$의 절댓값과 C의 임의의 점 p에서 주곡률 $k_1(p), k_2(p)$를 모두 구하라.

5. 다음과 같이 정의된 곡면 S에 대하여 다음 물음에 답하라.

$$S:\ z = \frac{x^2}{2} + \frac{y^2}{2}$$

(1) 임의의 양의 실수 l에 대하여, 평면 $z = l$과 곡면 S의 교집합이 C_l일 때, S상의 C_l의 법곡률 $\kappa_n(C_l)$과 $\int_{C_l} |\kappa_n(C_l)|\, ds$를 구하라.

(2) 임의의 양의 실수 l에 대하여, 평면 $y = lx$와 곡면 S의 교집합이 D_l일 때, S상의 D_l의 법곡률 $\kappa_n(D_l)$을 구하라.

6. $x^2 + y^2 = 1$로 주어진 정칙곡면 S_1과 $z = \sqrt{3}\,x$로 주어진 정칙곡면 S_2의 교선이 C일 때, 다음 물음에 답하라.

(1) 점 $p = (0, 1, 0)$에서 S_1상의 정칙곡선 C의 법곡률 $\kappa_n(S_1)$을 구하라.

(2) 점 $p = (0, 1, 0)$에서 S_2상의 정칙곡선 C의 법곡률 $\kappa_n(S_2)$를 구하라.

7. 두 정칙곡면 S_1과 S_2의 교선 C가 정칙곡선일 때, $\gamma : (a, b) \to C$를 단위속력변수를 갖는 C의 매개함수라 하자. $\gamma(s)$를 따라 S_1과 S_2의 단위법벡터장 $\boldsymbol{N}_1(s)$와 $\boldsymbol{N}_2(s)$ 사이의 각을 $\varphi(s)$라 할 때, 다음 물음에 답하라.

(1) $\theta(s), 0 \le \theta(s) \le \pi$가 $\boldsymbol{N}_1(s)$와 $\gamma''(s)$ 사이의 각일 때,

$$\kappa_n(S_1) = \kappa_\gamma(s)\cos(\theta(s)),\quad \kappa_n(S_2) = \kappa_\gamma(s)\cos(\theta(s) \pm \varphi(s))$$

임을 보여라.

(2) 다음 등식을 증명하라.

$$\kappa_n(S_1)^2 + \kappa_n(S_2)^2 - 2\kappa_n(S_1)\kappa_n(S_2)\cos(\varphi(s)) = \kappa_\gamma(s)^2 \sin^2(\varphi(s))$$

(3) 좌표조각함수

$$\mathbf{x}(u,v)=(2\cos u\cos v,\, 2\sin u\cos v,\, 2\sin v),\quad 0<u<2\pi,\ 0<v<\pi$$

로 주어진 정칙곡면이 S_1일 때, S_2를 S_1과 u-매개변수곡선 $C=\mathbf{x}\left(u,\frac{\pi}{3}\right)$를 따라 수직으로 만나는 정칙곡면이라 하자. 이때 S_2상의 정칙곡선 C를 따라 법곡률 $\kappa_n(S_2)$를 구하라.

8. $\frac{x^2}{a^2}+\frac{y^2}{b^2}=1,\ a,b>0$으로 주어진 정칙곡면 S에 대하여 다음 물음에 답하라.

(1) S상의 정칙곡선

$$\alpha_n:\mathbb{R}\to S,\quad t\mapsto(a\cos t,\ b\sin t,\ \pm t^n),\quad n\ge 2$$

의 접벡터 $\alpha_n{}'(0)$가 모든 $n\ge 2$에 대하여 일치함을 보여라.

(2) α_n의 $t=0$에서의 법곡률 κ_n를 계산하라.

9. 3차원 유클리드 공간에 밑변이 1이고 모선의 길이가 3인 원뿔 S가 있다. 이 원뿔의 옆면의 점 p와 밑면에 있는 점 q는 같은 모선 위에 있고, 선분 $\overline{pq}$의 길이는 1이다. 점 q에서 출발하여 원뿔의 옆면을 돌아 점 p를 지나는 측지선 α에 대하여 다음 물음에 답하라([그림 5.12]).

(1) 점 p에서 S의 두 주곡률 $k_1(p)$, $k_2(p)$를 구하라. (힌트: $k_1(p)=0,\ k_2(p)=-\sqrt{2}$.)

(2) 점 p에서 α의 접벡터와 모선이 이루는 각도 θ를 계산하라. (힌트: $\theta=\cos^{-1}(\frac{7}{2\sqrt{19}})$.)

(3) 점 p에서 α의 법곡률 κ_n를 계산하라. (힌트: $\kappa_n(p)=-\frac{27\sqrt{2}}{76}$.)

(4) 점 p에서 α의 곡률 κ_α를 계산하라. (힌트: $\kappa_\alpha(p)=\frac{27\sqrt{2}}{76}$, $\kappa_g(p)=0$.)

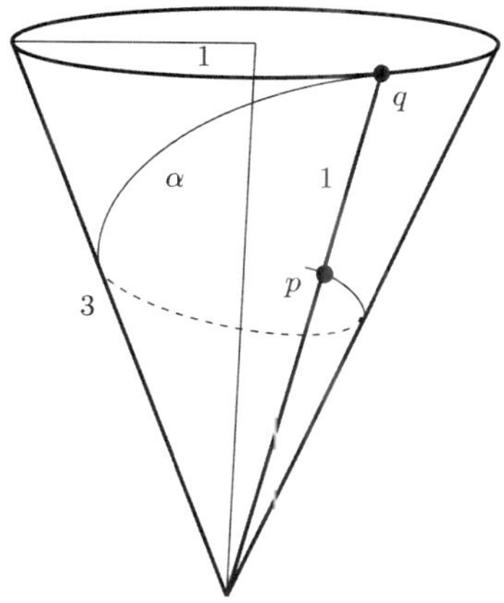

[그림 5.12]

10. S가 $F(x,y,z)=xy+yz+zx-3=0$으로 주어진 정칙곡면일 때, S의 점 $p=(1,1,1)$와 p에서의 접벡터 $v=(0,1,-1)$에 대하여 다음 물음에 답하라.

(1) S의 가우스사상 $\boldsymbol{N}$을 찾아라. 단, $\boldsymbol{N}(1,1,1)=\dfrac{1}{\sqrt{3}}(1,1,1)$이다.

(2) $\langle d\boldsymbol{N}_p(v),v\rangle=\dfrac{\sqrt{3}}{3}$을 계산하여 p에서 v 방향의 법곡률 $\kappa_n(p,\,v)=\dfrac{\sqrt{3}}{6}$임을 보여라.

5.3 ▌정칙곡면의 특수곡선: 주곡률곡선, 점근곡선, 측지곡선

5.3.1 주곡률곡선

5.2절의 예에서 보는 바와 같이, 주곡률과 주방향을 이용하는 오일러 공식을 통해 임의의 접벡터 방향의 법곡률을 쉽게 구할 수 있다. 따라서 주어진 점에서 주방향을 어떻게 결정하는가 하는 것은 중요한 문제이다. 특히 정칙곡면에 있는 곡선의 접선 방향이 항상 주방향인 곡선을 **주곡률곡선**(line of curvature 또는 principal curve)이라 한다. 따라서 α를 주곡률곡선의 매개함수라 하면,

$$d\boldsymbol{N}(\alpha'(t)) = \lambda(t)\alpha'(t)$$

를 만족하는 미분가능인 함수 $\lambda(t)$가 존재하고 $-\lambda(t)$가 $\alpha(t)$에서 주곡률이 된다(**로드리게스 정리**, Rodrigues Theorem).

사실 위의 식에서 $\lambda(t)$를 완벽하게 결정할 수 있다. 실제로

$$\lambda(t)\|\alpha'(t)\|^2 = \langle d\boldsymbol{N}(\alpha'(t)), \alpha'(t)\rangle = -\langle \boldsymbol{N}(t), \alpha''(t)\rangle$$

가 성립한다. 따라서

$$\lambda(t) = \frac{-\langle \boldsymbol{N}(t), \alpha''(t)\rangle}{\|\alpha'(t)\|^2}, \text{ 즉 } d\boldsymbol{N}(\alpha'(t)) = \frac{-\langle \boldsymbol{N}(t), \alpha''(t)\rangle}{\|\alpha'(t)\|^2}\alpha'(t)$$

를 얻을 수 있다.

평면과 정칙곡면이 만나서 생기는 정칙곡선이 정칙곡면의 주곡률곡선인지를 판별하는 쉬운 방법이 있다.

정리 5.3.1

S가 단위법벡터장 $\boldsymbol{N}$을 가진 정칙곡면이고 P가 상수인 단위법벡터장 $\boldsymbol{V}$를 가진 평면이라 할 때, S와 P가 정칙곡선 C를 따라 만나고 C를 따라 $\boldsymbol{N}$과 $\boldsymbol{V}$가 일정한 각 θ_0을 이루고 있다고 하자([그림 5.13]). 이때 C는 S의 주곡률곡선이다.

증명 α를 C의 정칙인 매개함수라 할 때, 증명을 다음 두 가지 경우로 나누어 한다.

(i) $\theta_0 \neq 0, \pi$인 경우;

가정에 의해 $\langle \boldsymbol{N}, \boldsymbol{V}\rangle = \cos\theta_0$이므로

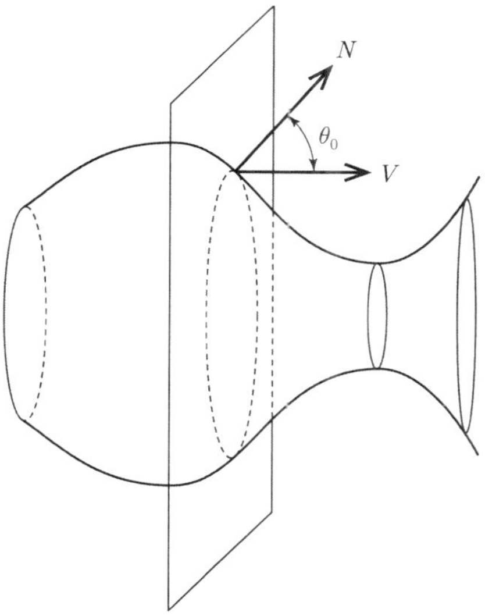

[그림 5.13]

$$0 = \langle d\boldsymbol{N}(\alpha'(t)),\ \boldsymbol{V}(t)\rangle + \langle \boldsymbol{N}(t), d\boldsymbol{V}(\alpha'(t))\rangle = \langle d\boldsymbol{N}(\alpha'(t)),\ \boldsymbol{V}(t)\rangle$$

이다. 또한 $\langle \boldsymbol{N}(t), \boldsymbol{N}(t)\rangle = 1$이므로

$$0 = 2\langle d\boldsymbol{N}(\alpha'(t)), \boldsymbol{N}(t)\rangle,\ \text{즉}\ \langle d\boldsymbol{N}(\alpha'(t)), \boldsymbol{N}(t)\rangle = 0$$

이 성립한다. 따라서 $d\boldsymbol{N}(\alpha'(t)) = \lambda(t)\alpha'(t)$을 만족하는 함수 $\lambda(t)$가 존재한다. 즉 C는 주곡률곡선이다.

(ii) $\theta_0 = 0, \pi$인 경우;

이 경우에는 $\boldsymbol{N}(t) = \pm\ \boldsymbol{V}(t) =$ 상수벡터이므로

$$d\boldsymbol{N}(\alpha'(t)) = 0 \cdot \alpha'(t)$$

가 성립한다. 따라서 이 경우에도 C가 주곡률곡선이다.

위의 (i), (ii)에 의해 C는 주곡률곡선이다. ✣

예제 5.3.2 반지름이 $r > 0$인 구면 $S^2(r)$의 임의의 대원 C는 $S^2(r)$과 평면 P의 교집합으로 주어진다. 이때 C를 따라 P와 $S^2(r)$가 이루는 각은 항상 수직이다. 따라서 C는 주곡률곡선이다.

사실, $S^2(r)$의 주곡률은 모두 $\frac{1}{r}$이거나 모두 $-\frac{1}{r}$이다. 따라서 $S^2(r)$의 점에서 모든 접벡터 방향이 주벡터 방향이다. 즉 $S^2(r)$상의 모든 정칙곡선은 주곡률곡선이 된다. 비슷한

이유로, 평면의 모든 정칙곡선은 항상 주곡률곡선이 됨을 알 수 있다. ◆

$S^2(r)$과 같이 두 주곡률이 일치하는 점을 **배꼽점** 또는 **제점(umbilical point)**이라 한다. 다음 정리가 성립한다.

정리 5.3.3

모든 점이 배꼽점인 정칙곡면 S는 구면과 평면 또는 그 일부뿐이다.

증명 증명을 간단히 하기 위해, S가 연결집합인 U에서 정의된 하나의 좌표조각함수 $(\mathbf{x}, U)$로 덮이는 경우만 증명한다. 일반적인 경우에는 각각의 좌표조각함수에서 위의 정리를 증명한 후, 정리의 결과를 좌표조각함수들이 겹치는 부분을 이용하여 연속적으로 전체 정칙곡면으로 확장한다. 자세한 증명은 복잡하므로 생략한다.

가정에 의해 임의의 점 $p \in S$가 배꼽점이므로 $v \in T_pS$에 대하여

$$d\boldsymbol{N}_p(v) = \lambda(p)v$$

를 만족하는 미분가능인 함수 λ가 존재한다. 이때 λ는 상수함수임을 보일 수 있다. 실제로 임의의 점 $p \in S$에 대하여

$$\boldsymbol{N}_u(p) = d\boldsymbol{N}_p(\mathbf{x}_u) = \lambda(p)\mathbf{x}_u, \quad \boldsymbol{N}_v(p) = d\boldsymbol{N}_p(\mathbf{x}_v) = \lambda(p)\mathbf{x}_v$$

가 성립하므로 위의 식을 각각 v와 u로 미분하여 다음을 얻을 수 있다.

$$\boldsymbol{N}_{uv} = \lambda_v \mathbf{x}_u + \lambda \mathbf{x}_{uv}, \quad \boldsymbol{N}_{vu} = \lambda_u \mathbf{x}_v + \lambda \mathbf{x}_{vu}$$

한편 $\boldsymbol{N}_{uv} = \boldsymbol{N}_{vu}$이고 $\mathbf{x}_{uv} = \mathbf{x}_{vu}$이므로 $\lambda_v \mathbf{x}_u - \lambda_u \mathbf{x}_v = 0$가 성립한다. 즉 $\lambda_u = \lambda_v = 0$이다. 따라서 U가 연결집합이므로 λ는 상수가 되어야 한다.

이제 증명을 다음 두 가지로 나누어 생각한다.

(i) $\lambda \equiv 0$인 경우;

이 경우에는 가우스사상 $\boldsymbol{N}(p) = \boldsymbol{N}_0 =$상수벡터가 된다. 따라서

$$\langle \mathbf{x}(u,v), \boldsymbol{N} \rangle_u = \langle \mathbf{x}_u, \boldsymbol{N} \rangle = 0, \quad \langle \mathbf{x}(u,v), \boldsymbol{N} \rangle_v = \langle \mathbf{x}_v, \boldsymbol{N} \rangle = 0$$

이 성립한다. 즉 $\langle \mathbf{x}(u,v), \boldsymbol{N} \rangle =$상수이고 S는 평면이거나 평면의 일부가 된다.

(ii) $\lambda \neq 0$인 경우;

이 경우에는 $\mathbf{y}(u,v) := \mathbf{x}(u,v) - \frac{1}{\lambda}\boldsymbol{N}(u,v)$라 놓자. 그러면

$$\mathbf{y}_u = \mathbf{x}_u - \frac{1}{\lambda}\boldsymbol{N}_u = \mathbf{x}_u - \frac{1}{\lambda}d\boldsymbol{N}(\mathbf{x}_u) = \mathbf{x}_u - \frac{1}{\lambda}\lambda\mathbf{x}_u = 0,$$

$$\mathbf{y}_v = \mathbf{x}_v - \frac{1}{\lambda}\boldsymbol{N}_v = \mathbf{x}_v - \frac{1}{\lambda}d\boldsymbol{N}(\mathbf{x}_v) = \mathbf{x}_v - \frac{1}{\lambda}\lambda\mathbf{x}_v = 0$$

이므로 $\mathbf{y}(u,v) = \mathbf{y}_0$는 상수이다. 따라서

$$\|\mathbf{x} - \mathbf{y}_0\|^2 = \frac{1}{\lambda^2}$$

이고 S는 구면이거나 그 일부이다. ✤

예제 5.3.4 평면, 원기둥면, 구면은 사실 회전면의 일종이다. 좀 더 일반적으로 yz-평면에 놓인 정칙곡선

$$\alpha(v) = (f(v), g(v)), \quad f(v) > 0,\ g'(v) \neq 0$$

를 z-축으로 회전하여 얻은 회전면의 **경도선**(meridian)과 **위도선**(parallel)은 모두 주곡률곡선이 됨을 위의 **정리** 5.3.1을 적용하여 보일 수 있다([그림 4.7]).

마찬가지로 yz-평면에 있는 원 $(y-a)^2 + z^2 = r^2$, $0 < r < a$를 z-축으로 회전하여 얻은 토러스의 경도선과 위도선은 모두 주곡률곡선에 해당한다. ◆

5.3.2 점근곡선과 측지곡선

정칙곡면 S와 $0 \neq v \in T_pS$에 대하여 p에서 $\pm v$ 방향의 법곡률이 $\kappa_n(p, \pm v) = 0$을 만족할 때, $\pm v$를 p에서 S의 **점근방향**(asymptotic direction)이라 한다. 또한 S상의 정칙곡선 C의 임의의 점에서 접선방향이 점근방향일 때 C를 **점근선**(asymptotic curve)이라 부른다. 다시 말해서 α를 C를 나타내는 정칙인 매개함수라 할 때, C가 점근곡선일 필요충분조건은

$$\kappa_n(\alpha(t), \alpha'(t)) = \frac{\langle \boldsymbol{N}(t), \alpha''(t) \rangle}{\|\alpha'(t)\|^2} = 0$$

이다. 즉 $\langle \boldsymbol{N}(t), \alpha''(t) \rangle = 0$이다.

점근선은 정칙곡면의 기하학적인 성질을 이해하는 데 큰 역할을 한다. 방향성 $\boldsymbol{N}$이 주어진 정칙곡면은 가우스사상 $\boldsymbol{N} : S \to S^2$를 가지고 있다. S의 임의의 점 p에서 가우스

사상의 미분사상 $d\boldsymbol{N}_p$는 T_pS에서 T_pS 자신으로 가는 선형사상이다. 따라서 S의 임의의 점 p에서 다음과 같은 실숫값

$$K(p) = \det(d\boldsymbol{N}_p) = k_1(p)k_2(p), \quad H(p) = -\frac{1}{2}\operatorname{tr}(d\boldsymbol{N}_p) = \frac{1}{2}(k_1(p) + k_2(p))$$

를 정의할 수 있고, $K(p)$와 $H(p)$를 각각 S의 점 p에서 **가우스곡률**(Gaussian curvature)과 **평균곡률**(mean curvature)이라 한다. 여기서 $k_1(p)$와 $k_2(p)$는 가우스사상 $\boldsymbol{N}$의 점 p에서의 주곡률을 나타낸다.

$K \equiv 0$인 정칙곡면을 **평탄곡면**(flat surface)이라 하고, $H \equiv 0$인 정칙곡면을 **극소곡면**(minimal surface)이라 한다. 평탄곡면의 대표적인 예로는 평면과 원기둥면이 있고, 극소곡면의 대표적인 예로는 **현수면**(catenoid), **나선면**(helicoid), **이네퍼곡면**(Enneper's surface), **셔크곡면**(Scherk's surface) 등이 있다. 이에 대한 자세한 내용은 다음 절에서 다룰 예정이다.

정칙곡면의 극소성(minimality)은 등장사상에 의해 보존되지 않는 반면, 가우스곡률은 등장사상에 의해 항상 보존되는 성질이다.

가우스곡률 $K(p)$의 부호에 따라 점 $p \in S$ 근방의 모양을 예상할 수 있다. 따라서 $K(p)$의 부호에 따라 점 p를 다음과 같이 분류한다.

(1) $K(p) > 0$일 때, p를 **타원점**(elliptic point)이라 한다. 타원점의 대표적인 예는 구면, 타원면, 포물면 등의 점이다.

(2) $K(p) < 0$일 때, p를 **쌍곡점**(hyperbolic point)이라 한다. 쌍곡점의 대표적인 예는 쌍곡포물면의 점이다.

(3) $K(p) = 0$이지만 $d\boldsymbol{N}_p \neq 0$일 때, p를 **포물점**(parabolic point)이라 한다. 포물점이 나타나는 대표적인 정칙곡면은 원기둥면이다.

(4) $d\boldsymbol{N}_p \equiv 0$일 때, p를 **평면점**(planar point)이라 한다. 평면점이 나타나는 대표적인 예로는 평면과 $z = y^4$를 z-축으로 회전하여 얻은 회전곡면의 점 $(0, 0, 0)$ 등이 있다.

정의에 의해 타원점에서는 점근방향이 나타날 수 없다. 실제로 오일러 공식에 의해 타원점 p에서는 주곡률의 부호가 항상 양이거나 음이므로 법곡률

$$\kappa_n(p, v) = k_1(p)\cos^2\theta + k_2(p)\sin^2\theta$$

의 부호도 항상 양이거나 항상 음이 되어 0이 될 수 없다.

듀팽의 지시곡선(Dupin's indicatrix)을 이용하여 타원점, 쌍곡점, 포물점, 평면점 등을

파악할 수도 있다. 정칙곡면 S의 점 p의 **듀팽의 지시곡선**은 제2기본형식 $II_p(v)=\pm 1$을 만족하는 모든 접벡터 $v\in T_pS$의 모임으로 정의된다. 따라서 $v=x\mathbf{x}_u+y\mathbf{x}_v$로 표현할 때, p에서 듀팽의 지시곡선은

$$\pm 1 = II_p(v) = -\langle d\boldsymbol{N}_p(x\mathbf{x}_u+y\mathbf{x}_v), x\mathbf{x}_u+y\mathbf{x}_v\rangle = x^2e+2fxy+gy^2$$

으로 주어진다. 한편 $v\in T_pS$를 주방향의 벡터 w_1, w_2를 이용하여 $v=xw_1+yw_2$로 표현하면 p에서 듀팽의 지시곡선은

$$\pm 1 = II_p(v) = x^2k_1(p)+y^2k_2(p)$$

로 주어짐을 쉽게 보일 수 있다.

위의 사실을 이용하여 타원점, 쌍곡점, 포물점, 평면점 등의 특징을 듀팽의 지시곡선으로 다음과 같이 파악할 수 있다.

(1) 점 $p\in S$가 타원점이라면 $k_1(p)\cdot k_2(p)>0$이다. 따라서 p에서 듀팽의 지시곡선은 접평면 T_pS에서 타원이 된다.
(2) $p\in S$가 쌍곡점이라면 $k_1(p)\cdot k_2(p)<0$이다. 따라서 p에서 듀팽의 지시곡선은 접평면 T_pS에서 쌍곡선이 된다.
(3) 점 $p\in S$가 포물점이라면 $k_1(p)=0$, $k_2(p)\neq 0$이라 가정할 수 있다. 이때 p에서 듀팽의 지시곡선은 접평면 T_pS에서 점근방향에 평행인 두 평행한 직선으로 나타난다.
(4) 점 $p\in S$가 평면점이라면 $k_1(p)=k_2(p)=0$이다. 이때 p에서 듀팽의 지시곡선은 나타나지 않는다.

이 절의 마지막 내용으로, 정칙곡면의 접벡터에 관한 몇 가지 중요한 개념을 정리한다. 먼저 두 접벡터 $v_1, v_2\in T_pS$가

$$\langle d\boldsymbol{N}_p(v_1), v_2\rangle = \langle v_1, d\boldsymbol{N}_p(v_2)\rangle = 0$$

을 만족할 때, 서로 **공핵**(conjugate)관계에 있다고 말한다. 주곡률의 주벡터 w_1, w_2를 항상 정규직교기저로 택할 수 있다. 따라서 w_1과 w_2는 항상 공핵관계에 있다. 실제로

$$0 = \langle d\boldsymbol{N}_p(w_1), w_2\rangle = \langle -k_1(p)w_1, w_2\rangle = -k_1(p)\langle w_1, w_2\rangle = 0$$

이다. 또한 점근방향의 접벡터는 정의에 의해 그 자신과 서로 공핵관계에 있다.

이뿐만 아니라 p가 배꼽점이면 서로 수직인 임의의 두 접벡터는 서로 공핵관계에 있음

을 보일 수 있다. 실제로 $v_1, v_2 \in T_pS$이고 $\langle v_i, v_j \rangle = \delta_{ij}$, $i, j = 1, 2$라 할 때, 정규직교인 주벡터 w_1과 w_2을 이용하여 v_1과 v_2를

$$v_1 = \cos\theta w_1 + \sin\theta_2,$$
$$v_2 = \cos\left(\theta + \frac{\pi}{2}\right)w_1 + \sin\left(\theta + \frac{\pi}{2}\right)w_2 = -\sin\theta w_1 + \cos\theta w_2$$

로 표현할 수 있다. 따라서

$$\begin{aligned}\langle d\boldsymbol{N}_p(v_1), v_2 \rangle &= \langle d\boldsymbol{N}_p(\cos\theta w_1 + \sin\theta w_2), -\sin\theta w_1 + \cos\theta w_2 \rangle \\ &= \langle k_1(p)\cos\theta w_1 + k_2(p)\sin\theta w_2, -\sin\theta w_1 + \cos\theta w_2 \rangle \\ &= (-k_1(p) + k_2(p))\cos\theta\sin\theta,\ k_1(p) = k_2(p) \\ &= 0\end{aligned}$$

이다.

다음 정리는 타원점, 쌍곡점, 포물점, 평면점을 완벽하게 결정할 수 있는 필요충분조건을 말해주는 아주 중요한 정리이다.

정리 5.3.5

정칙곡면 S의 점 p에 대하여 다음이 성립한다.

(1) $K(p) > 0$일 때, p에서 점근방향이 존재하지 않는다.

(2) $K(p) < 0$일 때, p에서 정확하게 두 개의 점근방향 v_1, v_2가 존재한다. 이때 θ를 v_1과 주벡터 w_1과의 사이의 각이라 하면

$$\tan^2\theta = -\frac{k_1(p)}{k_2(p)}$$

이 성립한다. 따라서 두 점근방향 v_1과 v_2 사이의 한 각이 2θ이고 주벡터 w_1이 두 점근방향 사이의 각을 이등분한다.

(3) $K(p) = 0$이고 p가 평면점일 때, p에서 모든 접벡터 방향이 점근방향이다.

(4) $K(p) = 0$이고 p가 포물점일 때, p에서 점근방향이 하나만 존재하고, 이 방향은 동시에 주방향이기도 하다.

증명 (1) $K(p) > 0$이면 p는 타원점이다. 타원점에서 점근방향이 나타날 수 없음은 오일러 공식을 이용하여 앞에서 이미 보였다.

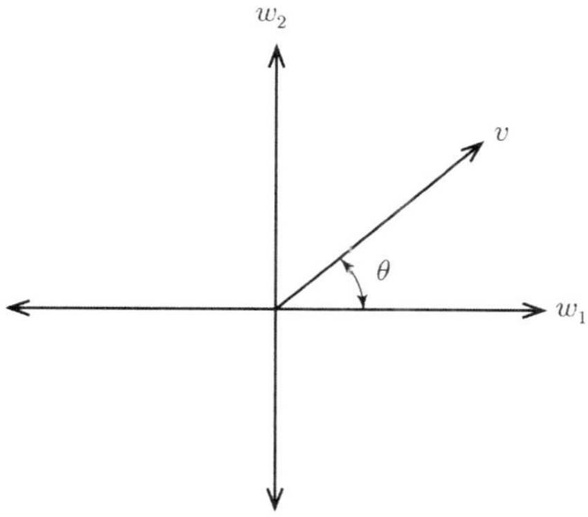

[그림 5.14]

(2) $K(p) < 0$이면 두 주곡률 $k_1(p)$와 $k_2(p)$의 부호가 서로 다르다. 이때 만약 $v \in T_pS$가 점근방향이고 v와 w_1의 사이의 각이 θ라면 θ가 오일러 공식

$$0 = \kappa_n(p, v) = k_1(p)\cos^2\theta + k_2(p)\sin^2\theta$$

에 의해

$$\tan^2\theta = -\frac{k_1(p)}{k_2(p)} > 0$$

을 만족해야 한다([그림 5.14]).

한편 탄젠트 함수는 열린구간 $\left(-\frac{\pi}{2}, \frac{\pi}{2}\right)$에서 실수 전체로 가는 전단사 함수이므로 $\tan^2\theta = -\frac{k_1(p)}{k_2(p)} > 0$를 만족하는 θ가 정확하게 두 개 θ_1, θ_2로 존재한다. 따라서

$$v_1 = \cos\theta_1 w_1 + \sin\theta_1 w_2, \quad v_2 = \cos\theta_2 w_1 + \sin\theta_2 w_2$$

라 놓으면 v_1과 v_2는 p에서 두 점근방향이 된다.

(3) 이 경우에는 $k_1(p) = k_2(p) = 0$이므로 모든 $v \in T_pS$에 대하여 $\kappa_n(p, v) = 0$이다. 즉 모든 접벡터 방향이 점근방향이다.

(4) 일반성을 잃지 않고 $k_2(p) = 0$이라 하자. 이때 $v \in T_pS$가 점근방향이라면

$$\kappa_n(p, v) = k_1(p)\cos^2\theta = 0$$

을 만족한다. 즉 $\theta = \frac{\pi}{2}$이거나 $\theta = \frac{3\pi}{2}$이고 그 역도 성립한다. 한편 v과

w_1 사이의 각 θ가 $\frac{\pi}{2}$ 또는 $\frac{3\pi}{2}$일 때 v는 주벡터 방향 w_2와 평행하다. 따라서 점근방향은 유일하고 동시에 주방향에 해당한다. ✣

예제 5.3.6 $z = x^2 - y^2$으로 주어지는 쌍곡포물면 S의 가우스곡률은 5.4절의 공식에 의해

$$K(x, y) = -\frac{4}{(1+4x^2+4y^2)^2} < 0$$

이다. 따라서 S의 모든 점에서 두 개의 점근방향이 존재한다. ◆

따름정리 5.3.7

극소인 정칙곡면 S의 가우스곡률이 항상 음수일 때, S의 모든 점은 항상 서로 수직인 두 점근방향을 가진다.

증명 가정에 의해 S의 임의의 점 p에서 평균곡률

$$H(p) = \frac{1}{2}(k_1(p) + k_2(p)) = 0$$

이므로 $k_1(p) = -k_2(p) \neq 0$이 성립한다. 따라서 **정리 5.3.5** (2)에 의해

$$\tan^2\theta = -\frac{k_1(p)}{k_2(p)} = 1$$

을 만족하는 해 $\theta = \frac{\pi}{4}, \frac{3\pi}{4}$에 해당하는 두 점근방향 v_1, v_2가 존재하고 v_1과 v_2 사이의 각은 $\frac{\pi}{2}$이다([그림 5.15]). ✣

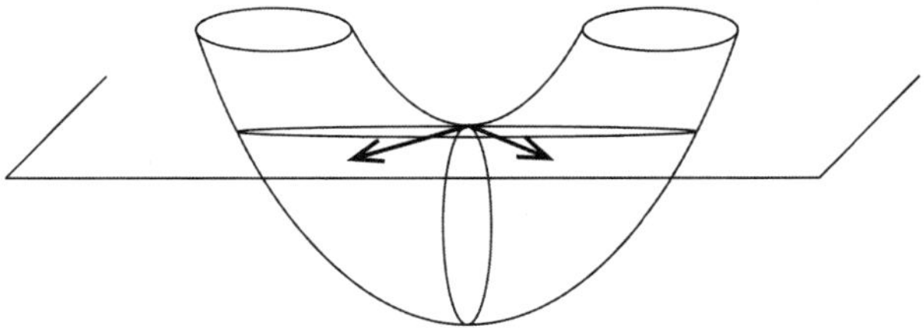

[그림 5.15]

예제 5.3.8 좌표조각함수

$$\mathbf{x}(u,v) = (v\cos u, v\sin u, au), \quad 0 < u < 2\pi, \; -\infty < v < \infty$$

로 주어지는 나선면의 가우스곡률은 5.4절의 공식에 의해

$$-\frac{1}{a^2} \le K(u,v) = -\frac{a^2}{(v^2+a^2)^2} < 0$$

이고 평균곡률은 $H \equiv 0$이다. 따라서 **따름정리** 5.3.7에 의해 모든 점 p에서 서로 수직인 점근방향이 존재한다. 실제로 u-매개변수곡선과 v-매개변수곡선은 서로 수직이고

$$\langle \boldsymbol{N}, \mathbf{x}_{uu} \rangle = \left\langle \frac{(-a\sin u, a\cos u, -v)}{\sqrt{v^2+a^2}}, (-v\cos u, -v\sin u, 0) \right\rangle = 0,$$

$$\langle \boldsymbol{N}, \mathbf{x}_{vv} \rangle = \left\langle \frac{(-a\sin u, a\cos u, -v)}{\sqrt{v^2+a^2}}, (0,0,0) \right\rangle = 0$$

이므로

$$\kappa_n(p, \mathbf{x}_u(p)) = \kappa_n(p, \mathbf{x}_v(p)) = 0$$

이다. 즉 u-매개변수곡선과 v-매개변수곡선이 수직인 두 점근곡선이다. ◆

예제 5.3.9 정칙곡면 S의 한 점 p에서 평균곡률 $H(p)=0$이고 가우스곡률 $K(p)<0$이면, **따름정리** 5.3.7의 증명에 의해 p에서 정확하게 두 개의 수직인 점근방향이 존재한다. 예를 들어 yz-평면에 있는 원 $(y-2r)^2+z^2=r^2$를 z-축으로 회전하여 얻은 토러스 T^2의 점 $p=(0,r,0)$에서 두 주곡률은 $-\frac{1}{r}, \frac{1}{r}$이므로 $H(p)=0$이고 $K(p) = -\frac{1}{r^2} < 0$이다. 따라서 p에서 서로 수직인 점근방향이 존재한다. ◆

다음은 선직면의 모선(ruling)에 관한 중요한 사실을 말해준다.

정리 5.3.10

좌표조각함수

$$\mathbf{x}(u,v) = \alpha(u) + v\delta(v), \quad (u,v) \in U$$

로 주어지는 선직면 S에 관해 다음이 성립한다.

(1) 각각의 모선 $\mathbf{x}(u_0, v)$는 점근곡선이다. 따라서 S의 가우스곡률은 $K \le 0$이다.

(2) 가우스곡률 K가 $K \equiv 0$을 만족할 필요충분조건은 각각의 모선 $\mathbf{x}(u_0, v)$이 주곡률 0을 가진 주곡률곡선인 것이다.

증명 (1) 각각의 u_0에 대하여, 모선 $\beta(v) := \mathbf{x}(u_0, v)$은 직선이므로 $\beta''(v) = 0$이다. 따라서 $\langle \boldsymbol{N}, \beta''(v) \rangle = 0$이므로 $\kappa_n(\beta(v), \beta'(v)) = 0$이다. 즉 $\beta(v)$는 점근곡선이다.

또한 선직면의 정의에 의해 S의 임의의 점 p를 통과하는 모선이 항상 존재한다. 한편 모선은 점근곡선이고 정리 5.3.5에 의해 점 p를 통과하는 점근곡선이 존재하는 경우에는 항상 가우스곡률 $K(p)$가 양이 아니다. p는 S의 임의의 점이므로 가우스곡률 K는 $K \leq 0$을 만족한다.

(2) ($\Leftarrow$) 가정에 의해 각각의 모선은 주곡률이 0인 주곡률곡선이다. 따라서 각각의 모선을 따라 가우스곡률은 항상 0이다. 한편 선직면의 임의점을 통과하는 모선이 존재한다. 따라서 선직면의 임의의 점에서 가우스곡률은 0이다.

($\Rightarrow$) 각각의 u_0에 대하여, 모선 $\mathbf{x}(u_0, v)$를 $\beta(v) = \mathbf{x}(u_0, v)$라 놓자. 가정에 의해

$$K(\beta(v)) = k_1(\beta(v))k_2(\beta(v)) = 0$$

이므로 $k_1(\beta(v)) = 0$이거나 $k_2(\beta(v)) = 0$이다. 이때 증명을 다음 세 가지 경우로 나누어 한다.

(i) $k_1(\beta(v)) = 0$이고 $k_2(\beta(v)) = 0$인 경우;

$\beta(v)$에서 모든 접벡터 방향이 주방향이다. 따라서 $\beta(v)$에서 모선 β의 접선방향도 주곡률이 0인 주방향이 된다.

(ii) $k_1(\beta(v)) = 0$이고 $k_2(\beta(v)) \neq 0$인 경우;

정리 5.3.5에 의해 점 $\beta(v)$에서 유일한 점근방향이 존재한다. 한편 이 점근방향은 항상 주방향이다. $\beta(v)$를 통과하는 모선 β의 접선방향도 점근방향이므로 β의 접선방향이 주방향이다. 또한 주방향인 모선의 접선방향의 주곡률은 법곡률과 같은 0이다.

(iii) $k_1(\beta(v)) \neq 0$이고 $k_2(\beta(v)) = 0$인 경우;

(ii)와 비슷한 방법으로, $\beta(v)$에서 β의 접선방향이 주곡률이 0인 주방향이다.

위의 (i), (ii), (iii)에 의해, $\beta(v)$에서 β의 접선방향이 주곡률이 0인 주방향이다. 한편 임의의 v에 대하여 위의 (i), (ii), (iii)이 성립하므로 β는 주곡률

이 0인 주곡률곡선이 됨을 알 수 있다. ✤

α를 C를 나타내는 정칙인 매개함수라 할 때, C가 정칙곡면의 점근곡선일 필요충분조건은 $\langle \boldsymbol{N}(t), \alpha''(t) \rangle = 0$임을 알았다. 한편 $\alpha''(t)$가 $\boldsymbol{N}(t)$에 평행할 때, C를 **측지곡선** 또는 **측지선(geodesic)**이라 한다. 측지곡선은 국소적으로는 임의의 두 점 사이에 최단거리를 주는 곡선이지만 대역적으로는 최단거리를 주지 못한다.

보조정리 5.3.11

방향성 $\boldsymbol{N}$을 가진 정칙곡면의 매개함수 α가 측지곡선 C를 나타낼 때, $\|\alpha'(t)\|$는 항상 상수함수이다.

증명 가정에 의해 $\alpha''(t)$가 α를 따른 가우스사상 $\boldsymbol{N}(\alpha(t))$에 평행하므로

$$\frac{d}{dt}\|\alpha'(t)\|^2 = 2\langle \alpha''(t), \alpha'(t) \rangle = 0$$

이다. 따라서 $\|\alpha'(t)\|$는 상수함수이다. ✤

예제 5.3.12 정칙곡면에 놓여 있는 직선 L의 매개함수 α는 $\alpha(t) = \mathrm{p}t + \mathrm{q}$의 형태로 주어지므로 $\alpha''(t) = 0$이다. 따라서 L은 항상 측지곡선이다. 예를 들어 선직면의 모선은 선직면에 포함되어 있는 직선이다. 따라서 선직면의 모선은 모두 측지곡선이다. ◆

예제 5.3.13 반지름 $r > 0$인 구면 $S^2(r)$의 대원은 대원을 나타내는 매개함수 α의 $\alpha''(t)$는 항상 $S^2(r)$의 법벡터장과 평행하다. 따라서 $S^2(r)$의 모든 대원은 측지곡선이다. ◆

예제 5.3.14 회전축이 z-축이고 반지름 $r > 0$인 원 위의 원기둥면 S의 측지곡선은 z-축에 수직인 평면과 만나는 원이거나 z-축에 평행한 수직선 또는 원형나선이다. 실제로 S의 측지곡선의 매개함수를

$$\alpha(t) = (r\cos(\theta(t)), r\sin(\theta(t)), h(t))$$

라 하면, 가정에 의해

$$\alpha''(t) = (-r\theta''\sin\theta - r(\theta')^2\cos\theta, r\theta''\cos\theta - r(\theta')^2\sin\theta, h'')$$

이 $\boldsymbol{N}(t)=(\cos\theta, \sin\theta, 0)$에 평행하다. 따라서

$$h''(t)=0, \text{ 즉 } h(t)=ct+d, \ c, d\text{는 상수}$$

이고,

$$\|\alpha'(t)\|^2 = r^2(\theta')^2+(h')^2 = \text{상수}$$

로부터 $\theta'(t)$가 상수함수가 되어야 한다. 즉 $\theta(t)=at+b$, a, b는 상수이다. 결론적으로

$$\alpha(t)=(r\cos(at+b), r\sin(at+b), ct+d)$$

이고 이것은 원기둥면의 원, 수직선 또는 원형나선을 나타낸다. ◆

5.3 ▌연습문제

1. 정칙곡면 S에 놓여 있는 정칙곡선 C가 주곡률곡선이고 측지선이면 C가 평면곡선임을 보여라.

2. 다음 물음에 답하라.

(1) 정칙곡면 S에 놓여 있는 정칙곡선 C가 평면곡선이고 측지선이면 C가 주곡률곡선임을 보여라.

(2) 연결된 정칙곡면 S에 놓여 있는 모든 측지선이 평면곡선이면 정칙곡면 S가 평면이나 구의 일부인지 판별하라.

3. 정칙곡면 S상에 있는 정칙곡선 C가 $\mathbb{R}^3$의 직선이 될 필요충분조건은 C가 곡면 S의 측지선인 동시에 점근곡선인 것을 보여라.

4. 좌표조각함수

$$\mathbf{x}:\mathbb{R}^2 \to \mathbb{R}^3, \quad \mathbf{x}(u,v)=(u, v, u^2-v^2)$$

로 주어진 정칙곡면 S의 단위속력을 갖는 점근곡선 $\alpha(s)=\mathbf{x}(u(s), v(s))$을 u, v를 이용하여 모두 찾아라.

5. 좌표조각함수

$$\mathbf{x}(u, v) = \left(\sin u \cos v, \sin u \sin v, \cos u + \ln\left(\tan\frac{u}{2}\right) + \varphi(v)\right),$$
$$0 < u < \pi, \quad 0 < v < 2\pi$$

로 주어진 정칙곡면 S의 u-매개변수곡선 $\alpha(u) = \mathbf{x}(u, v_0)$가 z-축을 포함하는 평면에 놓여 있음을 보여라. 또한 α가 주곡률곡선인지 판별하라.

6. 다음 곡선 C가 주곡률곡선, 점근곡선 또는 측지선인지 판별하라.

(1) C가 토러스상의 가장 높은 곳에 위치한 원

(2) C가 토러스의 가장 바깥쪽에 위치한 원

(3) C가 정칙곡면 $S = \{(x, y, z) \mid z = xy\}$상의 x-축

7. 다음과 같이 정의된 타원면 S상에는 적어도 세 개의 닫힌 측지선이 존재함을 보여라.

$$S = \left\{(x, y, z) \in \mathbb{R}^3 \;\middle|\; \frac{x^2}{a^2} + \frac{y^2}{b^2} + \frac{z^2}{c^2} = 1\right\}$$

8. 정칙곡면 S상의 점근곡선 α의 곡률 κ_α가 양수일 때, 다음 물음에 답하라.

(1) α의 단위종법벡터장 $\boldsymbol{B}_\alpha$가 S의 단위법벡터장 $\boldsymbol{N}$과 α를 따라 서로 평행함을 보여라.

(2) α상에서 곡면 S의 가우스곡률 $K_S(\alpha(t))$는 $-\tau_\alpha^2$임을 보여라. 단, 여기서 τ_α는 곡선 α의 비틀림률을 나타낸다.

9. 정칙곡면 S와 한 점 $p \in S$에 대하여 단위접벡터 $v, w \in T_pS$가 서로 수직일 때 평균곡률 H가 다음 등식을 만족함을 보여라.

$$H(p) = \frac{\kappa_n(v) + \kappa_n(w)}{2}$$

10. 정칙곡면 S와 한 점 $p \in S$에 대하여 평균곡률 H가 다음 등식을 만족함을 보여라.

$$H(p) = \frac{1}{2\pi}\int_0^{2\pi} \kappa_n(\theta)\, d\theta$$

단, 여기서 $\kappa_n(\theta)$는 점 p에서 고정된 한 방향과 각 θ를 이루는 방향의 법곡률을 나타낸다.

11. 정칙곡면 S와 임의의 점 $p \in S$에 대하여 $\lambda_1, \lambda_2, \cdots, \lambda_m$, $m > 2$를 p에서 한 주방향과 이루는 각이 각각 $0, \frac{2\pi}{m}, \frac{4\pi}{m}, \cdots, \frac{2\pi(m-1)}{m}$인 방향의 법곡률이라 할 때, 다음 물음에 답하라.

(1) 각각의 $i = 0, 1, 2, \cdots, m-1$에 대하여, 법곡률 λ_{i+1}은 다음과 같이 주어짐을 보여라.

$$\lambda_{i+1} = k_1(p)\cos^2\left(\frac{2\pi i}{m}\right) + k_2(p)\sin^2\left(\frac{2\pi i}{m}\right)$$

(2) 다음 등식이 성립함을 보여라.

$$H(p) = \frac{1}{m}(\lambda_1 + \lambda_2 + \cdots + \lambda_m)$$

12. 정칙곡면 S의 평균곡률 $H \equiv 0$이고 평면점이 없다고 할 때, 임의의 점 $p \in S$와 $v, w \in T_pS$에 대하여

$$\langle d\boldsymbol{N}_p(v), d\boldsymbol{N}_p(w) \rangle = -K(p)\langle v, w \rangle$$

가 성립함을 보여라.

13. 다음과 같이 주어진 정칙곡면 S와 S상의 점 $p = (0, 0, 0)$에 대하여 다음 물음에 답하라.

$$S: z = x^2 + y^3$$

(1) $v_p = (1, 0, 0)$과 $w_p = (0, 1, 0)$이 S의 점 p에서 접벡터임을 보여라.

(2) S의 가우스사상 $\boldsymbol{N}: S \to S^2$이 $\boldsymbol{N}(p) = (0, 0, -1)$를 만족할 때, $\boldsymbol{N}$의 상(image)를 구체적으로 찾아라.

(3) S의 가우스사상의 미분사상 $d\boldsymbol{N}_p : T_pS \to T_pS$를 기저 $\{v_p, w_p\}$에 관해 2×2 행렬로 나타내라.

(4) S의 점 p에서의 가우스곡률 $K(p)$와 평균곡률 $H(p)$를 구하라.

14. 다음과 같이 주어진 정칙곡면 S와 S상의 점 $p = (0, 0, 0)$에 대하여 S의 점 p에서

의 가우스곡률 $K(p)$와 평균곡률 $H(p)$를 구하라.

$$S: z = f(x,\ y),\quad f(0,\ 0) = f_x(0,\ 0) = f_y(0,\ 0) = 0$$

15. $\dfrac{x^2}{a^2} + \dfrac{y^2}{b^2} = 1\,(a,\ b > 0)$으로 주어진 정칙곡면 S에 대하여 다음 물음에 답하라.

(1) S상의 두 정칙곡선

$$\alpha_k : \mathbb{R} \to S,\quad t \mapsto (a\cos t,\ b\sin t,\ \pm t^k),\quad k \geq 2$$
$$\beta : \mathbb{R} \to S,\quad t \mapsto (a,\ 0,\ t)$$

의 접벡터 $\alpha_k{}'(0)$과 $\beta'(0)$가 서로 수직함을 보여라.

(2) α_k의 $t=0$에서의 법곡률 $\kappa_n\left(\dfrac{\alpha_k{}'(0)}{\|\alpha_k{}'(0)\|}\right)$와 β의 $t=0$에서의 법곡률 $\kappa_n\left(\dfrac{\beta'(0)}{\|\beta'(0)\|}\right)$에 대하여 다음을 계산하라.

$$\frac{1}{2}\left(\kappa_n\left(\frac{\alpha_k{}'(0)}{\|\alpha_k{}'(0)\|}\right) + \kappa_n\left(\frac{\beta'(0)}{\|\beta'(0)\|}\right)\right)$$

(3) $p = (a,\ 0,\ 0)$에 대하여 임의의 단위접벡터 $v_p \in T_pS$를

$$v_p = \cos\varphi \frac{\alpha_k{}'(0)}{\|\alpha_k{}'(0)\|} + \sin\varphi \frac{\beta'(0)}{\|\beta'(0)\|},\quad 0 \leq \varphi \leq 2\pi$$

로 표현할 때, 법곡률 $\kappa_n(\varphi) := \kappa_n(v_p)$에 대하여 다음 등식이 성립함을 확인하여라.

$$H(p) = \frac{1}{2\pi}\int_0^{2\pi} \kappa_n(\varphi)\, d\varphi$$

16. 정칙곡면 S의 임의의 점을 지나는 열린선분(open line segment)이 S상에 최소한 세 개 존재할 때, 다음 물음에 답하라.

(1) S의 임의의 점에서 최소한 세 개의 점근방향이 존재함을 보여라.

(2) S가 평면이나 또는 그 일부임을 보여라.

17. S_1과 S_2가 정칙곡면이고 C가 S_1과 S_2의 정칙인 교선일 때, S_1과 S_2가 C를 따라 일정한 각도로 만난다고 가정하자. 이때 C가 S_1의 주곡률곡선일 필요충분조건이 C가 S_2의 주곡률곡선인 것임을 보여라([그림 5.16]).

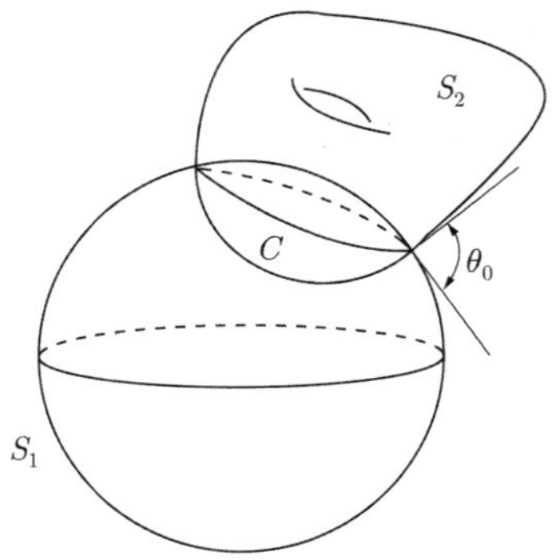

[그림 5.16]

18. xy-평면에 놓여 있는 정칙인 매개함수 $\alpha(t) = (g(t), h(t), 0)$, $h > 0$를 x-축으로 회전하여 얻은 회전곡면 S의 좌표조각함수

$$\mathbf{x}(u, v) = (g(u), h(u)\cos v, h(u)\sin v)$$

에 대하여, 다음 물음에 답하라.

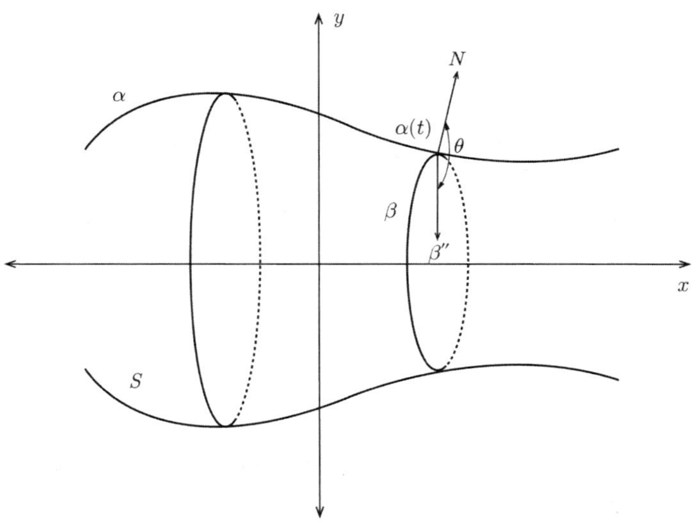

[그림 5.17]

(1) S의 단위법벡터장 $\boldsymbol{N}$을 구하라.

(2) $\alpha(t)$를 통과하는 S의 위도선 β가 측지곡선일 필요충분조건이 $\alpha'(t)$가 x-축에 평행한 것(즉 $h'(t) = 0$)임을 보여라([그림 5.17]).

5.4 ❙ 가우스곡률과 평균곡률의 공식

이 절에서는 먼저 좌표조각함수를 통해 가우스곡률과 평균곡률을 쉽게 구할 수 있는 공식을 유도한다.

이를 위해 S를 방향성 $\boldsymbol{N}$이 주어진 정칙곡면이라 할 때, S의 임의의 점 p에 대하여 $(\mathbf{x}, U)$를 $p \in \mathbf{x}(U)$을 만족하고 $\boldsymbol{N}$과 방향성이 일치하는 좌표조각함수라 하자. 따라서 방향성 $\boldsymbol{N}$은 $\mathbf{x}(U)$에서

$$\boldsymbol{N} = \frac{\mathbf{x}_u \times \mathbf{x}_v}{\|\mathbf{x}_u \times \mathbf{x}_v\|}$$

를 만족한다.

이때 $\alpha(t) = \mathbf{x}(u(t), v(t))$는

$$\alpha'(t) = u'(t)\mathbf{x}_u + v'(t)\mathbf{x}_v$$

이므로

$$\begin{aligned} d\boldsymbol{N}(\alpha'(t)) &= d\boldsymbol{N}(u'(t)\mathbf{x}_u + v'(t)\mathbf{x}_v) = u'(t)d\boldsymbol{N}(\mathbf{x}_u) + v'(t)d\boldsymbol{N}(\mathbf{x}_v) \\ &= u'(t)\boldsymbol{N}_u + v'(t)\boldsymbol{N}_v \end{aligned}$$

가 성립한다. 한편 $\boldsymbol{N}_u, \boldsymbol{N}_v \in T_{\alpha(t)}S$이므로

$$\begin{aligned} \boldsymbol{N}_u &= a_{11}\mathbf{x}_u + a_{21}\mathbf{x}_v, \\ \boldsymbol{N}_v &= a_{12}\mathbf{x}_u + a_{22}\mathbf{x}_v \end{aligned}$$

를 만족하는 t에 의존하는 실숫값을 갖는 함수 $a_{11}, a_{21}, a_{12}, a_{22}$가 존재한다. 다시 말해서 $d\boldsymbol{N}$을 $T_{\alpha(t)}S$의 기저 $\{\mathbf{x}_u, \mathbf{x}_v\}$에 관해서

$$d\boldsymbol{N}\begin{pmatrix} u' \\ v' \end{pmatrix} = \begin{pmatrix} a_{11} & a_{12} \\ a_{21} & a_{22} \end{pmatrix}\begin{pmatrix} u' \\ v' \end{pmatrix}$$

로 표현할 수 있다. 따라서 S의 가우스곡률 K는

$$K = \det(d\boldsymbol{N}) = a_{11}a_{22} - a_{12}a_{21}$$

이다.

또한 제1기본형식의 계수 E, F, G와 제2기본형식의 계수 e, f, g를 이용하여

$$
\begin{aligned}
-e &= \langle \mathbf{x}_u, \boldsymbol{N}_u \rangle = a_{11}E + a_{21}F, \\
-f &= \langle \mathbf{x}_u, \boldsymbol{N}_v \rangle = a_{11}F + a_{21}G = a_{12}E + a_{22}F, \\
-g &= \langle \mathbf{x}_v, \boldsymbol{N}_v \rangle = a_{12}F + a_{22}G
\end{aligned}
$$

의 관계식을 얻을 수 있고, 이로부터

$$
-\begin{pmatrix} e & f \\ f & g \end{pmatrix} = \begin{pmatrix} a_{11} & a_{21} \\ a_{12} & a_{22} \end{pmatrix} \begin{pmatrix} E & F \\ F & G \end{pmatrix}
$$

가 성립함을 알 수 있다. 즉

$$
\begin{aligned}
\begin{pmatrix} a_{11} & a_{12} \\ a_{21} & a_{22} \end{pmatrix}^T &= -\begin{pmatrix} e & f \\ f & g \end{pmatrix} \begin{pmatrix} E & F \\ F & G \end{pmatrix}^{-1} \\
&= -\begin{pmatrix} e & f \\ f & g \end{pmatrix} \frac{1}{EG - F^2} \begin{pmatrix} G & -F \\ -F & E \end{pmatrix} \\
&= -\frac{1}{EG - F^2} \begin{pmatrix} eG - fF & -eF + fE \\ fG - gF & -fF + gE \end{pmatrix}
\end{aligned}
$$

를 얻는다. 일반적으로 $\{\mathbf{x}_u, \mathbf{x}_v\}$가 정규직교기저가 아니므로 2×2 행렬 $\begin{pmatrix} a_{11} & a_{12} \\ a_{21} & a_{22} \end{pmatrix}$는 대칭행렬(symmetric matrix)이 아니다.

위의 마지막 식을 이용하여 다음 **보조정리** 5.4.1과 5.4.2를 쉽게 증명할 수 있다.

보조정리 5.4.1

(1) $F = 0$일 때,

$$
a_{11} = -\frac{e}{E},\ a_{12} = -\frac{f}{E},\ a_{21} = -\frac{f}{G},\ a_{22} = -\frac{g}{G}
$$

이다. 따라서 기저 $\{\mathbf{x}_u, \mathbf{x}_v\}$에 관해 $d\boldsymbol{N}$은

$$
d\boldsymbol{N} = \begin{pmatrix} -\frac{e}{E} & -\frac{f}{E} \\ -\frac{f}{G} & -\frac{g}{G} \end{pmatrix}
$$

로 주어진다.

(2) $F = f = 0$일 때, 기저 $\{\mathbf{x}_u, \mathbf{x}_v\}$에 관해 $d\boldsymbol{N}$은

$$dN = \begin{pmatrix} -\dfrac{e}{E} & 0 \\ 0 & -\dfrac{g}{G} \end{pmatrix}$$

로 주어진다. 따라서 이 경우에는 u-매개변수곡선과 v-매개변수곡선이 각각 주곡률 $\dfrac{e}{E}$와 $\dfrac{g}{G}$를 가진 주곡률곡선이다.

보조정리 5.4.2

(1) $K = \det(a_{ij}) = \dfrac{eg - f^2}{EG - F^2}$

(2) $H = -\dfrac{1}{2}(a_{11} + a_{22}) = \dfrac{eG - 2fF + gE}{2(EG - F^2)}$

보조정리 5.4.3

(1) k_1과 k_2를 주곡률이라 할 때, 다음 관계식이 성립한다.

$$k_i = H \pm \sqrt{H^2 - K}, \quad i = 1, 2$$

(2) 주곡률 k는 $H^2 = K$를 만족하는 점(즉 배꼽점) 이외에서 항상 미분가능이다.

증명 (1) $K = k_1 k_2$이고 $H = \dfrac{1}{2}(k_1 + k_2)$이므로

$$K = k_i(2H - k_i), \ i = 1, 2, \ \text{즉} \ k_i^2 - 2Hk_i + K = 0$$

이다. 따라서 위의 이차방정식의 해를 구하면 k_i가 위의 식으로 주어진다.

(2) 위의 (1)에서 주곡률 k는

$$k = H \pm \sqrt{H^2 - K}$$

를 만족한다. 따라서 $H^2 = K$를 만족하는 점 이외에서는 항상 미분가능이다. ✣

예제 5.4.4 좌표조각함수

$$\mathbf{x}(u,v)=((a+r\cos u)\cos v,\ (a+r\cos u)\sin v,\ r\sin u),\ 0<u,v<2\pi$$

로 주어진 토러스의 가우스곡률 K와 평균곡률 H를 구해보자. 실제로

$$E=r^2,\quad F=0,\quad G=(a+r\cos u)^2,\quad e=r,\quad f=0,\quad g=\cos u(a+r\cos u)$$

이므로

$$K=\frac{eg-f^2}{EG-F^2}=\frac{\cos u}{r(a+r\cos u)},\quad 0<u<2\pi$$

이고

$$H=\frac{eG-2fF+gE}{2(EG-F^2)}=\frac{a+2r\cos u}{2r(a+r\cos u)},\ 0<u<2\pi$$

이다.

$0<u,v<2\pi$ 범위에서 계산된 K와 H의 공식은 $0\le u,v\le 2\pi$의 범위에서도 성립함을 알 수 있다. 따라서 가우스곡률 K는 다음을 만족한다([그림 5.18]).

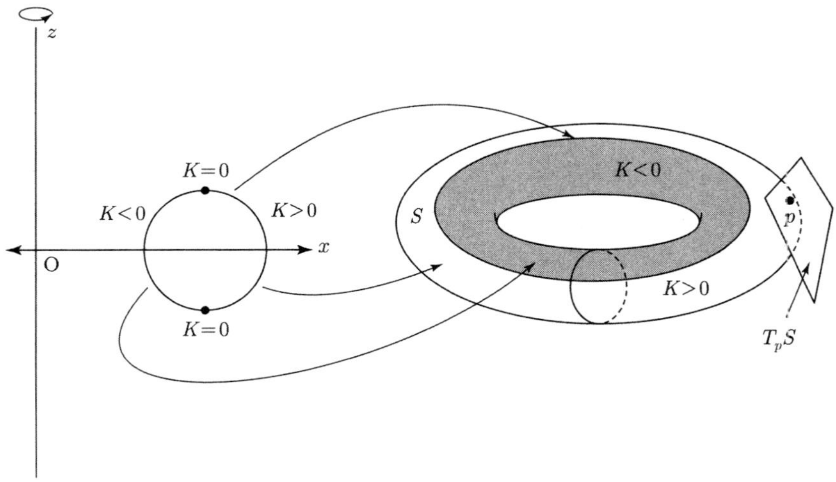

[그림 5.18]

(i) $K(p)=0 \Leftrightarrow u=\frac{\pi}{2}$ 또는 $\frac{3\pi}{2} \Leftrightarrow p$가 포물점

(ii) $K(p)>0 \Leftrightarrow 0<u<\frac{\pi}{2}$ 또는 $\frac{3\pi}{2}<u<2\pi \Leftrightarrow p$가 타원점

(iii) $K(p) < 0 \Leftrightarrow \dfrac{\pi}{2} < u < \dfrac{3\pi}{2} \Leftrightarrow p$가 쌍곡점 ◆

예제 5.4.5 좌표조각함수

$$\mathbf{x}(u,v) = (\varphi(v)\cos u, \varphi(v)\sin u, \psi(v)),\ \varphi > 0,\ \psi' \neq 0,\ 0 < u < 2\pi,\ a < v < b$$

로 주어지는 회전곡면의 가우스곡률을 구해보자. 실제로

$$E = \varphi(v)^2,\ F = 0,\ G = (\varphi')^2 + (\psi')^2$$

이다.

특히 v가 단위속력변수라 하면 $G = 1$이다. 따라서 이 경우에는

$$e = -\varphi\psi',\ f = 0,\ g = \psi'\varphi'' - \psi''\varphi'$$

이므로 $F = f = 0$이므로 **보조정리 5.4.1**에 의해 u-매개변수곡선과 v-매개변수곡선은 모두 주곡률곡선이다.

또한

$$K = \frac{eg - f^2}{EG - F^2} = -\frac{\psi'(\psi'\varphi'' - \psi''\varphi')}{\varphi}$$

이다. 따라서 위 회전곡면의 포물점은 모두 $\psi' = 0$이거나 $\varphi'\psi'' - \psi'\varphi'' = 0$을 만족하는 점에 의해 주어진다. 특히 $\varphi'\psi'' - \psi'\varphi'' = 0$을 만족하는 점은 바로 정칙곡선의 매개함수 $\alpha(v) = (\varphi(v), \psi(v))$의 곡률 κ_α가

$$\kappa_\alpha(v) = \frac{\|\alpha'(v) \times \alpha''(v)\|}{\|\alpha'(v)\|^3} = |\varphi'\psi'' - \psi'\varphi''| = 0$$

인 점이다.

사실 $(\varphi')^2 + (\psi')^2 = 1$인 조건을 이용하여 위의 가우스곡률의 식을 더 간단히 할 수 있다. 즉

$$0 = ((\varphi')^2 + (\psi')^2)' = 2\varphi'\varphi'' + 2\psi'\psi''$$

을 이용하여

$$K = -\frac{(\psi')^2\varphi'' - \psi''\varphi'\psi'}{\varphi} = -\frac{(\psi')^2\varphi'' + (\varphi')^2\varphi''}{\varphi} = -\frac{\varphi''}{\varphi},\ \text{즉}\ \varphi'' + K\varphi = 0$$

을 얻을 수 있다. 이로부터 K가 상수가 될 필요충분조건은 다음과 같다.

$$\varphi(v)=\begin{cases} c_1\cos(\sqrt{K}v)+c_2\sin(\sqrt{K}v), & K>0, \\ c_1e^{\sqrt{-K}v}+c_2e^{-\sqrt{-K}v}, & K<0, \\ c_1v+c_2, & K=0 \end{cases}$$

여기서 c_1과 c_2는 실수의 상수를 나타낸다.

(i) $K=1$일 때, $\varphi(v)=C\cos v$로 택하면 $(\varphi')^2+(\psi')^2=1$로부터

$$\psi(v)=\int_0^v\sqrt{1-(\varphi')^2}\,dv=\int_0^v\sqrt{1-C^2\sin^2 v}\,dv$$

로 주어진다. C의 범위 즉, $0<C<1,\ C=1,\ C>1$에 따라서 생성곡선의 모양이 타원과 원 등으로 다르게 나타난다.

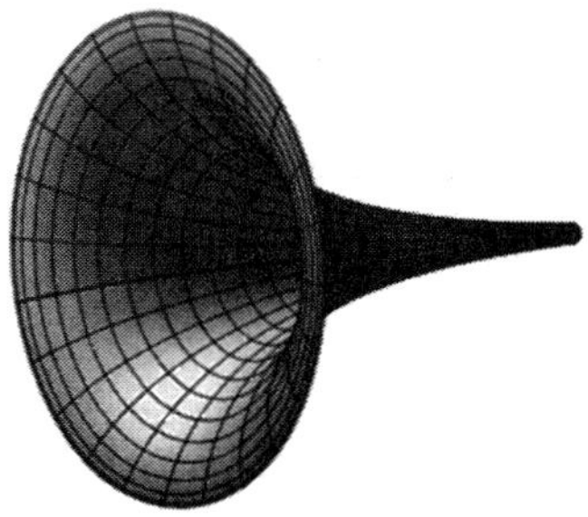

[그림 5.19] 의구 $\mathbf{x}(u,v)=(\mathrm{sech}v\cos u, \mathrm{sech}v\sin u, v-\tanh v),\ 0\le v\le 4, 0\le u\le 2\pi$

(ii) $K=-1$일 때, $\varphi(v)=C\cosh v$로 택하면 위와 같이

$$\psi(v)=\int_0^v\sqrt{1-(\varphi')^2}\,dv=\int_0^v\sqrt{1-C^2\sinh^2 v}\,dv$$

로 주어진다. 한편 φ를 $\varphi(v)=C\sinh v$ 또는 $\varphi(v)=Ce^v$ 또는 $\varphi(v)=Ce^{-v}$로 택할 수도 있다. 이 경우에는 ψ가 각각

$$\psi(v)=\int_0^v\sqrt{1-(\varphi')^2}\,dv=\int_0^v\sqrt{1-C^2\cosh^2 v}\,dv,$$

$$\psi(v)=\int_0^v\sqrt{1-C^2e^{2v}}\,dv,$$

$$\psi(v)=\int_0^v\sqrt{1-C^2e^{-2v}}\,dv$$

가 된다. 이때, 정칙곡면 S을 **의구**(pseudosphere)라 한다([그림 5.19]). ◆

예제 5.4.6 S를 $z=f(x,y)$로 주어진 정칙곡면이라 할 때, S는 몽주 좌표조각함수

$$\mathbf{x}(u,v)=(u,v,f(u,v))$$

로 주어진다. 이때 S의 방향성 $\boldsymbol{N}$은

$$\boldsymbol{N}(u,v)=\frac{(-f_u,-f_v,1)}{\sqrt{1+f_u^2+f_v^2}}$$

로 주어진다. 따라서

$$E=1+f_u^2,\quad F=f_uf_v,\quad G=1+f_v^2$$

$$e=\frac{f_{uu}}{\sqrt{1+f_u^2+f_v^2}},\quad f=\frac{f_{uv}}{\sqrt{1+f_u^2+f_v^2}},\quad g=\frac{f_{vv}}{\sqrt{1+f_u^2+f_v^2}}$$

를 얻을 수 있다. 이로부터

$$K=\frac{f_{uu}f_{vv}-f_{uv}^2}{(1+f_u^2+f_v^2)^2}$$

이고

$$H=\frac{(1+f_u^2)f_{uu}-2f_uf_vf_{uv}+(1+f_v^2)f_{vv}}{2(1+f_u^2+f_v^2)^{3/2}}$$

가 된다. ◆

일반적으로 타원점과 쌍곡점에 관해 다음 정리가 성립한다.

정리 5.4.7

정칙곡면 S와 점 $p\in S$에 대하여 다음이 성립한다.

(1) 만약 p가 타원점이면 모든 점이 접평면 T_pS의 한쪽에만 존재하는 p의 적당한 열린근방 $V\subset S$가 존재하고, 그 역도 성립한다.

(2) 만약 p가 쌍곡점이면 p의 임의의 열린근방 $V\subset S$에는 접평면 T_pS의 양쪽에 각각 존재하는 두 점이 있고, 그 역도 성립한다.

증명 증명을 간단히 하기 위해, $(\mathbf{x}, U)$를 $\mathbf{x}(0,0)=p$를 만족하는 p 근방의 좌표조

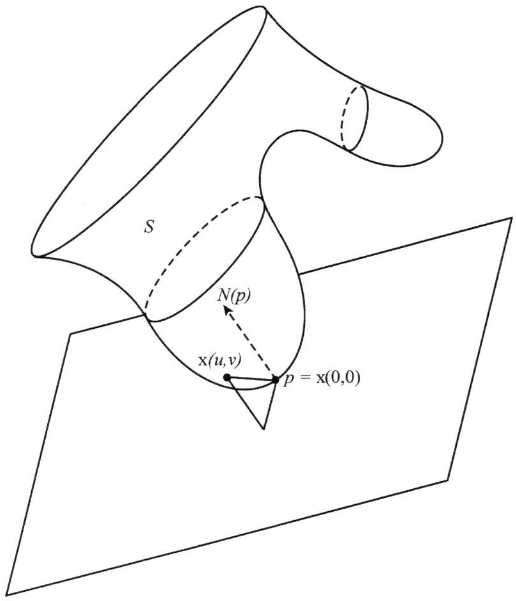

[그림 5.20]

각함수라 하자. 이때

$$f(u,v) := \langle \mathbf{x}(u,v) - \mathbf{x}(0,0), \boldsymbol{N}(p) \rangle$$

라 놓자([그림 5.20]). 한편 $\mathbf{x}$는 미분가능이므로 테일러 정리에 의해

$$\begin{aligned}\mathbf{x}(u,v) &= \mathbf{x}(0,0) + \mathbf{x}_u(0,0)\cdot u + \mathbf{x}_v(0,0)\cdot v \\ &\quad + \frac{1}{2!}(\mathbf{x}_{uu}(0,0)\cdot u^2 + 2\mathbf{x}_{uv}(0,0)\cdot uv + \mathbf{x}_{vv}(0,0)\cdot v^2) \\ &\quad + R_2(u,v), \quad \lim_{(u,v)\to(0,0)} \frac{R_2(u,v)}{u^2+v^2} = 0\end{aligned}$$

이 성립한다. 따라서

$$\begin{aligned}f(u,v) &= \langle \mathbf{x}_u(0,0)\cdot u + \mathbf{x}_v(0,0)\cdot v \\ &\quad + \frac{1}{2!}(\mathbf{x}_{uu}(0,0)\cdot u^2 + 2\mathbf{x}_{uv}(0,0)\cdot uv + \mathbf{x}_{vv}(0,0)\cdot v^2) \\ &\quad + R_2(u,v), \boldsymbol{N}(p)\rangle \\ &= \frac{1}{2!}(\langle \mathbf{x}_{uu}(0,0), \boldsymbol{N}(p)\rangle u^2 + 2\langle \mathbf{x}_{uv}(0,0), \boldsymbol{N}(p)\rangle uv \\ &\quad + \langle \mathbf{x}_{vv}(0,0), \boldsymbol{N}(p)\rangle v^2) + \langle R_2(u,v), \boldsymbol{N}(p)\rangle\end{aligned}$$

$$= \frac{1}{2}(e(p)u^2 + 2f(p)uv + g(p)v^2) + \langle R_2(u,v), \boldsymbol{N}(p) \rangle$$

$$= \frac{1}{2}II_p(w) + \langle R_2(u,v), \boldsymbol{N}(p) \rangle, \quad w = u\mathbf{x}_u(0,0) + v\mathbf{x}_v(0,0)$$

이고, $e(p) \neq 0$인 경우에

$$\begin{aligned} & e(p)u^2 + 2f(p)uv + g(p)v^2 \\ &= e(p)(u^2 + \frac{2f(p)}{e(p)}vu) + g(p)v^2 \\ &= e(p)\left(u + \frac{f(p)v}{e(p)}\right)^2 + \frac{(e(p)g(p) - f^2(p))v^2}{e(p)} \end{aligned}$$

이 성립한다.

(1) 만약 p가 타원점이면 $e(p)g(p) - f^2(p) > 0$이다. 따라서 $II_p(w)$는 충분히 작은 모든 $w \in T_pS$에 대하여 같은 부호를 가지고 있다. 즉 p의 적당한 근방 V에서 f는 항상 양수이거나 음수이다.
한편 θ를 $\mathbf{x}(u,v) - p$와 $\boldsymbol{N}(p)$ 사이의 각이라 할 때,

$$f(u,v) = \|\mathbf{x}(u,v) - p\| \, \|\boldsymbol{N}(p)\| \cos\theta$$

이므로 V의 모든 점에서 $\cos\theta > 0$이거나 $\cos\theta < 0$이다. 따라서 θ는 항상 $-\frac{\pi}{2} < \theta < \frac{\pi}{2}$이거나 $\frac{\pi}{2} < \theta < \frac{3\pi}{2}$이다. 즉 V의 모든 점에서 $\mathbf{x}(u,v) - p$는 접평면 T_pS의 한쪽 면에만 있다.

(2) 쌍곡점의 관한 증명은 타원점의 경우와 비슷하여 생략한다. ❖

포물점과 평면점은 **정리 5.4.7**과 같은 사실이 성립하지 않음을 다양한 예를 통해 확인할 수 있다. 실제로

$$z = (x^2 + y^2)^2, \ \mathbf{x}(u,v) = (u, v, u^3 - 3uv^2)$$

로 주어진 정칙곡면을 각각 S_1과 S_2라 할 때, $p = (0,0,0)$는 S_1과 S_2에서 모두 평면점이다. 하지만 S_1의 경우에는 p 근방에서 모든 점이 T_pS_1의 한쪽 면에만 있는 반면, S_2는 p 근방에서 T_pS_2의 양쪽 면에 있는 점들이 있다. 포물점의 경우에도 비슷한 예를 쉽게 찾을 수 있다(예를 들어 원기둥면과 원기둥면의 반쪽씩을 수직선을 따라 붙여 만든 정칙곡면 등, [그림 5.21] 참고).

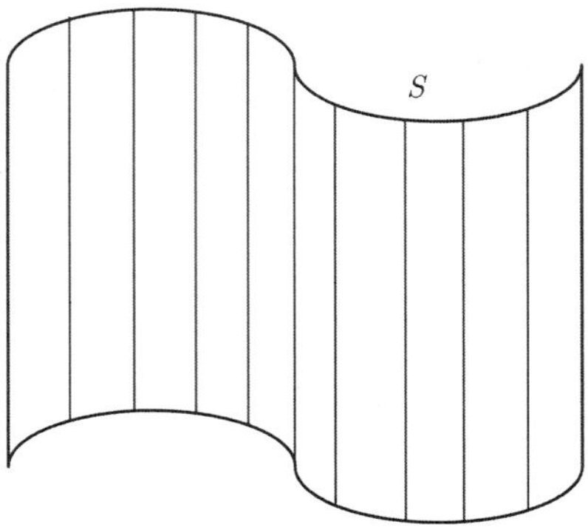

[그림 5.21]

보조정리 5.4.1에서 u-매개변수곡선과 v-매개변수곡선이 주곡률곡선이 될 필요충분조건을 알아보았다. 마찬가지로 쌍곡점 근방에서 u-매개변수곡선과 v-매개변수곡선이 점근곡선이 될 필요충분조건을 제2기본형식의 계수를 이용하여 찾을 수 있다.

보조정리 5.4.8

p가 정칙곡면의 쌍곡점(즉 $e(p)g(p)-f^2(p)<0$)이고 $(\mathbf{x}, U)$를 p 근방의 좌표조각함수라 할 때, $\mathbf{x}(U)$에서 $eg-f^2<0$이라 가정하자. 이때 u-매개변수곡선과 v-매개변수곡선만이 점근곡선이 될 필요충분조건은

$$e \equiv g \equiv 0$$

인 것이다.

증명 $(\Rightarrow)$ $\alpha(t)=\mathbf{x}(u(t), v(t))$라 할 때, $\alpha'(t)=u'\mathbf{x}_u+v'\mathbf{x}_v$이고

$$II(\alpha'(t))=e(u')^2+2fu'v'+g(v')^2$$

이다. 따라서 u-매개변수곡선이 점근곡선이라면 $v'\equiv 0$이므로

$$0\equiv II(\alpha'(t))=e(u')^2$$

이다. 한편 u-매개변수곡선은 정칙곡선이므로 $u'\neq 0$이고, 따라서 $e\equiv 0$이다. 비슷한 방법으로, v-매개변수곡선이 점근곡선이라면 $g\equiv 0$임을 알 수 있다.

$(\Leftarrow)$ 반대로 $e\equiv 0$이고 $g\equiv 0$이라 가정하자. 그러면

$$II(\alpha'(t))=2fu'v'$$

이므로 u-매개변수곡선과 v-매개변수곡선은 항상 점근곡선이 된다. 한편 가정에 의해 p의 근방 $\mathbf{x}(U)$의 모든 점이 쌍곡점이므로 $\mathbf{x}(U)$의 각각의 점에서 정확하게 두 방향의 점근방향만이 존재한다. 따라서 u-매개변수곡선과 v-매개변수곡선만이 점근곡선이 된다. ✣

보조정리 5.4.9

$(\mathbf{x}, U)$를 정칙곡면 S의 좌표조각함수라 할 때, $\alpha(t)=\mathbf{x}(u(t), v(t))$가 주곡률곡선일 필요충분조건은

$$\begin{aligned} 0 &= \begin{vmatrix} (v')^2 & -u'v' & (u')^2 \\ E & F & G \\ e & f & g \end{vmatrix} \\ &= (fE-eF)(u')^2+(gE-eG)u'v'+(gF-fG)(v')^2 \end{aligned}$$

이다.

증명 만약 $\alpha(t)$가 주곡률곡선이면

$$\begin{pmatrix} a_{11} & a_{12} \\ a_{21} & a_{22} \end{pmatrix}\begin{pmatrix} u' \\ v' \end{pmatrix}=-\frac{1}{EG-F^2}\begin{pmatrix} eG-fF & fG-gF \\ fE-eF & -fF+gE \end{pmatrix}\begin{pmatrix} u' \\ v' \end{pmatrix}=\lambda(t)\begin{pmatrix} u' \\ v' \end{pmatrix}$$

을 만족하는 $\lambda(t)$가 존재한다. 따라서 위의 식으로부터 $\lambda(t)$를 소거하여 보조정리의 식을 얻는다. 사실

$$\begin{vmatrix} (v')^2 & -u'v' & (u')^2 \\ E & F & G \\ e & f & g \end{vmatrix}=0$$

인 것은 $d\boldsymbol{N}(\alpha'(t))\times\alpha'(t)=0$과 동치이고, 이것은

$$d\boldsymbol{N}(\alpha'(t))=\lambda(t)\alpha'(t)$$

을 만족하는 실수의 값을 갖는 함수 $\lambda(t)$가 존재하는 것과 같다. 즉, 위의 행렬식이 0인 것은 $\alpha(t)$가 주곡률곡선인 것과 동치이다. ✣

다음은 가우스곡률의 기하학적인 의미를 설명하기 위해, 먼저 두 정칙곡면 사이에 정의된 미분사상이 방향성을 보존한다는 의미를 설명한다.

방향성이 주어진 두 정칙곡면 S_1, S_2와 $p\in S_1$에 대하여, $\varphi: S_1 \to S_2$를 p에서 계수(rank)가 2인 미분가능인 사상이라 하자. 이때 미분사상 $d\varphi_p: T_pS_1 \to T_{\varphi(p)}S_2$가 임의의

양의 방향성을 가진 T_pS_1의 기저 $\{w_1, w_2\}$를 다시 양의 방향성을 가진 기저 $\{d\varphi_p(w_1), d\varphi_p(w_2)\}$로 보낼 때, φ가 p에서 두 정칙곡면 S_1과 S_2의 **방향성을 보존한다**(orientation-preserving)라고 말한다. 특히 모든 점 $p \in S_1$에서 φ가 계수 2를 가지고 있고 p에서 φ가 S_1과 S_2의 방향성을 보존하면, φ가 S_1과 S_2의 **방향성을 보존한다**라고 한다.

방향성 $\boldsymbol{N}$과 영이 아닌 가우스곡률을 가진 정칙곡면 S의 가우스사상 $\boldsymbol{N} : S \to S^2$는 S의 방향성을 이용하여 단위구면 S^2에 방향성을 자연스럽게 유도한다. 실제로 점 $p \in S$와 양의 방향성을 가진 T_pS의 기저 $\{w_1, w_2\}$에 대하여 $d\boldsymbol{N}_p : T_pS \to T_{\boldsymbol{N}(p)}S^2 \cong T_pS$는

$$d\boldsymbol{N}_p(w_1) = b_{11}w_1 + b_{21}w_2,$$
$$d\boldsymbol{N}_p(w_2) = b_{12}w_1 + b_{22}w_2, \; b_{ij} \in \mathbb{R}$$

를 만족한다. 따라서

$$\begin{aligned} d\boldsymbol{N}_p(w_1) \times d\boldsymbol{N}_p(w_2) &= (b_{11}w_1 + b_{21}w_2) \times (b_{12}w_1 + b_{22}w_2) \\ &= (b_{11}b_{22} - b_{12}b_{21})w_1 \times w_2 \\ &= \det(d\boldsymbol{N}_p)w_1 \times w_2 \\ &= K(p)w_1 \times w_2 \end{aligned}$$

가 성립한다. 이로부터 만약 $K(p) > 0$이면 T_pS에서 $\{w_1, w_2\}$의 방향성과 $T_{\boldsymbol{N}(p)}S^2$에서 $\{d\boldsymbol{N}_p(w_1), d\boldsymbol{N}_p(w_2)\}$의 방향성이 서로 일치함을 알 수 있다. 반면에 $K(p) < 0$이면 두 방향성이 서로 반대가 된다. 한편 $K(p) = 0$이면 $\boldsymbol{N}$은 p에서 정칙인 사상이 아니다.

다음 정리가 성립한다.

정리 5.4.10

방향성 $\boldsymbol{N}$을 가진 정칙곡면 S와 점 $p \in S$에 대하여, $(\mathbf{x}, U)$를 p 근방의 좌표조각함수라 하자. $\mathbf{x}(U)$에서 가우스곡률 K가 항상 $K > 0$이거나 $K < 0$일 때,

$$|K(p)| = \lim_{p \in A \subset \mathbf{x}(U),\ \mathrm{area}(A) \to 0} \frac{\mathrm{area}(\boldsymbol{N}(A))}{\mathrm{area}(A)}$$

이 성립한다.

증명 증명을 간단히 하기 위해 $A' = \boldsymbol{N}(A)$이고 $\mathbf{y} = \boldsymbol{N} \circ \mathbf{x}$이라 하자. 그러면

$$\mathbf{y}_u = d\boldsymbol{N}(\mathbf{x}_u), \quad \mathbf{y}_v = d\boldsymbol{N}(\mathbf{x}_v)$$

가 성립한다. 한편

$$\begin{aligned}\text{area}(A') &= \iint_{\mathbf{x}^{-1}(A)} \|\mathbf{y}_u \times \mathbf{y}_v\| \, dudv \\ &= \iint_{\mathbf{x}^{-1}(A)} \|dN(\mathbf{x}_u) \times dN(\mathbf{x}_v)\| \, dudv \\ &= \iint_R |K| \, \|\mathbf{x}_u \times \mathbf{x}_v\| \, dudv, \ R = \mathbf{x}^{-1}(A)\end{aligned}$$

이므로

$$\begin{aligned}&\lim_{p \in A \subset \mathbf{x}(U),\ \text{area}(A) \to 0} \frac{\text{area}(A')}{\text{area}(A)} \\ &= \lim_{p \in A \subset \mathbf{x}(U),\ \text{area}(A) \to 0} \frac{\dfrac{\text{area}(A')}{\text{area}(R)}}{\dfrac{\text{area}(A)}{\text{area}(R)}} \\ &= \lim_{\text{area}(R) \to 0} \frac{\dfrac{1}{\text{area}(R)} \iint_R |K| \, \|\mathbf{x}_u \times \mathbf{x}_v\| \, dudv}{\dfrac{1}{\text{area}(R)} \iint_R \|\mathbf{x}_u \times \mathbf{x}_v\| \, dudv} \\ &= \lim_{\text{area}(R) \to 0} \frac{|K(q_R{}')| \, \|\mathbf{x}_u \times \mathbf{x}_v\| (q_R{}')}{\|\mathbf{x}_u \times \mathbf{x}_v\| (q_R)}, \ q_R, \ q_R{}' \in R \\ &= |K(p)|\end{aligned}$$

이 된다. 위에서 세 번째 등식을 얻기 위해 적분에 관한 평균값 정리를 적용하였다. ❖

5.4 ▌연습문제

1. 뫼비우스 띠 S의 좌표조각함수

$$\mathbf{x}(u, v) = \left(\left(2 - v \sin \frac{u}{2}\right) \sin u, \left(2 - v \sin \frac{u}{2}\right) \cos u, v \cos \frac{u}{2}\right),$$
$$0 < u < 2\pi, \ -1 < v < 1$$

를 이용하여 S의 가우스곡률 K가 다음과 같이 주어짐을 보여라.

$$K = -\frac{1}{\left(\frac{1}{4}v^2 + \left(2 - v\sin\frac{u}{2}\right)^2\right)^2} < 0$$

2. $\mathbf{x}(u,v) = (u + 2v, \sin u - v, u^3 + 3v)$를 좌표조각함수로 갖는 정칙곡면 S의 가우스곡률을 계산한 후, 점근곡선인 동시에 주곡률곡선인 정칙곡선을 모두 찾아라.

3. yz-평면에 있는 타원

$$\frac{(y-r)^2}{a^2} + \frac{z^2}{b^2} = 1, \quad r > a > 0,\ b > 0$$

을 z-축으로 회전하여 얻은 회전면을 S라 할 때, 가우스곡률 K가 양수인 부분, 음수인 부분, 영인 부분을 모두 찾아라.

4. $\overline{S}$가 정칙곡면 S의 함수

$$F : \mathbb{R}^3 \to \mathbb{R}^3,\ F(p) = rp, \quad r > 0$$

의 상일 때, 두 정칙곡면 S와 $\overline{S}$의 가우스곡률 K_S, $K_{\overline{S}}$의 관계를 찾아라.

5. 가우스사상 $\boldsymbol{N}$을 가진 정칙곡면 S와 S의 열린집합 V에서 정의된 영이 아닌 미분가능인 함수 f에 대하여, v_1, v_2가 V의 각 점 p에서 T_pS의 정규직교기저이고 $v_1 \times v_2 = \boldsymbol{N}$을 만족한다고 하자. 이때 다음 물음에 답하라.

(1) 다음이 성립함을 보여라.

$$d(f\boldsymbol{N})_p(v_i) = df_p(v_i)\boldsymbol{N} + fd\boldsymbol{N}_p(v_i),\ i = 1, 2$$

(2) $d\boldsymbol{N}_p(v_1) = av_1 + bv_2$, $d\boldsymbol{N}_p(v_2) = cv_1 + dv_2$일 때,

$$\begin{aligned} &d(f\boldsymbol{N})_p(v_1) \times d(f\boldsymbol{N})_p(v_2) \\ &\quad = f(p)df_p(v_1)(cv_2 - dv_1) + f(p)df_p(v_2)(bv_1 - av_2) + f^2(p)K(p)v_1 \times v_2 \end{aligned}$$

이 성립함을 보여라. 단, 여기서 K는 S의 가우스곡률을 나타낸다.

(3) 가우스곡률 K가 다음 등식을 만족함을 보여라.

$$K = \frac{\langle d(f\boldsymbol{N})(v_1) \times d(f\boldsymbol{N})(v_2), f\boldsymbol{N} \rangle}{f^3}$$

(4) $\dfrac{x^2}{a^2} + \dfrac{y^2}{b^2} + \dfrac{z^2}{c^2} = 1$로 주어진 타원면 S에서 정의된 함수

$$f(x, y, z) = \sqrt{\frac{x^2}{a^4} + \frac{y^2}{b^4} + \frac{z^2}{c^4}}$$

에 대하여, 다음 물음에 답하라.

(i) S의 가우스사상 $\boldsymbol{N}$이 $\boldsymbol{N}(a, 0, 0) = (1, 0, 0)$일 때, $\boldsymbol{N}$이 다음 관계식을 만족함을 보여라.

$$f\boldsymbol{N} = \left(\frac{x}{c^2}, \frac{y}{b^2}, \frac{z}{c^2}\right)$$

(ii) $i = 1, 2$에 대하여 $v_i = (\alpha_i, \beta_i, \gamma_i)$일 때,

$$d(f\boldsymbol{N})(v_i) = \left(\frac{\alpha_i}{a^2}, \frac{\beta_i}{b^2}, \frac{\gamma_i}{c^2}\right)$$

(iii) $i = 1, 2$에 대하여 $v_1 \times v_2 = \boldsymbol{N}$을 만족하는 두 접벡터 v_1, v_2을 택할 때, S의 가우스곡률 K가 다음 식으로 주어짐을 보여라.

$$K = \frac{\langle d(f\boldsymbol{N})(v_1) \times d(f\boldsymbol{N})(v_2), f\boldsymbol{N} \rangle}{f^3} = \frac{1}{a^2b^2c^2f^4}$$

임을 보여라.

6. 모든 닫힌 정칙곡면은 타원점을 적어도 하나 가짐을 보여라.

7. $z = f(x, y) = \cos x + \cos y + xy - 2,\ 0 < x, y < 2\pi$로 주어진 정칙곡면의 포물점을 모두 구하라.

8. $y = x^3,\ -1 < x < 1$를 $x = 1$를 회전축으로 회전하여 얻은 회전곡면의 평면점을 모두 구하라.

9. 정칙곡면의 가우스곡률 K가 양이 아닐 때, 배꼽점은 모두 평면점임을 보여라.

10. 다음 물음에 답하라.

(1) 음수인 가우스곡률 K를 가진 정칙곡면 S의 배꼽점이 있으면 모두 찾아라.

(2) 양이 아닌 가우스곡률 K를 가진 정칙곡면 S의 배꼽점은 모두 평면점(planar point)임을 보여라.

11. $y=e^{-\frac{x^2}{2}}$로 주어진 생성곡선을 x-축으로 회전하여 얻은 회전곡면 S의 가우스곡률 K_S를 계산하고 $K_S>0$와 $K_S<0$인 부분을 구체적으로 찾아라. (힌트: $K_S>0 \Leftrightarrow -1<x<1$, $K_S<0 \Leftrightarrow x>1$ 또는 $x<-1$.)

12. (r, θ)가 xy-평면의 극좌표계를 나타낼 때, 함수 $z=f(r)$, $r>0$로 주어진 정칙곡면 S에 대하여 다음 물음에 답하라.

(1) S의 몽주 좌표조각함수 $(\mathbf{x}, U)$를 찾아라.

(2) 위의 (1)의 좌표조각함수 $\mathbf{x}$를 다음과 같은 형태로 나타낼 때, f_1, f_2, f_3를 구체적으로 찾고, S가 회전곡면인지 판별하라.

$$\mathbf{x}(r, \theta)=(f_1(r, \theta), f_2(r, \theta), f_3(r, \theta))$$

(3) S의 가우스곡률 K_S를 계산하라.

13. (r, θ)가 xy-평면의 극좌표계를 나타낼 때, $z=e^{-\frac{r^2}{2}}$로 주어진 정칙곡면 S의 가우스곡률 K_S을 계산하고 타원점과 씽곡점이 되는 부분을 찾아라. (힌트: 타원점이 되는 부분 $\Leftrightarrow -1<r<1$, 쌍곡점이 되는 부분 $\Leftrightarrow r>1$ 또는 $0<r<1$.)

14. xy-평면에 놓여 있는 정칙곡선

$$\alpha(x)=(x, f(x)),\ a<x<b,\ f(x)>0$$

를 x-축으로 회전하여 얻은 정칙곡면 S에 대하여 다음 물음에 답하라.

(1) S의 가우스곡률 K_S을 계산하여 $K_S(x)$의 부호가 $-f''(x)$의 부호와 같음은 확인하라.

(2) 위의 (1)에 의해 K_S는 $y=f(x)$의 그래프가 아래로 볼록인 부분을 회전하여 얻은 부분에서 음수이고, 위로 볼록인 부분을 회전하여 얻은 부분에서 양수임을 보여라.

15. xy-평면에 놓여 있는 정칙곡선

$$\alpha(x) = (x,\ f(x)),\ -1 < x < 1,\ f(x) > 0$$

를 x-축으로 회전하여 얻은 회전곡면 S에 대하여, 다음 물음에 답하라.

(1) S의 좌표조각함수

$$\mathbf{x}\ : (-1,\ 1) \times (-\pi,\ \pi) \to S,\quad (u,\ v) \mapsto \mathbf{x}(u,\ v)$$

를 찾고, S의 가우스곡률 K_S를 계산하라.

(2) $f(x) = x^2 + 1$일 때, S의 가우스사상 $N : S \to S^2$의 상을 찾아 단위구면 S^2상에 그리고, 그 이유를 설명하라.

(3)
$$f(x) = \frac{1}{12}x^4 - \frac{1}{8}x^2 + 5,\quad -1 < x < 1$$

일 때, 다음 물음에 답하라.

(i) S의 가우스곡률 K_S의 부호가 양수, 음수, 영인 부분을 각각 찾아라.

(ii) S의 위도선(parallel)으로 동시에 측지선(geodesic)인 곡선을 모두 찾아라.

(iii) 점 $p = (0,\ f(0),\ 0) = (0,\ 5,\ 0) \in S$에서 S의 두 주곡률 $k_1(p),\ k_2(p)$를 구하라. 단,

$$k_i = H \pm \sqrt{H^2 - K},\quad i = 1,\ 2$$

임을 문제 풀이에 이용할 수 없다.

(iv) $\gamma(t) = \mathbf{x}(t,\ t),\ -1 < t < 1$일 때, $t = 0$에서 γ의 법곡률 $\kappa_n(0)$를 오일러 공식을 이용하여 구하라. 단, 여기서 $\mathbf{x}$는 위의 문제 (1)의 좌표조각함수를 나타낸다.

16. 다음 물음에 답하라.

(1) 좌표조각함수 $(\mathbf{x},\ U)$의 상으로 주어진 정칙곡면 S에 대하여, 점 $\mathbf{x}(u,\ v)$가 배꼽점일 필요충분조건이 다음 식을 만족하는 실수 k가 존재하는 것임을 보여라.

$$e = kE,\ f = kF,\ g = kG$$

(2) 다음과 주어진 정칙곡면의 배꼽점을 모두 구하라.

(i) $z = f(x,\ y) = x^3 - 3xy^2$ (힌트: $p = (0, 0, 0)$이 유일한 배꼽점.)

(ii) $z = f(x,\ y) = \dfrac{x^2}{a^2} - \dfrac{y^2}{b^2}$, $a \geq b$인 양의 상수 (힌트: 배꼽점 없음.)

17. $F(x,y,z) = x^2 + y^2 - z^2 + 1$일 때, 정칙곡면 $S = F^{-1}(0)$상에 있는 단위속력곡선

$$\alpha : (-\varepsilon,\ \varepsilon) \to S,\ \ \varepsilon > 0$$

가 $\alpha(0) = (0,0,1)$, $\alpha'(0) = \dfrac{1}{\sqrt{2}}(1,-1,0)$을 만족한다. 이때, 다음 물음에 답하라.

(1) $\alpha(0)$에서 α의 법곡률 $\kappa_n(\alpha'(0))$를 구하라.

(2) $\alpha(0)$가 S의 배꼽점인지 판별하라.

18. 정칙곡면 S의 점 p에서 가우스곡률 $K(p) < 0$일 때, 두 점근방향 사이의 각을 φ라 하자. 이때, 다음 등식이 성립함을 보여라. 단, 여기서 H는 S의 평균곡률을 나타낸다.

$$\tan\varphi = \frac{\sqrt{-K(p)}}{H(p)}$$

5.5 ▌여러 가지 정칙곡면과 곡률: 선직면, 극소곡면

이 절에서는 몇 가지 중요한 정칙곡면의 예로 선직면과 극소곡면의 성질을 자세히 알아본다.

5.5.1 선직면

선직면은 이미 앞에서 간단히 살펴볼 기회를 가졌다. 이 절에서는 좀 더 자세하고 엄밀하게 선직면의 성질을 정리하는 기회를 갖는다.

선직면은 두 개의 매개함수 $\alpha(u)$와 $w(u)$에 대하여 매개화된 정칙매개함수

$$\mathbf{x}(u, v) = \alpha(u) + vw(u)$$

로 주어지는 곡면이다. 이때 각각의 u에 대하여

$$L_u : \alpha(u) + vw(u)$$

로 주어지는 직선을 **모선**(ruling)이라 하고, α를 **기저곡선**(base curve 또는 directrix), w를 **방향곡선**(director curve)이라 함은 앞에서 이미 언급하였다.1)

자명한 경우를 제외하고 논의를 간단히 하기 위해, 앞으로 모든 u에 대하여 $\|w(u)\| = 1$이고 $w'(u) \neq 0$이라 가정한다. 이뿐만 아니라 다음 보조정리가 성립한다.

보조정리 5.5.1

모든 u에 대하여,

$$\langle \alpha'(u), w'(u) \rangle = 0$$

을 가정해도 일반성을 잃지 않는다.

증명 실제로

$$\beta(u) = \alpha(u) + v(u)w(u)$$

라 할 때,

$$\beta'(u) = \alpha'(u) + v'(u)w(u) + v(u)w'(u)$$

---

1) directrix는 director의 여성형으로 준선이라고도 불린다.

이고 $\langle w'(u), w(u)\rangle = 0$이므로

$$\langle \beta'(u), w'(u)\rangle = \langle \alpha'(u), w'(u)\rangle + v(u)\langle w'(u), w'(u)\rangle$$

이 성립한다. 따라서

$$v(u) = -\frac{\langle \alpha'(u), w'(u)\rangle}{\langle w'(u), w'(u)\rangle}$$

라 놓으면 $\langle \beta'(u), w'(u)\rangle = 0$이 된다. 즉

$$\beta(u) = \alpha(u) - \frac{\langle \alpha'(u), w'(u)\rangle}{\langle w'(u), w'(u)\rangle} w(u)$$

일 때, 매개화된 매개함수 $\mathbf{x}$를 $\langle \beta'(u), w'(u)\rangle = 0$을 만족하는 새로운 매개함수 $\mathbf{y}$로 다음과 같이 표현할 수 있다.

$$\begin{aligned}\mathbf{x}(u, v) &= \alpha(u) + vw(u)\\ &= \beta(u) + \left(v + \frac{\langle \alpha'(u), w'(u)\rangle}{\langle w'(u), w'(u)\rangle}\right) w(u)\\ &= \mathbf{y}(u, t),\ t = v + \frac{\langle \alpha'(u), w'(u)\rangle}{\langle w'(u), w'(u)\rangle}\end{aligned}$$ ✣

앞으로 위의 **보조정리** 5.5.1에 의해, 모든 u에 대하여

$$\langle \alpha'(u), w'(u)\rangle = 0$$

을 가정한다. 실제로는 Kühnel의 책에 있는 [보조정리 3.21]에 의해, 단위속력변수 u를 이용하여 $\|w'(u)\| = 1$까지도 가정할 수 있다.[2)] 한편 $\langle w(u), w'(u)\rangle = 0$이므로 $\alpha'(u) \times w(u)$는 $w'(u)$에 평행하다. 따라서

$$\alpha'(u) \times w(u) = \lambda(u) w'(u),\ \text{즉}\ \lambda(u) = \frac{\langle \alpha'(u) \times w(u), w'(u)\rangle}{\|w'(u)\|^2}$$

를 만족하는 함수 $\lambda(u)$가 존재하고 $\lambda(u)$를 **분포매개변수**(distribution parameter)라 부른다.

이때

$$\mathbf{x}_u = \alpha' + vw',\quad \mathbf{x}_v = w$$

---

2) W. Kühnel, Differential Geometry, Curves-Surfaces-Manifolds, third edition, Student Mathematical Library, vol. 77, AMS.

이므로

$$E=\langle \mathbf{x}_u, \mathbf{x}_u\rangle = \|\alpha'(u)\|^2+v^2\|w'(u)\|^2,\ F=\langle \alpha'(u), w(u)\rangle,\ G=\|w(u)\|=1$$

이다. 또한

$$\begin{aligned}\mathbf{x}_u\times\mathbf{x}_v &= \alpha'(u)\times w(u)+vw'(u)\times w(u)\\ &=\lambda(u)w'(u)+vw'(u)\times w(u)\end{aligned}$$

이고 $\langle w'(u), w'(u)\times w(u)\rangle = 0$이므로

$$\|\mathbf{x}_u\times\mathbf{x}_v\|^2=(\lambda(u)^2+v^2)\|w'(u)\|^2$$

을 얻을 수 있다. 이로부터 매개함수 $\mathbf{x}$가 정칙이 되지 못하는 점은 모두 $\lambda(u)=v=0$에서 생기는 것을 알 수 있다.

$\lambda(u)\neq 0$이거나 $v\neq 0$인 경우에, 제2기본형식의 계수를 계산하기 위해

$$\boldsymbol{N}(u,v)=\frac{\mathbf{x}_u\times\mathbf{x}_v}{\|\mathbf{x}_u\times\mathbf{x}_v\|}$$

라 하면,

$$\begin{aligned}e&=\langle \boldsymbol{N}, \mathbf{x}_{uu}\rangle=\langle \boldsymbol{N}, \alpha''(u)+vw''(u)\rangle\\ f&=\langle \boldsymbol{N}, \mathbf{x}_{uv}\rangle=\langle \boldsymbol{N}, w'(u)\rangle\\ &=\frac{\langle \lambda(u)w'(u)+vw'(u)\times w(u), w'(u)\rangle}{\|\mathbf{x}_u\times\mathbf{x}_v\|}\\ &=\frac{\lambda(u)\|w'(u)\|^2}{\|\mathbf{x}_u\times\mathbf{x}_v\|}\\ g&=\langle \boldsymbol{N},\ \mathbf{x}_{vv}\rangle=\langle \boldsymbol{N},\ 0\rangle=0\end{aligned}$$

이므로 가우스곡률

$$K=\frac{eg-f^2}{EG-F^2}=-\frac{\lambda(u)^2}{(\lambda(u)^2+v^2)^2}\leq 0$$

이다. 이로부터 가우스곡률 K는 정확하게 $\lambda(u)=0$이고 $v\neq 0$인 점에서 0이 됨도 알 수 있다.

일반적으로 $\langle \alpha'(u), w'(u)\rangle = 0$라는 가정이 없어도, u에 대하여

$$\langle \alpha'(u), w(u)\times w'(u)\rangle = 0$$

이 성립하면 가우스곡률 K는 항상 0이 됨을 알 수 있다. 이때 이 선직면을 **가전면**(developable surface)이라 부른다. 이 가전면의 정의와 예제 4.3.1에서 주어진 정의가 서로 동치이다(연습문제 5.5의 11번 참고).

예제 5.5.2 가전면의 대표적인 예로는 먼저 모든 u에 대하여 $w(u)\times w'(u)=0$을 만족하는 경우를 들 수 있다. 이 경우, $\|w(u)\|=1$이므로 $\langle w(u), w'(u)\rangle=0$이고 또한 $w(u)$는 $w'(u)$에 평행하므로 $w'(u)\equiv 0$이 성립한다. 따라서 이 경우에 해당하는 선직면은 원기둥면뿐이다. ◆

예제 5.5.3 가전면의 두 번째 예로는, 모든 u에 대하여 $w(u)\times w'(u)\neq 0$을 만족하는 경우이다. 이때 $\alpha'(u)\neq 0$라면 $\lambda(u)=0$이므로

$$\alpha'(u)=a(u)w(u)+b(u)w'(u),\quad a(u), b(u)\in\mathbb{R}$$

로 표현할 수 있다. 따라서 $\langle\alpha'(u), w'(u)\rangle=0$을 이용하여

$$b(u)=0$$

임을 알 수 있다. 즉 $\alpha'(u)$는 항상 $w(u)$에 평행하고, 이 경우에 해당하는 가전면을 특히 **접가접면**(tangential developable surface)이라 한다.
한편 $\alpha'(u)\equiv 0$이면 $\alpha(u)$는 $\alpha(u)=C_0$로 상수벡터이므로 이 경우에 해당하는 선직면은 **원뿔면**(cone surface)뿐이다. ◆

예제 5.5.4 또 다른 흥미로운 가전면의 예를 보기 위해, 방향성 $\boldsymbol{N}$을 가진 정칙곡면 S와 S상에 있는 단위속력을 갖는 매개함수 α의 접벡터 방향이 점근방향이 아니라고 가정하자. 이때 다음과 같은 좌표함수를 이용하여 새로운 매개화된 정칙곡면 S'을 만들 수 있다.

$$\mathbf{x}(u, v)=\alpha(u)+v\frac{\boldsymbol{N}(u)\times\boldsymbol{N}'(u)}{\|\boldsymbol{N}'(u)\|}$$

실제로 $\mathbf{x}$는 $v=0$ 근방에서 정칙곡면을 주고 S'은 $v=0$을 따라 정칙곡면 S와 접하는 성질을 가지고 있다. 이와 같은 성질을 만족하는 대표적인 예로는 구면 S와 S의 적도를 이용하여 만든 원기둥면과 적도가 아닌 원을 이용하여 만든 원뿔면 등이 있다. ◆

5.5.2 극소곡면

매개화된 정칙곡면의 평균곡률이 0일 때 **극소**(minimal)라 하고, 정칙곡면 S의 모든 좌표조각함수의 평균곡률이 0일 때, S를 **극소곡면**(minimal surface)이라 한다.

가우스의 대정리(정리 6.2.1)에 의해 정칙곡면의 가우스곡률은 국소적 등장사상에 의해 보존되는 **내적인 성질**(intrinsic property)인 반면, 극소성은 국소적 등장사상에 의해 보존되지 않는 **외적인 성질**(extrinsic property)이다. 예를 들어 원기둥면과 평면은 서로 국소적으로 등장인 관계에 있다. 하지만 원기둥면의 평균곡률은 0이 아니고, 평면의 평균곡률은 항상 0이다.

극소곡면이라는 용어의 기하학적 의미를 설명하기 위해, 먼저 다음과 같은 정의가 필요하다. 즉 $\mathbf{x}: U \to \mathbb{R}^3$를 정칙인 좌표조각함수라 하고 $D \subset U$를 유계인 영역이라 할 때, D의 폐포(closure) $\overline{D}$에서 정의된 미분가능인 함수 $h: \overline{D} \to \mathbb{R}$를 택하자. $\boldsymbol{N}$을 $\mathbf{x}$에 의해 주어진 단위법벡터장이라 할 때, h에 의한 $\mathbf{x}(\overline{D})$의 **법방향 변형**(normal variation)은 다음과 같이 정의된 미분가능인 사상 φ를 말한다.

$$\varphi: \overline{D} \times (-\varepsilon, \varepsilon) \to \mathbb{R}^3, \quad \varphi(u, v, t) = \mathbf{x}(u, v) + th(u, v)\boldsymbol{N}(u, v)$$

정의에 의해 충분히 작은 모든 t에 대하여, $\mathbf{x}^t(u, v) = \varphi(u, v, t)$는 다시 정칙인 좌표조각함수이다. 이때

$$\mathbf{x}_u^t = \mathbf{x}_u + th_u\boldsymbol{N} + th\boldsymbol{N}_u, \quad \mathbf{x}_v^t = \mathbf{x}_v + th_v\boldsymbol{N} + th\boldsymbol{N}_v$$

를 이용하여

$$\begin{aligned} E_t &= \langle \mathbf{x}_u^t, \mathbf{x}_u^t \rangle = E - 2the + O(t^2), \\ F_t &= \langle \mathbf{x}_u^t, \mathbf{x}_v^t \rangle = F - 2thf + O(t^2), \\ G_t &= \langle \mathbf{x}_v^t, \mathbf{x}_v^t \rangle = G - 2thg + O(t^2) \end{aligned}$$

을 얻는다. 따라서

$$\begin{aligned} A(t) = \operatorname{area}(\mathbf{x}^t(\overline{D})) &= \int_{\overline{D}} \sqrt{E_t G_t - F_t^2}\, dudv \\ &= \int_{\overline{D}} \sqrt{EG - F^2}\sqrt{1 - 4thH + O(t^2)}\, dudv \end{aligned}$$

이므로

$$A'(0) = \int_{\overline{D}} \sqrt{EG - F^2}\,(-2hH)dudv$$

가 성립한다.

정리 5.5.5

좌표조각함수 $(\mathbf{x}, U)$가 극소일 필요충분조건은 모든 유계인 영역 $D \subset U$와 $\mathbf{x}(\overline{D})$의 모든 법방향 변형에 대하여 $A'(0) = 0$인 것이다.

증명 (⇒) 가정에 의해, $H \equiv 0$이므로

$$A'(0) = \int_{\overline{D}} \sqrt{EG - F^2}(-2hH)dudv$$

으로부터 모든 유계인 영역 $D \subset U$와 $\mathbf{x}(\overline{D})$의 모든 법방향 변형에 대하여 $A'(0) = 0$이다.

(⇐) 귀류법을 이용하기 위해, $H(p_0) \neq 0$인 점 $p_0 \in \mathbf{x}(U)$와 $p_0 \in V \subset \mathbf{x}(U)$인 열린집합 V가 존재하고, 모든 $p \in V$에 대하여 $H(p) > 0$라 가정하자. 그런 다음 p_0를 포함하는 열린집합 W의 폐포 $\overline{W} \subset V$일 때, $\overline{W}$에서 1이고 V의 여집합 V^c에서 0이며 $0 \le h \le 1$를 만족하는 미분가능인 함수 h를 택하면

$$0 = A'(0) = \int_{\overline{V}} \sqrt{EG - F^2}(-2hH)dudv < 0$$

이 되어 모순이다. ✤

평균곡률 H를 이용하여 **평균곡률벡터**(mean curvature vector) $\boldsymbol{H} = H\boldsymbol{N}$을 정의하기도 한다. 이때 $h = H \neq 0$라 하면

$$A'(0) = -2\int_{\overline{D}} \langle \boldsymbol{H}, \boldsymbol{H} \rangle \sqrt{EG - F^2}\, dudv < 0$$

이 된다. 따라서 평균곡률이 $H \neq 0$을 만족할 때, 넓이 $A(t) = \mathrm{area}(\mathbf{x}^t(\overline{D}))$는 $t = 0$에서 항상 감소하는 경향을 보임을 알 수 있다.

극소곡면을 **조화사상**(harmonic map)을 이용하여 설명할 수도 있다. 좌표조각함수 $(\mathbf{x}, U)$가 $E = G$, $F = 0$을 만족할 때, **등온좌표계**(isothermal coordinates)라 함은 이미 앞에서 언급하였다.

정리 5.5.6

좌표조각함수 $(\mathbf{x}, U)$가 등온좌표계이고 $\lambda^2 = E = G$라 할 때,

$$\Delta\mathbf{x} = \mathbf{x}_{uu} + \mathbf{x}_{vv} = 2\lambda^2\boldsymbol{H}$$

가 성립한다. 따라서 $\boldsymbol{H} = 0$이라면, $\Delta\mathbf{x} = 0$으로 $\mathbf{x}$는 조화사상이다.

증명 가정에 의해, $E = G$이므로 이 등식을 u에 관해 미분하여

$$2\langle \mathbf{x}_{uu}, \mathbf{x}_u \rangle = 2\langle \mathbf{x}_{uv}, \mathbf{x}_v \rangle$$

를 얻을 수 있다. 한편 $F = \langle \mathbf{x}_u, \mathbf{x}_v \rangle = 0$을 v에 관해 미분하면

$$0 = \langle \mathbf{x}_{uv}, \mathbf{x}_v \rangle + \langle \mathbf{x}_u, \mathbf{x}_{vv} \rangle$$

이므로

$$\langle \mathbf{x}_{uu}, \mathbf{x}_u \rangle = \langle \mathbf{x}_{uv}, \mathbf{x}_v \rangle = -\langle \mathbf{x}_u, \mathbf{x}_{vv} \rangle$$

가 성립한다. 즉 $\langle \Delta\mathbf{x}, \mathbf{x}_u \rangle = 0$이다. 비슷한 방법으로, $\langle \Delta\mathbf{x}, \mathbf{x}_v \rangle = 0$도 성립함을 보일 수 있다. 따라서 $\Delta\mathbf{x}$는 $\boldsymbol{N}$에 평행함을 알 수 있다.

한편 $H = \dfrac{Eg - 2fF + Ge}{2(EG - F^2)} = \dfrac{g+e}{2\lambda^2}$을 이용하여

$$\langle \boldsymbol{N}, \Delta\mathbf{x} \rangle = g + e = 2\lambda^2 H = \langle \boldsymbol{N}, 2\lambda^2 H\boldsymbol{N} \rangle$$

을 얻는다. 즉

$$0 = \langle \boldsymbol{N}, \Delta\mathbf{x} - 2\lambda^2\boldsymbol{H} \rangle$$

이다.

마지막으로 이것과 $\Delta\mathbf{x}$가 $\boldsymbol{N}$에 평행한 사실을 이용하여 정리의 결론을 얻는다.

✤

유명한 극소곡면의 몇 가지 예를 정리하면 다음과 같다.

예제 5.5.7 현수면(catenoid)

현수면은 yz-평면에 있는 현수선 $\alpha(v) = (a\cosh v, av)$을 z-축을 회전축으로 회전시켜 얻은 회전곡면이다([그림 5.22]). 따라서 현수면의 좌표조각함수 $\mathbf{x}$는 다음과 같이 주어진다.

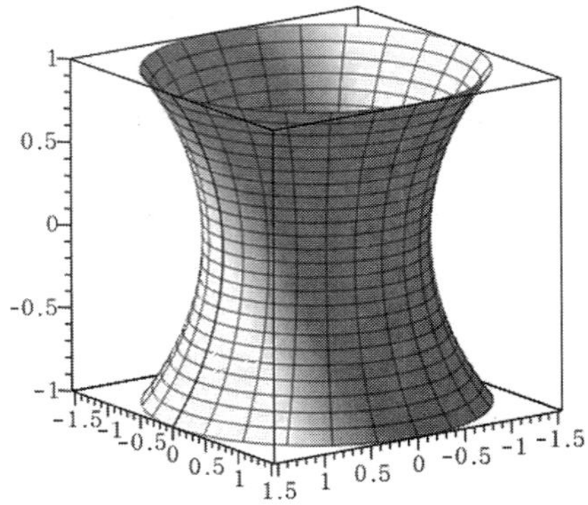

[그림 5.22]

$$\mathbf{x}(u,v)=(a\cosh v\cos u,\, a\cosh v\sin u,\, av),\ \ 0<u<2\pi,\ -\infty<v<\infty$$

실제로 $E=G=a^2\cosh^2 v,\ F=0$이므로 $\mathbf{x}$은 등온좌표계이고

$$\mathbf{x}_{uu}+\mathbf{x}_{vv}=0$$

임을 쉽게 확인할 수 있다.

한편 $a=1$일 때, 평면 $z=1$과 $z=-1$에 놓여 있고 중심이 $(0,0,1)$과 $(0,0,-1)$이며 반지름이 $\cosh 1$인 두 원을 각각 C_1과 C_2라 하자. 이때 두 원 C_1과 C_2를 경계로 가지는 원기둥면 S_1과 현수면 S_2의 넓이를 계산하여 극소성의 의미를 알아보자. 사실 원기둥면은 극소곡면이 아니고 현수면은 극소곡면이므로 현수면의 넓이가 더 작아야 한다. 실제로

$$\text{area}(S_1)=4\pi\cosh 1=2\pi(e^1+e^{-1})$$

이고

$$\begin{aligned}\text{area}(S_2)&=\int_0^{2\pi}\int_{-1}^{1}\sqrt{EG-F^2}\,dvdu\\&=\int_0^{2\pi}\int_{-1}^{1}\cosh^2 v\,dvdu=2\pi\left(\frac{e^{2v}}{8}-\frac{e^{-2v}}{8}+\frac{v}{2}\right)\Bigg|_{v=-1}^{v=1}\\&=2\pi\left(\frac{e^2}{4}-\frac{e^{-2}}{4}+1\right)<2\pi(e+e^{-1})=\text{area}(S_1)\end{aligned}$$

이므로 예상대로 극소곡면인 S_2의 넓이가 극소곡면이 아닌 S_1의 넓이보다 작음을 알 수 있다. ◆

예제 5.5.8 나선면(helicoid)

좌표조각함수

$$\mathbf{x}(u, v) = (a\sinh v\cos u, a\sinh v\sin u, au),\ 0 < u < 2\pi,\ -\infty < v < \infty$$

로 주어진 나선면도 극소곡면이 됨을 $\Delta\mathbf{x} = 0$을 이용하여 확인할 수 있다. ◆

다음 사실이 성립한다. 증명은 생략한다(참고문헌 [2], p.202-204 참고).

정리 5.5.9

(1) 회전곡면으로 극소인 정칙곡면은 평면과 현수면뿐이다.
(2) 선직면으로 극소인 정칙곡면은 평면과 나선면뿐이다(카탈랑 정리, Catalan's Theorem).

예제 5.5.10 이네퍼극소곡면, 셔크극소곡면

위에서 언급된 극소곡면 이외에 잘 알려진 극소곡면으로는 각각

$$\mathbf{x}(u, v) = \left(u - \frac{u^3}{3} + uv^2, v - \frac{v^3}{3} + u^2v, u^2 - v^2\right)$$

과

$$\mathbf{x}(u, v) = \left(\arg\left(\frac{\xi + i}{\xi - i}\right), \arg\left(\frac{\xi + 1}{\xi - 1}\right), \log\frac{|\xi^2 + 1|}{|\xi^2 - 1|}\right),\quad \xi = u + iv,\ \xi \neq \pm 1,\ \pm i$$

로 주어진 **이네퍼극소곡면**(Enneper's minimal surface)과 **셔크극소곡면**(Scherk's minimal surface)이 있다([그림 5.23], [그림 5.24], [그림 5.25], [그림 5.26]). ◆

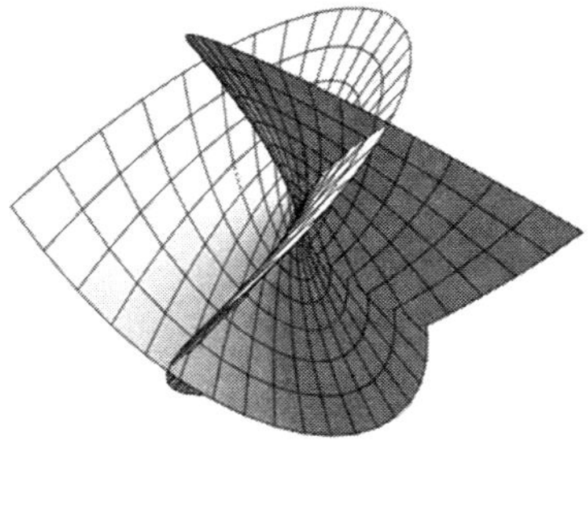

[그림 5.23] 이네퍼극소곡면

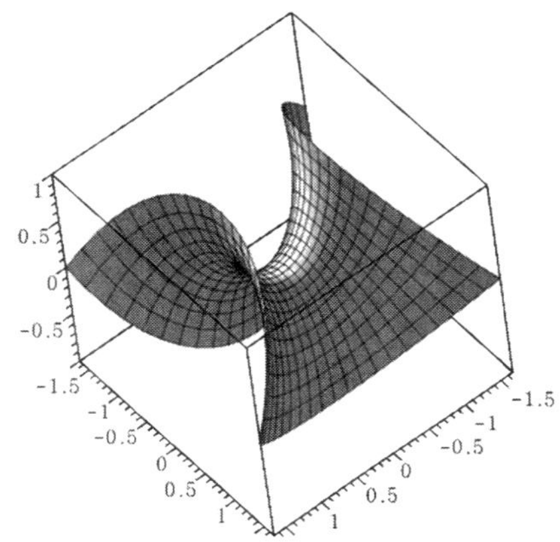

[그림 5.24] 다른 범위에서 그린 이네퍼극소곡면

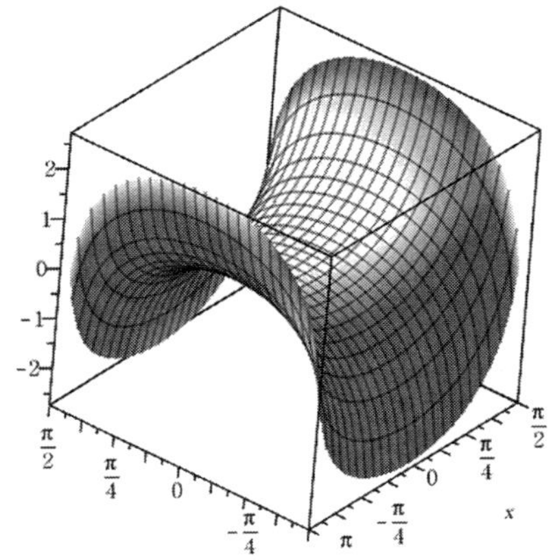

[그림 5.25] 셔크극소곡면

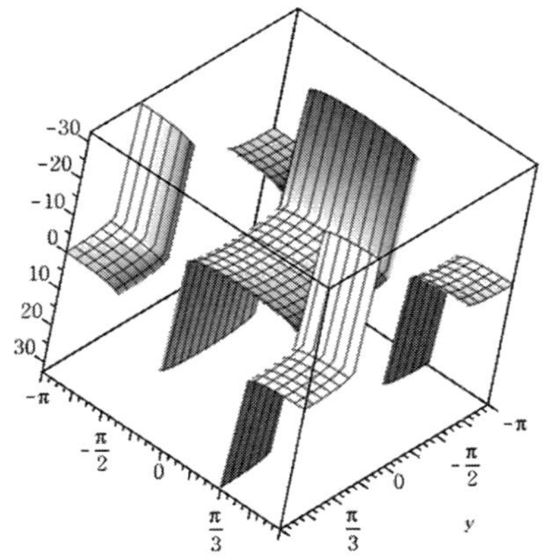

[그림 5.26] 다른 범위에서 그린 셔크극소곡면

5.5 ❙ 연습문제

1. 모든 닫힌 정칙곡면은 극소곡면일 수 없음을 보여라.

2. 나선면과 일엽쌍곡면의 분포매개변수가 상수임을 보여라.

3. 좌표조각함수

$$\mathbf{x}(u, v) = \alpha(u) + vw(u)$$

로 주어지는 선직면이 $\langle \alpha'(u), w(u) \times w'(u) \rangle = 0$을 만족하면 가우스곡률이 0임을 보여라.

4. 좌표조각함수

$$\mathbf{x}(u, v) = \alpha(u) + vw(u)$$

가 가전면을 나타내면

$$\langle \boldsymbol{N}_v, \mathbf{x}_v \rangle = \langle \boldsymbol{N}_v, \mathbf{x}_u \rangle \equiv 0$$

임을 보여라.

5. $f(0)=0$을 만족하는 미분가능인 함수 f에 대하여, 좌표조각함수

$$\mathbf{x}(u,v)=\left(f(u),\ \frac{u^3}{3},\ 0\right)+v(u,f(u),1),\ \ f(u)\ge 0$$

가 가전면을 나타내면 $f(u)=\dfrac{u^2}{2}$임을 보여라.

6. 다음과 같이 몽주 좌표조각함수로 주어진 정칙곡면 S의 가우스곡률과 평균곡률을 구하고 S가 평탄곡면과 극소곡면이 될 필요충분조건을 찾아라.

$$\mathbf{x}(u,v)=(u,v,f(3u,v^2)),\quad u,v>0$$

7. 단위속력변수 u를 가진 매개함수 α의 곡률 κ_α와 비틀림률 τ_α가 0이 아닐 때, 좌표조각함수

$$\mathbf{x}(u,v)=\alpha(u)+v(\boldsymbol{T}_\alpha(u)+\lambda(u)\boldsymbol{B}_\alpha(u)),\quad \lambda(u)\neq 0$$

가 가전면을 나타내면 $\lambda(u)=\dfrac{\kappa_\alpha(u)}{\tau_\alpha(u)}$로 주어짐을 보여라.

8. 매개화된 정칙곡면 S를 나타내는 좌표조각함수 $(\mathbf{x},U)$에 대하여 새로운 좌표조각함수

$$\mathbf{y}(u,v)=\mathbf{x}(u,v)+a\boldsymbol{N}(u,v),\quad a=\text{상수}$$

로 주어지는 정칙곡면을 $\overline{S}$라 할 때, 다음 물음에 답하라.

(1) K와 H가 S의 가우스곡률과 평균곡률을 나타낼 때,

$$\mathbf{y}_u\times\mathbf{y}_v=(1-2Ha+Ka^2)\mathbf{x}_u\times\mathbf{x}_v$$

임을 보여라.

(2) $\overline{S}$의 가우스곡률 $\overline{K}$과 평균곡률 $\overline{H}$가 다음과 같이 주어짐을 보여라.

$$\overline{K}=\frac{K}{1-2Ha+Ka^2},\quad \overline{H}=\frac{H-Ka}{1-2Ha+Ka^2}$$

9. $z=\varphi(y/x)$로 주어지는 정칙곡면 S에 대하여 다음 물음에 답하라.

(1) $\mathbf{x}(u,v)=(u, uv, \varphi(v))$가 S의 좌표조각함수임을 이용하여 S가 선직면임을 보여라.

(2) S가 극소곡면일 때, 함수 φ가 다음과 같이 주어지는지 판별하라.

$$\varphi(v)=C\tan^{-1}(v)+D,\ \ C, D\text{는 실수의 상수}$$

10. $z=\varphi(x)-\varphi(y)$로 주어지는 정칙곡면 S의 임의의 점에서 두 점근방향 사이의 각이 항상 $\frac{\pi}{2}$일 때, 다음 물음에 답하라.

(1) S의 평균곡률 $H\equiv 0$임을 보여라.

(2) $H(p)\equiv 0$임을 이용하여 함수 φ가 다음 미분방정식을 만족함을 보여라.

$$\frac{\varphi''(x)}{1+(\varphi'(x))^2}=c,\ \ c\text{는 실수의 상수}$$

(3) φ가 다음과 같이 주어짐을 보여라.

$$\varphi(x)=\frac{1}{c}\ln(\cos(cx))+d,\ \ c, d\text{는 실수의 상수}$$

11. 좌표조각함수

$$\mathbf{x}(u,v)=\alpha(u)+vw(u),\ \ (u,v)\in I\times\mathbb{R}$$

로 주어지는 선직면에 대하여, 다음 두 조건 (1)과 (2)가 서로 동치임을 보여라.

(1) 임의의 서로 다른 $v_1, v_2\in\mathbb{R}$에 대하여, $(\alpha'(u)+v_1w'(u))\times w(u)$가 $(\alpha'(u)+v_2w'(u))\times w(u)$와 서로 평행하다.

(2) $\langle\alpha'(u), w(u)\times w'(u)\rangle=0$

대역적 정칙곡면론

CHAPTER 06

미/분/기/하/학/개/론

이 장에서는 먼저 등장사상과 등각사상의 의미와 가우스의 대정리를 증명한다. 그런 다음 이 책에서 가장 중요한 주제 중의 하나인 가우스-보네 정리를 증명하기 위해 여러 가지 개념을 소개한다. 마지막으로 힐버트와 리브만의 정리 및 가우스-보네 정리의 증명과 몇 가지 응용을 알아본다.

6.1 ❙ 등장사상과 등각사상

정칙곡면 S_1, S_2와 그 사이의 미분동형사상 $\varphi : S_1 \to S_2$가 임의의 점 $p \in S_1$과 임의의 두 접벡터 $v_1, v_2 \in T_pS_1$에 대하여

$$\langle d\varphi_p(v_1), d\varphi_p(v_2) \rangle = \langle v_1, v_2 \rangle$$

를 만족할 때, φ를 **등장사상**(isometry)이라 한다. 또한 S_1과 S_2 사이에 등장사상이 존재할 때, 두 정칙곡면 S_1과 S_2가 서로 **등장**(isometric)이라고 말한다.

정의에 의해 다음 보조정리가 성립함을 쉽게 알 수 있다.

보조정리 6.1.1

두 정칙곡면 S_1, S_2의 제1기본형식 I_1, I_2는 등장사상 φ에 의해 보존되며, 반대로 미분동형사상 ψ가 두 정칙곡면의 제1기본형식을 보존하면 ψ는 등장사상이다.

증명 정의에 의해 임의의 점 $p \in S_1$에 대하여

$$I_1(v) = \langle v, v \rangle = \langle d\varphi(v), d\varphi(v) \rangle = I_2(d\varphi(v)), \quad v \in T_pS_1$$

이다. 반대로 ψ가 제1기본형식을 보존하면

$$\begin{aligned} 2\langle v_1, v_2 \rangle &= I_1(v_1 + v_2) - I_1(v_1) - I_1(v_2) \\ &= I_2(d\psi(v_1 + v_2)) - I_2(d\psi(v_1)) - I_2(d\psi(v_2)) \\ &= 2\langle d\psi(v_1), d\psi(v_2) \rangle \end{aligned}$$

가 성립한다. 즉 ψ는 등장사상이다. ✤

두 정칙곡면 사이에 국소적 등장사상의 개념도 있다. 즉 두 정칙곡면 S_1, S_2와 $p \in S_1$에 대하여, p의 열린근방 V에서 정의된 미분가능인 사상 $\varphi : V \to S_2$가 **국소적 등장**(local isomtery)이라는 의미는 p의 열린근방 $V' \subset V$와 $\varphi(p)$의 열린근방 W가 존재하여

$$\varphi|_{V'} : V' \to W$$

가 등장사상일 때이다. 따라서 $\varphi : S_1 \to S_2$가 미분동형사상이고 국소적 등장사상이면 φ는 등장사상이다.

또한 두 정칙곡면 S_1, S_2가 **국소적으로 등장**(locally isomteric)이라는 의미는 S_1의 임의의 점 p에 대하여, p를 포함하는 열린근방 V와 V에서 정의된 등장사상

$$\varphi: V \to \varphi(V) \subset S_2$$

가 존재하고, 반대로 S_2의 임의의 점 q에 대하여, q를 포함하는 열린근방 W와 W에서 정의된 등장사상

$$\psi: W \to \psi(W) \subset S_1$$

가 존재할 때이다. 국소적으로 등장이지만 서로 등장은 아닌 두 정칙곡면의 예는 많이 존재한다. 구체적으로 평면의 수직 띠(vertical strip)

$$S_1 = \{(x, y, 0) \mid 0 < x < 2\pi, \ -\infty < y < \infty\}$$

과 원기둥면

$$S_2 = \{(x, y, z) \mid x^2 + y^2 = 1\}$$

은 서로 국소적으로 등장이지만, S_1과 S_2의 대역적 위상구조가 서로 다르기 때문에 서로 등장일 수는 없다(예제 6.1.3 참고).

제1기본형식의 계수를 이용하여 좌표조각함수의 좌표변환함수가 등장사상인지 판별할 수 있다.

보조정리 6.1.2

같은 정의역 $U \subset \mathbb{R}^2$에서 정의된 두 좌표조각함수

$$\mathbf{x}: U \to S_1, \quad \mathbf{y}: U \to S_2$$

의 제1기본형식의 계수가

$$E = \langle \mathbf{x}_u, \mathbf{x}_u \rangle = \langle \mathbf{y}_u, \mathbf{y}_u \rangle = \overline{E},$$
$$F = \langle \mathbf{x}_u, \mathbf{x}_v \rangle = \langle \mathbf{y}_u, \mathbf{y}_v \rangle = \overline{F},$$
$$G = \langle \mathbf{x}_v, \mathbf{x}_v \rangle = \langle \mathbf{y}_v, \mathbf{y}_v \rangle = \overline{G}$$

을 만족할 때, 좌표변환함수 $\varphi := \mathbf{y} \circ \mathbf{x}^{-1} : \mathbf{x}(U) \to S_2$는 국소적 등장사상이고 그 역도 성립한다.

증명 $p \in \mathbf{x}(U)$이고 $v \in T_pS_1$일 때, $\alpha(t) = \mathbf{x}(u(t), v(t))$, $-\varepsilon < t < \varepsilon$이고

$$v_p = \frac{d}{dt}\bigg|_{t=0} \alpha(t) = u'(0)\mathbf{x}_u(u(0), v(0)) + v'(0)\mathbf{x}_v(u(0), v(0))$$

라 가정하자. 이때

$$\begin{aligned} d\varphi_p(v) &= \frac{d}{dt}\bigg|_{t=0} \varphi(\mathbf{x}(u(t), v(t))) = \frac{d}{dt}\bigg|_{t=0} \mathbf{y}(u(t), v(t)) \\ &= u'(0)\mathbf{y}_u(u(0), v(0)) + v'(0)\mathbf{y}_v(u(0), v(0)) \end{aligned}$$

이 성립한다. 따라서

$$\begin{aligned} I_1(v) &= I_1(u'(0)\mathbf{x}(u(0), v(0)) + v'(0)\mathbf{x}_v(u(0), v(0))) \\ &= E(p)(u'(0))^2 + 2F(p)u'(0)v'(0) + G(p)(v'(0))^2 \\ &= \overline{E}(\varphi(p))(u'(0))^2 + 2\overline{F}(\varphi(p))u'(0)v'(0) + \overline{G}(\varphi(p))(v'(0))^2 \\ &= I_2(u'(0)\mathbf{y}_u(u(0), v(0)) + v'(0)\mathbf{y}_v(u(0), v(0))) \\ &= I_2(d\varphi_p(v)) \end{aligned}$$

이므로 φ는 국소적 등장사상이다. 또한 그 역도 자명하게 성립한다. ✤

예제 6.1.3 $U = \{(u, v) \mid 0 < u < 2\pi, -\infty < v < \infty\}$라 할 때, xy-평면에 놓여 있는 수직 띠 S_1과 $x^2 + y^2 = 1$로 주어진 원기둥면 S_2의 두 좌표조각함수

$$\begin{aligned} \mathbf{x} &: U \to S_1, \ (u, v) \mapsto (u, v, 0), \\ \mathbf{y} &: U \to S_2, \ (u, v) \mapsto (\cos u, \sin u, v) \end{aligned}$$

의 제1기본형식의 계수는

$$E = 1 = \overline{E}, \ F = 0 = \overline{F}, \ G = 1 = \overline{G}$$

를 만족한다. 따라서 **보조정리 6.1.2**에 의해 좌표변환함수 $\varphi = \mathbf{y} \circ \mathbf{x}^{-1}$가 국소적 등장사상이다. 하지만 S_1과 S_2의 **제일기본군(first fundamental group)**은 각각 $\pi_1(S_1) = 0$, $\pi_1(S_2) \cong \mathbb{Z}$이므로 S_1과 S_2는 서로 등장일 수 없다. ◆

예제 6.1.4 $U = \{(u, v) \mid 0 < u < 2\pi, -\infty < v < \infty\}$라 할 때, 현수면 S_1과 나선면 S_2의 두 좌표조각함수

$$\mathbf{x}: U \to S_1,\ (u,v) \mapsto (a\cosh v\cos u, a\cosh v\sin u, av),\ a > 0 \text{ 상수}$$
$$\mathbf{y}: U \to S_2,\ (u,v) \mapsto (a\sinh v\cos u, a\sinh v\sin u, au)$$

의 제1기본형식의 계수는

$$E = a^2\cosh^2 v = \overline{E},\ \ F = 0 = \overline{F},\ G = a^2\cosh^2 v = \overline{G}$$

를 만족한다. 따라서 **보조정리 6.1.2**에 의해 좌표변환함수 $\varphi = \mathbf{y} \circ \mathbf{x}^{-1}$가 국소적 등장사상이다. 하지만 예를 들어 S_1는 회전면이고 S_2는 회전면이 아니므로 S_1과 S_2는 서로 등장일 수 없다. ◆

예제 6.1.5 $U = \{(\rho, \theta) \mid 0 < \rho < \infty,\ 0 < \theta < 2\pi\sin\alpha,\ 0 < \alpha < \frac{\pi}{2}\}$라 할 때, 원뿔면 S_1과 부채꼴 S_2의 두 좌표조각함수

$$\mathbf{x}: U \to S_1,\ (\rho,\theta)\ \mapsto \left(\rho\sin\alpha\cos\left(\frac{\theta}{\sin\alpha}\right), \rho\sin\alpha\sin\left(\frac{\theta}{\sin\alpha}\right), \rho\cos\alpha\right)$$
$$\mathbf{y}: U \to S_2,\ (\rho,\theta)\ \mapsto (\rho\cos\theta, \rho\sin\theta, 0)$$

의 제1기본형식의 계수는

$$E = 1 = \overline{E},\ \ F = 0 = \overline{F},\ G = \rho^2 = \overline{G}$$

를 만족한다. **보조정리 6.1.2**에 의해 좌표변환함수 $\varphi = \mathbf{x} \circ \mathbf{y}^{-1}$가 국소적 등장사상이다([그림 6.1]). 하지만 **예제 6.1.3**과 같이 S_1과 S_2의 제일기본군(first fundamental group)은 각각 $\pi_1(S_1) = \mathbb{Z}$, $\pi_1(S_2) \cong 0$이므로 S_1과 S_2는 서로 등장일 수 없다. ◆

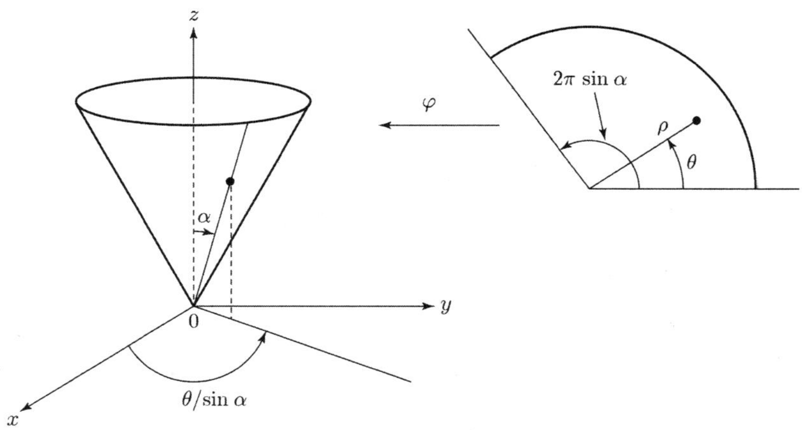

[그림 6.1]

두 정칙곡면 사이의 등장사상은 정의에 의해 접평면에 있는 두 접벡터의 각과 길이를 보존한다. 그런데 단순히 두 접벡터 사이의 각만 보존하는 사상을 등각사상이라 한다. 다시 말해서, 두 정칙곡면 S_1, S_2와 그 사이의 미분동형사상 $\varphi : S_1 \to S_2$가 임의의 점 $p \in S_1$과 임의의 두 접벡터 $v_1, v_2 \in T_pS_1$에 대하여

$$\langle d\varphi_p(v_1), d\varphi_p(v_2) \rangle = \lambda^2(p) \langle v_1, v_2 \rangle$$

를 만족하는 0이 아닌 미분가능인 함수 $\lambda^2 : S_1 \to \mathbb{R}$이 존재할 때, φ를 **등각사상**(conformal map)이라 한다. 또한 S_1과 S_2 사이에 등각사상이 존재할 때, 두 정칙곡면 S_1과 S_2가 서로 **등각적**(conformal)이라고 말한다.

보조정리 6.1.6

(1) $\varphi : S_1 \to S_2$를 두 정칙곡면 S_1과 S_2 사이의 등각사상이라 할 때, φ는 임의의 두 접벡터 사이의 각을 보존한다.

(2) $\varphi : S_1 \to S_2$가 두 정칙곡면 S_1과 S_2 사이의 미분가능인 사상이고 S_1의 임의의 점에서 두 접벡터 사이의 각을 보존하면, φ는 **국소적 등각사상**(local conformal map)이다. 즉 임의의 점 $p \in S_1$에 대하여, $\varphi|_V : V \to W$가 등각사상이 되는 p의 열린근방 V와 $\varphi(p)$의 열린근방 W가 존재한다.

증명 (1) 증명을 위해 $\alpha : I \to S_1$와 $\beta : I \to S_1$를 $t=0$에서 만나는 정칙곡면 S_1상의 매개함수라 하고 $\theta (0 \le \theta \le \pi)$를 $\alpha'(0)$와 $\beta'(0)$ 사이의 각이라 하자. 이때

$$\overline{\alpha} = \varphi \circ \alpha, \quad \overline{\beta} = \varphi \circ \beta$$

라 놓으면,

$$\overline{\alpha}'(0) = d\varphi(\alpha'(0)), \quad \overline{\beta}'(0) = d\varphi(\beta'(0))$$

이다. 따라서 $\overline{\alpha}'(0)$와 $\overline{\beta}'(0)$ 사이의 각 $\overline{\theta}(0 \le \overline{\theta} \le \pi)$는

$$\begin{aligned} \cos\overline{\theta} &= \frac{\langle \overline{\alpha}'(0), \overline{\beta}'(0) \rangle}{\|\overline{\alpha}'(0)\| \, \|\overline{\beta}'(0)\|} \\ &= \frac{\langle d\varphi(\alpha'(0)), d\varphi(\beta'(0)) \rangle}{\|d\varphi(\alpha'(0))\| \, \|d\varphi(\beta'(0)))\|} \\ &= \frac{\lambda^2 \langle \alpha'(0), \beta'(0) \rangle}{\lambda^2 \|\alpha'(0)\| \, \|\beta'(0)\|} \\ &= \cos\theta \end{aligned}$$

를 만족하므로 $\theta=\bar{\theta}$이다. 즉 φ는 두 접벡터 사이의 각을 보존한다.

(2) 임의의 점 $p\in S_1$과 두 단위벡터 $v,w\in T_pS_1$에 대하여

$$\lambda_v^2(p):=\|d\varphi_p(v)\|^2,\quad \lambda_w^2(p):=\|d\varphi_p(w)\|^2$$

라 놓자.

그런 다음, 다음과 같은 주장을 통해 증명을 완성한다.

(i) $\lambda_v^2(p)=\lambda_w^2(p)$이 성립한다. 즉 $\lambda_v^2(p)$는 단위접벡터의 선택에 의존하지 않는다. 실제로 $\langle v-w,v+w\rangle=0$이므로 $v-w$와 $v+w$는 서로 수직이고, 가정에 의해 $d\varphi_p(v-w)$와 $d\varphi_p(v+w)$도 서로 수직이다. 따라서

$$\begin{aligned}\lambda_v^2(p)-\lambda_w^2(p)&=\|d\varphi_p(v)\|^2-\|d\varphi_p(w)\|^2\\&=\langle d\varphi_p(v-w),d\varphi_p(v+w)\rangle=0\end{aligned}$$

이 성립한다.

(ii) 일반적인 0이 아닌 접벡터 v에 대하여,

$$\left\|d\varphi_p\left(\frac{v}{\|v\|}\right)\right\|^2=\lambda^2(p)$$

이므로

$$\|d\varphi_p(v)\|^2=\lambda^2(p)\|v\|^2$$

이 성립한다. 이로부터 **보조정리 6.1.1**의 증명과 같이

$$\langle d\varphi_p(v_1),d\varphi_p(v_2)\rangle=\lambda^2(p)\langle v_1,v_2\rangle,\quad v_1,v_2\in T_pS_1$$

임을 보일 수 있다. 또한 $\left\|d\varphi_p\left(\frac{v}{\|v\|}\right)\right\|^2$이 미분가능인 함수이므로 λ^2도 미분가능하다.

(iii) 모든 $p\in S_1$에 대하여, $\lambda(p)\neq 0$이다. 만약 $\lambda(p)=0$이라면 $d\varphi_p$는 수직이 아닌 두 벡터를 수직인 벡터로 보내게 되어 $d\varphi_p$가 임의의 두 접벡터 사이의 각을 보존한다는 가정에 모순된다.

(iv) 마지막으로 위의 (ii)와 (iii)에 의해 $d\varphi_p$는 계수(rank)가 2인 선형사상이다. 실제로 T_pS_1의 정규직교기저 $\{v_1,v_2\}$에 대하여

$$\langle d\varphi_p(v_i),d\varphi_p(v_j)\rangle=\lambda^2(p)\langle v_i,v_j\rangle=\lambda^2(p)\delta_{ij},\ \ i,j=1,2$$

이므로 $\dfrac{d\varphi_p}{|\lambda(p)|}$가 직교변환이다. 이것은 특히 $d\varphi_p$의 계수가 2임을 의미한다. 따라서 다변수함수의 역함수 정리에 의해 임의의 점 $p\in S_1$에 대하여,

$$\varphi|_V : V \to W$$

가 미분동형사상이 되는 p의 열린근방 V와 $\varphi(p)$의 열린근방 W가 존재한다. ✣

국소적 등장사상의 경우와 비슷하게, 국소적 등각사상에 대하여 다음 보조정리가 성립한다. 그 증명은 생략한다.

보조정리 6.1.7

같은 정의역 $U\subset\mathbb{R}^2$에서 정의된 두 좌표조각함수

$$\mathbf{x} : U \to S_1,\quad \mathbf{y} : U \to S_2$$

의 제1기본형식의 계수가 0이 아닌 미분가능인 함수 $\lambda^2 : S_1 \to \mathbb{R}$에 대하여

$$E = \langle \mathbf{x}_u, \mathbf{x}_u \rangle = \lambda^2 \langle \mathbf{y}_u, \mathbf{y}_u \rangle = \lambda^2 \overline{E},$$
$$F = \langle \mathbf{x}_u, \mathbf{x}_v \rangle = \lambda^2 \langle \mathbf{y}_u, \mathbf{y}_v \rangle = \lambda^2 \overline{F},$$
$$G = \langle \mathbf{x}_v, \mathbf{x}_v \rangle = \lambda^2 \langle \mathbf{y}_v, \mathbf{y}_v \rangle = \lambda^2 \overline{G}$$

를 만족할 때, 좌표변환함수 $\varphi := \mathbf{y}\circ\mathbf{x}^{-1} : \mathbf{x}(U) \to S_2$가 국소적 등각사상이고 그 역도 성립한다.

따름정리 6.1.8

임의의 두 정칙곡면은 국소적으로 서로 등각적이다.

증명 두 정칙곡면을 S_1과 S_2라 할 때, S_1의 임의의 점 $p\in S_1$와 S_2의 임의의 점 $q\in S_2$의 열린근방 V_1과 V_2에서 등온좌표계가 존재함이 알려져 있다. 즉 V_1과 V_2에서 제1기본형식의 계수는

$$0 \neq E_i = G_i, \quad F_i = 0, \quad i = 1, 2$$

를 만족한다. 따라서 $\lambda^2 = \dfrac{E_2}{E_1} = \dfrac{G_2}{G_1}$이라 놓으면,

$$E_2 = \lambda^2 E_1, \quad 0 = F_2 = \lambda^2 F_1, \quad G_2 = \lambda^2 G_1$$

이 성립한다. 보조정리 6.1.7에 의해, S_1과 S_2는 국소적으로 등각적이다. ✣

6.1 ▍연습문제

1. α와 β가 단위속력변수 s를 갖는 매개함수이고 α와 β의 곡률이 $\kappa_\alpha = \kappa_\beta \neq 0$일 때, 두 개의 좌표조각함수를 다음과 같이 정의하자.

$$\mathbf{x}_1(s, v) = \alpha(s) + v\alpha'(s), \; \mathbf{x}_2(s, v) = \beta(s) + v\beta'(s), \; (s, v) \in V$$

이때

$$\varphi = \mathbf{x}_1 \circ \mathbf{x}_2^{-1} : \mathbf{x}_2(V) \to \mathbf{x}_1(V)$$

가 등장사상인지 판별하라.

2. 다음과 같이 정의된 미분동형사상 φ가 등각사상인지 판별하라.

$$\varphi : \mathbb{R}^2 \to \{(x, y, z) \in \mathbb{R}^3 \mid x^2 + y^2 + (z-1)^2 = 1\} - \{(0, 0, 2)\},$$
$$(u, v) \mapsto \left(\frac{4u}{u^2 + v^2 + 4}, \frac{4v}{u^2 + v^2 + 4}, \frac{2(u^2 + v^2)}{u^2 + v^2 + 4} \right)$$

3. S^2와 S가 다음과 같이 주어질 때, 다음 물음에 답하라.

$$S^2 = \{(x,\ y,\ z) \in \mathbb{R}^3 | x^2 + y^2 + z^2 = 1\},$$
$$S = \{(x,\ y,\ z) \in \mathbb{R}^3 | x^2 + y^2 = 1\}$$

(1) $U = \{(u,\ v) \in \mathbb{R}^2 | 0 < u < 2\pi,\ 0 < v < \pi\}$일 때,

$$\mathbf{x} : U \to S^2, \quad (u, v) \mapsto (\sin v \cos u, \sin v \sin u, \cos v),$$
$$\mathbf{y} : U \to S, \quad (u, v) \mapsto (\cos u, \sin u, \cos v)$$

가 각각 S^2와 S의 좌표조각함수가 됨을 보여라.

(2) $\varphi = \mathbf{y} \circ \mathbf{x}^{-1} : \mathbf{x}(U) \to \mathbf{y}(U)$가 등장사상인지 판별하라.

6.2 ❚ 가우스의 대정리

이 절의 첫 번째 목표는 가우스의 유명한 다음 정리를 증명하는 것이다.

> **정리 6.2.1**
>
> **가우스의 대정리(Theorema Egregium of Gauss)**
> 방향성이 주어진 정칙곡면의 가우스곡률은 국소적 등장사상에 의해 보존된다.

하지만 가우스곡률이 서로 같은 두 정칙곡면이 서로 국소적으로 등장인 것은 아니다.

예제 6.2.2 다음과 같은 좌표조각함수

$$\mathbf{x}(u,v)=(u\cos v, u\sin v, \log u),$$
$$\mathbf{y}(u,v)=(u\cos v, u\sin v, v),\ u>0,\ \ 0<v<2\pi$$

로 주어진 두 정칙곡면 S_1, S_2의 가우스곡률은

$$K_1=K_2=-\frac{1}{(1+u^2)^2}$$

로 서로 같지만 국소적으로 등장은 아니다. 실제로 두 좌표조각함수의 제1기본형식의 계수는 각각

$$E=1+\frac{1}{u^2},\ F=0,\ G=u^2,$$
$$\overline{E}=1,\ \overline{F}=0,\ \overline{G}=1+u^2$$

이므로 <u>보조정리</u> 6.1.2에 의해 S_1과 S_2는 국소적으로 등장이 될 수 없다. ◆

정리 6.2.1을 증명하기 위해, $(\mathbf{x}, U)$를 정칙곡면 S의 임의의 점 p 근방의 좌표조각함수라 할 때, S가 $\mathbf{x}(U)$에서 방향성 $\boldsymbol{N}(u,v)=\dfrac{\mathbf{x}_u\times\mathbf{x}_v}{\|\mathbf{x}_u\times\mathbf{x}_v\|}$를 가지고 있다고 가정하자. 따라서 $\{\mathbf{x}_u, \mathbf{x}_v, \boldsymbol{N}\}$는 $\mathbf{x}(U)$에서 $\mathbb{R}^3$의 접공간의 기저이므로

$$\mathbf{x}_{uu}=\Gamma_{11}^1\mathbf{x}_u+\Gamma_{11}^2\mathbf{x}_v+e\boldsymbol{N},$$
$$\mathbf{x}_{uv}=\Gamma_{12}^1\mathbf{x}_u+\Gamma_{12}^2\mathbf{x}_v+f\boldsymbol{N},$$

$$\mathbf{x}_{vv} = \Gamma_{22}^1 \mathbf{x}_u + \Gamma_{22}^2 \mathbf{x}_v + g\boldsymbol{N}$$

을 만족하는 Γ_{ij}^k, $i, j, k = 1, 2$가 존재한다. 이때 $\Gamma_{ij}^k, i, j, k = 1, 2$는 **크리스토펠 기호**(Christofell symbol)라 불린다.

보조정리 6.2.3

크리스토펠 기호 Γ_{ij}^k은 제1기본형식의 계수 E, F, G와 그것의 1계 미분계수 $E_u, E_v, F_u, F_v, G_u, G_v$를 이용하여 다음과 같이 주어진다.

$$\begin{pmatrix} \Gamma_{11}^1 \\ \Gamma_{11}^2 \end{pmatrix} = \begin{pmatrix} E & F \\ F & G \end{pmatrix}^{-1} \begin{pmatrix} \frac{1}{2}E_u \\ F_u - \frac{1}{2}E_v \end{pmatrix},$$

$$\begin{pmatrix} \Gamma_{12}^1 \\ \Gamma_{12}^2 \end{pmatrix} = \begin{pmatrix} E & F \\ F & G \end{pmatrix}^{-1} \begin{pmatrix} \frac{1}{2}E_v \\ \frac{1}{2}G_u \end{pmatrix},$$

$$\begin{pmatrix} \Gamma_{22}^1 \\ \Gamma_{22}^2 \end{pmatrix} = \begin{pmatrix} E & F \\ F & G \end{pmatrix}^{-1} \begin{pmatrix} F_v - \frac{1}{2}G_u \\ \frac{1}{2}G_v \end{pmatrix}$$

증명 나머지 등식의 증명은 비슷하므로 첫 번째 등식만 증명한다. 실제로

$$\begin{aligned} \frac{1}{2}E_u &= \frac{1}{2}(\langle \mathbf{x}_u, \mathbf{x}_u \rangle)_u = \langle \mathbf{x}_{uu}, \mathbf{x}_u \rangle \\ &= \langle \Gamma_{11}^1 \mathbf{x}_u + \Gamma_{11}^2 \mathbf{x}_v + e\boldsymbol{N},\ \mathbf{x}_u \rangle \\ &= \Gamma_{11}^1 E + \Gamma_{11}^2 F \end{aligned}$$

이고

$$\begin{aligned} F_u - \frac{1}{2}E_v &= \langle \mathbf{x}_u, \mathbf{x}_v \rangle_u - \frac{1}{2}\langle \mathbf{x}_u, \mathbf{x}_u \rangle_v = \langle \mathbf{x}_{uu}, \mathbf{x}_v \rangle \\ &= \langle \Gamma_{11}^1 \mathbf{x}_u + \Gamma_{11}^2 \mathbf{x}_v + e\boldsymbol{N},\ \mathbf{x}_v \rangle \\ &= \Gamma_{11}^1 F + \Gamma_{11}^2 G \end{aligned}$$

이므로

$$\begin{pmatrix} E & F \\ F & G \end{pmatrix}\begin{pmatrix} \Gamma_{11}^1 \\ \Gamma_{11}^2 \end{pmatrix} = \begin{pmatrix} \frac{1}{2}E_u \\ F_u - \frac{1}{2}E_v \end{pmatrix}$$

를 얻는다. 따라서

$$\begin{pmatrix} \Gamma_{11}^1 \\ \Gamma_{11}^2 \end{pmatrix} = \begin{pmatrix} E & F \\ F & G \end{pmatrix}^{-1}\begin{pmatrix} \frac{1}{2}E_u \\ F_u - \frac{1}{2}E_v \end{pmatrix}$$

가 성립함을 알 수 있다. ✤

따름정리 6.2.4

크리스토펠 기호 Γ_{ij}^k와 그것의 임의의 차수의 미분계수는 국소적 등장사상에 의해 보존된다.

증명 보조정리 6.1.2에 의해 두 정칙곡면이 서로 국소적으로 등장이면 제1기본형식의 계수가 항등적으로 일치한다. 따라서 그것의 임의의 차수의 미분계수도 일치한다. 보조정리 6.2.3에 의해, 크리스토펠 기호 Γ_{ij}^k와 그것의 임의의 차수의 미분계수는 국소적 등장사상에 의해 보존됨을 알 수 있다. ✤

증명 (정리 6.2.1 증명)
이제 정리 6.2.1를 증명하기 위해, 다음과 같은 관계식을 이용한다.

$$\mathbf{x}_{uuv} = \mathbf{x}_{uvu},\quad \mathbf{x}_{vvu} = \mathbf{x}_{vuv},\quad \boldsymbol{N}_{uv} = \boldsymbol{N}_{vu}$$

실제로

$$\begin{aligned} 0 &= \mathbf{x}_{uuv} - \mathbf{x}_{uvu} \\ &= (\Gamma_{11}^1\mathbf{x}_u + \Gamma_{11}^2\mathbf{x}_v + e\boldsymbol{N})_v - (\Gamma_{12}^1\mathbf{x}_u + \Gamma_{12}^2\mathbf{x}_v + f\boldsymbol{N})_u \\ &= A\mathbf{x}_u + B\mathbf{x}_v + C\boldsymbol{N} \end{aligned}$$

이다. 여기서

$$B = ((\Gamma_{11}^2)_v - (\Gamma_{12}^2)_u + \Gamma_{12}^2(\Gamma_{11}^1 - \Gamma_{12}^2) + \Gamma_{11}^2\Gamma_{22}^2 - \Gamma_{12}^1\Gamma_{11}^2 + ea_{22} - fa_{21}$$

이고

$$a_{21} = \frac{eF-fE}{EG-F^2},\ a_{22} = \frac{fF-gE}{EG-F^2}$$

이다(A와 C도 B와 비슷한 식으로 나타낼 수 있다). 한편 $B=0$이므로

$$\begin{aligned} EK &= E\frac{eg-f^2}{EG-F^2} = fa_{21} - ea_{22} \\ &= ((\Gamma_{11}^2)_v - (\Gamma_{12}^2)_u + \Gamma_{12}^2(\Gamma_{11}^1 - \Gamma_{12}^2) + \Gamma_{11}^2\Gamma_{22}^2 - \Gamma_{12}^1\Gamma_{11}^2 \end{aligned}$$

를 얻는다. 즉

$$K = \frac{1}{E}\left(((\Gamma_{11}^2)_v - (\Gamma_{12}^2)_u + \Gamma_{12}^2(\Gamma_{11}^1 - \Gamma_{12}^2) + \Gamma_{11}^2\Gamma_{22}^2 - \Gamma_{12}^1\Gamma_{11}^2\right)$$

이다. 따름정리 6.2.4에 의해 모든 크리스토펠 기호 Γ_{ij}^k와 그것의 임의의 차수의 미분계수는 국소적 등장사상에 의해 보존되므로, 위의 마지막 식에 의해 가우스곡률 K 역시 국소적 등장사상에 의해 보존됨을 알 수 있다. 따라서 이로써 정리 6.2.1의 증명이 완성된다. ✣

보조정리 6.2.3과 위의 마지막 가우스곡률의 식을 이용하여 다음을 증명할 수 있다.

따름정리 6.2.5

(1) $F=0$이라 할 때, 가우스곡률 K는 다음과 같이 주어진다.

$$K = -\frac{1}{2\sqrt{EG}}\left(\left(\frac{E_v}{\sqrt{EG}}\right)_v + \left(\frac{G_u}{\sqrt{EG}}\right)_u\right)$$

(2) $F=0$이고 $E=G=\lambda$이라 할 때, 가우스곡률 K는 다음과 같이 주어진다.

$$\begin{aligned} K &= -\frac{1}{2\lambda}\left(\left(\frac{\lambda_u}{\lambda}\right)_u + \left(\frac{\lambda_v}{\lambda}\right)_v\right) \\ &= -\frac{1}{2\lambda}((\ln\lambda)_{uu} + (\ln\lambda)_{vv}) \\ &= -\frac{1}{2\lambda}\Delta(\ln\lambda),\ \Delta = \frac{\partial^2}{\partial u^2} + \frac{\partial^2}{\partial v^2} \end{aligned}$$

정리 6.2.1의 증명에서 나온 계수 A가 0이라는 사실과 $\mathbf{x}_{vvu} = \mathbf{x}_{vuv}$을 이용하여 다음 따름정리를 어렵지 않게 증명할 수 있다. 자세한 증명은 생략한다.

따름정리 6.2.6

마이나르디-코다찌 방정식(Mainardi-Codazzi Equations)

다음 등식이 성립한다.

(1) $e_v - f_u = f(\Gamma_{12}^2 - \Gamma_{11}^1) - g\Gamma_{11}^2 + e\Gamma_{12}^1$

(2) $f_v - g_u = f(\Gamma_{22}^2 - \Gamma_{12}^1) - g\Gamma_{12}^2 + e\Gamma_{22}^1$

(3) $F = f = 0$일 때, 위의 (1)은 다음 식이 된다.

$$e_v = \frac{E_v}{2}\left(\frac{e}{E} + \frac{g}{G}\right)$$

(4) $F = f = 0$일 때, 위의 (2)는 다음 식이 된다.

$$g_u = \frac{G_u}{2}\left(\frac{e}{E} + \frac{g}{G}\right)$$

보네(Bonnet)는 다음과 같은 **국소적 곡면론의 기본정리**(Fundamental theorem of the local theory of surfaces)를 증명하였다. 자세한 증명은 생략한다(Do Carmo, p. 311 참고).

정리 6.2.7

보네의 정리(Bonnet's Theorem)

$\mathbb{R}^2$의 열린 부분집합 V에서 정의된 미분가능인 함수 E, F, G, e, f, g가 다음 세 조건을 만족한다고 하자.

(i) $E > 0,\ G > 0$

(ii) $EG - F^2 > 0$

(iii) E, F, G, e, f, g가 적당한 함수족 $\{\Gamma_{ij}^k \mid i,j,k = 1,2,3\}$에 대하여 가우스 방정식(따름정리 6.2.4의 K에 관한 등식)과 마이나르디-코다찌 방정식(따름정리 6.2.6 (1), (2))을 만족한다.

이때, 임의의 점 $q \in V$에 대하여 $q \in U \subset V$을 만족하는 열린집합 U와 미분동형사상 $\mathbf{x}: U \to \mathbf{x}(U) \subset \mathbb{R}^3$가 존재하여 E, F, G, e, f, g가 정칙곡면 $\mathbf{x}(U)$의 제1기본형식과 제2기본형식이 된다. 또한 U가 연결집합이고

$$\mathbf{y}: U \to \mathbf{y}(U) \subset \mathbb{R}^3$$

가 위의 조건을 만족하는 또 다른 미분동형사상일 때, $\mathbf{y} = F \circ \mathbf{x}$를 만족하는 등장사상 $F: \mathbb{R}^3 \to \mathbb{R}^3$가 존재한다.

6.2 ❙ 연습문제

1. 단위구면의 임의의 점 근방은 평면과 국소적으로 등장일 수 있는지 판별하라.

2. $F=0$일 때, 다음 등식이 성립함을 보여라.

(1) $\Gamma_{11}^{2}=-\dfrac{1}{2}\dfrac{E_v}{G}$ (2) $\Gamma_{12}^{1}=\dfrac{1}{2}\dfrac{E_v}{E}$

(3) $\Gamma_{22}^{1}=-\dfrac{1}{2}\dfrac{G_u}{E}$ (4) $\Gamma_{12}^{2}=\dfrac{1}{2}\dfrac{G_u}{G}$

3. $E=G=1,\ F=\cos\theta$일 때,

$$K=-\frac{\theta_{uv}}{\sin\theta}$$

임을 보여라

4. 다음 조건을 만족하는 좌표조각함수가 존재하는지 판별하라. 단, 여기서 E, F, G는 제1기본형식의 계수이고 e, f, g는 제2기본형식의 계수이다.

(1) $E=G=2,\ \ F=0,\ \ e=1,\ \ g=-2,\ \ f=0$

(2) $E=1,\ \ F=0,\ \ G=\cos^2 u+1=e,\ \ f=0,\ \ g=5$

5. 다음과 같은 좌표조각함수

$$\mathbf{x}(u,\ v)=(v,\ v,\ u^2),$$
$$\overline{\mathbf{x}}(u,\ v)=(u,\ v,\ 0)$$

로 주어진 두 정칙곡면 S_1과 S_2에 대하여 다음 물음에 답하라.

(1) S_1과 S_2의 가우스곡률이 모두 0임을 보여라.

(2) 두 좌표조각함수 $\mathbf{x}$와 $\overline{\mathbf{x}}$의 제1기본형식이 각각 다음과 같이 주어짐을 보여라.

$$E=1+4u^2,\ F=0,\ G=1,\ \overline{E}=\overline{G}=1,\ \overline{F}=0$$

(3) S_1과 S_2가 서로 등장인지 판별하라.

6.3 ▌힐버트와 리브만의 정리

이 절에서는 6.2절에서 얻은 마이나르디-코다찌 방정식(따름정리 6.2.6)을 이용하여 힐버트(Hilbert)와 리브만(Liebmann)의 정리를 증명한다.

보조정리 6.3.1

S가 닫힌(closed, compact without boundary) 정칙곡면일 때, 가우스곡률 $K(p_0) > 0$을 만족하는 점 p_0가 S에 존재한다.

증명 증명을 위해 S에서 정의된 함수 $f(p) = \|p\|^2$을 고려하자. S가 콤팩트이고 f는 연속함수이므로 f의 양의 최댓값을 갖는 점 $p_0 \in S$가 존재한다([그림 6.2]). 이때 $r = \|p_0\| > 0$라 하면 $K(p_0) \geq \dfrac{1}{r^2} > 0$이 성립한다. 실제로 임의의 단위 접벡터 $u \in T_{p_0}S$에 대하여, $\alpha : (-\varepsilon, \varepsilon) \to S$를 $\alpha(0) = p_0$이고 $\alpha'(0) = u$를 만족하는 매개함수라 하자. 그러면 f가 p_0에서 최댓값을 갖기 때문에

$$(f \circ \alpha)'(0) = 0, \ (f \circ \alpha)''(0) \leq 0$$

을 만족한다. 한편

$$0 = (f \circ \alpha)'(0) = \frac{d}{dt}\bigg|_{t=0} \|\alpha(t)\|^2 = 2\langle \alpha(0), \alpha'(0) \rangle = 2\langle p_0, u \rangle$$

이므로 p_0와 u는 서로 수직이다. 따라서 u가 $T_{p_0}S$의 임의의 단위접벡터이므로 p_0는 $T_{p_0}S$와 수직이 된다. 또한

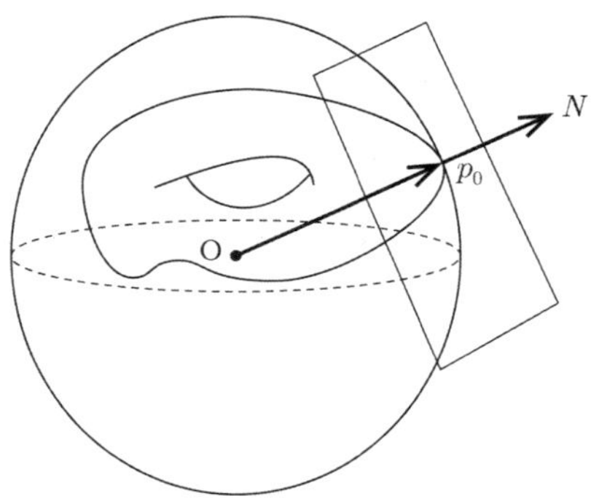

[그림 6.2]

$$
\begin{aligned}
0 \geq (f \circ \alpha)''(0) &= \frac{d^2}{dt^2}\bigg|_{t=0} \|\alpha(t)\|^2 \\
&= \frac{d}{dt}\bigg|_{t=0} (2\langle \alpha(t), \alpha'(t)\rangle) \\
&= 2\langle \alpha'(0), \alpha'(0)\rangle + 2\langle \alpha(0), \alpha''(0)\rangle \\
&= 2\langle u, u\rangle + 2\langle p_0, \alpha''(0)\rangle
\end{aligned}
$$

이므로

$$\langle p_0, \alpha''(0)\rangle \leq -1,\ \text{즉}\ \left\langle \frac{p_0}{r}, \alpha''(0)\right\rangle = \langle \boldsymbol{N}(p_0), \alpha''(0)\rangle \leq -\frac{1}{r}$$

이다. 따라서 p_0에서 법곡률은

$$\kappa_n(p_0, u) \leq -\frac{1}{r} < 0$$

이 성립한다. u가 $T_{p_0}S$의 임의의 단위접벡터이므로 p_0에서 두 주곡률은

$$k_i(p_0) \leq -\frac{1}{r} < 0,\ i = 1, 2$$

를 만족하고, 가우스곡률은

$$K(p_0) = k_1(p_0)k_2(p_0) \geq \frac{1}{r^2} > 0$$

이다. ✣

정리 6.3.2

힐버트의 정리(Hilbert Theorem)

S가 방향성을 갖는 정칙곡면이고 $p \in S$라 할 때, 다음 두 조건이 만족한다고 하자.

(1) 두 주곡률이 $k_1(p) > k_2(p)$을 만족한다.

(2) p가 k_1의 극대점이고 동시에 k_2의 극소점이다.

이때 가우스곡률은 $K(p) \leq 0$이다.

증명 위의 가정 (2)에 의해,

$$\frac{\partial k_1}{\partial v}(p) = 0,\ \frac{\partial^2 k_1}{\partial v^2}(p) \leq 0,$$

$$\frac{\partial k_2}{\partial u}(p)=0,\ \frac{\partial^2 k_2}{\partial u^2}(p)\geq 0$$

이 성립한다. 증명을 간단히 하기 위해, $F=f=0$이라 가정해도 일반성을 잃지 않는다. 그러면

$$E_v(p)=G_u(p)=0$$

이다. 실제로 $F=f=0$일 때

$$k_1=\frac{e}{E},\ k_2=\frac{g}{G}$$

이므로 **따름정리 6.2.6** (3), (4)에 의해

$$\frac{\partial k_1}{\partial v}=\frac{E_v}{2E}(k_2-k_1),\ \frac{\partial k_2}{\partial u}=\frac{G_u}{2G}(k_1-k_2)$$

이다. $p\in S$에서 $k_1(p)>k_2(p)$이므로

$$0=\frac{\partial k_1}{\partial v}(p)=\frac{E_v(p)}{2E(p)}(k_2(p)-k_1(p)),$$
$$0=\frac{\partial k_2}{\partial u}(p)=\frac{G_u(p)}{2G(p)}(k_1(p)-k_2(p))$$

로부터 $E_v(p)=G_u(p)=0$이 성립함을 알 수 있다. 또한

$$\frac{\partial^2 k_1}{\partial v^2}=\frac{1}{2}\frac{E_{vv}E-E_v^2}{E^2}(k_2-k_1)+\frac{E_v}{2E}((k_2)_v-(k_1)_v),$$
$$\frac{\partial^2 k_2}{\partial u^2}=\frac{1}{2}\frac{G_{uu}G-G_u^2}{G^2}(k_1-k_2)+\frac{G_u}{2G}((k_1)_u-(k_2)_u)$$

이므로 특히 $p\in S$에서

$$E_{vv}(p)\geq 0,\ G_{uu}(p)\geq 0$$

이다. 따라서 **따름정리 6.2.5** (1)에 의해, 가우스곡률

$$K(p)=-\frac{1}{2E(p)G(p)}(G_{uu}(p)+E_{vv}(p))\leq 0$$

이 성립한다. ✣

정리 6.3.3

리브만의 정리(Liebmann Theorem)

S가 방향성을 갖는 닫힌 정칙곡면이고 가우스곡률 K가 상수일 때, S는 반지름이 $\dfrac{1}{\sqrt{K}}$인 구면이다.

증명 먼저 보조정리 6.3.1에 의해, $K(p) > 0$인 점 $p \in S$가 존재한다. 따라서 K는 양의 상수이다. 또한

$$H^2 - K = \frac{1}{4}(k_1 + k_2)^2 - k_1 k_2 = \frac{1}{4}(k_1 - k_2)^2 \geq 0$$

이고 $H^2 - K$가 최대가 되는 점 $p_0 \in S$이 존재한다. 사실 $H^2(p_0) - K(p_0) = 0$임을 보일 수 있다.

실제로 만약 $H^2(p_0) - K(p_0) > 0$일 때, p_0의 열린근방 $U \subset S$의 모든 점 p에서 $k_1(p) > k_2(p)$라고 가정해도 일반성을 잃지 않는다. 이때

$$H^2 - K = \frac{1}{4}(k_1 - k_2)^2$$

이 p_0에서 최댓값을 가지기 때문에 U에서 정의된 함수로 볼 때 $k_1 - k_2$가 p_0에서 최댓값을 가진다. 한편 K가 양의 상수이므로 k_1이 p_0에서 극댓값을 가지고 k_2가 p_0에서 극솟값을 가져야만 한다.[1] 따라서 힐버트의 정리(정리 6.3.2)에 의해 $K(p_0) \leq 0$이 성립해야 한다. 하지만 이것은 분명히 K가 양의 상수라는 사실에 모순이다.

증명의 마지막으로 $H^2(p_0) - K(p_0) = 0$이므로 모든 $p \in S$에 대하여

$$H^2(p) - K(p) \equiv 0$$

이다. 따라서 모든 $p \in S$에 대하여 $k_1(p) = k_2(p)$이므로 S의 모든 점이 배꼽점이 된다. 즉 정칙곡면 S는 반지름이 $\dfrac{1}{\sqrt{K}}$인 구면이다. ✣

1) 이것은 $h(x) = f(x) - \dfrac{C}{f(x)}$, $C > 0$일 때, $h'(x) = f'(x)\left(1 + \dfrac{C}{f(x)^2}\right)$이 됨을 통해 쉽게 알 수 있다.

6.3 ❙ 연습문제

1. 정칙곡면 S의 가우스곡률과 평균곡률이 모두 0이면 S는 평면 또는 평면의 일부임을 보여라.

2. 닫힌 정칙곡면 S의 가우스곡률이 양수이고 평균곡률이 상수일 때, 다음 물음에 답하라.

(1) k_1, k_2가 주곡률을 나타낼 때, 한 점 $p \in S$가 k_1의 극대점이면 p가 k_2의 극소점이 됨을 보여라.

(2) S는 구면임을 보여라.

6.4 ▎공변미분과 측지선

6.5절에서 가우스-보네 정리를 증명하기 위한 준비 작업으로 이 절에서는 측지곡률과 측지비틀림률에 관한 내용을 설명한다.

이를 위해 먼저 방향성 $\boldsymbol{N}$을 가진 정칙곡면 S의 벡터장에 관한 **공변미분**(covariant derivative)의 정의를 알아야 한다. 즉 S의 열린집합 U와 $p \in U$에 대하여, $Y(p) \in T_pS$와 U에서 정의된 미분가능인 벡터장 W를 고려하자. 이때

$$\alpha : (-\varepsilon, \varepsilon) \to S, \quad \alpha(0) = p,\ \alpha'(0) = Y(p)$$

인 매개함수 α에 대하여 $W(t) = W(\alpha(t))$라 할 때,

$$\frac{DW}{dt}(0) = \left.\frac{dW}{dt}\right|_{t=0} - \left\langle \left.\frac{dW}{dt}\right|_{t=0}, \boldsymbol{N}(p) \right\rangle \boldsymbol{N}(p)$$

를 p에서 $Y(p)$ **방향으로 벡터장** W**의 공변미분**이라 하고, 이것을 $D_{Y(p)}W$ 또는 $(D_YW)(p)$으로 나타내기도 한다. 정의에 의해, $\frac{DW}{dt}(0)$는 p에서 출발하는 벡터 $\left.\frac{dW}{dt}\right|_{t=0}$을 접평면 T_pS로 정사영(orthogonal projection)하여 얻어짐을 알 수 있다([그림 6.3]).

S의 좌표조각함수 $(\mathbf{x}, U)$를 이용하여 $\alpha(t) = \mathbf{x}(u(t), v(t))$와

$$W(t) = a(u(t), v(t))\mathbf{x}_u + b(u(t), v(t))\mathbf{x}_v$$

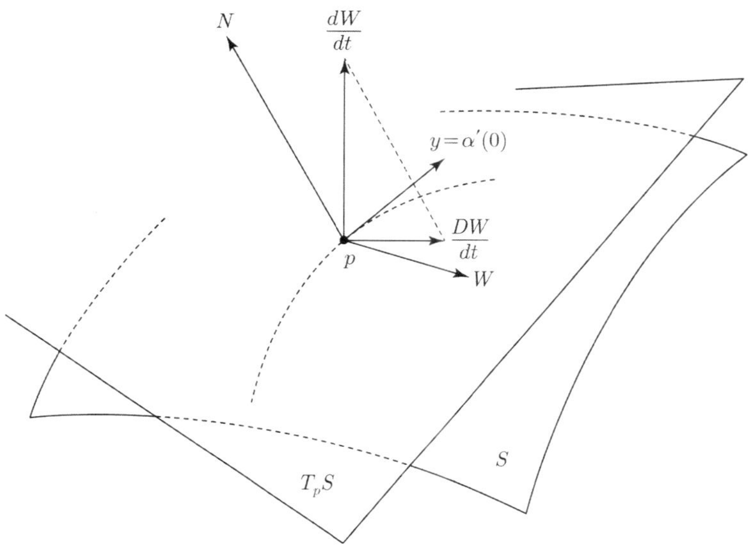

[그림 6.3]

로 표현할 때, 공변미분 $\frac{DW}{dt}$는

$$\frac{DW}{dt} = (au'\Gamma_{11}^1 + av'\Gamma_{12}^1 + bu'\Gamma_{12}^1 + bv'\Gamma_{22}^1 + a')\mathbf{x}_u + (au'\Gamma_{11}^2 + av'\Gamma_{12}^2 + bu'\Gamma_{12}^2 + bv'\Gamma_{22}^2 + b')\mathbf{x}_v$$

로 주어진다. 이를 이용하여 공변미분에 관해 다음 성질이 성립함을 보일 수 있다. 자세한 증명은 생략한다.

보조정리 6.4.1

정칙곡면 S의 열린집합 U와 $p\in U$에 대하여, $Y(p)\in T_pS$와 U에서 정의된 미분가능인 벡터장 W가 다음 성질을 만족한다.

(1) 공변미분 $(D_Y W)(p)$는 $Y(p)\in T_pS$를 나타내는 매개함수 α의 선택에 의존하지 않는다. 즉

$$\alpha : (-\varepsilon, \varepsilon) \to S,\ \alpha(0) = p,\ \alpha'(0) = Y(p)$$

와

$$\beta : (-\varepsilon, \varepsilon) \to S,\ \beta(0) = p,\ \beta'(0) = Y(p)$$

에 대하여, α와 β를 이용하여 정의한 공변미분 $\left[\frac{DW}{dt}(0)\right]_\alpha$와 $\left[\frac{DW}{dt}(0)\right]_\beta$는 서로 일치한다.

(2) 공변미분 $(D_Y W)(p)$는 제1기본형식에만 의존한다.

예제 6.4.2 $\alpha : (-\varepsilon, \varepsilon) \to S$에 대하여, $\alpha'(t)$는 $\alpha(t)$를 따른 접벡터장이고, 이를 $\alpha(t)$의 열린근방 $U\subset S$로 확장하여 접벡터장 W와 $W(t) = W(\alpha(t))$를 얻을 수 있다. 이때 공변미분 $\frac{DW}{dt}$는 $\frac{D\alpha'}{dt}$과 같다. 한편 $\frac{D\alpha'}{dt}$는

$$\frac{D\alpha'}{dt} = \alpha''(t) - \langle \alpha''(t), \boldsymbol{N}(t) \rangle \boldsymbol{N}(t),\quad \boldsymbol{N}(t) = \boldsymbol{N}(\alpha(t))$$

이므로 공변미분 $\frac{D\alpha'}{dt}$는 $\alpha(t)$에서 출발하는 가속도 벡터 $\alpha''(t)$을 접평면 $T_{\alpha(t)}S$로 정사영하여 얻는다. ◆

기하학적으로 말하면, 공변미분 $\dfrac{D\alpha'}{dt}$는 가속도 벡터 $\alpha''(t)$의 정칙곡면 S의 성분에 해당한다. 따라서 공변미분 $\dfrac{D\alpha'}{dt}$이 0이면 정칙곡면에 놓여있는 매개함수 α의 "S에 해당하는" 가속도는 없고 α가 평면에서 직선과 같은 역할을 함을 알 수 있다.

벡터장 W의 매개함수 $\alpha : I \to S$를 따른 공변미분 $\dfrac{DW}{dt}$이 항상 0일 때, 벡터장 W를 **평행하다**(parallel)라고 말한다.

예제 6.4.3 평면에서 평행한 벡터장은 평면에서는 크리스토펠 기호 Γ_{ij}^k가 모두 0이므로 $\dfrac{DW}{dt} = W'(t) \equiv 0$을 만족한다. 따라서 평행한 벡터장 W는 α를 따라 상수인 벡터장이다. ◆

예제 6.4.4 단위구면의 대원을 나타내는 단위속력변수를 갖는 매개함수 α는 $\langle \alpha'(t), \alpha''(t) \rangle = 0$이다. 따라서 $\alpha''(t)$는 항상 단위구면의 중심을 향한다. 즉 $\alpha''(t)$은 접평면에 해당하는 성분이 없어 $\dfrac{D\alpha'}{dt} \equiv 0$이다. 이로부터 α'는 α를 따라 평행한 벡터장임을 알 수 있다. ◆

보조정리 6.4.5

매개함수 $\alpha : (a, b) \to S$를 따른 두 평행한 벡터장 V와 W가 다음 성질을 만족한다.

(1) $\langle V(t), W(t) \rangle =$ 상수이다.

(2) $\| V(t) \|$와 $\| W(t) \|$가 모두 상수이다.

(3) $V(t)$와 $W(t)$ 사이의 각이 상수이다.

증명 (1) 가정에 의해, 모든 $t \in (a, b)$에 대하여 $\dfrac{DV}{dt} \equiv \dfrac{DW}{dt} \equiv 0$이므로

$$
\begin{aligned}
\frac{d}{dt}\langle V(t), W(t) \rangle &= \left\langle \frac{dV}{dt}, W(t) \right\rangle + \left\langle V(t), \frac{dW}{dt} \right\rangle \\
&= \left\langle \frac{DV}{dt} + \left\langle \frac{dV}{dt}, \boldsymbol{N}(t) \right\rangle \boldsymbol{N}(t), W(t) \right\rangle \\
&\quad + \left\langle V(t), \frac{DW}{dt} + \left\langle \frac{dW}{dt}, \boldsymbol{N}(t) \right\rangle \boldsymbol{N}(t) \right\rangle \\
&= \left\langle \frac{DV}{dt}, W(t) \right\rangle + \left\langle V(t), \frac{DW}{dt} \right\rangle \\
&= 0
\end{aligned}
$$

이 성립한다. 따라서 $\langle V(t), W(t) \rangle =$ 상수이다.

(2) (1)과 비슷한 방법으로

$$\| V(t) \|^2 = \langle V(t), V(t) \rangle, \ \| W(t) \|^2 = \langle W(t), W(t) \rangle$$

는 모두 상수이다.

(3) (1)과 (2)에 의해 $\langle V(t), W(t) \rangle$=상수이고 $\| V(t) \|$와 $\| W(t) \|$가 모두 상수이므로 그 사이의 각도 일정하다. ✣

평행한 벡터장을 나타내는 방정식 $\dfrac{DW}{dt} \equiv 0$은 일계 상미분방정식이다. 상미분방정식의 해의 존재성과 유일성에 의해 다음 성질이 성립한다. 자세한 증명은 생략한다.

보조정리 6.4.6

$\alpha : I \to S$가 정칙곡면 S의 매개함수이고 $W_0 \in T_{\alpha(t)}S$라 할 때, 임의의 $t_0 \in I$와 그에 대응하는 적당한 $\varepsilon = \varepsilon(t_0) > 0$에 대하여 $W(t_0) = W_0$을 만족하는 α를 따른 평행한 벡터장

$$W(t), \quad t_0 - \varepsilon < t < t_0 + \varepsilon$$

이 유일하게 존재한다.

위의 **보조정리** 6.4.6에 의해 얻어진 평행한 벡터장 $W(t)$에 대하여,

$$W(t_1), \ t_0 - \varepsilon < t_1 < t_0 + \varepsilon$$

을 α를 따른 $W(t_0) = W_0$의 **평행이동(parallel transport)**이라 말한다.

보조정리 6.4.5에 의해, 두 평행한 벡터장은 길이와 사이의 각을 보존하므로 다음 보조정리가 성립함을 쉽게 알 수 있다.

보조정리 6.4.7

p와 q가 정칙곡면 S의 임의의 두 점이고 $\alpha : [0, 1] \to S$가 $\alpha(0) = p, \ \alpha(1) = q$를 만족하는 S의 매개함수일 때, 다음과 같이 정의된 등장사상이 존재한다.

$$P_\alpha : T_pS \to T_qS, \ v \mapsto V$$

단, 여기서 V는 α를 따른 v의 평행이동을 나타낸다.

일반적으로 정칙곡면 S의 매개함수 $\alpha : I \to S$가 $\dfrac{D\alpha'}{dt} \equiv 0$을 만족할 때, α를 **측지곡선** 또는 **측지선**(geodesic)이라 한다. 또한 정칙곡선 $C \subset S$의 임의의 점과 그 열린근방에서 C를 측지선의 매개함수로 표현할 수 있을 때, C를 **측지선**이라 한다.

단위구면의 대원과 정칙곡면에 포함되어 있는 직선은 항상 측지선이다. 보조정리 6.4.5 (2)에 의해, 모든 측지선의 속력은 항상 상수임도 알 수 있다.

S의 좌표조각함수 $(\mathbf{x}, U)$를 이용하여 $\alpha(t) = \mathbf{x}(u(t), v(t))$와

$$\alpha'(t) = u'(t)\mathbf{x}_u + v'(t)\mathbf{x}_v$$

로 표현할 때, 공변미분 $\dfrac{D\alpha'}{dt}$은

$$\begin{aligned} 0 &\equiv \frac{D\alpha'}{dt} \\ &= ((u')^2\Gamma_{11}^1 + u'v'\Gamma_{12}^1 + u'v'\Gamma_{12}^1 + (v')^2\Gamma_{22}^1 + u'')\mathbf{x}_u \\ &\quad + ((u')^2\Gamma_{11}^2 + u'v'\Gamma_{12}^2 + u'v'\Gamma_{12}^2 + (v')^2\Gamma_{22}^2 + v'')\mathbf{x}_v \end{aligned}$$

로 주어진다. 따라서 측지선은 다음과 같은 이계 비선형 상미분방정식계(system of second order, non-linear, ordinary differential equaticns)를 만족한다.

$$\begin{cases} u'' + (u')^2\Gamma_{11}^1 + 2u'v'\Gamma_{12}^1 + (v')^2\Gamma_{22}^1 \equiv 0, \\ v'' + (u')^2\Gamma_{11}^2 + 2u'v'\Gamma_{12}^2 + (v')^2\Gamma_{22}^2 \equiv 0 \end{cases}$$

이계 비선형 상미분방정식계의 해의 존재성과 유일성에 의해 다음이 성립한다.

보조정리 6.4.8

정칙곡면 S, 임의의 점 $p \in S$, $W_0 \in T_pS$에 대하여 적당한 $\varepsilon = \varepsilon(p, W_0) > 0$가 존재하여

$$\alpha : (-\varepsilon, \varepsilon) \to S,\ \alpha(0) = p,\ \alpha'(0) = W_0$$

를 만족하는 측지선이 유일하게 존재한다.

예제 6.4.9 S를 xy-평면에 있는 매개함수 $\gamma(u) = (f(u), g(u), 0)$, $g > 0, f' \neq 0$를 x-축으로 회전하여 얻은 회전곡면이라 할 때, S는 다음과 같은 좌표조각함수로 표현된다.

$$\mathbf{x}(u, v) = (f(u), g(u)\cos v, g(u)\sin v), \quad 0 < v < 2\pi$$

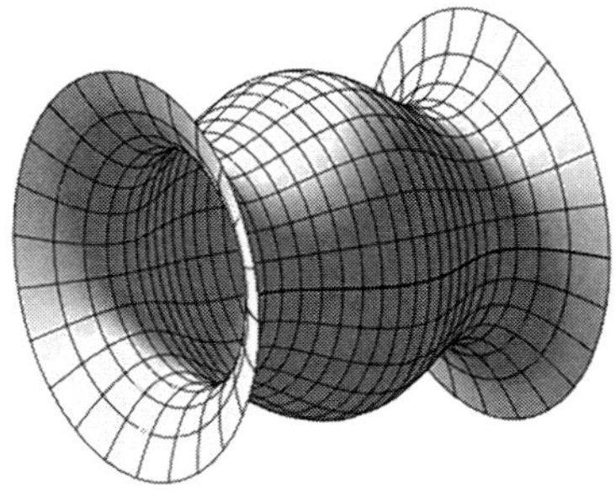

[그림 6.4] $f(u)=u,\ g(u)=u^4-8u^2+50$인 경우

S의 경도선(meridian) $\mathbf{x}(u, v_0)$를 단위속력을 갖는 매개함수 α로 나타낼 때, 가속도 α''는 항상 S의 법벡터장에 평행하므로 접평면에 해당하는 성분이 없다. 따라서 회전곡면의 모든 경도선은 측지선이다. 하지만 회전곡면의 위도선(parallel) $\mathbf{x}(u_0, v)$은 $g'(u_0)=0$를 만족하는 경우, 즉 γ의 접벡터가 회전축인 x-축에 평행한 u_0에서만 측지선이 됨을 알 수 있다([그림 6.4]).

예를 들어 r이 양의 상수일 때, 원기둥면은

$$\gamma(u)=(f(u), g(u), 0)=(f(u), r, 0)$$

형태의 생성곡선을 x-축으로 회전시켜 얻어지므로 항상 $g'(u)=0$이다. 따라서 원기둥면의 모든 위도선은 측지선이다. ◆

예제 6.4.10 좌표조각함수

$$\mathbf{x}(u, v)=(\cos u, \sin u, v),\ -\pi<u<\pi,\ -\infty<v<\infty$$

로 주어진 원기둥면에 놓여있는 **원형나선**(circular helix)은 항상 측지선이다. 실제로 $\mathbf{x}$의 제1기본형식의 계수

$$E=1,\ F=0,\ G=1$$

는 xy-평면의 좌표조각함수 $\overline{\mathbf{x}}(u, v)=(u, v, 0)$의 제1기본형식의 계수와 같다. 따라서 원기둥면과 xy-평면은 등장사상 $\varphi=\mathbf{x}\circ\overline{\mathbf{x}}^{-1}$에 의해 서로 등장이다.

측지선의 성질은 등장사상에 의해 보존됨은 잘 알려진 사실이다. 특히 xy-평면상의 측지선인 직선 $\gamma(s)=(a, b, 0)s,\ a^2+b^2=1$의 상(image)

$$\varphi(\gamma(s))=\mathbf{x}\circ\overline{\mathbf{x}}^{-1}(\gamma(s))=\mathbf{x}((a, b)s)$$

$$= (\cos(as), \sin(as), bs), \ a^2 + b^2 = 1$$

은 측지선이고 원형나선을 나타낸다. ◆

예제 6.4.11 S가 $z = k\sqrt{x^2+y^2}$, $(x, y) \neq (0, 0)$으로 주어진 원뿔면이고 $\cot\beta = k$일 때, $n \in \mathbb{Z}$이 $2\pi n \sin\beta < 2\pi$를 만족하는 최대의 정수라 하자.

$$V = \left\{(\rho, \theta) \,\middle|\, 0 < \rho < \infty, \ 0 < \theta < 2\pi n \sin\beta, \ 0 < \beta < \frac{\pi}{2}\right\}$$

라 할 때, 예제 6.1.5에 의해

$$\varphi : V \to S, \ (\rho, \theta) \mapsto \left(\rho \sin\beta \cos\left(\frac{\theta}{\sin\beta}\right), \rho \sin\beta \sin\left(\frac{\theta}{\sin\beta}\right), \rho \cos\beta\right)$$

는 국소적 등장사상이다.

q가 S의 임의의 점이고 $0 < \beta < \dfrac{\pi}{6}$일 때, q를 출발하여 q로 되돌아오는 측지선이 최소한 n개 존재함을 [그림 6.5]를 통해 알 수 있다. 하지만 n개의 측지선 모두 q에서 매끈하지는 않아, q에서 출발하는 매끈한 닫힌 측지선은 존재하지 않는다. ◆

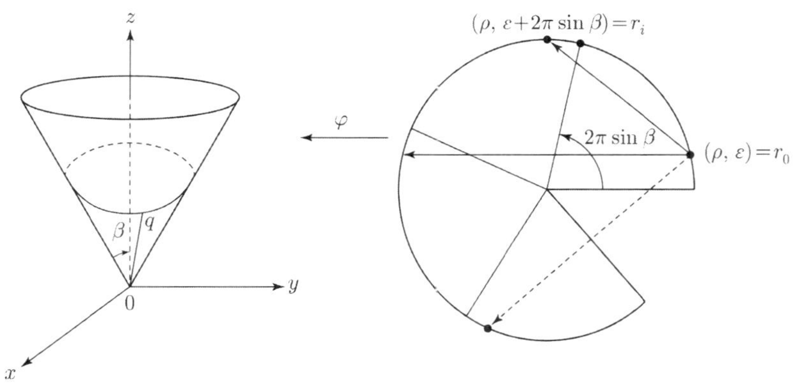

[그림 6.5]

6.5 ▌측지곡률과 측지비틀림률

5.2절에서 정칙곡면상의 정칙곡선에 대응하는 법곡률을 정의했다. 이 절에서는 법곡률의 보조적인 개념인 측지곡률의 정의와 여러 가지 성질을 자세히 알아본다.

이를 위해 먼저 W가 방향성 $\boldsymbol{N}$을 가진 정칙곡면 S상의 매개함수 $\alpha:(a,b)\to S$를 따라 정의된 단위접벡터장일 때, $\|W(t)\|=1$이므로

$$\begin{aligned}0&=\frac{d}{dt}\langle W(t),\,W(t)\rangle=2\langle W'(t),\,W(t)\rangle\\&=\left\langle\frac{DW}{dt}+\langle W'(t),\boldsymbol{N}(t)\rangle\boldsymbol{N}(t),\,W(t)\right\rangle\\&=\left\langle\frac{DW}{dt},\,W(t)\right\rangle\end{aligned}$$

가 성립함을 알아야 한다. 한편 정의에 의해

$$\left\langle\frac{DW}{dt},\boldsymbol{N}(t)\right\rangle=\langle W(t),\boldsymbol{N}(t)\rangle=0$$

이므로 적당한 함수 $\lambda(t)$를 이용하여

$$\frac{DW}{dt}=\lambda(t)\boldsymbol{N}(t)\times W(t)$$

로 표현할 수 있다. 이때 $\lambda(t)$를 $\left[\frac{DW}{dt}\right]$로 나타내고 t**에서 벡터장** $W(t)$**의 공변미분의 대수적인 값**이라 부른다.

특히 단위속력변수 s를 갖는 매개함수 $\alpha(s)$에 대하여 $W(s)=\alpha'(s)$인 경우에는 $\left[\frac{D\alpha'}{ds}\right]$를 $\kappa_g(s)$로 나타내고 **측지곡률(geodesic curvature)**이라 한다.

정의에 의해 α가 측지선을 나타내면 $\frac{D\alpha'}{ds}\equiv0$이므로 측지곡률 κ_g도 항상 0이 되고, 그 역도 성립한다.

보조정리 6.5.1

방향성 $\boldsymbol{N}$을 가진 정칙곡면 S상에 있는 단위속력변수 s를 갖는 매개함수 $\alpha(s)$에 대하여, 다음이 성립한다.

(1) $\kappa_\alpha^2(s)=\kappa_g^2(s)+\kappa_n^2(s)$

(2) $\langle \boldsymbol{N}(s), \alpha''(s) \rangle = \kappa_\alpha(s)\cos\theta(s),\ 0 \le \theta(s) \le \pi$라 할 때,

$$|\kappa_g(s)| = \kappa_\alpha(s)\sin\theta(s)$$

이다.

(3) 사실

$$\begin{aligned}\kappa_g(s) &= \langle \boldsymbol{N}(s), \alpha'(s) \times \alpha''(s) \rangle \\ &= \langle \boldsymbol{N}(s), \boldsymbol{T}_\alpha(s) \times \kappa_\alpha(s)\boldsymbol{N}_\alpha(s) \rangle \\ &= \kappa_\alpha(s)\langle \boldsymbol{N}(s), \boldsymbol{B}_\alpha(s) \rangle\end{aligned}$$

이다. 단, 여기서 $\{\boldsymbol{T}_\alpha(s), \boldsymbol{N}_\alpha(s), \boldsymbol{B}_\alpha(s)\}$는 α의 프레네-세레 틀마당을 나타낸다.

증명 (1) 정의에 의해

$$\frac{D\alpha'}{ds} = \alpha''(s) - \langle \alpha''(s), \boldsymbol{N}(s) \rangle \boldsymbol{N}(s)$$

이므로

$$\begin{aligned}\alpha''(s) &= \frac{D\alpha'}{ds} + \langle \alpha''(s), \boldsymbol{N}(s) \rangle \boldsymbol{N}(s) \\ &= \kappa_g(s)\boldsymbol{N}(s) \times \alpha'(s) + \kappa_n(s)\boldsymbol{N}(s)\end{aligned}$$

가 성립한다. 한편 $\langle \boldsymbol{N}(s) \times \alpha'(s), \boldsymbol{N}(s) \rangle = 0$이고 $\|\boldsymbol{N}(s) \times \alpha'(s)\| = 1$이므로

$$\begin{aligned}\kappa_\alpha^2(s) &= \|\alpha''(s)\|^2 = \kappa_g^2(s)\|\boldsymbol{N}(s) \times \alpha'(s)\|^2 + \kappa_n^2(s)\|\boldsymbol{N}(s)\|^2 \\ &= \kappa_g^2(s) + \kappa_n^2(s)\end{aligned}$$

이다.

(2) $\kappa_n(s) = \kappa_\alpha(s)\cos\theta(s)$이므로 위의 (1)에 의해

$$\kappa_g^2(s) = \kappa_\alpha^2(s) - \kappa_n^2(s) = \kappa_\alpha^2(s) - \kappa_\alpha^2(s)\cos\theta(s) = \kappa_\alpha^2(s)\sin^2\theta(s)$$

가 성립한다. 즉 $|\kappa_g(s)| = \kappa_\alpha(s)\sin\theta(s)$이다.

(3) $\|\boldsymbol{N}(s) \times \alpha'(s)\| = 1$이므로 정의에 의해

$$\langle \boldsymbol{N}(s), \alpha'(s) \times \alpha''(s) \rangle$$

$$
\begin{aligned}
&= \left\langle \boldsymbol{N}(s), \alpha'(s) \times \left(\frac{D\alpha'}{ds} + \langle \alpha''(s), \boldsymbol{N}(s) \rangle \boldsymbol{N}(s) \right) \right\rangle \\
&= \langle \boldsymbol{N}(s), \alpha'(s) \times (\kappa_g(s) \boldsymbol{N}(s) \times \alpha'(s) + \langle \alpha''(s), \boldsymbol{N}(s) \rangle \boldsymbol{N}(s)) \rangle \\
&= \langle \boldsymbol{N}(s) \times \alpha'(s), \kappa_g(s) \boldsymbol{N}(s) \times \alpha'(s) \rangle \\
&= \kappa_g(s)
\end{aligned}
$$

이다. ✤

따름정리 6.5.2

방향성 $\boldsymbol{N}$을 가진 정칙곡면 S상에 있는 일반적인 변수 t를 갖는 매개함수 $\alpha(t)$에 대하여

$$
\kappa_g(t) = \frac{\langle \boldsymbol{N}(t), \alpha'(t) \times \alpha''(t) \rangle}{\| \alpha'(t) \|^3}
$$

이다.

증명 단위속력을 갖는 새로운 매개함수 $\beta(s) = \alpha(t(s))$와 **보조정리 6.5.1**에 의해

$$
\begin{aligned}
\kappa_g(t) = \kappa_g(s(t)) &= \langle \boldsymbol{N}(s), \beta'(s) \times \beta''(s) \rangle \\
&= \left\langle \boldsymbol{N}(t), \alpha'(t) \frac{dt}{ds} \times \left(\alpha''(t) \left(\frac{dt}{ds} \right)^2 + \alpha'(t) \frac{d^2 t}{ds^2} \right) \right\rangle \\
&= \langle \boldsymbol{N}(t), \alpha'(t) \times \alpha''(t) \rangle \left(\frac{dt}{ds} \right)^3 \\
&= \frac{\langle \boldsymbol{N}(t), \alpha'(t) \times \alpha''(t) \rangle}{\left(\frac{ds}{dt} \right)^3} \\
&= \frac{\langle \boldsymbol{N}(t), \alpha'(t) \times \alpha''(t) \rangle}{\| \alpha'(t) \|^3}
\end{aligned}
$$

이다. ✤

예제 6.5.3 바깥쪽(outward)으로 향하는 방향성 $\boldsymbol{N}$을 가진 단위구면 S^2상에서 구면좌표계로 $\varphi = \varphi_0$, $0 < \varphi_0 < \pi$로 주어진 원 C의 측지곡률은 $\cot\varphi_0$이다. 실제로 $\varphi = \varphi_0$로 주어진 원의 반지름이 $\sin\varphi_0$이므로 C를

$$
\alpha(t) = (\sin\varphi_0 \cos t, \sin\varphi_0 \sin t, \cos\varphi_0)
$$

로 매개화할 수 있다. 한편

$$\alpha'(t) = (-\sin\varphi_0 \sin t, \sin\varphi_0 \cos t, 0), \quad \|\alpha'(t)\| = \sin\varphi_0$$
$$\alpha''(t) = (-\sin\varphi_0 \cos t, -\sin\varphi_0 \sin t, 0)$$

이므로

$$\alpha'(t) \times \alpha''(t) = (0, 0, \sin^2\varphi_0)$$

이다. 따라서 따름정리 6.5.2에 의해,

$$\begin{aligned}\kappa_g(t) &= \frac{\langle \boldsymbol{N}(t), \alpha'(t) \times \alpha''(t) \rangle}{\|\alpha'(t)\|^3} = \frac{\langle \alpha(t), \alpha'(t) \times \alpha''(t) \rangle}{\|\alpha'(t)\|^3} \\ &= \frac{\cos\varphi_0 \sin^2\varphi_0}{\sin^3\varphi_0} \\ &= \cot\varphi_0\end{aligned}$$

이다.

한편 C를

$$\gamma(t) = (\sin\varphi_0 \cos t, -\sin\varphi_0 \sin t, \cos\varphi_0)$$

로 매개화하면

$$\gamma'(t) = (-\sin\varphi_0 \sin t, -\sin\varphi_0 \cos t, 0), \quad \|\gamma'(t)\| = \sin\varphi_0$$
$$\gamma''(t) = (-\sin\varphi_0 \cos t, \sin\varphi_0 \sin t, 0)$$

이므로

$$\gamma'(t) \times \gamma''(t) = (0, 0, -\sin^2\varphi_0)$$

이다. 따라서 따름정리 6.5.2에 의해,

$$\begin{aligned}\kappa_g(t) &= \frac{\langle \boldsymbol{N}(t), \gamma'(t) \times \gamma''(t) \rangle}{\|\gamma'(t)\|^3} \\ &= \frac{\langle \gamma(t), \gamma'(t) \times \gamma''(t) \rangle}{\|\gamma'(t)\|^3} \\ &= \frac{-\cos\varphi_0 \sin^2\varphi_0}{\sin^3\varphi_0} \\ &= -\cot\varphi_0\end{aligned}$$

가 된다.

위의 두 계산으로부터, 고정된 방향성을 가진 정칙곡면에 놓여 있는 정칙곡선의 측지곡률은 주어진 곡선의 방향성에 의존함을 알 수 있다. ◆

보조정리 6.5.4

방향성 $\boldsymbol{N}$을 가진 정칙곡면 S상의 매개함수 $\alpha : I \to S$를 따라 정의된 두 단위접벡터장 V, W에 대하여, $\varphi(t)$를 $V(t)$로부터 $W(t)$까지 양의 방향으로 측정한 각이라 하자.[2] 이때 다음 등식이 성립한다.

$$\left[\frac{DW}{dt}\right] - \left[\frac{DV}{dt}\right] = \frac{d\varphi}{dt}$$

증명 증명을 위해

$$\overline{V}(t) = \boldsymbol{N}(t) \times V(t), \ \overline{W}(t) = \boldsymbol{N}(t) \times W(t)$$

라 놓을 때,

$$\| \overline{V} \| = \| \overline{W} \| = 1, \langle V, \overline{V} \rangle = \langle W, \overline{W} \rangle = 0$$

이므로 $W = \cos\varphi \, V + \sin\varphi \, \overline{V}$이다. 한편

$$\overline{W} = \boldsymbol{N} \times W = \boldsymbol{N} \times (\cos\varphi \, V + \sin\varphi \, \overline{V}) = \cos\varphi \, \overline{V} - \sin\varphi \, V$$

이고

$$W' = -\varphi' \sin\varphi \, V + \cos\varphi \, V' + \varphi' \cos\varphi \, \overline{V} + \sin\varphi \, \overline{V}'$$

이므로

$$\langle \overline{W}, W' \rangle = \varphi' + \langle V', \overline{V} \rangle$$

이다. 따라서

$$\begin{aligned} \left[\frac{DW}{dt}\right] &= \left\langle \left[\frac{DW}{dt}\right] \boldsymbol{N} \times W, \boldsymbol{N} \times W \right\rangle \\ &= \langle W', \overline{W} \rangle \\ &= \varphi' + \langle V', \overline{V} \rangle \end{aligned}$$

2) 여기서 양의 방향으로 측정한 각이란 $V(t)$, $W(t)$, $\boldsymbol{N}(t)$ 순서로 오른손 법칙을 만족할 때 $V(t)$에서 $W(t)$로 측정한 양의 각을 의미한다.

$$= \varphi' + \left[\frac{DV}{dt}\right]$$

이다. ✣

따름정리 6.5.5

방향성 $\boldsymbol{N}$을 가진 정칙곡면 S상의 단위속력변수 s를 갖는 매개함수 $\alpha : I \to S$를 따라 정의된 평행한 단위접벡터장 V에 대하여, $\varphi(s)$를 $V(s)$로부터 $\alpha'(s)$까지 양의 방향으로 측정한 각이라 하자. 이때

$$\kappa_g(s) = \frac{d\varphi}{ds}$$

가 성립한다.

증명 보조정리 6.5.4에 의해, V가 평행하므로

$$\left[\frac{D\alpha'}{ds}\right] - \left[\frac{DV}{ds}\right] = \left[\frac{D\alpha'}{ds}\right] = \frac{d\varphi}{ds}$$

이다. 따라서

$$\kappa_g(s) = \left[\frac{D\alpha'}{ds}\right] = \frac{d\varphi}{ds}$$

이다. ✣

보조정리 6.5.6

방향성 $\boldsymbol{N}$을 가진 정칙곡면 S의 직교좌표조각함수 $(\mathbf{x}, U)$에 대하여, $\alpha(t) = \mathbf{x}(u(t), v(t))$라 하고 W를 α를 따라 정의된 단위접벡터장이라 하자. $\varphi(t)$를 $\alpha(t)$에서 $\mathbf{x}_u$로부터 $W(t) = W(\alpha(t))$까지 양의 방향으로 측정한 각이라 할 때, 다음 등식이 성립한다.

$$\left[\frac{DW}{dt}\right] = \frac{1}{2\sqrt{EG}}\left(G_u \frac{dv}{dt} - E_v \frac{du}{dt}\right) + \frac{d\varphi}{dt}$$

증명 $e_1(t) = \dfrac{\mathbf{x}_u}{\sqrt{E}}$, $e_2(t) = \dfrac{\mathbf{x}_v}{\sqrt{G}}$라 놓으면,

$$\langle e_1(t), e_2(t) \rangle = 0, \ \|e_1(t)\| = \|e_2(t)\| = 1$$

이므로 $\{e_1(t),\ e_2(t)\}$는 $T_{\alpha(t)}S$의 정규직교기저이다. 이때 $W(t)$와 $e_1(t)$에 보조정리 6.5.4를 적용하면

$$\left[\frac{DW}{dt}\right]-\left[\frac{De_1}{dt}\right]=\frac{d\varphi}{dt}$$

를 얻는다. 한편

$$\begin{aligned}\left[\frac{De_1}{dt}\right]&=\left\langle\left[\frac{De_1}{dt}\right]\boldsymbol{N}\times e_1,\boldsymbol{N}\times e_1\right\rangle\\&=\langle e_1{}',e_2\rangle\\&=\left\langle(e_1)_u\frac{du}{dt}+(e_1)_v\frac{dv}{dt},e_2\right\rangle\\&=\langle(e_1)_u,e_2\rangle\frac{du}{dt}+\langle(e_1)_v,e_2\rangle\frac{dv}{dt}\end{aligned}$$

이고

$$\begin{aligned}\langle(e_1)_u,e_2\rangle&=\frac{1}{\sqrt{EG}}\langle\mathbf{x}_{uu},\mathbf{x}_v\rangle=-\frac{E_v}{2\sqrt{EG}},\\\langle(e_1)_v,e_2\rangle&=\frac{G_u}{2\sqrt{EG}}\end{aligned}$$

이다. 여기서 위의 첫 번째 등식을 얻기 위해 $F=0$과

$$E_v=\langle\mathbf{x}_u,\mathbf{x}_u\rangle_v=-2\langle\mathbf{x}_{uu},\mathbf{x}_v\rangle$$

를 이용하였다. 따라서

$$\begin{aligned}\left[\frac{DW}{dt}\right]&=\left[\frac{De_1}{dt}\right]+\frac{d\varphi}{dt}\\&=\langle(e_1)_u,e_2\rangle\frac{du}{dt}+\langle(e_1)_v,e_2\rangle\frac{dv}{dt}+\frac{d\varphi}{dt}\\&=\frac{1}{2\sqrt{EG}}\left(G_u\frac{dv}{dt}-E_v\frac{du}{dt}\right)+\frac{d\varphi}{dt}\end{aligned}$$

이다. ✤

정리 6.5.7

리우빌 공식(Liouville formula)

방향성 $\boldsymbol{N}$을 가진 정칙곡면 S의 직교좌표조각함수 $(\mathbf{x}, U)$에 대하여, 단위속력변수 s를 갖는 $\alpha(s)=\mathbf{x}(u(s), v(s))$라 하자. $\varphi(s)$를 $\alpha(s)$에서 $\mathbf{x}_u$로부터 $\alpha'(s)$까지 양의 방향으로 측정한 각이라 할 때, 다음 등식이 성립한다.

$$\kappa_g(s)=\left[\frac{D\alpha'}{ds}\right]=\frac{1}{2\sqrt{EG}}\left(G_u\frac{dv}{ds}-E_v\frac{du}{ds}\right)+\frac{d\varphi}{ds}$$
$$=(\kappa_g)_1(s)\cos\varphi(s)+(\kappa_g)_2(s)\sin\varphi(s)+\frac{d\varphi}{ds}$$

단, 여기서 $(\kappa_g)_i$, $i=1,2$는 각각 u-변수매개곡선과 v-변수매개곡선의 측지곡률을 나타낸다.

증명 증명을 위해 먼저 **보조정리** 6.5.6을 u-변수매개곡선과 v-변수매개곡선에 적용하면

$$(\kappa_g)_1(s)=-\frac{E_v}{2\sqrt{EG}}\frac{du}{ds}=-\frac{E_v}{2\sqrt{EG}}\frac{1}{\sqrt{E}}=-\frac{E_v}{2E\sqrt{G}},$$
$$(\kappa_g)_2(s)=\frac{G_u}{2\sqrt{EG}}\frac{du}{ds}=\frac{G_u}{2\sqrt{EG}}\frac{1}{\sqrt{G}}=\frac{G_u}{2G\sqrt{E}}$$

를 얻는다. 따라서

$$\kappa_g(s)=\frac{1}{2\sqrt{EG}}\left(G_u\frac{dv}{ds}-E_v\frac{du}{ds}\right)+\frac{d\varphi}{ds}$$
$$=\frac{1}{2\sqrt{EG}}\left(2G\sqrt{E}(\kappa_g)_2(s)\frac{dv}{ds}+2E\sqrt{G}(\kappa_g)_1(s)\frac{du}{ds}\right)+\frac{d\varphi}{ds}$$
$$=(\kappa_g)_1\sqrt{E}\frac{du}{ds}+(\kappa_g)_2(s)\sqrt{G}\frac{dv}{ds}+\frac{d\varphi}{ds}$$
$$=(\kappa_g)_1(s)\cos\varphi(s)+(\kappa_g)_2(s)\sin\varphi(s)+\frac{d\varphi}{ds}$$

가 성립한다. 여기서 위 네 번째 등식을 얻기 위해

$$\sqrt{E}\frac{du}{ds}=\left\langle\alpha'(s), \frac{\mathbf{x}_u}{\sqrt{E}}\right\rangle=\cos\varphi(s),$$
$$\sqrt{G}\frac{dv}{ds}=\left\langle\alpha'(s), \frac{\mathbf{x}_v}{\sqrt{G}}\right\rangle=\sin\varphi(s)$$

를 이용하였다. ✤

측지선의 정의인 $\dfrac{D\alpha'}{ds} \equiv 0$ 또는 $\kappa_g(s) \equiv 0$와 **정리 6.5.7**의 증명에 의해 다음이 성립함을 쉽게 알 수 있다.

따름정리 6.5.8

방향성 $\boldsymbol{N}$을 가진 정칙곡면 S의 직교좌표조각함수 $(\mathbf{x}, U)$에 대하여, 단위속력변수 s를 갖는 $\alpha(s) = \mathbf{x}(u(s), v(s))$라 하자. $\varphi(s)$를 $\alpha(s)$에서 $\mathbf{x}_u$로부터 $\alpha'(s)$까지 양의 방향으로 측정한 각이라 하고 α가 측지선을 나타낼 때, 다음 등식이 성립한다.

$$\begin{aligned}\frac{d\varphi}{ds} &= -(\kappa_g)_1(s)\cos\varphi(s) - (\kappa_g)_2(s)\sin\varphi(s)\\ &= -\frac{1}{2\sqrt{E}}(\ln G)_u \sin\varphi(s) + \frac{1}{2\sqrt{G}}(\ln E)_v \cos\varphi(s)\end{aligned}$$

이 절의 마지막 주제로 **측지비틀림률**(geodesic torsion)의 정의와 성질을 간단히 소개한다.

이를 위해 방향성 $\boldsymbol{N}$을 가진 정칙곡면 S에 대하여 S상의 단위속력변수 s를 갖는 매개함수 $\alpha : I \to S$를 고려하자. 그런 다음 접평면 $T_{\alpha(s)}S$에 양의 방향성을 갖는 정규직교기저 $\{\boldsymbol{T}_\alpha = \alpha'(s), M\}$을 택하여

$$\tau_g(s) = \left\langle \frac{d\boldsymbol{N}}{ds}, M(s) \right\rangle = \langle d\boldsymbol{N}(\alpha'(s)), M(s)\rangle$$

를 정의하자. 이때 τ_g를 α의 **측지비틀림률**이라 한다.

측지비틀림률은 다음과 같은 성질을 만족한다.

정리 6.5.9

방향성 $\boldsymbol{N}$을 가진 정칙곡면 S에 대하여 $\alpha : I \to S$를 S상의 단위속력변수 s를 갖는 매개함수라 할 때, 다음이 성립한다.

(1) $$\tau_g(s) = (k_1(s) - k_2(s))\cos\varphi(s)\sin\varphi(s)$$

이다. 단, 여기서 k_i, $i = 1, 2$는 주곡률을 나타내고 $\varphi(s)$는 $\alpha(s)$에서 주방향 $w_1(s)$로부터 $\alpha'(s)$까지 양의 방향으로 측정한 각이다.

(2) τ_α가 α의 비틀림률이고 $\langle \boldsymbol{N}(s), \boldsymbol{N}_\alpha(s)\rangle = \cos\theta(s)$일 때,

$$\frac{d\theta}{ds} = \tau_\alpha - \tau_g$$

가 성립한다.

증명 (1) $\alpha'(s)$를 단위 주방향벡터 $w_1(s)$과 $w_2(s)$를 이용하여

$$\alpha'(s) = \cos\varphi(s) w_1(s) + \sin\varphi(s) w_2(s)$$

로 표현하면

$$\begin{aligned}
\tau_g(s) &= \langle d\boldsymbol{N}(\alpha'(s)), M(s)\rangle \\
&= \langle d\boldsymbol{N}(\cos\varphi(s)w_1(s) + \sin\varphi(s)w_2(s)), M(s)\rangle \\
&= \cos\varphi(s)\langle d\boldsymbol{N}(w_1(s)), M(s)\rangle + \sin\varphi(s)\langle d\boldsymbol{N}(w_2(s)), M(s)\rangle \\
&= \cos\varphi(s)\langle -k_1(s)w_1(s), M(s)\rangle + \sin\varphi(s)\langle -k_2(s)w_2(s), M(s)\rangle \\
&= -k_1(s)\cos\varphi(s)\cos\left(\varphi(s) + \frac{\pi}{2}\right) - k_2(s)\sin\varphi(s)\cos\varphi(s) \\
&= (k_1(s) - k_2(s))\cos\varphi(s)\sin\varphi(s)
\end{aligned}$$

가 성립한다.

(2) $d\boldsymbol{N}(\alpha'(s)) \in T_{\alpha(s)}S$이고 $\{\boldsymbol{T}_\alpha(s) = \alpha'(s), M(s)\}$는 정규직교기저이므로 $d\boldsymbol{N}(\alpha'(s))$를

$$d\boldsymbol{N}(\alpha'(s)) = -\kappa_n(s)\boldsymbol{T}_\alpha(s) + \tau_g(s)M(s)$$

로 표현할 수 있다. 실제로

$$d\boldsymbol{N}(\alpha'(s)) = a(s)\boldsymbol{T}_\alpha(s) + b(s)M(s), \quad a(s), b(s) \in \mathbb{R}$$

라 놓으면, 법곡률과 측지비틀림률의 정의에 의해

$$\begin{aligned}
a(s) &= \langle a(s)\boldsymbol{T}_\alpha(s) + b(s)M(s), \boldsymbol{T}_\alpha(s)\rangle \\
&= \langle d\boldsymbol{N}(\alpha'(s)), \boldsymbol{T}_\alpha(s)\rangle \\
&= \langle d\boldsymbol{N}(\alpha'(s)), \alpha'(s)\rangle \\
&= -\langle \boldsymbol{N}(s), \alpha''(s)\rangle \\
&= -\kappa_n(s)
\end{aligned}$$

이고

$$
\begin{aligned}
b(s) &= \langle a(s)\boldsymbol{T}_\alpha(s)+b(s)M(s), M(s)\rangle \\
&= \langle d\boldsymbol{N}(\alpha'(s)), M(s)\rangle \\
&= \tau_g(s)
\end{aligned}
$$

이다.

이제 증명을 위해 $\cos\theta(s)=\langle \boldsymbol{N}(s), \boldsymbol{N}_\alpha(s)\rangle$를 s에 관해 미분하면

$$
\begin{aligned}
-\theta'(s)\sin\theta(s) &= \langle d\boldsymbol{N}(\alpha'(s)), \boldsymbol{N}_\alpha(s)\rangle + \langle \boldsymbol{N}(s), \boldsymbol{N}_\alpha{}'(s)\rangle \\
&= \langle -\kappa_n(s)\boldsymbol{T}_\alpha(s)+\tau_g(s)M(s), \boldsymbol{N}_\alpha(s)\rangle \\
&\quad + \langle \boldsymbol{N}(s), -\kappa_\alpha(s)\boldsymbol{T}_\alpha(s)-\tau_\alpha(s)\boldsymbol{B}_\alpha(s)\rangle \\
&= \tau_g(s)\langle M(s), \boldsymbol{N}_\alpha(s)\rangle - \tau_\alpha(s)\langle \boldsymbol{N}(s), \boldsymbol{B}_\alpha(s)\rangle \\
&= \tau_g(s)\sin\theta(s) - \tau_\alpha(s)\sin\theta(s)
\end{aligned}
$$

를 얻는다. 여기서 위의 네 번째 등식을 얻기 위해

$$
\begin{aligned}
\cos\left(\frac{\pi}{2}-\theta(s)\right) &= \langle \boldsymbol{N}(s), \boldsymbol{B}_\alpha(s)\rangle = \sin\theta(s), \\
\cos\left(\theta(s)-\frac{\pi}{2}\right) &= \langle M(s), \boldsymbol{N}_\alpha(s)\rangle = \sin\theta(s)
\end{aligned}
$$

를 이용하였다. 따라서

$$
\frac{d\theta}{ds} = \tau_\alpha(s) - \tau_g(s)
$$

가 성립한다. ✤

따름정리 6.5.10

방향성 $\boldsymbol{N}$을 가진 정칙곡면 S상의 정칙곡선 C에 대하여, C가 주곡률곡선일 필요충분조건은 측지비틀림률이 0인 것이다.

증명 $\alpha : I \to S$가 C를 나타내는 단위속력변수 s를 갖는 매개함수일 때, 정리 6.5.9 (1)에 의해

$$
\tau_g(s) = (k_1(s)-k_2(s))\cos\varphi(s)\sin\varphi(s)
$$

가 성립한다. 여기서 $k_i,\ i=1,2$는 주곡률을 나타내고 $\varphi(s)$는 $\alpha(s)$에서 주방향 $w_1(s)$로부터 $\alpha'(s)$까지 양의 방향으로 측정한 각이다.

($\Leftarrow$) 이때 다음 두 가지 경우를 고려한다.

(i) $k_1(s) = k_2(s)$라면, 모든 접벡터 방향이 주방향이므로 $\alpha'(s)$도 주방향이다.

(ii) $k_1(s) \neq k_2(s)$라면, 위의 식에 의해 $\tau_g(s) = 0$이므로 $\cos\varphi(s) = 0$이거나 $\sin\varphi(s) = 0$이다. 즉 $\varphi(s) = 0, \frac{\pi}{2}, \pi$이다. 따라서 이 경우에도 $\alpha'(s)$이 주방향이다.

위의 (i), (ii)에 의해 $\alpha'(s)$이 항상 주방향이므로 정칙곡선 C는 주곡률곡선이다.

($\Rightarrow$) 만약 정칙곡선 C가 주곡률곡선이라면 $\varphi(s) = 0, \frac{\pi}{2}, \pi$이다. 따라서 위의 식에 의해, $\tau_g(s) = 0$이다. ✣

따름정리 6.5.11

방향성 $\boldsymbol{N}$을 가진 정칙곡면 S상의 정칙곡선 C에 대하여, C가 측지선이면 $\tau = \tau_g$이다. 단, 여기서 τ는 C의 비틀림률을 나타낸다.

증명 $\alpha : I \to S$가 C를 나타내는 단위속력변수 s를 갖는 매개함수일 때, C가 측지선이므로 $\alpha''(s)$와 $\boldsymbol{N}(s)$는 서로 평행하다. 즉 $\theta(s) \equiv 0$ 또는 π이다. 따라서 정리 6.5.9 (2)에 의해 $\tau = \tau_g$이 된다. ✣

하지만 회전면의 위도선의 예에서 보는 바와 같이 따름정리 6.5.11의 역은 일반적으로 성립하지 않는다.

따름정리 6.5.12

원점이 중심이고 반지름이 $r > 0$인 구면 $S^2(r)$상의 정칙곡선 C에 대하여, 만약 C의 측지곡률이 상수이면 C의 비틀림률 $\tau = 0$이다. 즉 C는 평면곡선이다.

증명 $\alpha : I \to S^2(r)$가 C를 나타내는 단위속력변수 s를 갖는 매개함수일 때, α가 주곡률곡선이고 따름정리 6.5.10에 의해 $\tau_g(s) = 0$이다. 또한 α의 측지곡률이 상수이므로

$$\kappa_\alpha^2 = \kappa_g^2 + \kappa_n^2 = \kappa_g^2 + \frac{1}{r^2} \geq \frac{1}{r^2} > 0$$

을 이용하면 α의 곡률 κ_α도 상수임을 알 수 있다. 한편 $\boldsymbol{N}$을 $S^2(r)$의 방향성이라 할 때,

$$\langle \boldsymbol{N}(s), \boldsymbol{N}_\alpha(s) \rangle = \cos\theta(s) = \frac{\kappa_n(s)}{\kappa_\alpha(s)}$$

도 상수이다. 따라서 정리 6.5.9 (2)와 $\tau_g(s) = 0$라는 사실에 의해, 모든 $s \in I$에 대하여

$$0 = \frac{d\theta}{ds} = \tau_\alpha(s) - \tau_g(s) = \tau_\alpha(s)$$

이 성립한다. 즉 C는 평면곡선이다. ✣

6.5 ❙ 연습문제

1. 다음과 같이 주어진 xz-평면의 타원

$$E: \ \frac{(x-5)^2}{3^2} + \frac{z^2}{2^2} = 1$$

을 z-축으로 회전시켜 얻은 회전곡면을 S라 하자. E의 점

$$(5, 2), \ \left(6, \frac{4\sqrt{2}}{3}\right), \ (8, 0)$$

을 z-축으로 회전시켜 얻은 S의 닫힌곡선을 각각 C_1, C_2, C_3라 할 때, 다음 물음에 답하라.

(1) C_1과 C_3가 측지곡선인지 판별하라.

(2) C_1과 C_3가 점근곡선인지 판별하라.

(3) C_2의 측지곡률 $\kappa_g(C_2)$를 구하라.

(4) C_2의 측지비틀림률 $\tau_g(C_2)$를 구하라.

2. 3차원 유클리드 공간 $\mathbb{R}^3$에 놓여있는 세 정칙곡면

$$S_1 = \{(x, y, z) \in \mathbb{R}^3 \mid x^2 + y^2 - z^2 = -1\},$$
$$S_2 = \{(x, y, z) \in \mathbb{R}^3 \mid z = 2\},$$
$$S_3 = \{(x, y, z) \in \mathbb{R}^3 \mid x = 0\}$$

으로부터 얻어진 두 교선 $C=S_1\cap S_2$, $D=S_1\cap S_3$에 대하여, 다음 물음에 답하라.

(1) S_1 위에 놓인 곡선으로서 C의 법곡률 $\kappa_n(C)$과 측지곡률 $\kappa_g(C)$의 절댓값을 구하라.

(2) S_2 위에 놓인 곡선으로서 C의 법곡률 $\kappa_n(C)$과 측지곡률 $\kappa_g(C)$의 절댓값을 구하라.

(3) S_1 위에 놓인 곡선으로서 D의 법곡률 $\kappa_n(D)$과 측지곡률 $\kappa_g(D)$의 절댓값을 구하라.

(4) S_3 위에 놓인 곡선으로서 D의 법곡률 $\kappa_n(D)$과 측지곡률 $\kappa_g(D)$의 절댓값을 구하라.

(5) S_1 위에 놓인 곡선으로서 C가 주곡률곡선인지 판별하라.

(6) S_1 위에 놓인 곡선으로서 C가 측지선인지 판별하라.

3. $S^2(R)$이 중심이 원점 $(0,0,0)$이고 반지름이 $R>0$인 구면을 나타낼 때, $S^2(R)$상의 영역

$$R=\{(R\sin\varphi\cos\theta, R\sin\varphi\sin\theta, R\cos\varphi)\mid 0\le\theta\le 2\pi, 0\le\varphi<\varphi_0<\pi\}$$

의 양의 경계 C의 전측지곡률 $\oint_C \kappa_g(s)\,ds$가 다음과 같이 주어짐을 보여라. 단, 여기서 $S^2(R)$은 바깥쪽으로 향하는 방향성을 가진다.

$$\oint_C \kappa_g(s)\,ds = 2\pi\cos\varphi_0$$

4. 원점 $p=(0,0,0)$을 포함하는 정칙곡면 S가 다음 두 조건 (i), (ii)를 만족한다.

(i) p에서 두 좌표벡터 $e_1=(1,0,0)$, $e_2=(0,1,0)$가 S의 접평면 T_pS를 생성한다.

(ii) p에서 S의 가우스사상 $\boldsymbol{N}$의 미분사상 $d\boldsymbol{N}_p$을 접평면의 기저 $\{e_1, e_2\}$에 관해 표현할 때,

$$d\boldsymbol{N}_p=\begin{pmatrix}4 & 3\\ 3 & -4\end{pmatrix}$$

로 주어진다.

정칙곡면 S와 xz-평면의 교선을 C라 할 때, 다음 물음에 답하라.

(1) C를 S상의 곡선으로 볼 때, p에서 C의 법곡률 $\kappa_n(C)$가 4임을 보여라.

(2) p에서 곡선의 곡률 κ_α를 구하라.

(3) C를 S상의 곡선으로 볼 때, p에서 C의 측지곡률 $\kappa_g(C)$가 0임을 보여라.

(4) p에서 S의 가우스곡률 $K(p)$를 구하라.

5. 방향성을 가진 정칙곡면 S에 대하여 $\alpha : I \to S$를 단위속력변수 s를 갖는 매개함수라 할 때, 오일러 공식과 정리 6.5.9의 (1)을 이용하여 다음 등식이 성립함을 보여라.

$$\tau_g^2(s) = (k_1(s) - \kappa_n(s))(\kappa_n(s) - k_2(s)), \quad s \in I$$

단, 여기서 $k_i, i = 1, 2$는 S의 주곡률을 나타내고 τ_g와 κ_n는 각각 α의 측지곡률과 법곡률을 나타낸다.

6. 원기둥 $x^2 + y^2 = 1$과 평면 $x + y + z = 1$의 교선을 C라 할 때, 다음 물음에 답하라.

(1) 곡선 C을 다음과 같은 함수 $\alpha : (0, 2\pi) \to \mathbb{R}^3$로 매개화할 수 있음을 보여라.

$$\alpha(t) = (\cos t, \sin t, 1 - \cos t - \sin t)$$

(2) C를 원기둥 $x^2 + y^2 = 1$상의 곡선으로 볼 때, 위의 (1)의 매개함수 α를 이용하여 C의 측지곡률 κ_g가 다음과 같이 주어짐을 보여라. 단, 여기서 원기둥 $x^2 + y^2 = 1$은 바깥쪽으로 향하는 방향성을 가진다.

$$\kappa_g(t) = \frac{\cos t + \sin t}{(2 - 2\cos t \sin t)^{3/2}}, \quad 0 < t < 2\pi$$

(3) C를 원기둥 $x^2 + y^2 = 1$상의 곡선으로 볼 때, $\kappa_g(t + \pi) = -\kappa_g(t)$임을 이용하여 전측지곡률

$$\oint_C \kappa_g(t)\, ds = 0$$

임을 보여라. 또한 이 결과를 가우스-보네 정리를 이용하여 보일 수 있음을 설명하라.

7. 원점이 중심이고 반지름이 $r > 0$인 구면 $S^2(r)$에 대하여 $\alpha : I \to S^2(r)$가 단위속력변수 s를 갖는 매개함수라 하자. α의 측지곡률이 상수일 때, 다음 물음에 답하라.

(1) $\langle \boldsymbol{N}(s), \boldsymbol{N}_\alpha(s) \rangle$가 상수임을 보여라.

(2) 프레네-세레 공식을 이용하여, α의 비틀림률 τ_α가

$$\tau_\alpha(s)\langle \boldsymbol{N}(s), \boldsymbol{B}_\alpha(s)\rangle = 0$$

을 만족함을 보여라. 단, 여기서 $\boldsymbol{N}$은 $S^2(r)$의 방향성을 나타내고 $\boldsymbol{B}_\alpha$는 α의 단위종법벡터장을 나타낸다.

(3) 모든 $s \in I$에 대하여 $\tau_\alpha(s) = 0$임을 보여라.

6.6 ❙ 가우스-보네 정리와 그 응용

이 절에서는 미분기하학의 주제 중에서 가장 중요한 것 중의 하나인 가우스-보네 (Gauss-Bonnet) 정리와 몇 가지 연관된 성질을 설명한다. 이 절에서는 편의상 **영역**(region) R을 연결영역들의 합집합 M과 M의 경계 ∂M의 합집합인 $M \cup \partial M$으로 정의한다.

가우스는 1827년 그의 유명한 논문([4])에서 가우스-보네 정리를 증명하였다. 이 정리는 대역적으로는 콤팩트(compact) 정칙곡면의 위상과 가우스곡률의 적분과의 관계인

$$\iint_S K d\sigma = 4\pi(1-g(S)),\ \ g(S) = S\text{의 종수(genus)}$$

를 말해주는 아주 놀라운 결과이며, 국소적으로는 방향성이 주어진 정칙곡면상에 세 선분을 측지선으로 가지는 **측지삼각형**(geodesic triangle) T와 그 세 내각을 $\varphi_i,\ i=1,2,3$라 할 때,

$$\iint_T K d\sigma = \sum_{i=1}^{3}\varphi_i - \pi,\ d\sigma = \sqrt{EG-F^2}\,dudv$$

이 성립함을 말해준다.

이로부터 다음과 같은 성질을 쉽게 유도할 수 있다([그림 6.6]).

(1) $K \equiv 0$이면 $\sum_{i=1}^{3}\varphi_i = \pi$이다. 즉 측지삼각형 T의 내각의 합이 π이다.

(2) $K \equiv 1$이면 $\sum_{i=1}^{3}\varphi_i - \pi = \text{Area}(T) > 0$이다. 즉 측지삼각형 T의 내각의 합이 π보다 크다.

(3) $K \equiv -1$이면 $\sum_{i=1}^{3}\varphi_i - \pi = -\text{Area}(T) < 0$이다. 즉 측지삼각형 T의 내각의 합이 π

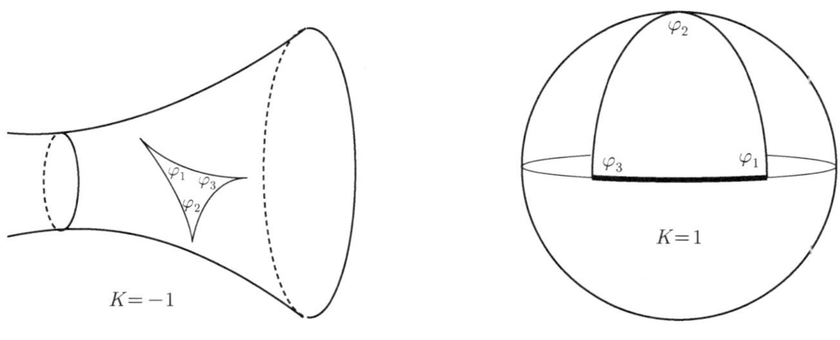

[그림 6.6]

보다 작다.

보네(Bonnet)는 나중에 측지삼각형에 관한 가우스의 정리를 경계가 반드시 측지선으로만 구성될 필요가 없는 단순 닫힌곡선으로 둘러싸인 영역으로 확장하였다. 이것이 바로 이 절에서 설명하고자 하는 가우스-보네 정리의 최종 형태이다.

가우스-보네 정리를 정확하게 설명하기 위해서는 먼저 몇 가지 정의가 필요하다. 앞으로 S는 항상 방향성 $\boldsymbol{N}$이 주어진 정칙곡면을 나타내는 것으로 한다.

S상에 놓여있는 연속함수 $\alpha : [0, l] \to S$가 다음 네 가지 조건을 만족할 때, **단순, 닫힌, 조각적, 정칙매개함수**(simple, closed, piecewise, regular parametrization)라 한다.

(1) $\alpha(0) = \alpha(l)$

(2) $t_1 \neq t_2 \in [0, l)$일 때, $\alpha(t_1) \neq \alpha(t_2)$

(3) $[0, l]$의 적당한 **분할**(sub-division) $0 = t_0 < t_1 < \cdots < t_n < t_{n+1} = l$에 대하여, $\alpha|_{(t_i, t_{i+1})}$, $i = 0, 1, 2, \cdots, n$가 미분가능이고 정칙이다.

(4) α는 항상 연속이고 각각 t_i, $i = 0, 1, 2, \cdots, n$에서는 미분가능하지 않다.

이때 $\alpha(t_i)$를 α의 **꼭짓점**(vertex)이라 하고, 꼭짓점에서 **외각**(external angle)은 다음과 같이 정의한다. 먼저 각각의 $i = 0, 1, 2, \cdots, n$에 대하여, $|\theta_i|$, $0 < |\theta_i| \leq \pi$가 $\alpha'(t_i - 0)$와 $\alpha'(t_i + 0)$ 사이의 각을 나타낼 때,

(1) $|\theta_i| \neq \pi$인 경우에는

$$\theta_i = \det(\alpha'(t_i - 0)\ \alpha'(t_i + 0)\ \boldsymbol{N})_{3 \times 3} |\theta_i|$$

로 정의하고([그림 6.7])

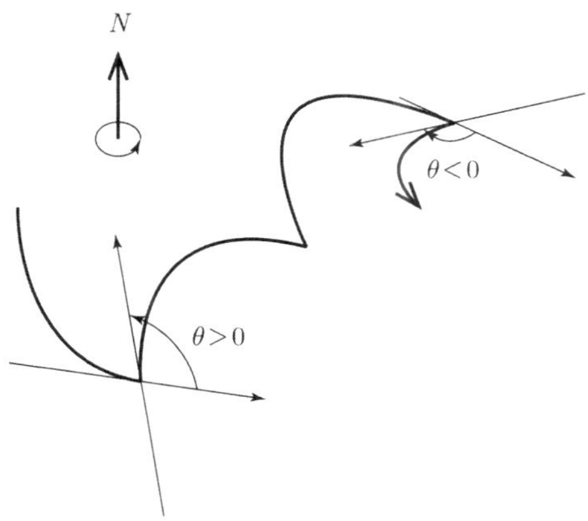

[그림 6.7]

(2) $|\theta_i| = \pi$인 경우에는

$$\theta_i = \det(\alpha'(t_i - \varepsilon)\, \alpha'(t_i + \varepsilon)\, \boldsymbol{N})_{3\times 3}\, \pi$$

로 정의한다([그림 6.8]). 단, 여기서 $\varepsilon > 0$은 충분히 작은 실수이다.

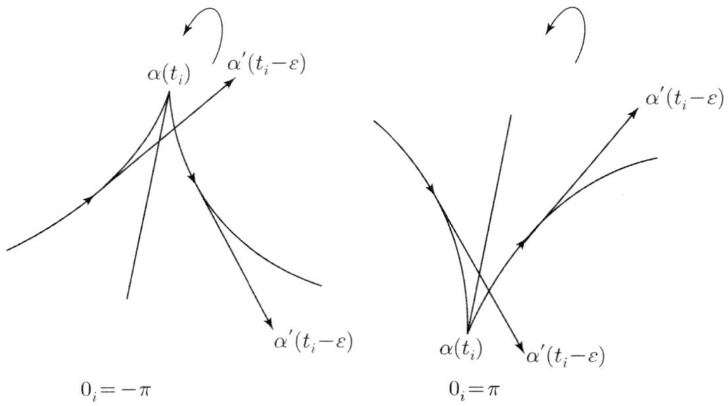

[그림 6.8]

U가 원판과 위상동형이고 $(\mathbf{x}, U)$가 S의 좌표조각함수일 때, $\alpha([0, l]) \subset \mathbf{x}(U)$라 가정하자. 이때 $\varphi_i : [t_i, t_{i+1}] \to \mathbb{R}$는 각각의 $t \in [t_i, t_{i+1}]$에 대하여 $\mathbf{x}_u$에서 $\alpha'(t)$까지 양의 방향으로 측정한 각을 나타내는 미분가능인 함수이다.

다음 정리는 호프(Hopf)가 증명했다([5]).

정리 6.6.1

$$\sum_{i=0}^{n} (\varphi_i(t_{i+1}) - \varphi_i(t_i)) + \sum_{i=0}^{n} \theta_i = \pm 2\pi$$

여기서 ± 부호는 α의 방향성에 의존하여 결정된다.

α의 **방향성**은 다음과 같은 방법으로 결정된다. 즉 α를 경계 중의 일부로 가지는 영역을 R이라 할 때, $\nu(t)$를 $\alpha(t)$에서 영역 R의 바깥쪽으로 향하면서 $\alpha'(t)$에 수직인 접벡터(outward normal tangent vector, conormal vector)라 하자. 이때 모든 $t \in [0, l]$에서

$$\det(\nu(t)\, \alpha'(t)\, \boldsymbol{N}(t))_{3\times 3} > 0$$

을 만족하면 α가 **양의 방향성**(positive orientation)을 가지고 있다고 말하고, 그렇지 않은 경우에는 **음의 방향성**(negative orientation)을 가지고 있다고 말한다([그림 6.9]).

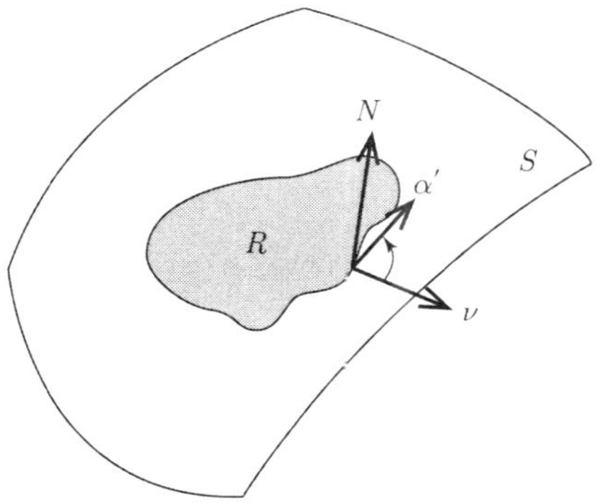

[그림 6.9]

영역(region) 중에서 원판(disk)과 위상동형인 것을 **단순영역**(simple region)이라 한다.

단순영역에 대하여 다음과 같은 가우스-보네 정리가 성립한다.

정리 6.6.2

국소적 가우스-보네 정리

U가 원판과 위상동형이고 $(\mathbf{x}, U)$가 방향성 $\boldsymbol{N}$을 가진 정칙곡면 S와 방향성이 일치하는 직교좌표조각함수(즉 $F=0$)라 하자. 이때 R이 $\mathbf{x}(U)$에 포함된 단순영역이고 양의 방향성을 가진 경계 ∂R를 단위속력변수 s를 가진 단순, 닫힌, 조각적 정칙매개함수 $\alpha:[0,l] \to S$로 매개화할 때, 다음 등식이 성립한다.

$$\sum_{i=0}^{n}\int_{s_i}^{s_{i+1}}\kappa_g(s)ds + \iint_R K d\sigma + \sum_{i=0}^{n}\theta_i = 2\pi$$

단, 여기서 $d\sigma = \sqrt{EG-F^2}\,dudv$이고 κ_g와 θ_i는 각각 α의 측지곡률과 α의 꼭짓점 $\alpha(s_i)$에서의 외각을 나타낸다.

위의 등식에서, 양의 방향성을 가진 경계 ∂R를 일반적인 변수 t를 가진 단순, 닫힌, 조각적 정칙함수 $\alpha: I \to S$로 매개화한 경우에는

$$ds = \|\alpha'(t)\|dt$$

임에 유의할 필요가 있다.

증명 $\alpha(s)=\mathbf{x}(u(s),v(s))$라 할 때, 정리 6.5.7에 의해

$$k_g(s)=\frac{1}{2\sqrt{EG}}\left(G_u\frac{dv}{ds}-E_v\frac{du}{ds}\right)+\frac{d\varphi}{ds},\quad s\in[s_i,s_{i+1}]$$

이 성립한다. 한편 그린 정리와 정리 6.6.1에 의해

$$\begin{aligned}
&\sum_{i=0}^{n}\int_{s_i}^{s_{i+1}}\kappa_g(s)ds\\
&=\sum_{i=0}^{n}\int_{s_i}^{s_{i+1}}\left(\frac{G_u}{2\sqrt{EG}}dv-\frac{E_v}{2\sqrt{EG}}du\right)+\sum_{i=0}^{n}\int_{s_i}^{s_{i+1}}\varphi_i'(s)ds\\
&=\iint_{\mathbf{x}^{-1}(R)}\left(\frac{\partial}{\partial u}\left(\frac{G_u}{2\sqrt{EG}}\right)+\frac{\partial}{\partial v}\left(\frac{E_v}{2\sqrt{EG}}\right)\right)dudv\\
&\quad+\sum_{i=0}^{n}(\varphi_i(s_{i+1})-\varphi_i(s_i))\\
&=\iint_{\mathbf{x}^{-1}(R)}-\sqrt{EG}\,Kdudv+\sum_{i=0}^{n}(\varphi_i(s_{i+1})-\varphi_i(s_i))\\
&=\iint_{\mathbf{x}^{-1}(R)}-Kd\sigma+2\pi-\sum_{i=0}^{n}\theta_i
\end{aligned}$$

이므로

$$\sum_{i=0}^{n}\int_{s_i}^{s_{i+1}}\kappa_g(s)ds+\int\int_R Kd\sigma+\sum_{i=0}^{n}\theta_i=2\pi$$

가 성립한다. ✣

대역적 가우스-보네 정리를 설명하기 위해서는 먼저 몇 가지 정의를 정리할 필요가 있다.

정칙곡면에 포함된 영역 R이 다음 조건을 만족할 때, **정칙**(regular)이라 말한다.

(1) R이 콤팩트 집합이다.

(2) 경계 ∂R은 모두 유한개의 서로 만나지 않는 단순, 닫힌, 조각적 정칙매개함수의 상으로 주어진다.

정칙곡면 S가 콤팩트 집합이고 경계가 없을 때, S를 **닫힌곡면**(closed surface)이라 한다.

정칙곡면 S에 놓여있는 단순영역으로 외각이 0이 아닌 세 개의 꼭짓점을 가진 영역을 **삼각형**(triangle)이라 한다. 또한 삼각형 T_i들의 모임

$$\mathfrak{I} = \{ T_i \mid i = 1, 2, \cdots, k \}$$

가 다음 두 조건을 만족할 때, $\mathfrak{I}$를 영역 $R \subset S$의 **삼각분할**(triangulation)이라 한다.

(1) $\bigcup_{i=1} T_i = R$이다.

(2) $T_i \cap T_j \neq \varnothing$ 일 때, $T_i \cap T_j$는 T_i와 T_j의 공통 선분이거나 또는 공통 꼭짓점이다 ([그림 6.10]).

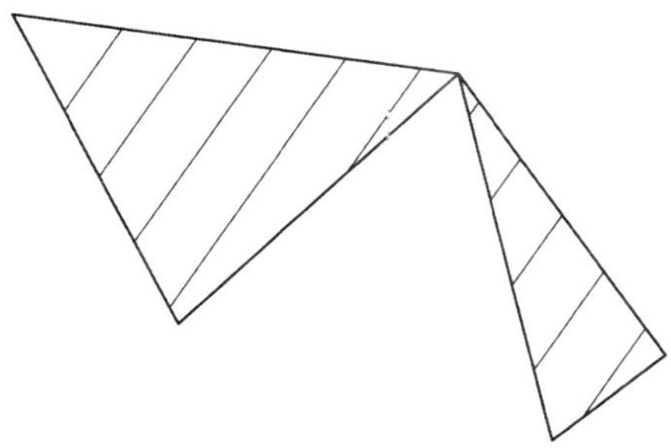

[그림 6.10]

삼각분할에 대하여 다음 성질이 성립한다. 증명은 생략한다.

정리 6.6.3

(1) 정칙곡면의 정칙영역을 항상 삼각분할할 수 있다.

(2) 정칙곡면 S의 방향성 $\boldsymbol{N}$과 일치하는 좌표조각함수의 모임

$$\{ (\mathbf{x}_\alpha, U_\alpha) \mid \alpha \in J \}$$

과 정칙영역 $R \subset S$에 대하여, 다음 두 조건을 만족하는 R의 삼각분할 $\mathfrak{I}$가 존재한다.

(i) 각각의 삼각형 $T \in \mathfrak{I}$는 적어도 한 개의 좌표조각함수 $(\mathbf{x}_\alpha, U_\alpha)$의 상에 포함되어 있다. 즉 $T \subset \mathbf{x}_\alpha(U_\alpha)$이다.

(ii) 삼각분할 $\mathfrak{I}$의 모든 삼각형의 경계가 양의 방향성을 가질 때, 두 삼각형의 공통선분은 서로 반대의 방향성을 가지고 있다.

앞으로 삼각분할 $\mathfrak{I}$가 주어진 영역 R의 꼭짓점, 선분, 면의 총 개수를 각각 V, E, F로 나타낸다. 이때 **오일러특성수**(Euler characteristic)는

$$\chi(R, \mathfrak{T}) = V - E + F$$

로 정의된다.

다음 정리가 성립한다.

정리 6.6.4

정칙곡면 S의 정칙영역 R의 오일러특성수는 R의 삼각분할의 선택에 의존하지 않는다. 즉 R의 두 삼각분할 $\mathfrak{T}, \mathfrak{T}'$에 대하여

$$\chi(R, \mathfrak{T}) = \chi(R, \mathfrak{T}')$$

이 성립한다.

정리 6.6.4에 의해, 앞으로 정칙곡면 S의 정칙영역 R의 오일러특성수는 특정한 삼각분할을 표시하지 않고 단순히 $\chi(R)$로 나타낸다.

닫힌곡면의 **종수**(genus)에 관한 정확한 정의는 이 과정을 넘어 자세히 설명하지 않는다. 다만 구면의 종수는 0이고 구멍이 k개인 토러스의 종수는 k임을 말해둔다([그림 6.11]).

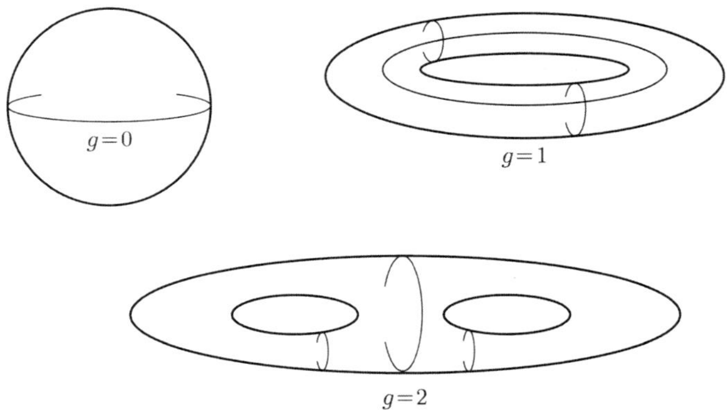

[그림 6.11]

닫힌곡면의 오일러특성수에 대하여, 다음 성질이 성립한다.

정리 6.6.5

(1) 방향성을 줄 수 있는 닫힌곡면 S의 오일러특성수는

$$\chi(S) = 2(1 - g(S))$$

로 주어진다.

(2) 방향성을 줄 수 없는 닫힌곡면 S의 오일러특성수는

$$\chi(S) = 1 - g(S)$$

로 주어진다.

(3) 두 닫힌곡면 S와 S'에 대하여 $\chi(S) = \chi(S')$일 필요충분조건은 S와 S'가 서로 위상동형인 것이다.

정리 6.6.6

대역적 가우스-보네 정리

방향성 $\boldsymbol{N}$을 가진 정칙곡면 S의 정칙영역 R이 다음 두 조건을 만족한다고 가정하자.

(1) 경계 ∂R가 양의 방향을 갖는 단순, 닫힌, 조각적 정칙곡선 $C_1, C_2, \cdots, C_n$으로 구성되어 있다.

(2) $\theta_i, i = 1, 2, \cdots, p$는 경계 ∂R에 있는 모든 꼭짓점의 외각을 나타낸다.

이때 다음 등식이 성립한다.

$$\sum_{i=1}^{n} \int_{C_i} \kappa_g(s)ds + \iint_R K d\sigma + \sum_{i=1}^{p} \theta_i = 2\pi\chi(R)$$

증명 이 정리의 증명을 위해 국소적 가우스-보네 정리 6.6.2가 중요하게 이용된다. 이를 위해 먼저 정리 6.6.3과 같이 정칙곡면 S를 주어진 방향성 $\boldsymbol{N}$과 일치하는 직교좌표조각함수의 모임

$$\{(\mathbf{x}_\alpha, U_\alpha) \mid \alpha \in J\}$$

으로 덮은 후, 다음 조건을 만족하는 S의 삼각분할 $\mathfrak{I}$를 택하자([그림 6.12]).

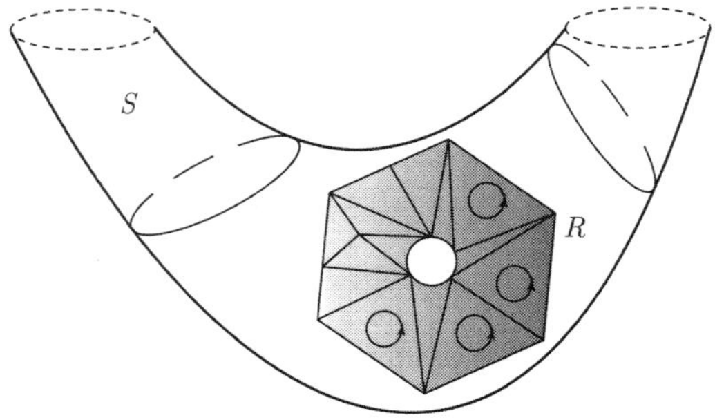

[그림 6.12]

(i) 각각의 삼각형 $T \in \mathfrak{I}$가 적어도 한 개의 좌표조각함수 $(\mathbf{x}_\alpha, U_\alpha)$의 상(image)에 포함된다.

(ii) 각각의 삼각형 $T \in \mathfrak{I}$의 경계는 양의 방향성을 갖고 있고, 두 삼각형의 공통선분은 서로 반대의 방향성을 가지고 있다([그림 6.13]).

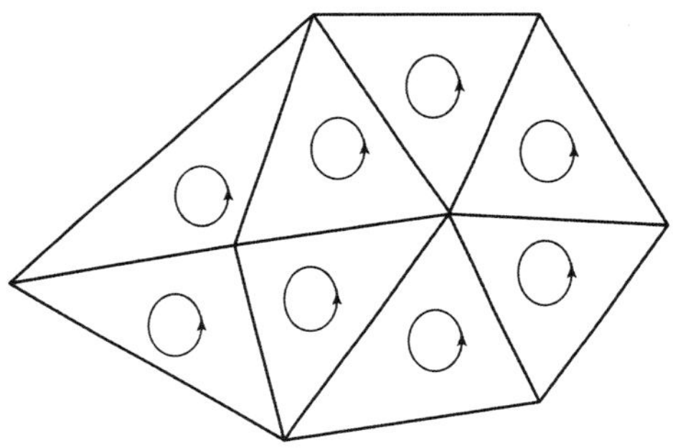

[그림 6.13]

그런 다음 각각의 삼각형 $T_j \in \mathfrak{I}$에 정리 6.6.2를 적용한 후, 모두 더하여 다음 등식을 얻을 수 있다.

$$\sum_{i=1}^{n} \int_{C_i} \kappa_g(s)ds + \iint_R K d\sigma + \sum_{j=1}^{F} \sum_{k=1}^{3} \theta_{jk} = 2\pi F$$

여기서 θ_{jk}, $j = 1, 2, \cdots, F$, $k = 1, 2, 3$는 각각의 삼각형 T_j의 외각을 나타낸다. 또한 위의 식에서 $\sum_{i=1}^{n} \int_{C_i} \kappa_g(s)ds$을 얻기 위해 두 삼각형의 공통선분은 서로 반대의 방향성을 가지고 있다는 사실을 이용하였다.

이제 증명의 편의를 위해 $\varphi_{jk} = \pi - \theta_{jk}$라 놓으면

$$\sum_{j,k}\theta_{jk}=\sum_{j,k}(\pi-\varphi_{jk})=3\pi F-\sum_{j,k}\varphi_{jk}$$

이 된다. 또한 E_e, E_i, V_e, V_i, V_{ec}, V_{et} 등을 다음과 같이 정의하자.

(i) E_e = 삼각분할 $\mathfrak{T}$의 선분 중에서 R의 경계에 있는 선분의 총 개수
(ii) E_i = 삼각분할 $\mathfrak{T}$의 선분 중에서 R의 내부에 있는 선분의 총 개수
(iii) V_e = 삼각분할 $\mathfrak{T}$의 꼭짓점 중에서 R의 경계에 있는 꼭짓점의 총 개수
(iv) V_i = 삼각분할 $\mathfrak{T}$의 꼭짓점 중에서 R의 내부에 있는 꼭짓점의 총 개수
(v) V_{ec} = 삼각분할 $\mathfrak{T}$의 꼭짓점 중에서 $C_i(i=1,2,\cdots,n)$의 꼭짓점의 총 개수
(vi) V_{et} = 삼각분할 $\mathfrak{T}$의 꼭짓점 중에서 R의 경계에 있는 꼭짓점으로 $C_i(i=1,2,\cdots,n)$의 꼭짓점이 아닌 꼭짓점의 총 개수, 즉 $V_{et}=V_e-V_{ec}$

그러면 모든 C_i는 닫힌곡선이므로 $E_e=V_e$가 성립한다. 또한 $3F=2E_i+E_e$이므로

$$\sum_{j,k}\theta_{jk}=3\pi F-\sum_{j,k}\varphi_{jk}=\pi(2E_i+E_e)-\sum_{j,k}\varphi_{jk}$$

이다.
삼각분할 $\mathfrak{T}$의 내부에 있는 꼭짓점의 모든 내각의 합은 2π이고 삼각분할 $\mathfrak{T}$의 외부에 있는 꼭짓점 중에서 C_i의 꼭짓점이 아닌 꼭짓점의 내각의 합은 π이므로

$$\begin{aligned}\sum_{j,k}\theta_{jk}&=2\pi E_i+\pi E_e-\sum_{j,k}\varphi_{jk}\\&=2\pi E_i+\pi E_e-\left(2\pi V_i+\pi V_{et}+\sum_{l=1}^{V_{ec}}(\pi-\theta_l)\right)\\&=2\pi E_i+2\pi E_e-2\pi V_i-\pi V_e-\pi V_{et}-\pi V_{ec}+\sum_{l=1}^{p}\theta_l\\&=2\pi E-2\pi V_i-2\pi V_e+\sum_{l=1}^{p}\theta_l\\&=2\pi(E-V)+\sum_{l=1}^{p}\theta_l\end{aligned}$$

이 성립한다.
결론적으로

$$\sum_{i=1}^{n}\int_{C_i}\kappa_g(s)ds+\iint_R Kd\sigma+\sum_{j=1}^{F}\sum_{k=1}^{3}\theta_{jk}$$

$$=\sum_{i=1}^{n}\int_{C_i}\kappa_g(s)ds+\iint_R Kd\sigma+2\pi(E-V)+\sum_{l=1}^{p}\theta_l$$

$$=2\pi F$$

이므로

$$\sum_{i=1}^{n}\int_{C_i}\kappa_g(s)ds+\iint_R Kd\sigma+\sum_{i=1}^{p}\theta_i=2\pi(V-E+F)$$

$$=2\pi\chi(R)$$

이다. ✣

따름정리 6.6.7

닫힌 정칙곡면 S에 대하여, 다음 등식이 성립한다.

(1) $\iint_S Kd\sigma=4\pi(1-g(S))$

(2) $S^2(r)$이 중심이 원점이고 반지름이 $r>0$인 구면을 나타낼 때,

$$\iint_{S^2(r)} Kd\sigma=4\pi>0$$

이다.

(3) T^2가 토러스(원환면)를 나타낼 때,

$$\iint_{T^2} Kd\sigma=0$$

이다.

(4) $\Sigma_g, g\geq 2$가 종수가 g인 리만곡면을 나타낼 때,

$$\iint_{\Sigma_g} Kd\sigma=4\pi(1-g)\leq -4\pi<0$$

이다.

증명 닫힌 정칙곡면 S의 경계는 없고 오일러특성수는 $\chi(S)=2-2g(S)$이다. 따라서 **정리 6.6.6**에 의해 위의 등식 (1), (2), (3), (4)를 쉽게 얻는다. ✣

예제 6.6.8 $z=f(x,y)=x^2+y^2$로 주어진 정칙곡면 S의 영역

$$R=\{(x,y,z)\in S \mid 0 \le z \le 1\}$$

에 대하여,

(1) $\iint_R K d\sigma$ (2) $\int_{\partial R} \kappa_g(s)ds$ (3) $\sum_{i=0}^{n} \theta_i$ (4) $\chi(R)$

을 구체적으로 계산하여

$$\int_{\partial R} \kappa_g(s)ds + \iint_R K d\sigma + \sum_{i=0}^{n} \theta_i = 2\pi\chi(R)$$

이 성립함을 확인해보자([그림 6.14]).

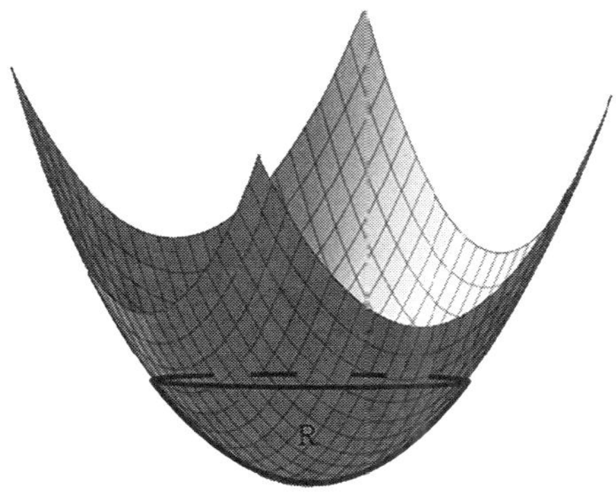

[그림 6.14]

(1) S의 좌표조각함수로

$$\mathbf{x}(u,v)=(u,v,u^2+v^2),\ (u,v)\in\mathbb{R}^2$$

를 택하여, S의 방향성을

$$\boldsymbol{N}(u,v)=\frac{\mathbf{x}_u\times\mathbf{x}_v}{\|\mathbf{x}_u\times\mathbf{x}_v\|}=\frac{(-2u,\,-2v,1)}{\sqrt{4u^2+4v^2+1}}$$

로 정할 수 있다. 한편 제1기본형식과 제2기본형식의 계수는

$$E=\langle \mathbf{x}_u,\mathbf{x}_u\rangle=1+4u^2,\ F=\langle \mathbf{x}_u,\mathbf{x}_v\rangle=4uv,\ G=\langle \mathbf{x}_v,\mathbf{x}_v\rangle=1+4v^2,$$

$$e=\langle \boldsymbol{N},\mathbf{x}_{uu}\rangle=\frac{2}{\sqrt{4u^2+4v^2+1}},\ f=\langle \boldsymbol{N},\mathbf{x}_{uv}\rangle=0,$$

$$g = \langle \boldsymbol{N}, \mathbf{x}_{vv} \rangle = \frac{2}{\sqrt{4u^2 + 4v^2 + 1}}$$

이므로 가우스곡률은

$$K = \frac{eg - f^2}{EG - F^2} = \frac{4}{(4u^2 + 4v^2 + 1)^2}$$

이다. 따라서

$$\begin{aligned}\iint_R K d\sigma &= \int_0^{2\pi} \int_0^1 \frac{4r}{(1+4r^2)^{3/2}} dr d\theta \\ &= 8\pi \int_0^1 \frac{r}{(1+4r^2)^{3/2}} dr = \left[-2\pi(1+4r^2)^{-1/2}\right]_{r=0}^{r=1} \\ &= 2\pi - \frac{2\pi}{\sqrt{5}}\end{aligned}$$

이다.

(2) 양의 방향을 가진 경계 ∂R의 매개함수로

$$\alpha(s) = (\cos s, \sin s, 1),\ 0 \le s \le 2\pi$$

를 택하여, 보조정리 6.5.1에 의해 측지곡률 κ_g를 계산하면 다음과 같다([그림 6.15])

$$\begin{aligned}\kappa_g(s) &= \langle \boldsymbol{N}(s), \alpha'(s) \times \alpha''(s) \rangle \\ &= \left\langle \frac{(-2\cos s, -2\sin s, 1)}{\sqrt{5}}, (0,0,1) \right\rangle \\ &= \frac{1}{\sqrt{5}}\end{aligned}$$

따라서

$$\int_0^{2\pi} \kappa_g(s) ds = \frac{2\pi}{\sqrt{5}}$$

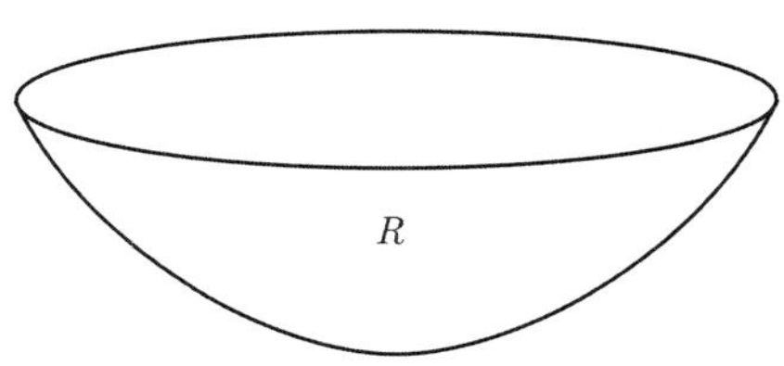

[그림 6.15]

이다.

(3) 양의 방향을 가진 경계 ∂R의 외각은 없으므로 $\sum_{i=0}^{n}\theta_i = 0$이다.

(4) 영역 R은 원판과 위상동형이다. 따라서 R의 오일러특성수는 $\chi(R) = 1$이다.

위의 (1)-(4)로부터,

$$\int_{\partial R}\kappa_g(s)ds + \iint_R K d\sigma + \sum_{i=0}^{n}\theta_i = 2\pi = 2\pi\chi(R)$$

임을 확인할 수 있다. ◆

예제 6.6.9 양의 가우스곡률을 가지는 닫힌 정칙곡면 S는 항상 단위구면과 위상동형이다. 실제로 가우스-보네 정리에 의해

$$0 < \iint_S K d\sigma = 2\pi\chi(S) = 4\pi(1 - g(S))$$

이므로 $g(S) = 0$이다. 따라서 정리 6.6.5 (3)에 의해 S는 단위구면과 위상동형이다. ◆

예제 6.6.10 가우스곡률이 양이 아닌 정칙곡면 S의 한 점 p에서 서로 다른 방향으로 출발하는 두 측지선 α_1, α_2는 단순영역 R의 경계가 되도록 다시 만날 수 없다([그림 6.16]). 실제로 두 측지선 α_1, α_2가 단순영역 R의 경계가 되도록 다시 만난다면 가우스-보네 정리에 의해

$$\iint_R K d\sigma + \theta_1 + \theta_2 = 2\pi,\ 0 \le \theta_1, \theta_2 < \pi$$

가 성립한다. 따라서

$$0 \ge \iint_R K d\sigma = 2\pi - (\theta_1 + \theta_2) > 0$$

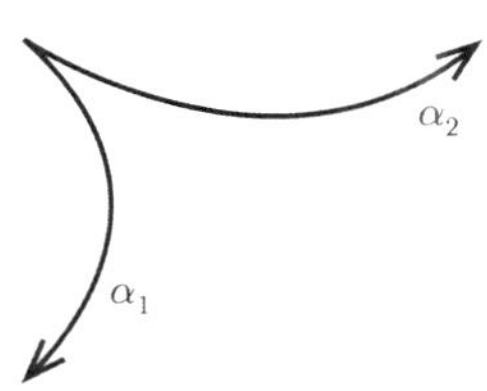

[그림 6.16]

가 되어 모순이다.

여기서 특히 $\theta_1 = \theta_2 = 0$라면 α_1, α_2가 단순 닫힌곡선을 만드는 경우이므로 위의 증명은 가우스곡률이 양이 아닌 정칙곡면 S에 단순 닫힌 측지선이 존재하지 않음도 말해준다. ◆

예제 6.6.11 가우스곡률이 음인 정칙곡면 S가 원기둥면과 위상동형일 때, S에는 많아야 단 한 개의 단순, 닫힌 측지선이 존재한다. 실제로 만약 두 개의 단순, 닫힌 측지선 α_1, α_2가 존재한다고 하면 α_1, α_2는 서로 만나지 않거나 또는 서로 만나 단순영역의 경계가 된다. 하지만 α_1, α_2가 서로 만나 단순영역의 경계가 되는 경우는 **예제 6.6.10**에 의해 일어나지 않는다.

α_1, α_2는 서로 만나지 않으면, **예제 6.6.10**에 의해 α_1, α_2가 단순영역의 경계가 될 수 없다. 따라서 α_1, α_2에 의해 둘러싸인 영역을 R이라 하면 R의 내부는 원기둥면과 위상동형이 되어야 한다. 즉 R의 오일러특성수 $\chi(R) = 0$이다. 한편

$$0 > \iint_R K d\sigma = 2\pi\chi(R) = 0$$

이 되어 모순이다. ◆

예제 6.6.12 가우스곡률이 양인 정칙곡면 S는 단위구면과 위상동형이다. 이때 임의의 두 단순, 닫힌 측지선 α_1, α_2는 반드시 서로 만나게 됨을 알 수 있다. 사실 만약 α_1, α_2가 서로 만나지 않는다면 α_1, α_2는 원기둥과 위상동형인 영역 R의 경계가 된다. 따라서

$$0 < \iint_R K d\sigma = 2\pi\chi(R) = 0$$

이 되어 모순이다. ◆

예제 6.6.13 $x^2 + 4y^4 + z^6 = 1$로 주어진 정칙곡면 S의 **전가우스곡률**(total Gaussian curvature)

$$\iint_S K d\sigma$$

를 계산해보자. 실제로 S와 단위구면 S^2는 다음 사상에 의해 위상동형이다.

$$\varphi : S \to S^2,\ (x, y, z) \mapsto \begin{cases} (x, 2y^2, z^3), & y \geq 0, \\ (x, -2y^2, z^3), & y < 0 \end{cases}$$

따라서

$$\iint_R K d\sigma = 2\pi\chi(R) = 4\pi$$

이다. ◆

예제 6.6.14 가우스곡률이 영이 아닌 상수 C인 정칙곡면 S에 놓여있고 경계가 측지선으로 구성된 n각형 P의 넓이 Area(P)는 다음과 같이 주어진다.

$$\text{Area}(P) = \frac{1}{C}\left(\sum_{j=1}^{n} i_j + (2-n)\pi\right)$$

단, 여기서 i_j는 각 꼭짓점의 내각을 나타낸다. 실제로 가우스-보네 정리에 의해

$$\begin{aligned} 2\pi &= \iint_P K d\sigma + \sum_{j=1}^{n} \theta_j \\ &= C \cdot \text{Area}(P) + \sum_{j=1}^{n} (\pi - i_j) \\ &= C \cdot \text{Area}(P) + n\pi - \sum_{j=1}^{n} i_j \end{aligned}$$

이므로

$$\text{Area}(P) = \frac{1}{C}\left(\sum_{j=1}^{n} i_j + (2-n)\pi\right)$$

가 성립한다. ◆

이제 이 절의 마지막 주제인 **푸앵카레 지표정리**(Poincare index theorem)를 소개한다. 이 정리는 닫힌 정칙곡면의 오일러특성수를 접벡터장의 지표를 이용하여 계산할 수 있음을 말해준다.

W와 p를 각각 방향성 $\boldsymbol{N}$을 가진 정칙곡면 S의 접벡터장과 한 점이라 할 때, 다음과 같은 용어를 정의할 수 있다.

(1) $W(p) = 0$일 때, p를 W의 **특이점**(singular point)이라 한다.

(2) p가 W의 특이점이고 p의 적당한 열린근방 V의 모든 점 $q \neq p$에서 $W(q) \neq 0$을 만족할 때, p를 **고립된 특이점**(isolated singular point)이라 한다.

접벡터장 W의 고립된 특이점 p의 지표를 정의하기 위해, 먼저 p의 열린근방 V로 직교좌표조각함수 $(\mathbf{x}, U)$의 상(image)으로 택하고, $\mathbf{x}(U)$에 포함된 단순영역 $p \in R$의 경계 ∂R를 양의 방향성을 가진 단순, 닫힌, 조각적 함수 $\alpha : [0, l] \to \partial R$로 매개화하자.

그런 다음 앞에서와 같이 $\varphi(t)$가 $\mathbf{x}_u$에서 $W(t) = W(\alpha(t))$까지 양의 방향으로 측정한 각일 때,

$$\int_0^l \frac{d\varphi}{dt} dt = \varphi(l) - \varphi(0) = 2\pi I(p), \ I(p) \in \mathbb{Z}$$

가 성립한다. 이때 정수 $I(p)$를 p의 **지표**(index)라 한다. $I(p)$는 좌표조각함수 $(\mathbf{x}, U)$와 매개함수 α의 선택에 의존하지 않음을 보일 수 있다.

예제 6.6.15 평면에 있는 다음과 같은 벡터장의 고립된 특이점의 지표를 계산해보자([그림 6.17]).

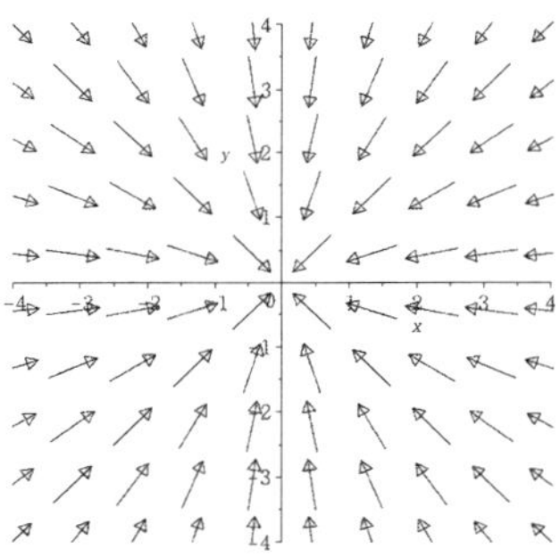

[그림 6.17] (1)

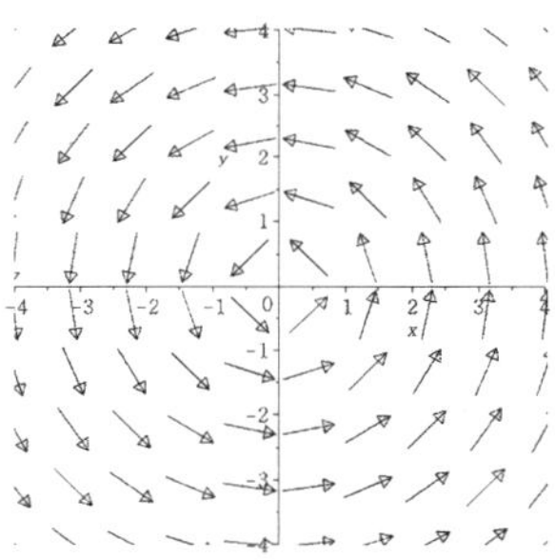

[그림 6.17] (2)

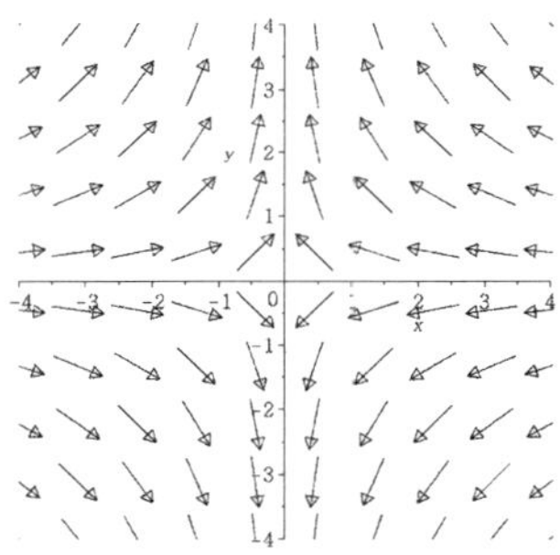

[그림 6.17] (3)

(1) $V(x, y) = (-x, -y)$와 $I((0, 0)) = 1$

(2) $V(x, y) = (-y, x)$와 $I((0, 0)) = 1$

(3) $V(x, y) = (-x, y)$와 $I((0, 0)) = -1$ ◆

다음 정리가 성립한다.

정리 6.6.16

방향성 $\boldsymbol{N}$을 가진 닫힌 정칙곡면 S와 고립된 특이점만을 가진 임의의 접벡터장 W에 대하여, S의 오일러특성수 $\chi(S)$는 W의 모든 특이점에서의 지표의 합과 같다. 즉

$$\chi(S) = \sum_{p\,:\,\text{고립된 특이점}} I(p)$$

증명 가정에 의해, 정칙곡면 S가 콤팩트이므로 접벡터장 W의 고립된 특이점의 총 개수는 유한하다.

증명을 위해 먼저 S를 주어진 방향성 $\boldsymbol{N}$과 일치하는 직교좌표조각함수의 모임

$$\{(\mathbf{x}_\alpha, U_\alpha) \mid \alpha \in J\}$$

으로 덮은 후, 다음 조건을 만족하는 S의 삼각분할 $\mathfrak{I}$를 택하자.

(1) 각각의 삼각형 $T \in \mathfrak{I}$가 적어도 한 개의 좌표조각함수 $(\mathbf{x}_\alpha, U_\alpha)$의 상(image)에 포함된다.

(2) 각각의 삼각형 $T \in \mathfrak{I}$는 많아야 한 개의 고립된 특이점을 내부에 포함하고 있다.

(3) 각각의 삼각형 $T \in \mathfrak{I}$의 경계 ∂T는 고립된 특이점을 포함하고 있지 않고, ∂T는 양의 방향성을 가지고 있다.

그러면 고립된 특이점 p를 가진 삼각형 $T \in \mathfrak{I}$는

$$\iint_T K d\sigma = 2\pi I(p)$$

를 만족한다(참고문헌 [2], p.280 참고). 한편 고립된 특이점이 없는 삼각형 $T \in \mathfrak{I}$는

$$\iint_T K d\sigma = 0$$

을 만족한다. 따라서

$$2\pi\chi(S) = \iint_S K d\sigma = \sum_{T \in \mathfrak{I}} \iint_T K d\sigma = 2\pi \sum_{p\,:\,\text{고립된 특이점}} I(p)$$

가 성립한다. 즉 $\chi(S) = \displaystyle\sum_{p\,:\,\text{고립된 특이점}} I(p)$이다. ✣

따름정리 6.6.17

단위구면 또는 종수가 2 이상인 리만곡면과 위상동형인 닫힌 정칙곡면 S의 접벡터장은 항상 적어도 하나의 특이점을 가지고 있다([그림 6.18]).

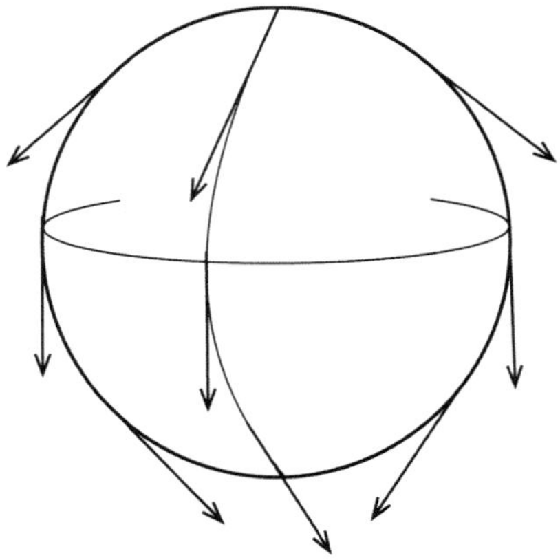

[그림 6.18] S^2상의 접벡터장

증명 S가 단위구면 또는 종수가 2 이상인 리만곡면과 위상동형이므로 S의 오일러특성수는 2 또는 -2 이하이다. 한편 S의 접벡터장이 특이점을 하나도 가지지 않다면 **푸앵카레 지표정리** 6.6.16에 의해 S의 오일러특성수가 0이 되어 모순이다. ✤

예제 6.6.18 종수가 1인 토러스에는 특이점이 하나도 없는 접벡터장이 무한히 많이 존재한다(예를 들어 [그림 6.19]). ◆

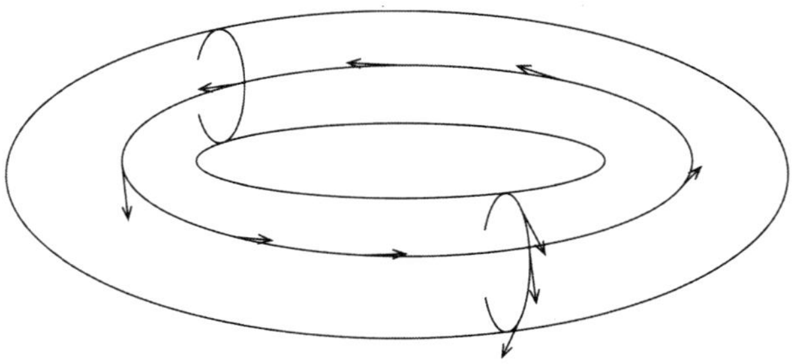

[그림 6.19] T^2상의 접벡터장

6.6 ▌연습문제

1. 다음과 같이 주어진 정칙곡면

$$S: z = \frac{x^2}{2} + \frac{y^2}{2}$$

와 S에 포함된 세 개의 곡선

$$C_1 = S \cap \{(x, y, z) \in \mathbb{R}^3 \mid y = 0\},$$
$$C_2 = S \cap \{(x, y, z) \in \mathbb{R}^3 \mid x = 0\},$$
$$C_3 = S \cap \left\{(x, y, z) \in \mathbb{R}^3 \mid z = \frac{1}{2}\right\}$$

으로 둘러싸인 유한 영역을 D라 할 때, 다음 물음에 답하라.

(1) ∂D의 전측지곡률

$$\int_{\partial D} \kappa_g(s) ds$$

를 계산하라.

(2) ∂D의 외각 θ_i $(i = 1, 2, 3)$의 합 $\sum_{i=1}^{3} \theta_i$를 구하여라.

(3) S의 가우스곡률 K를 구하라.

(4) 전가우스곡률

$$\iint_D K d\sigma$$

를 구하라.

(5) 다음을 계산하여라.

$$\sum_{i=1}^{3} \int_{C_i} \kappa_g(s) ds + \int_D K d\sigma + \sum_{i=1}^{3} \theta_i$$

(6) $2\pi\chi(D)$를 계산하여 (5)에서 구한 값과 비교하여라.

2. 3차원 유클리드 공간 $\mathbb{R}^3$에 놓여 있는 두 정칙곡면

$$S_1 = \{(x, y, z) \in \mathbb{R}^3 \mid x^2 + y^2 - z^2 = 1\},$$

$$S_2 = \{(x, y, z) \in \mathbb{R}^3 \mid x - y = 0\}$$

을 고려하자. S_1과 S_2의 교선을 C, 두 점 $(1, 0, 0)$과 $(1, 1, 1)$을 잇는 직선을 L_1, 두 점 $(1, 0, 0)$과 $(1, 1, -1)$를 잇는 직선을 L_2라 할 때, 다음 물음에 답하라.

(1) 두 직선 L_1과 L_2가 S_1상에 놓여 있음을 보여라.

(2) $L_1, L_2, C \subset S_1$의 측지곡률 $\kappa_g(L_1)$, $\kappa_g(L_2)$, $\kappa_g(C)$를 각각 계산하라.

(3) C, L_1, L_2로 둘러싸인 S_1상의 정칙영역으로 $\left(\frac{\sqrt{3}}{2}, \frac{1}{2}, 0\right)$를 포함하고 있는 영역을 R이라 할 때, 다음 물음에 답하라.

(i) R의 모든 외각 $\theta_i, i = 1, 2, \ldots p$의 합 $\sum_{i=1}^{p} \theta_i$를 구하라.

(ii) ∂R를 R의 경계라 할 때, 전측지곡률

$$\oint_{\partial R} \kappa_g(s) ds$$

를 계산하라.

(iii) S_1의 가우스곡률 K_{S_1}과 전가우스곡률

$$\iint_R K_{S_1} d\sigma$$

를 계산하라.

3. xz-평면에 있는 원

$$(x-a)^2 + z^2 = r^2$$

을 z-축으로 회전하여 얻은 곡면 T^2의 좌표조각함수

$$\mathbf{x}(u, v) = ((a + r\cos u)\cos v, (a + r\cos u)\sin v, r\sin u), \ -\pi < u, v < \pi$$

를 고려할 때, T^2상에 있는 곡선 $C_i\,(i = 1, 2, \cdots, 8)$가 다음과 같이 주어진 정칙영역 $A \subseteq T^2$의 경계라 하자.

$$A = \left\{(u, v) \in U \mid -\frac{\pi}{2} \le u, v \le \frac{\pi}{2}\right\} - \left\{(u, v) \in U \mid -\frac{\pi}{4} < u, v < \frac{\pi}{4}\right\}$$

이때 다음 물음에 답하라.

(1) ∂A의 전측지곡률

$$\int_{\partial A} \kappa_g(s)ds$$

를 계산하라.

(2) ∂A의 외각 $\theta_i (i = 1, 2, 3, \cdots, 8)$의 합 $\sum_{i=1}^{8} \theta_i$를 구하여라.

(3) T^2의 가우스곡률 K를 구하라.

(4) 전가우스곡률

$$\iint_A K d\sigma$$

를 구하여라.

(5) 다음을 계산하여라.

$$\sum_{i=1}^{8} \int_{C_i} \kappa_g(s)ds + \iint_A K d\sigma + \sum_{i=1}^{8} \theta_i$$

(6) $2\pi\chi(A)$를 계산하여 (5)에서 구한 값과 비교하여라.

4. 닫힌 정칙곡면 S가 단위구면 S^2과 위상동형이 아닐 때, S상에는 가우스곡률이 양이 되는 점, 음이 되는 점, 영이 되는 점이 모두 존재함을 보여라.

5. S가 단위구면 S^2과 위상동형인 정칙곡면이고 Γ가 S상에 있는 단순, 닫힌 측지선이다. Γ를 경계로 가지고 있는 두 영역 중의 하나를 A라 할 때, 다음을 계산하라.

$$\iint_{\boldsymbol{N}(A)} d\sigma$$

단, 여기서 $\boldsymbol{N} : S \to S^2$는 방향을 보존하는 가우스사상을 나타내고 $d\sigma = \sqrt{EG - F^2}\,dudv$이다.

6. $\alpha : I = [a, b] \to \mathbb{R}^3$가 단위속력변수 s를 갖는 닫힌곡선을 나타내고 곡률 $\kappa_\alpha(s)$가 0이 아닐 때,

$$\beta(s) = \boldsymbol{N}_\alpha(s)$$

는 $\beta : I \to S^2$인 정칙인 닫힌곡선이 된다. 만약 β가 단순 닫힌곡선이면 단위구면 S^2을 $\beta(I)$를 경계로 가지고 있는 두 영역 A와 B로 분할할 수 있다. 이때 다음 물음에 답하라.

(1) $\kappa_g(s)$를 β의 측지곡률이라 할 때,

$$\kappa_g(s)=\frac{\langle \beta(s), \beta'(s)\times\beta''(s)\rangle}{\|\beta'(s)\|^3}=\frac{\langle \boldsymbol{N}_\alpha(s), \boldsymbol{N}_\alpha'(s)\times\boldsymbol{N}_\alpha''(s)\rangle}{\|\boldsymbol{N}_\alpha'(s)\|^3}$$

로 주어짐을 보여라.

(2) $\kappa_\alpha(s)$와 $\tau_\alpha(s)$를 α의 곡률과 비틀림률이라 할 때,

$$\kappa_g(s)=-\frac{\dfrac{d}{ds}\tan^{-1}\left(\dfrac{\tau_\alpha(s)}{\kappa_\alpha(s)}\right)}{\|\boldsymbol{N}_\alpha'(s)\|}$$

로 주어짐을 보여라.

(3) 두 영역 A와 B의 넓이가 모두 2π임을 보여라.

7. $z=0$로 주어진 정칙곡면 S에 단위법벡터장 $\boldsymbol{N}=(0, 0, 1)$의 방향성을 주자. 이때, S상의 정칙영역 R의 양의 방향성을 가진 경계 ∂R에 대하여 다음 물음에 답하라([그림 6.20]).

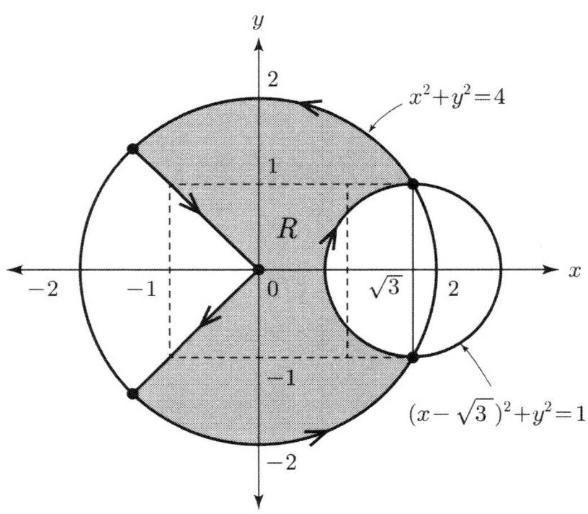

[그림 6.20]

$$R=\left\{(x, y, 0)\in S\mid x^2+y^2\le 4,\ (x-\sqrt{3})^2+y^2\ge 1,\ x\ge -|y|\right\}$$

(1) ∂R의 법곡률 $\kappa_n(\partial R)$을 구하라.

(2) ∂R의 매끄러운 부분에서 측지곡률 $\kappa_g(\partial R)$을 구하라.

(3) 전측지곡률 $\oint_{\partial R}\kappa_g(s)ds$이 $\frac{\pi}{6}$임을 직접 계산을 통해 보여라.

(4) ∂R에 다섯 개의 꼭짓점이 있고, 이 다섯 개의 꼭짓점의 외각은 1사분면에 있는 외각부터 출발하여 양의 방향을 따라 차례로

$$\frac{2\pi}{3}, \frac{\pi}{2}, -\frac{\pi}{2}, \frac{\pi}{2}, \frac{2\pi}{3}$$

로 주어짐을 보여라.

(5) 전측지곡률 $\oint_{\partial R} \kappa_g(s)ds$를 가우스-보네 정리를 이용하여 구하라.

8. xy-평면에 놓여 있는 정칙곡선

$$\alpha(x) = (x,\ f(x)),\ -3 < x < 3,\ f(x) > 0$$

를 x-축으로 회전하여 얻은 회전곡면 S에 대하여, 다음 물음에 답하라.

(1) S의 좌표조각함수

$$\mathbf{x}\ : (-3,\ 3) \times (-\pi,\ \pi) \to S,\quad (u,\ v) \mapsto \mathbf{x}(u,\ v)$$

를 찾고, S의 가우스곡률 K_S를 계산하라.

(2)
$$f(x) = \frac{1}{12}x^4 - \frac{1}{6}x^2 + 5,\quad -3 < x < 3$$

이고 정칙곡면 S의 정칙영역 R이 다음과 같을 때, 다음 물음에 답하라.

$$R = \mathbf{x}\left([0,\ 1] \times \left[0,\ \frac{\pi}{2}\right]\right)$$

(i) S의 가우스곡률 K_S의 부호가 양수, 음수, 영인 부분을 각각 찾아라.

(ii) C가 R의 경계 ∂R이고 양의 방향성을 가질 때, C의 외각 θ_i을 모두 구하라.

(iii) $\kappa_g(C)$가 C의 측지곡률을 나타낼 때, 다음 선적분을 계산하라.

$$\oint_C \kappa_g(s)ds$$

(iv) 정칙영역 R에서 전곡률

$$\iint_R K_S d\sigma,\quad d\sigma = \sqrt{EG - F^2}\,dudv$$

를 계산하라.

(v) 음이 아닌 실수 $a(a<3)$와 $R_a = \mathbf{x}\left([0,\ a]\times\left[0,\ \frac{\pi}{2}\right]\right)$에 대하여 함수 $h:[0,\ 3)\to\mathbb{R}$가

$$h(a)=\iint_{R_a} K_S d\sigma$$

일 때, h의 극점 a를 $0<a<1$에서 찾아라.

9. xy-평면에 있는 평면곡선

$$\alpha(x)=\left(x,\ \frac{1}{x},\ 0\right),\ \ x>0$$

를 x-축으로 회전하여 얻은 회전곡면 S는

$$S=\left\{\left(u,\ \frac{1}{u}\cos v,\ \frac{1}{u}\sin v\right)\ \middle|\ u>0,\ 0\le v\le 2\pi\right\}$$

로 주어진다([그림 6.21]).

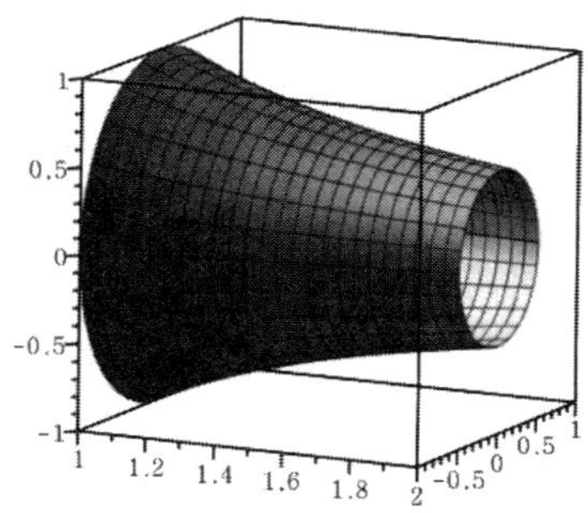

[그림 6.21]

이때, S상의 정칙영역

$$R=\left\{\left(u,\ \frac{1}{u}\cos v,\ \frac{1}{u}\sin v\right)\ \middle|\ 1\le u\le 2,\ 0\le v\le 2\pi\right\}$$

의 $u=1$과 $u=2$에서 두 경계를 각각 C_1과 C_2라 하자. 다음 물음에 답하라.

(1) 회전곡면 S에 $\boldsymbol{N}(1,\ 1,\ 0)=\frac{1}{\sqrt{2}}(1,\ 1,\ 0)$을 만족하는 단위법벡터장 $\boldsymbol{N}$을 방향성으로 줄 때, R의 양의 방향성을 가진 두 경계 C_1과 C_2의 측지곡률 $\kappa_g(C_1)$과 $\kappa_g(C_2)$가 다음과 같이 주어짐을 보여라.

$$\kappa_g(C_1) = \frac{1}{\sqrt{2}},\ \kappa_g(C_2) = -\frac{2}{\sqrt{17}}$$

(2) 회전곡면 S에 $\boldsymbol{N}(1, 1, 0) = -\frac{1}{\sqrt{2}}(1, 1, 0)$을 만족하는 단위법벡터장 $\boldsymbol{N}$을 방향성으로 줄 때, R의 양의 방향성을 가진 두 경계 C_1과 C_2의 측지곡률 $\kappa_g(C_1)$과 $\kappa_g(C_2)$가 다음과 같이 주어짐을 보여라.

$$\kappa_g(C_1) = \frac{1}{\sqrt{2}},\ \kappa_g(C_2) = -\frac{2}{\sqrt{17}}$$

(3) R상에서 전가우스곡률 $\iint_R K d\sigma$가 다음과 같이 주어짐을 보여라.

$$\iint_R K d\sigma = 2\pi\left(\frac{1}{\sqrt{17}} - \frac{1}{\sqrt{2}}\right)$$

연습문제 풀이

미/분/기/하/학/개/론

1.1 연습문제

1. • $\langle u+v+w, u\rangle = \langle u,u\rangle = 1$ $(\because \langle u,u\rangle = 1, \langle u,v\rangle = \langle u,w\rangle = 0)$

• $1 = \langle u+v+w, u\rangle = \| u+v+w \| \| u \| \cos\theta,\ \theta = \measuredangle(u+v+w, u)$

한편, $\| u+v+w \|^2 = \langle u+v+w, u+v+w\rangle = 3$이고 $\| u \| = 1$이다.

$(\because \langle u,u\rangle = \langle v,v\rangle = \langle w,w\rangle = 1, \langle u,v\rangle = \langle v,w\rangle = \cdots = \langle v,w\rangle = 0)$

$\therefore \cos\theta = \dfrac{1}{\sqrt{3}}$, i.e., $\theta = \cos^{-1}\left(\dfrac{1}{\sqrt{3}}\right)$

2. $\| u+v \|^2 = \langle u+v, u+v\rangle = \langle u,u\rangle + 2\langle u,v\rangle + \langle v,v\rangle$

$= \| u \|^2 + 2\langle u,v\rangle + \| v \|^2$

$\therefore \langle u,v\rangle = \dfrac{1}{2}\left(\|u+v\|^2 - \|u\|^2 - \|v\|^2\right)$

3. $v \neq 0$일 때, $P_v(u) = \dfrac{\langle u,v\rangle}{\| v \|^2} v$

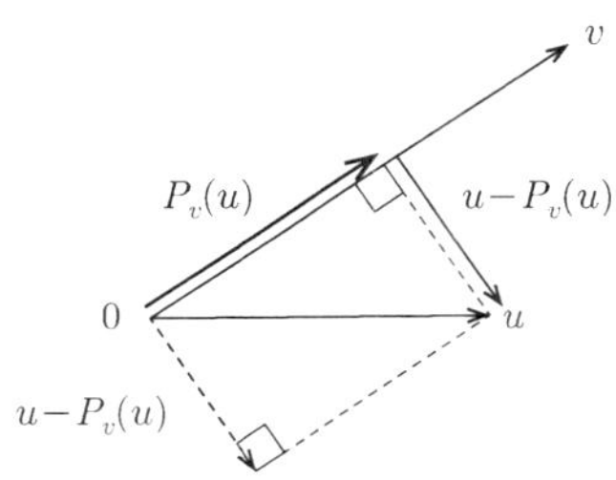

(1) $P_v(u) = \dfrac{2}{3}(-1,1,-1)$, $P_u(v) = \dfrac{1}{3}(-1,2,1)$

(2) $\langle u-P_v(u), v\rangle = \langle u,v\rangle - \langle P_v(u), v\rangle = \langle u,v\rangle - \left\langle \dfrac{\langle u,v\rangle}{\| v \|^2} v, v\right\rangle$

$= \langle u,v\rangle - \dfrac{\langle u,v\rangle}{\| v \|^2}\langle v,v\rangle$

$= 0 \quad (\because \ \langle v,v\rangle = \| v \|^2)$

$\therefore u - P_v(u) \perp v$

(3) $u \neq 0, v \neq 0$일 때,

• $P_u(v) = P_v(u) \Leftrightarrow \dfrac{\langle u,v\rangle}{\| u \|^2} u = \dfrac{\langle u,v\rangle}{\| v \|^2} v \Leftrightarrow \langle u,v\rangle\left(\dfrac{u}{\| u \|^2} - \dfrac{v}{\| v \|^2}\right) = 0$

$\Leftrightarrow \langle u,v\rangle = 0$ or $v = \dfrac{\| v \|^2}{\| u \|^2} u$

- 한편, $v=\frac{\| v \|^2}{\| u \|^2}u \Rightarrow \| v \| = \frac{\| v \|^2}{\| u \|^2}\| u \| \Rightarrow \| v \| = \| u \|$ 이다.

  따라서 $v=u$이다.

  $\therefore P_u(v)=P_v(u) \Leftrightarrow \langle u,v \rangle=0 \text{ or } v=u$

4. $u \neq 0, v \neq 0$이고 $\{u,v,u\times v\}$는 $\mathbb{R}^3$의 기저이다.

$\therefore x=a_1u+a_2v+a_3u\times v,\ a_1,a_2,a_3 \in \mathbb{R}$

- $\langle v,x \rangle=k \neq 0,\ \langle u,v \rangle=0$

  $\Rightarrow k=\langle v,a_1u+a_2v+a_3u\times v \rangle=a_2\langle v,v \rangle=a_2\| v \|^2$

  $\therefore a_2=\frac{k}{\| v \|^2}$

- $v\times x=u \Rightarrow v\times(a_1u+a_2v+a_3u\times v)=u$

  $\therefore a_1v\times u+a_3v\times(u\times v)=u$

  $\therefore a_1v\times u+(a_3t-1)u=0\ (\because\ v\times(u\times v)=tu,\ t>0)$

  $\therefore a_1=0$이고 $a_3t=1$이다.

- $t^2\| u \|^2=\| v\times(u\times v) \|^2=\| v \|^2\| u\times v \|^2-\langle v,u\times v \rangle^2$

  $=\| v \|^2(\| u \|^2\| v \|^2-\langle u,v \rangle^2)\quad (\because\ \langle v,u\times v \rangle^2=0)$

  $=\| u \|^2\| v \|^4\quad (\because\ \langle u,v \rangle^2=0)$

  $\therefore t=\| v \|^2\quad (\because t>0)$

  $\therefore a_3=\frac{1}{t}=\frac{1}{\| v \|^2}$

  $\therefore x=a_1u+a_2v+a_3u\times v=\frac{k}{\| v \|^2}v+\frac{1}{\| v \|^2}u\times v$

5. $u=xa+yb+zc,\ x,y,z\in\mathbb{R}$

- $2=\langle u,a \rangle=\langle xa+yb+zc,a \rangle=x\| a \|^2+y+z\langle c,a \rangle\ \cdots①$
- $c=u\times b=(xa+yb+zc)\times b=xa\times b+zc\times b\qquad \cdots②$

- $\| c \|^2=\langle c,c \rangle \overset{②}{=} \langle xa\times b+zc\times b,c \rangle=x\langle a\times b,c \rangle=x\quad \therefore x=\| c \|^2$

- $\langle a,c \rangle \overset{②}{=} \langle a,\| c \|^2a\times b+zc\times b \rangle=z\langle a,c\times b \rangle=-z\langle a\times b,c \rangle=-z$

  $\therefore z=-\langle a,c \rangle$

- $2 \overset{②}{=} x\| a \|^2+y+z\langle c,a \rangle=\| c \|^2\| a \|^2+y-\langle a,c \rangle^2$

  $\therefore y=2-\| c \|^2\| a \|^2+\langle a,c \rangle^2=2-(\| c \|^2\| a \|^2-\langle c,a \rangle^2)=2-\| c\times a \|^2$

  $\therefore u=\| c \|^2a+(2-\| c\times a \|^2)b-\langle a,c \rangle c$

6. $\langle u_1 \times u_2, u_3 \rangle^2 = (\det(u_1u_2u_3)_{3\times3})^2 = \det(u_1u_2u_3)\det(u_1u_2u_3)$

$$= \det((u_1u_2u_3)^T\det(u_1u_2u_3))$$

$$= \det\left(\begin{pmatrix} u_1 \\ u_2 \\ u_3 \end{pmatrix}_{3\times3} (u_1u_2u_3)_{3\times3}\right)$$

$$= \det(\langle u_i, u_j \rangle)_{3\times3}$$

8. (1) $a_1(u_1+u_2)+a_2(u_1+u_3)+a_3(u_2+u_3)=0,\ a_1, a_2, a_3 \in \mathbb{R}$

$\Rightarrow (a_1+a_2)u_1+(a_1+a_3)u_2+(a_2+a_3)u_3=0$

$$\Rightarrow \begin{cases} a_1+a_2=0 & \cdots ① \\ a_1+a_3=0 & \cdots ② \\ a_2+a_3=0 & \cdots ③ \end{cases}$$

- $①+②+③ \Rightarrow 2(a_1+a_2+a_3)=0 \quad \therefore a_1+a_2+a_3=0 \cdots ④$
- $④, ① \Rightarrow a_3=0,\ ②, ④ \Rightarrow a_2=0,\ ④, ③ \Rightarrow a_1=0 \quad \therefore a_1=a_2=a_3=0$

$\therefore \{u_1+u_2,\ u_1+u_3,\ u_2+u_3\}$가 일차독립이다.

(2) 가정에 의해, $\begin{cases} Au_1+Au_2=u_1+u_2 & \cdots ① \\ Au_1+Au_3=2u_1+2u_3 & \cdots ② \\ Au_2+Au_3=3u_2+3u_3 & \cdots ③ \end{cases}$

- $①+②+③ \Rightarrow Au_1+Au_2+Au_3=\frac{3}{2}u_1+2u_2+\frac{5}{2}u_3$
- $\begin{cases} Au_1=\frac{3}{2}u_1-u_2-\frac{1}{2}u_3 \\ Au_2=-\frac{1}{2}u_1+2u_2+\frac{1}{2}u_3 \\ Au_3=\frac{1}{2}u_1+u_2+\frac{5}{2}u_3 \end{cases} \quad \therefore A=\begin{pmatrix} \frac{3}{2} & -\frac{1}{2} & \frac{1}{2} \\ -1 & 2 & 1 \\ -\frac{1}{2} & \frac{1}{3} & \frac{5}{2} \end{pmatrix}$(단, 기저 $\{u_1, u_2, u_3\}$에 관해)

1.2 연습문제

1. $x(t)=(2, 1, -3)+t(5, 1, -1),\quad -\infty < t < \infty$

2. $x(t)=(0, 0, 0)+ta,\ t\in\mathbb{R},\ a=(1, 2, 1)\times(1, -3, -1)=\begin{vmatrix} i & j & k \\ 1 & 2 & 1 \\ 1 & -3 & -1 \end{vmatrix}=i+2j-5k$

$\therefore x(t)=t(1, 2, -5),\ t\in\mathbb{R}$

3. $n = \overrightarrow{AB} \times \overrightarrow{AC} = (\overrightarrow{OB} - \overrightarrow{OA}) \times (\overrightarrow{OC} - \overrightarrow{OA}) = (4,1,2) \times (1,5,0)$

$$= \begin{vmatrix} i & j & k \\ 4 & 1 & 2 \\ 1 & 5 & 0 \end{vmatrix} = -10i + 2j + 19k$$

$\therefore$ A를 지나는 평면의 방정식은 $-10(x+3) + 2(y-0) + 19(z-1) = 0$

$\therefore$ $-10x + 2y + 19z - 49 = 0$

4. $n = (2, 3, -3) \times (3, 2, -1) = \begin{vmatrix} i & j & k \\ 2 & 3 & -3 \\ 3 & 2 & -2 \end{vmatrix} = 0i - 5j - 5k$

$\therefore$ 두 점 $(3, 2, -1)$, $(1, -1, 2)$를 지나고 주어진 직선에 평행한 평면의 방정식은 $0(x-3)$ $-5(y-2) - 5(z+1) = 0$

$\therefore$ $y + z - 1 = 0$

1.3 연습문제

2. $z = f(x, y)$, $(x, y) \in \mathbb{R}^2 - \{(0,0)\}$이고 $r \in \mathbb{R}$라 하자.

$\Rightarrow$ • $f^{-1}(r) = \{(x, y) \in \mathbb{R}^2 - \{(0,0)\} \mid f(x, y) = r\} \neq \varnothing$

• $\nabla f(x, y) \neq 0$, $(x, y) \in f^{-1}(r)$라고 가정하자.

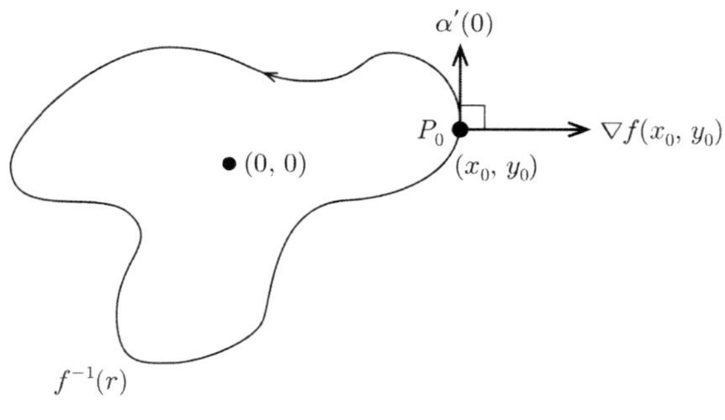

이때 $f^{-1}(r) \perp \nabla f(x, y)$, $(x, y) \in f^{-1}(r)$를 보이면 충분하다. 이를 위해, 임의의 점 $P_0 = (x_0, y_0) \in f^{-1}(r)$에 대하여 $\alpha : (-\varepsilon, \varepsilon) \to f^{-1}(r)$, $\varepsilon > 0$가 $\alpha(0) = P_0$를 만족하고 $\alpha'(0)$가 P_0에서 $f^{-1}(r)$의 접벡터인 매개함수라 하자. 그러면, 임의의 $-\varepsilon < t < \varepsilon$에 대하여 $f(\alpha(t)) = r$이 성립한다.

$$\therefore 0 = \left.\frac{d}{dt}\right|_{t=0}(r) = \left.\frac{d}{dt}\right|_{t=0} f(\alpha(t)) = \langle \nabla f(\alpha(0)), \alpha'(0) \rangle$$

$$= \langle \nabla f(\alpha(x_0, y_0)), \alpha'(0) \rangle$$

$\therefore\ \nabla f(x_0, y_0) \perp \alpha'(0)$

$\alpha'(0)$가 P_0에서 $f^{-1}(r)$의 임의의 접벡터이고, P_0가 $f^{-1}(r)$의 임의의 점이므로 $\nabla f(x,y) \perp f^{-1}(r)$가 성립한다.

- $f(x,y) = \dfrac{x+y}{x^2+y^2}$일 때, $f^{-1}(1) \neq \varnothing$이고, $\nabla f(x,y) \neq 0,\ \forall (x,y) \in f^{-1}(1)$이다.

  $\therefore\ \nabla f(x,y) \perp f^{-1}(1),\ \forall (x,y) \in f^{-1}(r)$

3. 만약 $V(x,y) = \nabla f(x,y)\ \ ((x,y) \in \mathbb{R}^2)$를 만족하는 함수 $f: \mathbb{R}^2 \to \mathbb{R}$가 존재한다면, 임의의 $(x,y) \in \mathbb{R}^2$에 대하여 $f_x = x^2+y^2,\ f_y = -2xy$가 성립한다.

$\therefore\ f_{xy} = 2y = f_{yx} = -2y \quad \therefore\ y = 0 \quad \Rightarrow$ 모순이다.

$\therefore\ \nabla f(x,y) = V(x,y)$를 만족하는 함수 $f: \mathbb{R}^2 \to \mathbb{R}$가 존재하지 않는다.

1.4 연습문제

2. $(u \times v)' = u' \times v + u \times v' = (Au + Bv) \times v + u \times (Cu - Av)$

$\qquad = Au \times v - Au \times v = 0,\ \ \forall t \in \mathbb{R}$

$\therefore\ u \times v$가 상수벡터이다.

3. $\langle \alpha(t), \boldsymbol{b}_0 \rangle = 0,\ \forall t \in (a,b)$이므로 α가 원점을 통과하고 법벡터가 $\boldsymbol{b}_0$인 평면 P에 놓여 있다. 따라서 α'과 α'' 모두 P에 놓여 있게 된다. 즉 $\alpha' \times \alpha'' \parallel \boldsymbol{b}_0$이다. 따라서

$$\langle \alpha' \times \alpha'', \alpha \rangle = \langle \boldsymbol{b}_0, \alpha \rangle = 0$$

이므로

$$\langle \alpha \times \alpha', \alpha'' \rangle = \langle \alpha' \times \alpha'', \alpha \rangle = 0$$

이 성립한다.

5. $\alpha(t) = (e^t \cos t, e^t \sin t) \ \Rightarrow\ \alpha'(t) = (e^t \cos t - e^t \sin t, e^t \cos t + e^t \sin t)$

$\therefore\ \langle \alpha, \alpha' \rangle = e^{2t} = \|\alpha\| \, \|\alpha'\| \cos(\theta(t)),\ \theta(t) = \measuredangle(\alpha(t), \alpha'(t))$

한편 $\|\alpha'(t)\|^2 = 2e^{2t}$이고 $\|\alpha(t)\| = e^t$이므로

$\therefore\ \langle \alpha, \alpha' \rangle = \|\alpha\| \, \|\alpha'\| \cos(\theta(t)) = e^t e^t \sqrt{2} \cos(\theta(t)) = \sqrt{2} e^{2t} \cos(\theta(t))$

$\therefore\ \cos(\theta(t)) = \dfrac{1}{\sqrt{2}}$, 즉 $\theta(t) = \dfrac{\pi}{4}$=상수이다.

7. $l_1 : \alpha(t) + s\alpha'(t) = (3t, 3t^2, 2t^3) + s(3, 6t, 6t^2),\ s \in \mathbb{R}$은 t에서 $\alpha(t)$의 접선의 방정식

$l_2 : \tau(1,0,1)$이다.

먼저 $l_1 \cap l_2 \neq \varnothing$라고 가정하자. 그러면

$$(3t, 3t^2, 2t^3) + s(3, 6t, 6t^2) = \tau(1,0,1)$$

을 만족하는 $s, \tau \in \mathbb{R}$가 존재한다.

$\therefore \begin{cases} 3t+6st = 3t(t+2s) = 0 \cdots ① \\ 3t+3s = \tau = 2t^3+6st^2 \quad \cdots ② \end{cases}$ $\quad \therefore t=0$ 또는 $t=-2s$ ($\because$ ①)

i) $t \neq 0 \Rightarrow t=-2s \underset{②}{\longrightarrow} 3t+3s = 3t - \frac{3}{2}t = \tau = 2t^3 + 6t^2\left(-\frac{t}{2}\right) \quad \therefore \frac{3}{2}t = -t^3$

$\therefore t^2 = -\frac{3}{2}$ ($\because t \neq 0$) $\longrightarrow$ 모순이다.

ii) 따라서 $t=0$이다, 즉 l_1과 l_2는 $t=0$일 때만 서로 만난다. 이때

$\begin{cases} l_1 : (0,0,0) + s(3,0,0), \ s \in \mathbb{R} \\ l_2 : \tau(1,0,1), \ \tau \in \mathbb{R} \end{cases}$

이므로 $3 = \langle (3,0,0), (1,0,1) \rangle = 3\sqrt{2}\cos\theta_0$, $\theta_0 = \measuredangle(l_1, l_2)$를 이용하면

$\cos\theta_0 = \frac{1}{\sqrt{2}}$, 즉 $\theta_0 = \frac{\pi}{4}$이다.

8. $f(t) := \| \alpha(t) - 0 \|^2 = \| \alpha(t) \|^2$, $t \in (a,b)$라 하자. 가정에 의해 f가 $t=t_0$에서 최댓값을 가진다. 따라서 $0 = f'(t_0) = 2\langle \alpha(t_0), \alpha'(t_0) \rangle$이므로 $\langle \alpha(t_0), \alpha'(t_0) \rangle = 0$이 성립한다.

2.1 연습문제

1. $\alpha(t) = \left(3t, \frac{\sqrt{6}}{2}t^2, \frac{1}{3}t^3\right)$

(1) $\alpha'(t) = (3, \sqrt{6}t, t^2)$

$\therefore \| \alpha'(t) \|^2 = 9 + 6t^2 + t^4 = (3+t^2)^2$

$\therefore L = \int_0^1 \| \alpha'(t) \| = \int_0^1 (3+t^2)dt = 3t + \frac{1}{3}t^3 \Big|_{t=0}^{t=1} = \frac{10}{3}$

(2) $s = s(t) = \int_0^t \| \alpha'(t) \| = \int_0^t (3+t^2)dt = 3t + \frac{1}{3}t^3$, $-\infty < s < \infty$

$\frac{ds}{dt} = 3 + t^2 > 0 \Rightarrow s$는 t의 순증가(strictly increasing)함수이다.

$\therefore t = t(s)$

$\beta(s) = \alpha(t(s))$라 하면, β가 단위속력을 갖는 α의 재매개화이다.

좀 더 구체적으로, 3차 방정식

$t^3+9t-3s=0 \quad \cdots (*)$

에서 $p=9$와 $q=-3s$라 하면, $4p^3+27q^2=4\cdot 9^3+27(-3s)^2>0$이다.

$\therefore$ 3차 방정식의 근의 공식에 의해, 3차 방정식 $(*)$는 실근을 가진다:

$$t=t(s)=\left(-\frac{q}{2}+\left(\frac{q^2}{4}+\frac{p^3}{27}\right)^{\frac{1}{2}}\right)^{\frac{1}{3}}+\left(-\frac{q}{2}-\left(\frac{q^2}{4}+\frac{p^3}{27}\right)^{\frac{1}{2}}\right)^{\frac{1}{3}}$$

$$=\left(\frac{3}{2}s+\left(\frac{9s^2}{4}+27\right)^{\frac{1}{2}}\right)^{\frac{1}{3}}+\left(\frac{3}{2}s-\left(\frac{9s^2}{4}+27\right)^{\frac{1}{2}}\right)^{\frac{1}{3}}$$

2. (1) $\alpha(t)=\left(2\ln t, t+\frac{1}{t}, t-\frac{1}{t}\right),\ 2\le t\le 8$

$$\alpha'(t)=\left(\frac{2}{t}, 1-\frac{1}{t^2}, 1+\frac{1}{t^2}\right)$$

$$\|\alpha'(t)\|=\sqrt{2}\left(1+\frac{1}{t^2}\right)$$

$$\therefore L=\int_2^8\|\alpha'(t)\|dt=\int_2^8\sqrt{2}\left(1+\frac{1}{t^2}\right)dt=\sqrt{2}\left(t-\frac{1}{t}\right)\Big|_{t=2}^{t=8}=\frac{51\sqrt{2}}{8}$$

(2) $\alpha(t)=(\ln(\sec t+\tan t), \ln(\csc t-\cot t)),\ \frac{\pi}{6}\le t\le\frac{\pi}{3}$

$$\alpha'(t)=(\sec t, -\csc t)$$

$$\therefore \|\alpha'(t)\|^2=\frac{1}{\cos^2 t\sin^2 t}$$

$$\therefore L=\int_{\frac{\pi}{6}}^{\frac{\pi}{3}}\|\alpha'(t)\|dt=\int_{\frac{\pi}{6}}^{\frac{\pi}{3}}\frac{dt}{\cos t\sin t}=\int_{\frac{\pi}{6}}^{\frac{\pi}{3}}\frac{2dt}{2\cos t\sin t}=\int_{\frac{\pi}{6}}^{\frac{\pi}{3}}\frac{2dt}{\sin(2t)}$$

$$=\int_{\frac{\pi}{3}}^{\frac{2\pi}{3}}\csc(v)dv=-\ln|\csc v+\cot v|\Big|_{v=\frac{\pi}{3}}^{v=\frac{2\pi}{3}}=\ln 3 \quad (\because v=2t)$$

4. $\alpha(t)=(t, f(t)),\ a\le t\le b$

$$\therefore \alpha'(t)=(1, f'(t))$$

$$\therefore L=\int_a^b\|\alpha'(t)\|dt=\int_a^b\sqrt{1+f'(t)^2}dt=\int_a^b\sqrt{1+f'(x)^2}dx$$

5. $\alpha(t)=(t, \cosh t),\ a\le t\le b$

$$\alpha'(t)=(1, \sinh t)=\left(1, \frac{e^t-e^{-t}}{2}\right)$$

$$\| \alpha'(t) \|^2 = \frac{e^{2t}+2+e^{-2t}}{4} = \left(\frac{e^t+e^{-t}}{2}\right)^2 = \cosh^2 t$$

$$\therefore L = \int_a^b \| \alpha'(t) \| dt = \int_a^b \cosh t dt = \sinh t \Big|_{t=a}^{t=b}$$

$$= \frac{e^b-e^{-b}}{2} - \frac{e^a-e^{-a}}{2} = \frac{(e^b-e^a)-(e^{-b}-e^{-a})}{2}$$

7. (1) $\alpha(t) = \left(t, t^2\cos\frac{1}{t}, 0\right),\ t>0$

$$\therefore \alpha(t) = \left(1, 2t\cos\frac{1}{t}+\sin\frac{1}{t}, 0\right),\ t>0$$

$$\therefore \| \alpha'(t) \|^2 = \left|1+\left(2t\cos\frac{1}{t}+\sin\frac{1}{t}\right)^2\right|$$

$$= \left|1+4t^2\cos^2\frac{1}{t}+4t\cos\frac{1}{t}\sin t\frac{1}{t}+\sin^2\frac{1}{t}\right|$$

$$\le 1+4t^2\cos^2\frac{1}{t}+4t\left|\cos\frac{1}{t}\sin\frac{1}{t}\right|+\sin^2\frac{1}{t}$$

$$\le 10 \quad \left(\because \left|\sin\frac{1}{t}\right| \le 1, \left|\cos\frac{1}{t}\right| \le 1, 0<t\le 1\right)$$

$$\therefore \int_0^1 \| \alpha'(t) \| dt \le \sqrt{10} < +\infty$$

(2) $\alpha(t) = \left(t, t\cos\frac{1}{t}, 0\right),\ 0<t\le 1$

- $t\cos\frac{1}{t} = 0,\ 0<t\le 1$

  $\Leftrightarrow \cos\frac{1}{t} = 0$

  $\Leftrightarrow \frac{1}{t} = \frac{\pi}{2}(2k-1),$

  $k = 1, 2, 3, \cdots$

  $\Leftrightarrow t = \frac{2}{(2k-1)\pi}$

- $t\cos\frac{1}{t} = \pm t$

  $\Leftrightarrow \cos\frac{1}{t} = \pm 1$

  $\Leftrightarrow \frac{1}{t} = l\pi,\ l = 1, 2, 3, \cdots$

  $\Leftrightarrow t = \frac{1}{l\pi},\ l = 1, 2, 3$

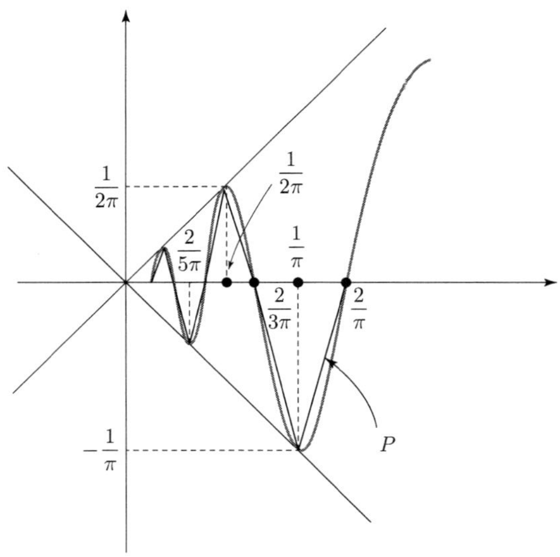

• $\int_0^1 \| \alpha'(t) \| \, dt \geq P$의 호길이$\geq \frac{1}{\pi} + \frac{1}{2\pi} + \frac{1}{3\pi} + \cdots$

$$= \sum_{k=1}^{\infty} \frac{1}{k\pi} = \frac{1}{\pi} \sum_{k=1}^{\infty} \frac{1}{k} = \infty$$

2.2 연습문제

1. (1) $\alpha(s) = \left(-\sin s, \frac{4}{5}\cos s, -\frac{3}{5}\cos s\right)$

• $\alpha'(s) = \left(-\cos s, -\frac{4}{5}\sin s, \frac{3}{5}\sin s\right)$, $\| \alpha'(s) \| = 1$ $\quad\therefore s$:단위속력변수

$\therefore \boldsymbol{T}_\alpha(s) = \alpha'(s)$

• $\alpha''(s) = \left(\sin s, -\frac{4}{5}\cos s, \frac{3}{5}\cos s\right)$, $\kappa_\alpha(s) = \| \alpha''(s) \| = 1$이고

$\boldsymbol{N}_\alpha(s) = \frac{\alpha''(s)}{\| \alpha''(s) \|} = \alpha''(s)$

• $\boldsymbol{B}_\alpha(s) = \boldsymbol{T}_\alpha(s) \times \boldsymbol{N}_\alpha(s) = \alpha'(s) \times \alpha''(s) = \frac{3}{5}j + \frac{4}{5}k$

$\therefore \boldsymbol{B}_\alpha{}'(s) \equiv 0 \Rightarrow \tau_\alpha(s) \equiv 0 \Rightarrow \alpha$가 평면곡선이다.

(2) $\kappa_\alpha(s) = \frac{\sqrt{2}}{4\sqrt{1-s^2}}$, $\quad \tau_\alpha(s) = -\frac{\sqrt{2}}{4\sqrt{1-s^2}}$,

$\boldsymbol{T}_\alpha(s) = \left(\frac{\sqrt{1+s}}{2}, -\frac{\sqrt{1-s}}{2}, \frac{\sqrt{2}}{2}\right)$,

$\boldsymbol{N}_\alpha(s) = \left(\frac{\sqrt{2}\sqrt{1-s}}{2}, \frac{\sqrt{2}\sqrt{1+s}}{2}, 0\right)$,

$\boldsymbol{B}_\alpha(s) = \left(-\frac{\sqrt{1+s}}{2}, \frac{\sqrt{1-s}}{2}, \frac{\sqrt{2}}{2}\right)$

2. $\alpha(s) = \left(\frac{1}{\sqrt{2}}\cos s, \sin s, \frac{1}{\sqrt{2}}\cos s\right)$, $\| \alpha(s) \|^2 = 1$이고 α의 x 좌표와 α의 z 좌표가 일치한다. 따라서 다음이 성립한다.

$$C = \alpha(\mathbb{R}) = x = z-\text{평면과 단위구의 교선} = \text{대원}$$

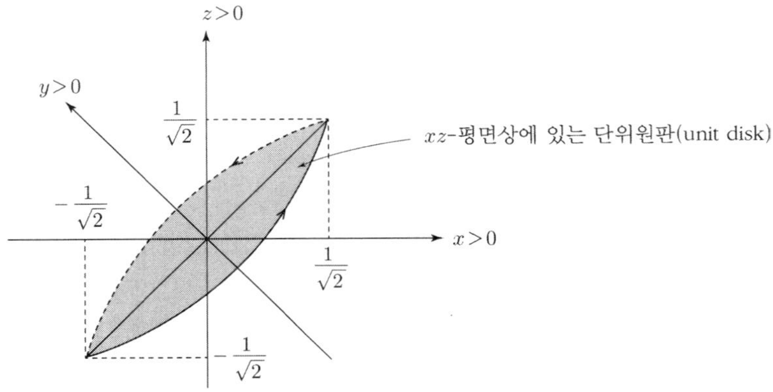

3. $\boldsymbol{n}_\alpha(0)$가 접촉평면에서 $\alpha'(0)=T_\alpha(0)$를 시계반대방향으로 $\frac{\pi}{2}$만큼 회전하여 얻어진 단위법벡터일 때, $\langle \boldsymbol{n}_\alpha(0), \boldsymbol{N}_\alpha(0)\rangle = 1$를 만족한다고 가정하자.

- (존재성)

$$\beta(s) := c + \frac{1}{\kappa_\alpha(0)}(-\cos(\kappa_\alpha(0)s)\boldsymbol{N}_\alpha(0) + \sin(\kappa_\alpha(0)s)\boldsymbol{T}_\alpha(0)),$$

$$c := \alpha(0) + \frac{1}{\kappa_\alpha(0)}\boldsymbol{N}_\alpha(0)$$

(i) $\| \beta(s) - c \| = \dfrac{1}{\kappa_\alpha(0)}$ $\quad \therefore$ β는 중심이 c이고 반지름이 $\dfrac{1}{\kappa_\alpha(0)}$인 원이다.

(ii) $\beta(0) = c - \dfrac{1}{\kappa_\alpha(0)}\boldsymbol{N}_\alpha(0) = \alpha(0)$

$$\beta'(s) = \sin(\kappa_\alpha(0)s)\boldsymbol{N}_\alpha(0) + \cos(\kappa_\alpha(0)s)\boldsymbol{T}_\alpha(0) \quad \therefore \beta'(0) = \boldsymbol{T}_\alpha(0) = \alpha'(0)$$

$$\beta''(s) = \kappa_\alpha(0)\cos(\kappa_\alpha(0)s)\boldsymbol{N}_\alpha(0) - \kappa_\alpha(0)\sin(\kappa_\alpha(0)s)\boldsymbol{T}_\alpha(0)$$

$$\therefore \beta''(0) = \kappa_\alpha(0)\boldsymbol{N}_\alpha(0) = \kappa_\alpha(0)\frac{\alpha''(0)}{\kappa_\alpha(0)} = \alpha''(0)$$

- (유일성) β와 α가 $\beta(0)=\alpha(0)$에서 $\beta'(0)=\alpha'(0)$와 $\beta''(0)=\alpha''(0)$를 만족하면서 서로 접하므로 조건을 만족하는 β는 $\alpha(0)$에서 α의 접촉평면에 놓여 있어야 한다. 한편 주어진 양의 곡률을 갖는 원은 놓여 있는 위치를 무시하면 유일하고, 주어진 조건을 만족하는 β는 모두 $\alpha(0)$에서 접하면서 α의 접촉평면에 놓여 있으며 같은 곡률 $\kappa_\alpha(0)=\|\alpha''(0)\|$를 갖는 원이다. 따라서 조건을 만족하는 β는 유일하다.

4.
- $\langle (\beta(s)-0), U_0\rangle = \langle \alpha(s) - \langle \alpha(s), U_0\rangle U_0, U_0\rangle$

$$= \langle \alpha(s), U_0\rangle - \langle \alpha(s), U_0\rangle \| U_0 \|^2 = 0$$

$\therefore$ β는 원점을 통과하고 단위법벡터가 U_0인 평면에 놓여 있는 평면곡선이다.

- $\kappa_\beta(s) = \dfrac{\kappa_\alpha(s)}{\sin^2\theta_0}$, $\kappa_\alpha(s) = \kappa_0 > 0$ (κ_0는 상수)임을 보일 수 있다.

$\therefore$ β는 원이거나 원의 일부이다.

실제로, 다음 등식이 성립한다.

$\beta' = \alpha' - \langle \alpha', U_0 \rangle U_0$이고 $\| \beta' \|^2 = \sin^2\theta_0$

$\beta'' = \alpha'' - \langle \alpha'', U_0 \rangle U_0$

$\beta' \times \beta'' = (\alpha' - \langle \alpha', U_0 \rangle U_0) \times \alpha''$

$= \alpha' \times \alpha'' - \cos\theta_0 \kappa_0 U_0 \times \boldsymbol{N}_\alpha \quad (\because \langle \alpha', U_0 \rangle = \cos\theta_0)$

한편 $U_0 = \cos\theta_0 \boldsymbol{T}_\alpha + \sin\theta_0 \boldsymbol{B}_\alpha (\because 0 = (\langle \alpha', U_0 \rangle)' = \langle \alpha'', U_0 \rangle = \langle \kappa_0 \boldsymbol{N}_\alpha, U_0 \rangle)$이므로

$\therefore \beta' \times \beta'' = \kappa_0 \boldsymbol{T}_\alpha \times \boldsymbol{N}_\alpha - \kappa_0 \cos\theta_0 (\cos\theta_0 \boldsymbol{T}_\alpha + \sin\theta_0 \boldsymbol{B}_\alpha) \times \boldsymbol{N}_\alpha$

$= \kappa_0 \boldsymbol{B}_\alpha - \kappa_0 \cos^2\theta_0 \boldsymbol{B}_\alpha + \kappa_0 \cos\theta_0 \sin\theta_0 \boldsymbol{T}_\alpha$

$= \kappa_0 \sin^2\theta_0 \boldsymbol{B}_\alpha + \kappa_0 \cos\theta_0 \sin\theta_0 \boldsymbol{T}_\alpha$

$\therefore \| \beta' \times \beta'' \|^2 = \kappa_0^2 (\sin^4\theta_0 + \cos^2\theta_0 \sin^2\theta_0) = \kappa_0^2 \sin^2\theta_0$

$\therefore \kappa_\beta = \dfrac{\| \beta' \times \beta'' \|}{\| \beta' \|^3} = \dfrac{\kappa_0 \sin\theta_0}{\sin^3\theta_0} = \dfrac{\kappa_0}{\sin^2\theta_0}$

5. (1) 가정에 의해 $\boldsymbol{N}_\alpha(s) = \varepsilon \boldsymbol{N}_\beta(s)$, $\varepsilon = \pm 1$이고, 임의의 s에 대하여

$$\langle \boldsymbol{T}_\alpha(s), \boldsymbol{T}_\beta(s) \rangle = \cos\theta(s)$$

이다. 이때 $\theta(s) = \theta_0 =$ 상수임을 보일 수 있다. 실제로,

$$\begin{aligned} \frac{d}{ds} \langle \boldsymbol{T}_\alpha, \boldsymbol{T}_\beta \rangle &= \langle \boldsymbol{T}_\alpha', \boldsymbol{T}_\beta \rangle + \langle \boldsymbol{T}_\alpha, \boldsymbol{T}_\beta' \rangle \\ &= \langle \kappa_\alpha \boldsymbol{N}_\alpha, \boldsymbol{T}_\beta \rangle + \langle \boldsymbol{T}_\alpha, \kappa_\beta \boldsymbol{N}_\beta \rangle \\ &= \kappa_\alpha \langle \varepsilon \boldsymbol{N}_\beta, \boldsymbol{T}_\beta \rangle + \kappa_\beta \langle \boldsymbol{T}_\alpha, \varepsilon \boldsymbol{N}_\alpha \rangle \\ &= \kappa_\alpha \varepsilon \langle \boldsymbol{N}_\beta, \boldsymbol{T}_\beta \rangle + \kappa_\beta \varepsilon \langle \boldsymbol{T}_\alpha, \boldsymbol{N}_\alpha \rangle \\ &= 0 \end{aligned}$$

$\therefore \langle \boldsymbol{T}_\alpha, \boldsymbol{T}_\beta \rangle =$ 상수 $\Rightarrow \theta(s) = \theta_0 =$ 상수

(2) 가정에 의해, $\boldsymbol{T}_\beta$는 $\boldsymbol{T}_\alpha$와 $\boldsymbol{B}_\alpha$에 의해 생성된 평면인 교정평면에 놓여 있고, $\langle \boldsymbol{T}_\alpha(s), \boldsymbol{T}_\beta(s) \rangle = \cos\theta_0$이다.

(i)

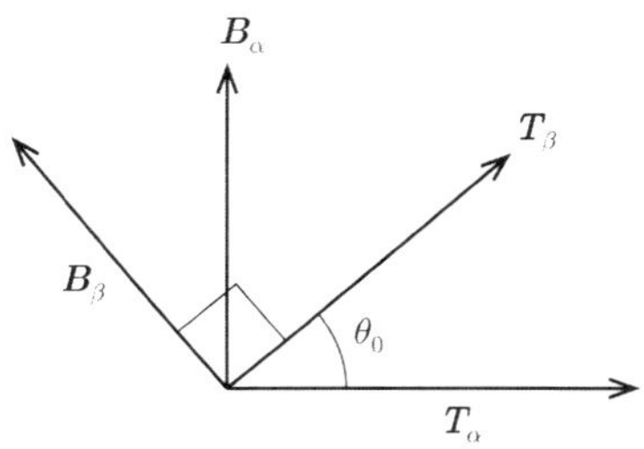

인 경우:

- $\boldsymbol{T}_\beta = \cos\theta_0 \boldsymbol{T}_\alpha + \sin\theta_0 \boldsymbol{B}_\alpha$

$\therefore\ \kappa_\beta \cdot \varepsilon \boldsymbol{N}_\alpha = \kappa_\beta \cdot \boldsymbol{N}_\beta = \boldsymbol{T}_\beta{}' = \cos\theta_0 \boldsymbol{T}_\alpha{}' + \sin\theta_0 \boldsymbol{B}_\alpha{}' = (\kappa_\alpha \cos\theta_0 + \tau_\alpha \sin\theta_0)\boldsymbol{N}_\alpha$

$\therefore\ \varepsilon\kappa_\beta = \kappa_\alpha \cos\theta_0 + \tau_\alpha \sin\theta_0 \cdots$ ①

- $\boldsymbol{B}_\beta = \cos\left(\theta_0 + \dfrac{\pi}{2}\right)\boldsymbol{T}_\alpha + \sin\left(\theta_0 + \dfrac{\pi}{2}\right)\boldsymbol{B}_\alpha = -\sin\theta_0 \boldsymbol{T}_\alpha + \cos\theta_0 \boldsymbol{B}_\alpha$

$\therefore\ \tau_\alpha \cdot \varepsilon \boldsymbol{N}_\alpha = \tau_\beta \boldsymbol{N}_\beta = \boldsymbol{B}_\beta{}' = (-\kappa_\alpha \sin\theta_0 + \tau_\alpha \cos\theta_0)\boldsymbol{N}_\alpha$

$\therefore\ \varepsilon\tau_\beta = -\kappa_\alpha \sin\theta_0 + \tau_\alpha \cos\theta_0 \cdots$ ②

①, ②에 의해

$$\begin{aligned} \kappa_\beta(-\kappa_\alpha \sin\theta_0 + \tau_\alpha \cos\theta_0) &\underset{①}{=} \varepsilon(\kappa_\alpha \cos\theta_0 + \tau_\alpha \sin\theta_0)(-\kappa_\alpha \sin\theta_0 + \tau_\alpha \cos\theta_0) \\ &= (\kappa_\alpha \cos\theta_0 + \tau_\alpha \sin\theta_0) \cdot \varepsilon(-\kappa_\alpha \sin\theta_0 + \tau_\alpha \cos\theta_0) \\ &\underset{②}{=} \tau_\beta(\kappa_\alpha \cos\theta_0 + \tau_\alpha \sin\theta_0) \end{aligned}$$

(ii) 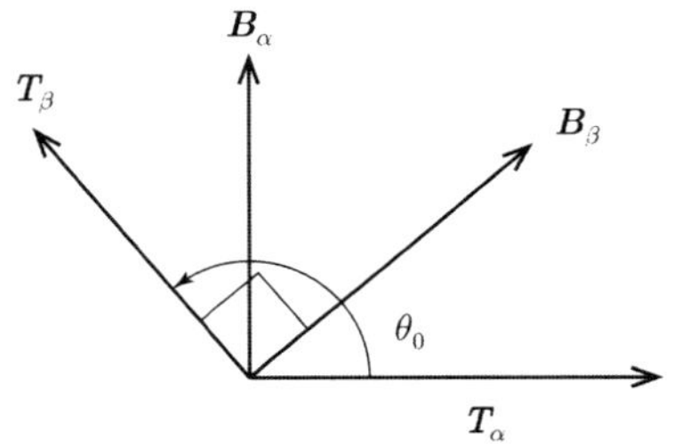

인 경우:

(i)과 비슷한 방법으로,

- $\varepsilon\kappa_\beta = \kappa_\alpha \cos\theta_0 + \tau_\alpha \sin\theta_0$
- $\boldsymbol{B}_\beta = \cos\left(\theta_0 - \dfrac{\pi}{2}\right)\boldsymbol{T}_\alpha + \sin\left(\theta_0 - \dfrac{\pi}{2}\right)\boldsymbol{B}_\alpha = \sin\theta_0 \boldsymbol{T}_\alpha - \cos\theta_0 \boldsymbol{B}_\alpha$

$\tau_\alpha \cdot \varepsilon \boldsymbol{N}_\alpha = \tau_\beta \boldsymbol{N}_\beta = \boldsymbol{B}_\beta{}' = (\kappa_\alpha \sin\theta_0 - \tau_\alpha \cos\theta_0)\boldsymbol{N}_\alpha$

$\therefore\ \varepsilon\tau_\beta = \kappa_\alpha \sin\theta_0 - \tau_\alpha \cos\theta_0 \cdots$ ③

①, ③에 의해

$$\begin{aligned} \kappa_\beta(-\kappa_\alpha \sin\theta_0 + \tau_\alpha \cos\theta_0) &\underset{①}{=} \varepsilon(\kappa_\alpha \cos\theta_0 + \tau_\alpha \sin\theta_0)(-\kappa_\alpha \sin\theta_0 + \tau_\alpha \cos\theta_0) \\ &= -(\kappa_\alpha \cos\theta_0 + \tau_\alpha \sin\theta_0) \cdot \varepsilon(\kappa_\alpha \sin\theta_0 - \tau_\alpha \cos\theta_0) \\ &\underset{③}{=} -\tau_\beta(\kappa_\alpha \cos\theta_0 + \tau_\alpha \sin\theta_0) \end{aligned}$$

6. (1) $f(s) = \dfrac{1}{s^2+1}$

$\alpha(s) = \left(\int \cos\left(\int f(s)ds\right)ds,\ \int \sin\left(\int f(s)ds\right)ds,\ 0\right)$를 이용;

$\int f(s)ds = \int \dfrac{1}{s^2+1}ds = \arctan s + C,\ \ C=0$이라고 가정하고,

- $\int \cos\left(\int f(s)ds\right)ds = \int \cos(\arctan s)ds = \int (\cos u)\sec^2 u du = \int \sec u du$

$$= \ln|\sec u + \tan u| + C = \ln|\sqrt{s^2+1}+s| + C$$

$(\because u = \arctan s \Rightarrow s = \tan u,\ du = \sec^2 u du,\ \sec u = \sqrt{s^2+1})$

- $\int \sin\left(\int f(s)ds\right)ds = \int \sin(\arctan s)ds = \int (\sin u)\sec^2 u du = (\cos u)^{-1} + C$

$$= \sec u + C = \sqrt{s^2+1} + C$$

$\therefore \alpha(s) = (\ln|\sqrt{s^2+1}+s| + C_1,\ \sqrt{s^2+1}+C_2,\ C_3)\quad (C_i = \text{상수},\ i=1,2,3)$

(2) $\alpha(s) = \left(\frac{1+s}{2}(\cos\ln(1+s)+\sin\ln(1+s)),\ \frac{1+s}{2}(\sin\ln(1+s)-\cos\ln(1+s)), 0\right)$

$(s>-1)$

(3) $\alpha(s) = \left(\frac{1}{2}(s\sqrt{1-s^2}+\arcsin s),\ \frac{s^2}{2},\ 0\right)$

7. $\langle \alpha(s)-C_0, \alpha(s)-C_0\rangle = r^2 \Rightarrow \langle \alpha'(s), \alpha(s)-C_0\rangle = 0$

$\therefore \langle \boldsymbol{T}_\alpha, \alpha(s)-C_0\rangle = 0$

$\Rightarrow \langle \alpha''(s), \alpha(s)-C_0\rangle + \langle \alpha'(s), \alpha'(s)\rangle = 0$

$(\because \alpha''(s) = \kappa_\alpha \boldsymbol{N}_\alpha,\ \langle \alpha'(s), \alpha'(s)\rangle = 1)$

$\therefore \langle \boldsymbol{N}_\alpha, \alpha(s)-C_0\rangle = -\frac{1}{\kappa_\alpha}$

$\Rightarrow \langle \boldsymbol{N}_\alpha', \alpha(s)-C_0\rangle + \langle \boldsymbol{N}_\alpha, \alpha'(s)\rangle = \frac{\kappa_\alpha'}{\kappa_\alpha^2} = \left(-\frac{1}{\kappa_\alpha}\right)'$

$(\because \boldsymbol{N}_\alpha' = -\kappa_\alpha \boldsymbol{T}_\alpha - \tau_\alpha \boldsymbol{B}_\alpha,\ \alpha'(s) = \boldsymbol{T}_\alpha)$

$\Rightarrow \kappa_\alpha\langle \boldsymbol{T}_\alpha, \alpha(s)-C_0\rangle - \tau_\alpha\langle \boldsymbol{B}_\alpha, \alpha(s)-C_0\rangle$

$= -\tau_\alpha\langle \boldsymbol{B}_\alpha, \alpha(s)-C_0\rangle = \frac{\kappa_\alpha'}{\kappa_\alpha^2} = \left(-\frac{1}{\kappa_\alpha}\right)'$

$\therefore \langle \boldsymbol{B}_\alpha, \alpha(s)-C_0\rangle = -\frac{\kappa_\alpha'}{\kappa_\alpha^2\tau_\alpha}$

$\therefore \alpha(s)-C_0 = \langle \alpha(s)-C_0, \boldsymbol{T}_\alpha\rangle \boldsymbol{T}_\alpha + \langle \alpha(s)-C_0, \boldsymbol{N}_\alpha\rangle \boldsymbol{N}_\alpha + \langle \alpha(s)-C_0, \boldsymbol{B}_\alpha\rangle \boldsymbol{B}_\alpha$

$$= 0\cdot \boldsymbol{T}_\alpha - \frac{1}{\kappa_\alpha}\boldsymbol{N}_\alpha + \left(\frac{1}{\kappa_\alpha}\right)'\frac{1}{\tau_\alpha}\boldsymbol{B}_\alpha$$

8. $\beta(s) := \alpha(s) + \frac{1}{\kappa_\alpha}\boldsymbol{N}_\alpha - \left(\frac{1}{\kappa_\alpha}\right)'\frac{1}{\tau_\alpha}\boldsymbol{B}_\alpha$

$\Rightarrow \beta'(s) = \alpha'(s) + \left(\frac{1}{\kappa_\alpha}\right)'\boldsymbol{N}_\alpha + \frac{1}{\kappa_\alpha}\boldsymbol{N}_\alpha' - \left(\left(\frac{1}{\kappa_\alpha}\right)'\frac{1}{\tau_\alpha}\right)'\boldsymbol{B}_\alpha - \left(\frac{1}{\kappa_\alpha}\right)'\frac{1}{\tau_\alpha}\boldsymbol{B}_\alpha'$

$$= \boldsymbol{T}_\alpha + \left(\frac{1}{\kappa_\alpha}\right)'\boldsymbol{N}_\alpha + \frac{1}{\kappa_\alpha}(-\kappa_\alpha \boldsymbol{T}_\alpha - \tau_\alpha \boldsymbol{B}_\alpha) - \left(\left(\frac{1}{\kappa_\alpha}\right)'\frac{1}{\tau_\alpha}\right)'\boldsymbol{B}_\alpha - \left(\frac{1}{\kappa_\alpha}\right)'\frac{1}{\tau_\alpha}(\tau_\alpha \boldsymbol{N}_\alpha)$$

$$= -\left(\frac{\tau_\alpha}{\kappa_\alpha} + \left(\left(\frac{1}{\kappa_\alpha}\right)'\frac{1}{\tau_\alpha}\right)'\right)\boldsymbol{B}_\alpha$$

한편 $\left(\frac{1}{\kappa_\alpha}\right)^2 + \left(\left(\frac{1}{\kappa_\alpha}\right)'\frac{1}{\tau_\alpha}\right)^2 = r^2 \Rightarrow 2\left(\frac{1}{\kappa_\alpha}\right)\left(\frac{1}{\kappa_\alpha}\right)' + 2\left(\left(\frac{1}{\kappa_\alpha}\right)'\frac{1}{\tau_\alpha}\right)\left(\left(\frac{1}{\kappa_\alpha}\right)'\frac{1}{\tau_\alpha}\right)' = 0$

$$\therefore \frac{2\left(\frac{1}{\kappa_\alpha}\right)'}{\tau_\alpha}\left(\frac{\tau_\alpha}{\kappa_\alpha} + \left(\left(\frac{1}{\kappa_\alpha}\right)'\frac{1}{\tau_\alpha}\right)'\right) = 0$$

$$\therefore \frac{\tau_\alpha}{\kappa_\alpha} + \left(\left(\frac{1}{\kappa_\alpha}\right)'\frac{1}{\tau_\alpha}\right)' = 0 \quad \left(\because \frac{2\left(\frac{1}{\kappa_\alpha}\right)'}{\tau_\alpha} \neq 0\right)$$

$\therefore \beta'(s) \equiv 0, \forall s$, 즉 $\beta(s) = C_0 =$ 상수벡터

$$\therefore \| \alpha(s) - C_0 \|^2 = \left(\frac{1}{\kappa_\alpha}\right)^2 + \left(\left(\frac{1}{\kappa_\alpha}\right)'\frac{1}{\tau_\alpha}\right)^2 = r^2$$

$\therefore$ α는 중심이 C_0이고 반지름이 r인 구면상의 곡선이다.

9. (1) $\alpha'' = \kappa_\alpha \boldsymbol{N}_\alpha \Rightarrow \alpha''' = \kappa_\alpha{}' \boldsymbol{N}_\alpha + \kappa_\alpha \boldsymbol{N}_\alpha{}'$

$$= \kappa_\alpha{}' \boldsymbol{N}_\alpha + \kappa_\alpha(-\kappa_\alpha \boldsymbol{T}_\alpha - \tau_\alpha \boldsymbol{B}_\alpha)$$

$$= -\kappa_\alpha^2 \boldsymbol{T}_\alpha + \kappa_\alpha{}' \boldsymbol{N}_\alpha - \kappa_\alpha \tau_\alpha \boldsymbol{B}_\alpha$$

(2) $\langle \alpha', \alpha'' \times \alpha''' \rangle = \langle \boldsymbol{T}_\alpha, \kappa_\alpha \boldsymbol{N}_\alpha \times (-\kappa_\alpha^2 \boldsymbol{T}_\alpha + \kappa_\alpha{}' \boldsymbol{N}_\alpha - \kappa_\alpha \tau_\alpha \boldsymbol{B}_\alpha) \rangle$

$$= \langle \boldsymbol{T}_\alpha, \kappa_\alpha^3 \boldsymbol{B}_\alpha - \kappa_\alpha^2 \tau_\alpha \boldsymbol{T}_\alpha \rangle = -\kappa_\alpha^2 \tau_\alpha$$

(3) $\langle \boldsymbol{T}_\alpha{}', \boldsymbol{B}_\alpha{}' \rangle = \langle \kappa_\alpha \boldsymbol{N}_\alpha, \tau_\alpha \boldsymbol{N}_\alpha \rangle = \kappa_\alpha \tau_\alpha$

10. $\boldsymbol{F}(s) := a(s)\boldsymbol{T}_\alpha(s) + b(s)\boldsymbol{N}_\alpha(s) + c(s)\boldsymbol{B}_\alpha(s), a(s), b(s), c(s) \in \mathbb{R}$이라 놓자. 그러면 다음이 성립한다.

- $\kappa_\alpha \boldsymbol{N}_\alpha = \boldsymbol{T}_\alpha{}' = \boldsymbol{F} \times \boldsymbol{T}_\alpha = (a\boldsymbol{T}_\alpha + b\boldsymbol{N}_\alpha + c\boldsymbol{B}_\alpha) \times \boldsymbol{T}_\alpha = -b\boldsymbol{B}_\alpha + c\boldsymbol{N}_\alpha \quad \therefore b = 0,\ c = \kappa_\alpha$
- $\tau_\alpha \boldsymbol{N}_\alpha = \boldsymbol{B}_\alpha{}' = \boldsymbol{F} \times \boldsymbol{B}_\alpha = (a\boldsymbol{T}_\alpha + \kappa_\alpha \boldsymbol{B}_\alpha) \times \boldsymbol{B}_\alpha = -a\boldsymbol{N}_\alpha \quad \therefore a = -\tau_\alpha$

$\therefore \boldsymbol{F} = -\tau_\alpha \boldsymbol{T}_\alpha + \kappa_\alpha \boldsymbol{B}_\alpha$

2.3 연습문제

5. $\beta(t)=\dfrac{\alpha(t)}{\|\alpha(t)\|} \Rightarrow \|\beta(t)\|=1=$상수

$\Rightarrow \langle\beta(t),\beta'(t)\rangle=0,\ \forall t$

또한 $\beta'(t)=\left(\dfrac{1}{\|\alpha(t)\|}\right)'\alpha(t)+\dfrac{1}{\|\alpha(t)\|}\alpha'(t)$이다.

$\therefore \beta(t)\times\beta'(t)=\dfrac{\alpha(t)}{\|\alpha(t)\|}\times\left(\left(\dfrac{1}{\|\alpha(t)\|}\right)'\alpha(t)+\dfrac{1}{\|\alpha(t)\|}\alpha'(t)\right)$

$=\dfrac{1}{\|\alpha(t)\|}\alpha(t)\times\alpha'(t)=0,\ \forall t$

한편, $0=\|\beta(t)\times\beta'(t)\|^2$

$=\|\beta(t)\|^2\|\beta'(t)\|^2-\langle\beta(t),\beta'(t)\rangle^2$

$=\|\beta'(t)\|^2,\ \forall t\quad(\because \langle\beta(t),\beta'(t)\rangle=0)$

$\therefore \beta'(t)\equiv 0,\ \forall t$

$\therefore \beta(t)=c,\ c=$상수

6.
- $P_t:=\ \alpha(t)$와 $\alpha'(t)$에 의해 생성된 평면, $t\in(a,b)$
- $\langle\alpha(t)\times\alpha'(t),\alpha''(t)\rangle=0,\ \forall t \Rightarrow \alpha''(t)\in P_t,\ \forall t$
- $\langle\alpha(t)\times\alpha'(t),\alpha''(t)\rangle=0,\ \forall t$이고 이를 미분하면,

  $0=\langle\alpha'\times\alpha',\alpha''\rangle+\langle\alpha\times\alpha'',\alpha''\rangle+\langle\alpha\times\alpha',\alpha'''\rangle$

  $\therefore \langle\alpha(t)\times\alpha'(t),\alpha'''(t)\rangle=0,\ \forall t\quad(\because \langle\alpha'\times\alpha',\alpha''\rangle=0,\ \langle\alpha\times\alpha'',\alpha''\rangle=0)$

  $\therefore \alpha'''(t)\in P_t,\ \forall t$

  $\therefore \langle\alpha'(t)\times\alpha''(t),\alpha'''(t)\rangle=0,\ \forall t$ 즉, $\tau_\alpha(t)\equiv 0,\ \forall t$

  $\therefore$ α가 평면곡선이다. 따라서 α가 법벡터가 $\boldsymbol{b}_0(\neq 0)$인 평면 Q에 놓여 있다고 가정할 수 있다. 이때 $\langle\alpha(t),\boldsymbol{b}_0\rangle=c=$상수, $\forall t$라 놓으면 다음이 성립한다.

<u>Claim: $c=0$</u>

「$\therefore$ 가정에 의해, $\alpha'(t),\ \alpha''(t)\in Q,\ \forall t$이다.

$\therefore \alpha'(t)\times\alpha''(t)=f(t)\boldsymbol{b}_0,\ \forall t$

단, 여기서 $f(t)\neq 0\ (\because \kappa_\alpha(t)\neq 0)$

$\therefore 0=\langle\alpha\times\alpha',\alpha''\rangle=\langle\alpha'\times\alpha'',\alpha\rangle=\langle f(t)\boldsymbol{b}_0,\alpha\rangle=f(t)\langle\boldsymbol{b}_0,\alpha\rangle$

$\langle\boldsymbol{b}_0,\alpha\rangle=c$이므로

$\therefore c=0\ (\because f(t)\neq 0,\ \forall t)$」

7. $\beta(s)=\alpha'(s)=\boldsymbol{T}_\alpha(s)$

(1) $\beta'(s)=\boldsymbol{T}_\alpha{}'(s)=\kappa(s)\boldsymbol{N}_\alpha(s)$

$$\begin{aligned}\beta''(s)&=\kappa_\alpha{}'(s)\boldsymbol{N}_\alpha(s)+\kappa_\alpha(s)\boldsymbol{N}_\alpha{}'(s)\\&=\kappa_\alpha{}'(s)\boldsymbol{N}_\alpha(s)+\kappa_\alpha(s)(-\kappa_\alpha(s)\boldsymbol{T}_\alpha(s)-\tau_\alpha(s)\boldsymbol{B}_\alpha(s))\\&=\kappa_\alpha{}'(s)\boldsymbol{N}_\alpha(s)-\kappa_\alpha^2(s)\boldsymbol{T}_\alpha(s)-\kappa_\alpha(s)\tau_\alpha(s)\boldsymbol{B}_\alpha(s)\end{aligned}$$

$$\therefore\ \kappa_\beta(s)=\frac{\|\beta'(s)\times\beta''(s)\|}{\|\beta'(s)\|^3}=\frac{\kappa_\alpha^2(s)\left(\kappa_\alpha^2(s)+\tau_\alpha^2(s)\right)^{\frac{1}{2}}}{\kappa_\alpha^3(s)}$$

$$=\frac{\left(\kappa_\alpha^2+\tau_\alpha^2\right)^{\frac{1}{2}}}{\kappa_\alpha(s)}=\left(1+\frac{\tau_\alpha^2(s)}{\kappa_\alpha^2(s)}\right)^{\frac{1}{2}}$$

(단, 여기서 $\beta'\times\beta''=\kappa_\alpha^3\boldsymbol{B}_\alpha-\kappa_\alpha^2\tau_\alpha\boldsymbol{T}_\alpha$)

(2) $\beta=$상수 $\Leftrightarrow\ \beta'(s)\equiv 0,\ \ \forall s$

$\Leftrightarrow\ \kappa_\alpha(s)\equiv 0,\ \ \forall s$

$\Leftrightarrow\ \alpha$: 직선이거나 그 일부.

(3) $\beta'(s)=\kappa_\alpha(s)\boldsymbol{N}_\alpha(s)\ \Rightarrow\ \beta'(s)\parallel\boldsymbol{N}_\alpha(s).$

8. $\alpha(t)=(a\cos t, a\sin t, bt)$, $a, b=$상수>0 (가정)

- $\beta_1(t)=\boldsymbol{T}_\alpha(t)$인 경우;

$$\kappa_{\beta_1}(t)=\frac{\sqrt{a^2+b^2}}{a}=\frac{(a^2+b^2)^{\frac{1}{2}}}{a}$$

- $\beta_2(t)=\boldsymbol{N}_\alpha(t)$인 경우;

$\kappa_{\beta_2}(t)\equiv 1$

- $\beta_3(t)=\boldsymbol{B}_\alpha(t)$인 경우;

$$\kappa_{\beta_3}(t)=\frac{(a^2+b^2)^{\frac{1}{2}}}{b}$$

9. $\beta(s)=\alpha(s)+u(s)\boldsymbol{T}_\alpha(s)$, $u(s)\neq 0$

(1) $\beta'(s)=(1+u')\boldsymbol{T}_\alpha+\kappa_\alpha u\boldsymbol{N}_\alpha$

$\therefore\ \|\beta'(s)\|\neq 0\ \Leftrightarrow\ 1+u'\neq 0$ 또는 $\kappa_\alpha\neq 0$

$\Leftrightarrow\ (1+u')^2+\kappa_\alpha^2 u\neq 0,\ \ \forall s$

(2) $\beta''(s)=\left(u''-\kappa_\alpha^2 u\right)\boldsymbol{T}_\alpha+(\kappa_\alpha+2\kappa_\alpha u'+\kappa_\alpha{}'u)\boldsymbol{N}_\alpha-\kappa_\alpha\tau_\alpha u\boldsymbol{B}_\alpha$

$$\therefore\ \beta' \times \beta'' = A\boldsymbol{T}_\alpha + B\boldsymbol{N}_\alpha + C\boldsymbol{B}_\alpha$$

$$A = -\kappa_\alpha^2 \tau_\alpha u^2$$

$$B = \kappa_\alpha \tau_\alpha u(1+u')$$

$$C = \kappa_\alpha + 3\kappa_\alpha u' + \kappa_\alpha{}' u + 2\kappa_\alpha (u')^2 + \kappa_\alpha{}' uu' + \kappa_\alpha^2 u^2 - \kappa_\alpha uu''$$

$$\therefore\ \kappa_\beta = \frac{\| \beta' \times \beta'' \|}{\| \beta' \|^3} = \frac{\left(A^2 + B^2 + C^2\right)^{\frac{1}{2}}}{\left((1+u')^2 + \kappa_\alpha^2 u^2\right)^{\frac{3}{2}}}$$

10. $\beta(s) = \alpha(s) + \dfrac{1}{\kappa_\alpha(s)} \boldsymbol{N}_\alpha(s),\ \ \kappa_\alpha(s) > 0,\ \ \forall s$

(1) $\beta'(s) = \alpha'(s) + \left(\dfrac{1}{\kappa_\alpha(s)}\right)' \boldsymbol{N}_\alpha(s) + \dfrac{1}{\kappa_\alpha(s)} \boldsymbol{N}_\alpha{}'(s)$

$$= \boldsymbol{T}_\alpha(s) - \frac{\kappa_\alpha{}'(s)}{\kappa_\alpha^2(s)} \boldsymbol{N}_\alpha(s) + \frac{1}{\kappa_\alpha(s)} \left(-\kappa_\alpha(s) \boldsymbol{T}_\alpha(s) - \tau_\alpha(s) \boldsymbol{B}_\alpha(s)\right)$$

$$= -\frac{\kappa_\alpha{}'}{\kappa_\alpha^2} \boldsymbol{N}_\alpha - \frac{\tau_\alpha}{\kappa_\alpha} \boldsymbol{B}_\alpha$$

$$\therefore\ \langle \alpha'(s), \beta'(s) \rangle = \left\langle \boldsymbol{T}_\alpha, -\frac{\kappa_\alpha{}'}{\kappa_\alpha^2} \boldsymbol{N}_\alpha - \frac{\tau_\alpha}{\kappa_\alpha} \boldsymbol{B}_\alpha \right\rangle = 0,\ \ \forall s$$

$$\therefore\ \beta'(s)\ \perp\ \boldsymbol{T}_\alpha(s),\ \ \forall s$$

즉 β의 접선은 α의 법평면과 평행이다.

(2) 가정에 의해, $\tau_\alpha \equiv 0$이라 하자.

(i) $\beta' = -\dfrac{\kappa_\alpha{}'}{\kappa_\alpha^2} \boldsymbol{N}_\alpha$

$$\beta'' = \frac{\kappa_\alpha{}'}{\kappa_\alpha} \boldsymbol{T}_\alpha + \left(-\kappa_\alpha{}'' \kappa_\alpha^{-2} + 2\kappa_\alpha^{-3} (\kappa_\alpha{}')^2\right) \boldsymbol{N}_\alpha$$

$$\therefore\ \beta' \times \beta'' = \frac{(\kappa_\alpha{}')^2}{\kappa_\alpha^3} \boldsymbol{B}_\alpha$$

$$\therefore\ \kappa_\beta(s) = \frac{\| \beta' \times \beta'' \|}{\| \beta' \|^3} = \frac{\kappa_\alpha^3}{|\kappa_\alpha{}'|}$$

(ii) $f(s) := -\kappa_\alpha{}'' \kappa_\alpha^{-2} + 2\kappa_\alpha^{-3} (\kappa_\alpha{}')^2,\ \ \forall s$

$$\Rightarrow\ \beta'' = \frac{\kappa_\alpha{}'}{\kappa_\alpha} \boldsymbol{T}_\alpha + f(s) \boldsymbol{N}_\alpha$$

$$\therefore\ \beta''' = \left(-\kappa_\alpha f + \left(\frac{\kappa_\alpha{}'}{\kappa_\alpha}\right)'\right) \boldsymbol{T}_\alpha + (f' + \kappa_\alpha{}') \boldsymbol{N}_\alpha$$

$$\therefore \langle \beta' \times \beta'', \beta''' \rangle = \left\langle \frac{(\kappa_\alpha{}')^2}{\kappa_\alpha^3} \boldsymbol{B}_\alpha, \beta''' \right\rangle \equiv 0, \quad \forall s$$

$\therefore$ β가 평면곡선이다.

11. $\beta(t) = \int_1^t \left(\alpha(s) + s^2 \boldsymbol{N}_\alpha(s)\right) ds$

(1) $\beta' = \alpha + t^2 \boldsymbol{N}_\alpha$

$$\begin{aligned}\beta'' &= \alpha' + 2t\boldsymbol{N}_\alpha + t^2 \boldsymbol{N}_\alpha{}' \\ &= \boldsymbol{T}_\alpha + 2t\boldsymbol{N}_\alpha + t^2(-\kappa_\alpha \boldsymbol{T}_\alpha - \tau_\alpha \boldsymbol{B}_\alpha) \\ &= \left(1 - \kappa_\alpha t^2\right) \boldsymbol{T}_\alpha + 2t\boldsymbol{N}_\alpha - \tau_\alpha t^2 \boldsymbol{B}_\alpha\end{aligned}$$

$$\begin{aligned}\therefore \frac{1}{2} &= \langle \beta''(1), \boldsymbol{T}_\alpha(1) \rangle \\ &= 1 - \kappa_\alpha(1) \ \ (\because \ \boldsymbol{T}_\alpha(1) = \alpha'(1))\end{aligned}$$

$$\therefore \kappa_\alpha(1) = \frac{1}{2}$$

(2) $5 = \| \beta''(1) \|^2 = \left\| \left(1 - \frac{1}{2} \cdot 1^2\right) \boldsymbol{T}_\alpha(1) + 2\boldsymbol{N}_\alpha(1) - \tau_\alpha(1) \cdot 1^2 \boldsymbol{B}_\alpha(1) \right\|^2$

$$= \frac{1}{4} + 4 + \tau_\alpha(1)^2$$

$$\therefore \tau_\alpha(1)^2 = \frac{3}{4} \quad \therefore \tau_\alpha(1) = \pm \frac{\sqrt{3}}{2}$$

12. $\beta(s) = \alpha(s) + \int_0^s \boldsymbol{B}_\alpha(t) dt$

(1) $\beta'(s) = \alpha'(s) + \boldsymbol{B}_\alpha(s) = \boldsymbol{T}_\alpha(s) + \boldsymbol{B}_\alpha(s)$

$$\beta'' = \boldsymbol{T}_\alpha{}' + \boldsymbol{B}_\alpha{}' = \kappa_\alpha \boldsymbol{N}_\alpha + \tau_\alpha \boldsymbol{N}_\alpha = (\kappa_\alpha + \tau_\alpha) \boldsymbol{N}_\alpha$$

$$\beta''' = \left(-\kappa_\alpha^2 - \kappa_\alpha \tau_\alpha\right) \boldsymbol{T}_\alpha + (\kappa_\alpha{}' + \tau_\alpha{}') \boldsymbol{N}_\alpha + \left(-\kappa_\alpha \tau_\alpha - \tau_\alpha^2\right) \boldsymbol{B}_\alpha$$

$$\therefore \kappa_\beta = \frac{\| \beta' \times \beta'' \|}{\| \beta' \|^3} = \frac{|\kappa_\alpha + \tau_\alpha|}{2}$$

$$\tau_\beta = -\frac{\langle \beta' \times \beta'', \beta''' \rangle}{\| \beta' \times \beta'' \|^2} = \frac{-\kappa_\alpha + \tau_\alpha}{2}$$

(3) $\tilde{s} = \tilde{s}(s) = \int_0^s \| \beta'(s) \| ds = \sqrt{2} s$

$$\therefore s = \frac{1}{\sqrt{2}} \tilde{s} \left(= s(\tilde{s})\right)$$

$$\therefore\ \gamma(\tilde{s})=\beta(s(\tilde{s}))=\beta\left(\frac{1}{\sqrt{2}}\tilde{s}\right)=\alpha\left(\frac{\tilde{s}}{\sqrt{2}}\right)+\int_0^{\frac{1}{\sqrt{2}}\tilde{s}}\boldsymbol{B}_\alpha(t)dt$$

사실, $\dfrac{d\gamma}{d\tilde{s}}=\dfrac{1}{\sqrt{2}}\alpha'\left(\dfrac{\tilde{s}}{\sqrt{2}}\right)+\boldsymbol{B}_\alpha\left(\dfrac{\tilde{s}}{\sqrt{2}}\right)\cdot\dfrac{1}{\sqrt{2}}$

$$=\boldsymbol{T}_\alpha(s)\cdot\frac{1}{\sqrt{2}}+\boldsymbol{B}_\alpha(s)\cdot\frac{1}{\sqrt{2}}$$

$$\therefore\ \left\|\frac{d\gamma}{d\tilde{s}}\right\|=\left(\left(\frac{1}{\sqrt{2}}\right)^2+\left(\frac{1}{\sqrt{2}}\right)^2\right)^{\frac{1}{2}}=1$$

13. $\alpha(s)+f(s)\boldsymbol{N}_\alpha(s)=v_0=$상수벡터

(1) $0=v_0{}'=\alpha'(s)+f'(s)\boldsymbol{N}_\alpha(s)+f(s)\boldsymbol{N}_\alpha{}'(s)$

$=\boldsymbol{T}_\alpha(s)+f'(s)\boldsymbol{N}_\alpha(s)+f(s)(-\kappa_\alpha(s)\boldsymbol{T}_\alpha(s)-\tau_\alpha(s)\boldsymbol{B}_\alpha(s))$

$\therefore\ 0=(1-\kappa_\alpha f)\boldsymbol{T}_\alpha+f'\boldsymbol{N}_\alpha-f\tau_\alpha\boldsymbol{B}_\alpha,\ \ \forall s$

$\therefore\ \kappa_\alpha f\equiv 1,\ \ f'\equiv 0,\ \ f\tau_\alpha\equiv 0$
　…① 　…② 　…③

② $\Rightarrow$ $f=c_1=$상수>0 ($\because$ ①)

① $\Rightarrow$ $\kappa_\alpha(s)=\dfrac{1}{f(s)}=\dfrac{1}{c_1}>0$

(2) $\tau_\alpha\equiv 0$ ($\because$ ③)

(3) $\tau_\alpha\equiv 0$이고 $\kappa_\alpha(s)=\dfrac{1}{c_1}=$상수$>0$

$\Rightarrow$ α가 중심이 $\alpha(s_0)+c_1\boldsymbol{N}_\alpha(s_0)$이고 반지름이 c_1인 원이거나 그 일부. $s_0\in(a,b)$

14. $t=$단위속력변수 s라고 가정하자.

$\dfrac{d\overline{\alpha}}{dt}=\alpha'+f'\boldsymbol{N}_\alpha+f\boldsymbol{N}_\alpha{}'$

$=\boldsymbol{T}_\alpha+f'\boldsymbol{N}_\alpha+f(-\kappa_\alpha\boldsymbol{T}_\alpha-\tau_\alpha\boldsymbol{B}_\alpha)$

$=(1-f_\alpha\kappa_\alpha)\boldsymbol{T}_\alpha+f'\boldsymbol{N}_\alpha-f\tau_\alpha\boldsymbol{B}_\alpha$

$\Rightarrow$ 가정에 의해, $\left\langle\dfrac{d\overline{\alpha}}{dt},\boldsymbol{N}_\alpha\right\rangle=0$

$\therefore\ f'(s)\equiv 0,\ \ \forall s,$ 즉, $f=$상수

15. (1) • $x^2+y^2=x\ \Rightarrow\ x^2-x+\dfrac{1}{4}+y^2=\dfrac{1}{4}$

$$\therefore\ \left(x-\frac{1}{2}\right)^2+y^2=\frac{1}{4}$$

$$\Rightarrow \begin{cases} x-\frac{1}{2}=\frac{1}{2}\cos\theta \\ y=\frac{1}{2}\sin\theta,\ 0\le\theta\le 2\pi \end{cases}$$

- $x=\frac{1}{2}+\frac{1}{2}\cos\theta,\ \ y=\frac{1}{2}\sin\theta$

  $x^2+y^2+z^2=1$이므로

  $$z^2=1-x^2-y^2=1-\left(\frac{1}{2}+\frac{1}{2}\cos\theta\right)^2-\left(\frac{1}{2}\sin\theta\right)^2$$
  $$=1-\frac{1}{4}-\frac{1}{2}\cos\theta-\frac{1}{4}\cos^2\theta-\frac{1}{4}\sin^2\theta$$
  $$=\frac{1}{2}(1-\cos\theta)\quad\left(\because\ -\frac{1}{4}\cos^2\theta-\frac{1}{4}\sin^2\theta=-\frac{1}{4}\right)$$
  $$=\sin^2\frac{\theta}{2}$$

  $$\therefore\ z=\sin\frac{\theta}{2}$$

  $$\therefore\ \alpha(\theta)=\left(\frac{1}{2}(1+\cos\theta),\frac{1}{2}\sin\theta,\sin\frac{\theta}{2}\right)$$
  $$=\left(\cos^2\frac{\theta}{2},\frac{1}{2}\sin\theta,\sin\frac{\theta}{2}\right)$$

  또는

  $t:=\frac{\theta}{2}$, 즉 $\theta=2t\ \Rightarrow\ \alpha(t)=\left(\cos^2 t,\sin t\cos t,\sin t\right),\ \ 0\le t\le\pi$

(2) $\alpha(t)=\left(\cos^2 t,\sin t\cos t,\sin t\right)$

$$\alpha'(t)=\left(-2\cos t\sin t,\cos^2 t-\sin^2 t,\cos t\right)$$
$$=\left(-\sin(2t),\cos(2t),\cos t\right)$$
$$\alpha''(t)=\left(-2\cos(2t),\ -2\sin(2t),\ -\sin t\right)$$
$$\alpha'''(t)=\left(4\sin(2t),\ -4\cos(2t),\ -\cos t\right)$$

- $\alpha'\times\alpha''=\begin{vmatrix} i & j & k \\ -\sin(2t) & \cos(2t) & \cos t \\ -2\cos(2t) & -2\sin(2t) & -\sin t\end{vmatrix}$

  $$=\left(-\cos(2t)\sin t+2\sin(2t)\cos t,\ -\sin(2t)\sin t-2\cos(2t)\cos t,2\right)$$
  $$=\left(3\cos^2 t\sin t+\sin^3 t,\ -2\cos^3 t,2\right)$$
  $$=\left(3\left(1-\sin^2 t\right)\sin t+\sin^3 t,\ -2\cos^3 t,2\right)$$

- $\|\alpha'\|^2=4\cos^2 t\sin^2 t+1-4\sin^2 t+4\sin^4 t+\cos^2 t$

  $$=4\left(1-\sin^2 t\right)\sin^2 t+1-4\sin^2 t+4\sin^4 t+1-\sin^2 t$$
  $$=2-\sin^2 t=1+\cos^2 t$$

- $\|\alpha'\times\alpha''\|^2=\left(3\sin t-2\sin^3 t\right)^2+4\cos^6 t+4$

$$= 9\sin^2 t - 12\sin^4 t + 4\sin^6 t + 4(1 - 3\sin^2 t + 3\sin^4 t - \sin^6 t) + 4$$

$$(\because \cos^6 t = (1-\sin^2 t)^3)$$

$$= 8 - 3\sin^2 t$$

• $-\langle \alpha' \times \alpha'', \alpha''' \rangle$

$$= -\langle (3\sin t - 2\sin^3 t, -2\cos^3 t, 2), (8\sin t\cos t, -4(\cos^2 t - \sin^2 t), -\cos t) \rangle$$

$$= -(24\sin^2 t\cos t - 16\sin^4 t\cos t + 8\cos^5 t - 8\cos^3 t\sin^2 t - 2\cos t)$$

$$= -24\sin^2 t\cos t + 16\sin^4 t\cos t - 8\cos t(1-\sin^2 t)^2 + 8\sin^2 t(1-\sin^2 t)\cos t - 2\cos t$$

$$= -24\sin^2 t\cos t + 16\sin^4 t\cos t - 8\cos t + 16\cos t\sin^2 t$$

$$-8\cos t\sin^4 t + 8\cos t\sin^2 t - 8\cos t\sin^4 t - 2\cos t$$

$$= -10\cos t$$

$$\therefore \kappa_\alpha(t) = \frac{\| \alpha' \times \alpha'' \|}{\| \alpha' \|^3} = \frac{(8-3\sin^2 t)^{\frac{1}{2}}}{(2-\sin^2 t)^{\frac{3}{2}}}$$

$$\tau_\alpha(t) = -\frac{\langle \alpha' \times \alpha'', \alpha''' \rangle}{\| \alpha' \times \alpha'' \|^2} = \frac{-10\cos t}{8-3\sin^2 t}$$

16. • $f(t) := \langle \alpha(t), \alpha(t) \rangle,\ t \in (a, b)$

f가 $t = t_0$에서 최댓값이므로

$$0 = f'(t_0) = 2\langle \alpha(t_0), \alpha'(t_0) \rangle = 2\langle \alpha(t_0), v(t_0)\boldsymbol{T}_\alpha(t_0) \rangle \quad \cdots ①$$

단, 여기서 $v(t) = \| \alpha'(t) \|$ 이다.

또한 $0 \ge f''(t_0) = 2\langle \alpha'(t_0), \alpha'(t_0) \rangle + 2\langle \alpha(t_0), \alpha''(t_0) \rangle$

$$= 2v(t_0)^2 + 2\langle \alpha(t_0), v'(t_0)\boldsymbol{T}_\alpha(t_0) + v(t_0)\boldsymbol{T}_\alpha'(t_0) \rangle$$

$$= 2v(t_0)^2 + 2\langle \alpha(t_0), v'(t_0)\boldsymbol{T}_\alpha(t_0) + \kappa_\alpha(t_0)v^2(t_0)\boldsymbol{N}_\alpha(t_0) \rangle$$

$$= 2v(t_0)^2 + 2\langle \alpha(t_0), \boldsymbol{T}_\alpha(t_0) \rangle \cdot v'(t_0) + 2\langle \alpha(t_0), \boldsymbol{N}_\alpha(t_0) \rangle \cdot \kappa_\alpha(t_0)v^2(t_0)$$

$$\underset{①}{=} 2v(t_0)^2 + 2\kappa_\alpha(t_0)v^2(t_0)\langle \alpha(t_0), \boldsymbol{N}_\alpha(t_0) \rangle$$

$\therefore 0 \ge 1 + \kappa_\alpha(t_0)\langle \alpha(t_0), \boldsymbol{N}_\alpha(t_0) \rangle \quad (\because v(t_0) > 0)$

$\therefore 0 < 1 \le \kappa_\alpha(t_0)(-\langle \alpha(t_0), \boldsymbol{N}_\alpha(t_0) \rangle) \quad$ ($\kappa_\alpha(t_0) > 0$이므로 $-\langle \alpha(t_0), \boldsymbol{N}_\alpha(t_0) \rangle > 0$)

$\le \kappa_\alpha(t_0) \| -\boldsymbol{N}_\alpha(t_0) \| \| \alpha(t_0) \|$ ($\because$ 코시-슈바르츠 부등식)

$= \kappa_\alpha(t_0) \| \alpha(t_0) \|$

$$\therefore \kappa_\alpha(t_0) \ge \frac{1}{\| \alpha(t_0) \|}$$

• 반례: $\alpha(t) = \left(\delta\cos\left(\frac{t}{\delta}\right) + \varepsilon + \delta, \delta\sin\left(\frac{t}{\delta}\right)\right)$, $\varepsilon, \delta > 0$: 상수

(i) $\| \alpha(t) \| \ge \varepsilon > 0$

(ii) $\| \alpha(t) - 0 \| = \| \alpha(t) \|$가 $t_0 = \pi\delta$에서 최솟값을 가짐

(iii) $\kappa_\alpha(t) = \dfrac{1}{\delta}$

(iv) $\varepsilon > \delta > 0$이면 $\kappa_\alpha(t_0) = \dfrac{1}{\delta} > \dfrac{1}{\varepsilon} = \dfrac{1}{\| \alpha(t_0) \|}$

$\therefore$ α가 주어진 부등식의 반례가 된다.

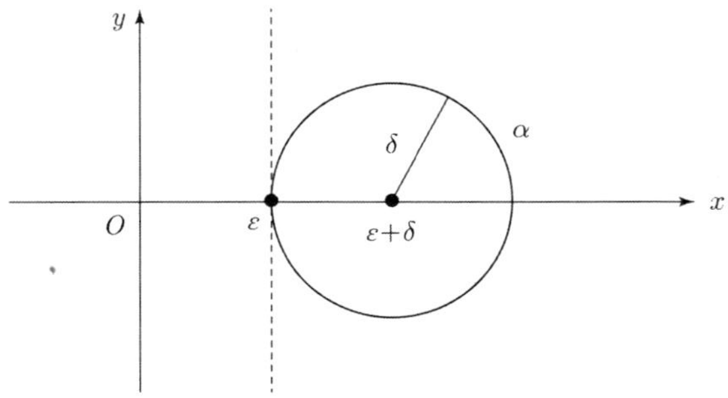

2.4 연습문제

1. (1) 등장사상

(2), (3) 등장사상 아님

2. $L(p) = kv \times p + \langle v, p \rangle v, \quad p \in \mathbb{R}^3,\ k \in \mathbb{R}$

(1) $$\begin{aligned} L(xp+yq) &= kv \times (xp+yq) + \langle v, xp+yq \rangle v \\ &= x(kv \times p + \langle v, p \rangle v) + y(kv \times q + \langle v, q \rangle v) \\ &= xL(p) + yL(q) \quad (x, y \in \mathbb{R}) \end{aligned}$$

$\therefore$ L은 선형사상이다.

(2) L은 직교사상 $\Leftrightarrow \langle L(p), L(q) \rangle = \langle p, q \rangle, \ \forall p, q \in \mathbb{R}^n$

$\Leftrightarrow \langle L(p), L(p) \rangle = \langle p, p \rangle, \ \forall p \in \mathbb{R}^n$

$$\begin{aligned} \therefore \ \| L(p) \|^2 &= \langle L(p), L(p) \rangle = \langle kv \times p + \langle v, p \rangle v, kv \times p + \langle v, p \rangle v \rangle \\ &= k^2 \langle v \times p, v \times p \rangle + \langle v, p \rangle^2 \langle v, v \rangle \\ &= k^2 \| v \|^2 \| p \|^2 + (1-k^2) \langle v, p \rangle^2 \\ &= \| p \|^2, \ \forall p \in \mathbb{R}^3 \end{aligned}$$

$\therefore$ $k = \pm 1$

3. $F \circ T_a(p) = F(p+a) = F(p) + F(a) = T_{F(a)} \circ F(p)$

4. $\begin{cases} R(a,2\alpha) \circ R(b,2\beta) \circ R(c,2\gamma)(a) = a \\ R(a,2\alpha) \circ R(b,2\beta) \circ R(c,2\gamma)(b') = b' \\ R(a,2\alpha) \circ R(b,2\beta) \circ R(c,2\gamma)(c) = c \end{cases}$ 가 성립함을 보일 수 있다. 여기서 b'은 b를 $\triangle abc$를 a와 c를 통과하는 직선에 관해 대칭이동하여 얻은 점이다.

실제로 l, m, n이 그림과 같은 직선이고 R_l, R_m, R_n이 각각 직선 l, m, n에 관한 대칭이동을 나타낼 때, 다음 등식이 성립한다.

$$R(a,2\alpha) = R_l \circ R_n,\ \ R(b,2\beta) = R_n \circ R_m,\ \ R(c,2\gamma) = R_m \circ R_l$$

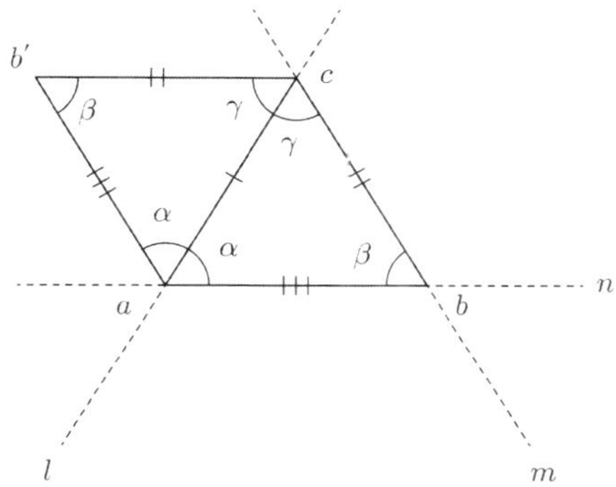

$\therefore\ R(a,2\alpha) \circ R(b,2\beta) \circ R(c,2\gamma) = R_l \circ R_n \circ R_n \circ R_m \circ R_m \circ R_l = Id_{\mathbb{R}^2}$

5. $f(p) = Ap + p_0,\ g(p) = Bp + q_0,\quad A, B \in SO(2)$ 일 때, 다음이 성립한다.

- $f^{-1}(p) = A^{-1}p - A^{-1}p_0,\ g^{-1}(p) = B^{-1}p - B^{-1}q_0$
- $AB = BA\quad (\because A, B \in SO(2))$
- $f \circ g \circ f^{-1} \circ g^{-1}(p) = p - q_0 - Bp_0 + Aq_0 + p_0 = T_a(p)$,

  $a = -q_o - Bp_0 + Ap_0 + p_0$

6. $T = T_a,\ a \in \mathbb{R}^2$라 하자. 단, 여기서 $T_a(p) = p + a$를 나타낸다. 그러면 다음이 성립한다.

$T_a(p) = T_{\frac{a}{2}} \circ T_{\frac{a}{2}}(p)\quad \forall p \in \mathbb{R}^2,$

$T_{\frac{a}{2}}(p) = R_{l_1} \circ R_{l_2}(p),\quad l_i \perp \frac{a}{2}(i = 1, 2),\ d(l_1, l_2) = \frac{\| a \|}{4}$

$\therefore\ T_a(p) = R_{l_1} \circ R_{l_2} \circ R_{l_1} \circ R_{l_2}(p) = R_{l_1} \circ R_{l_2} \circ R_{l_1}^{-1} \circ R_{l_2}^{-1}(p) = [R_1, R_2](p),\quad \forall p \in \mathbb{R}^2$

$(\because R_{l_1} = R_{l_1}^{-1}\ \ \&\ \ R_{l_2} = R_{l_2}^{-1})$

7. (1) $H_a = R(a, \pi) = R_m \circ R_l,\ H_b = R(b, \pi) = R_{m'} \circ R_{l'} = R_{l'} \circ R_{m'}$

- $l' \parallel l,\ m' \parallel m$이라고 가정해도 일반성을 잃지 않는다.

$$\therefore H_b \circ H_a = R_{l'} \circ R_{m'} \circ R_m \circ R_l = R_{l'} \circ T_c \circ R_l = R_{l'} \circ R_l \circ T_c = T_d \circ T_c$$
$$= T_{c+d}$$

단, 여기서 T_{c+d}는 $T_{c+d}(u) = u + c + d$를 만족하는 평행이동을 나타낸다.

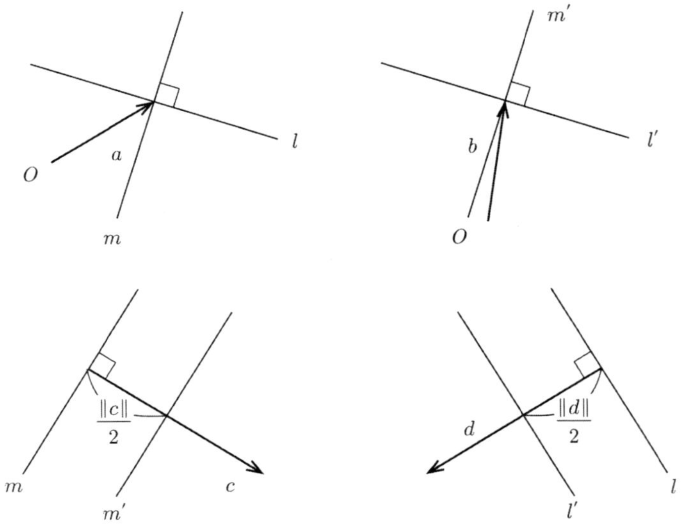

(2) $T_a = H_{\frac{3a}{4}} \circ H_{\frac{a}{4}}$

2.5 연습문제

1. (1) $\alpha(t) = (t+3, t+4, -t^2+5)$

$\alpha'(t) = (1, 1, -2t)$

$\alpha''(t) = (0, 0, -2)$

$\alpha'''(t) = (0, 0, 0)$

$$\alpha' \times \alpha'' = \begin{vmatrix} i & j & k \\ 1 & 1 & -2t \\ 0 & 0 & 2 \end{vmatrix} = -2i + 2j$$

$$\therefore \boldsymbol{T}_\alpha(t) = \frac{\alpha'}{\| \alpha' \|} = \frac{(1, 1, -2t)}{\sqrt{2+4t^2}}$$

- $\boldsymbol{B}_\alpha(t) = \dfrac{\alpha' \times \alpha''}{\| \alpha' \times \alpha'' \|} = \dfrac{(-2, 2, 0)}{\sqrt{4+4}} = \dfrac{1}{\sqrt{2}}(-1, 1, 0)$

$$N_\alpha(t)=B_\alpha(t)\times T_\alpha(t)=\begin{vmatrix} i & j & k \\ \dfrac{-1}{\sqrt{2}} & \dfrac{1}{\sqrt{2}} & 0 \\ \dfrac{1}{\sqrt{2+4t^2}} & \dfrac{1}{\sqrt{2+4t^2}} & \dfrac{-2t}{\sqrt{2+4t^2}} \end{vmatrix}$$

$$=\frac{-t}{\sqrt{1+2t^2}}i-\frac{t}{\sqrt{1+2t^2}}j-\frac{1}{\sqrt{1+2t^2}}k$$

- $\kappa_\alpha=\dfrac{\| \alpha'\times\alpha'' \|}{\| \alpha' \|^3}=\dfrac{\sqrt{4+4}}{\left(\sqrt{2+4t^2}\right)^3}=\dfrac{2\sqrt{2}}{2\sqrt{2}(1+2t^2)^{\frac{3}{2}}}=\dfrac{1}{(1+2t^2)^{\frac{3}{2}}}$

  $\tau_\alpha=-\dfrac{\langle \alpha'\times\alpha'', \alpha''' \rangle}{\| \alpha'\times\alpha'' \|^2}=0$

(2) $\beta(t)=(-\sqrt{2}t, 0, t^2)$

$\beta'(t)=(-\sqrt{2}, 0, 2t)$, $\beta''(t)=(0,0,2)$, $\beta'''(t)=(0,0,0)$

$$T_\beta=\frac{\beta'}{\| \beta' \|}=\frac{(-\sqrt{2}, 0, 2t)}{\sqrt{2+4t^2}}$$

$$\beta'\times\beta''=\begin{vmatrix} i & j & k \\ -\sqrt{2} & 0 & 2t \\ 0 & 0 & 2 \end{vmatrix}=2\sqrt{2}j$$

$$\therefore B_\beta=\frac{\beta'\times\beta''}{\| \beta'\times\beta'' \|}=\frac{2\sqrt{2}j}{2\sqrt{2}}=j$$

$$N_\beta=B_\beta\times T_\beta=\begin{vmatrix} i & j & k \\ 0 & 1 & 0 \\ \dfrac{-\sqrt{2}}{\sqrt{2+4t^2}} & 0 & \dfrac{2t}{\sqrt{2+4t^2}} \end{vmatrix}=\frac{2t}{\sqrt{2}\sqrt{1+2t^2}}i+\frac{1}{\sqrt{1+2t^2}}k$$

$$\kappa_\beta=\frac{\| \beta'\times\beta'' \|}{\| \beta' \|^3}=\frac{2\sqrt{2}}{2\sqrt{2}(1+2t^2)^{\frac{3}{2}}}=\frac{1}{(1+2t^2)^{\frac{3}{2}}}$$

$$\tau_\beta=-\frac{\langle \beta'\times\beta'', \beta''' \rangle}{\| \beta'\times\beta'' \|^2}=0$$

(3) $\tau_\alpha\equiv 0 \Rightarrow \alpha$: 평면곡선

$\Rightarrow \langle (\alpha(t)-\alpha(0)), B_\alpha(0) \rangle\equiv 0$, $\forall t$

$$\left\langle (x-3, y-4, z-5), \frac{1}{\sqrt{2}}(-1,1,0) \right\rangle=0$$

$\therefore -x+3+y-4=0$

$\therefore x-y+1=0$

(4) • $T_\alpha(0)=\dfrac{1}{\sqrt{2}}(1,1,0)$, $N_\alpha(0)=(0,0,-1)$, $B_\alpha(0)=\dfrac{1}{\sqrt{2}}(-1,1,0)$

$$\therefore\ A=\begin{pmatrix} \frac{1}{\sqrt{2}} & 0 & -\frac{1}{\sqrt{2}} \\ \frac{1}{\sqrt{2}} & 0 & \frac{1}{\sqrt{2}} \\ 0 & -1 & 0 \end{pmatrix}$$

- $\boldsymbol{T}_\beta(0)=(-1,0,0)$, $\boldsymbol{N}_\beta(0)=(0,0,1)$, $\boldsymbol{B}_\beta(0)=(0,1,0)$

$$\therefore\ B=\begin{pmatrix} -1 & 0 & 0 \\ 0 & 0 & 1 \\ 0 & 1 & 0 \end{pmatrix}$$

(5)

$\{e_1, e_2, e_3\} \xrightarrow{A} \{\boldsymbol{T}_\alpha(0), \boldsymbol{N}_\alpha(0), \boldsymbol{B}_\alpha(0)\}$

$\downarrow\ C=BA^{-1}=BA^T$

$\{e_1, e_2, e_3\} \xrightarrow{B} \{\boldsymbol{T}_\beta(0), \boldsymbol{N}_\beta(0), \boldsymbol{B}_\beta(0)\}$

3. (i) $\alpha(t)=(\sqrt{2}\,t, t^2, 1)$

$\alpha'(t)=(\sqrt{2}, 2t, 0)$, $\alpha''(t)=(0,2,0)$

$$\alpha'\times\alpha''=\begin{vmatrix} i & j & k \\ \sqrt{2} & 2t & 0 \\ 0 & 2 & 0 \end{vmatrix}=2\sqrt{2}\,k$$

$$\therefore\ \kappa_\alpha=\frac{\|\alpha'\times\alpha''\|}{\|\alpha'\|^3}=\frac{2\sqrt{2}}{(2+4t^2)^{\frac{3}{2}}}=\frac{1}{(1+2t^2)^{\frac{3}{2}}}$$

$\tau_\alpha=0$ ($\because$ α는 평면곡선)

(ii) $\beta(t)=(-t, t, t^2)$

$\beta'(t)=(-1,1,2t)$, $\|\beta'\|=(2+4t^2)^{\frac{1}{2}}=\|\alpha'\|$, $\beta''(t)=(0,0,2)$

$$\beta'\times\beta''=\begin{vmatrix} i & j & k \\ -1 & 1 & 2t \\ 0 & 0 & 2 \end{vmatrix}=2i+2j$$

$$\therefore\ \kappa_\beta=\frac{\|\beta'\times\beta''\|}{\|\beta'\|^3}=\frac{2\sqrt{2}}{(2+4t^2)^{\frac{3}{2}}}=\frac{1}{(1+2t^2)^{\frac{3}{2}}}=\kappa_\alpha$$

$(\beta'\times\beta'')\circ\beta'''=\beta'\times\beta''\circ 0=0$

$\therefore\ \tau_\beta=0=\tau_\alpha$

$\therefore$ α와 β가 합동이다.

다음으로, β을 α로 보내는 등장사상을 찾자.

이를 위해, 먼저 $\begin{cases} \boldsymbol{T}_\alpha(0)=A\boldsymbol{T}_\beta(0) \\ \boldsymbol{N}_\alpha(0)=A\boldsymbol{N}_\beta(0) \\ \boldsymbol{B}_\alpha(0)=A\boldsymbol{B}_\beta(0) \end{cases}$을 만족하는 $A\in SO(3)$를 찾아야 한다.

한편

$$\boldsymbol{T}_{\alpha}(0)=\frac{\alpha'(0)}{\|\alpha'(0)\|}=\frac{1}{\sqrt{2}}(\sqrt{2},0,0)=(1,0,0)=e_1$$

$$\boldsymbol{B}_{\alpha}(0)=\frac{\alpha'(0)\times\alpha''(0)}{\|\alpha'(0)\times\alpha''(0)\|}=\frac{2\sqrt{2}k}{2\sqrt{2}}=k=(0,0,1)=e_3$$

$$\boldsymbol{N}_{\alpha}(0)=\boldsymbol{B}_{\alpha}(0)\times\boldsymbol{T}_{\alpha}(0)=e_3\times e_1=e_2$$

$$\boldsymbol{T}_{\beta}(0)=\frac{\beta'(0)}{\|\beta'(0)\|}=\frac{(-1,+1,0)}{\sqrt{2}}=\left(-\frac{1}{\sqrt{2}},\frac{1}{\sqrt{2}},0\right)$$

$$\boldsymbol{B}_{\beta}(0)=\frac{\beta'(0)\times\beta''(0)}{\|\beta'(0)\times\beta''(0)\|}=\frac{(2,2,0)}{2\sqrt{2}}=\left(\frac{1}{\sqrt{2}},\frac{1}{\sqrt{2}},0\right)$$

$$\boldsymbol{N}_{\beta}(0)=\boldsymbol{B}_{\beta}(0)\times\boldsymbol{T}_{\beta}(0)=\begin{vmatrix} i & j & k \\ \frac{1}{\sqrt{2}} & \frac{1}{\sqrt{2}} & 0 \\ -\frac{1}{\sqrt{2}} & \frac{1}{\sqrt{2}} & 0 \end{vmatrix}=0\cdot i-0\cdot j+k$$

$$\{e_1,e_2,e_3\}\xrightarrow{C_1}\{\boldsymbol{T}_{\alpha},\boldsymbol{N}_{\alpha},\boldsymbol{B}_{\alpha}\}_{t=0}$$

$$\{e_1,e_2,e_3\}\xrightarrow{C_2}\{\boldsymbol{T}_{\beta},\boldsymbol{N}_{\beta},\boldsymbol{B}_{\beta}\}_{t=0}$$

$$\{\boldsymbol{T}_{\alpha},\boldsymbol{N}_{\alpha},\boldsymbol{B}_{\alpha}\}_{t=0}\ \downarrow\ A=C_1\cdot C_2^{-1}=C_1\cdot C_2^{T}$$

$$C_1=(\boldsymbol{T}_{\alpha}(0)\ \boldsymbol{N}_{\alpha}(0)\ \boldsymbol{B}_{\alpha}(0))_{3\times3}$$

$$C_2=(\boldsymbol{T}_{\beta}(0)\ \boldsymbol{N}_{\beta}(0)\ \boldsymbol{B}_{\beta}(0))_{3\times3}$$

$$\therefore\ A=(e_1\ \ e_2\ \ e_3)\begin{pmatrix} -\frac{1}{\sqrt{2}} & \frac{1}{\sqrt{2}} & 0 \\ 0 & 0 & 1 \\ \frac{1}{\sqrt{2}} & \frac{1}{\sqrt{2}} & 0 \end{pmatrix}=\begin{pmatrix} -\frac{1}{\sqrt{2}} & \frac{1}{\sqrt{2}} & 0 \\ 0 & 0 & 1 \\ \frac{1}{\sqrt{2}} & \frac{1}{\sqrt{2}} & 0 \end{pmatrix}\quad(\because (e_1\,e_2\,e_3)=Id)$$

$\therefore\ u_0=\alpha(0)-A\beta(0)=(0,0,1)-A\cdot 0=(0,0,1)$일 때, $F(u)=Au+u_0$라 하면

$$F(u)=\begin{pmatrix} -\frac{1}{\sqrt{2}} & \frac{1}{\sqrt{2}} & 0 \\ 0 & 0 & 1 \\ \frac{1}{\sqrt{2}} & \frac{1}{\sqrt{2}} & 0 \end{pmatrix}u+\begin{pmatrix} 0 \\ 0 \\ 1 \end{pmatrix}$$

이다. 실제로, $\beta(t)=\begin{pmatrix} -t \\ t \\ t^2 \end{pmatrix}$을 대입해보면, 다음 등식이 성립함을 알 수 있다.

$$\begin{pmatrix} -\frac{1}{\sqrt{2}} & \frac{1}{\sqrt{2}} & 0 \\ 0 & 0 & 1 \\ \frac{1}{\sqrt{2}} & \frac{1}{\sqrt{2}} & 0 \end{pmatrix}\begin{pmatrix} -t \\ t \\ t^2 \end{pmatrix}+\begin{pmatrix} 0 \\ 0 \\ 1 \end{pmatrix}=\begin{pmatrix} \sqrt{2}t \\ t^2 \\ 0 \end{pmatrix}+\begin{pmatrix} 0 \\ 0 \\ 1 \end{pmatrix}=\alpha(t)$$

5. $\beta(t)=\left(at+\frac{b}{6}t^3+1, at^2+2, bt+\frac{t^3}{6}+3\right),\ -\infty<t<\infty$

$\beta'(t)=\left(a+\frac{b}{2}t^2, 2at, b+\frac{t^2}{2}\right),\ \beta''(t)=(bt, 2a, t),\ \beta'''=(b,0,1)$

α와 β가 합동 $\Leftrightarrow \begin{cases} \|\alpha'(t)\|=\|\beta'(t)\|,\ \forall t \\ \kappa_\alpha(t)=\kappa_\beta(t),\ \forall t \\ |\tau_\alpha(t)|=|\tau_\beta(t)|,\ \forall t \end{cases}$

① $\|\beta'(t)\|^2=\left(a+\frac{b}{2}t^2\right)^2+4a^2t^2+\left(b+\frac{t^2}{2}\right)^2$

$=(a^2+b^2)+(ab+4a^2+b)t^2+\left(\frac{b^2}{4}+\frac{1}{4}\right)t^4$

$=4+4t^2+t^4=\|\alpha'(t)\|^2$

$\therefore\ a^2+b^2=4,\ ab+4a^2+b=4,\ \frac{b^2}{4}+\frac{1}{4}=1$

$\Rightarrow\ \frac{b^2}{4}=\frac{3}{4}\quad \therefore\ b=\sqrt{3}\ \ (b>0)$

$\Rightarrow\ a^2=4-3=1\quad \therefore\ a=-1\ \ (a<0)$

② $a=-1$이고 $b=\sqrt{3}$일 때, $\kappa_\alpha=\kappa_\beta$이고 $\tau_\alpha=\tau_\beta$임을 확인하자.

다음으로, α를 β로 보내는 등장사상 $F:\mathbb{R}^3\to\mathbb{R}^3$를 찾자.

$$\beta(t)=\left(-t+\frac{\sqrt{3}}{6}t^3+1,\ -t^2+2,\ \sqrt{3}t+\frac{t^3}{6}+3\right)$$

① $\boldsymbol{T}_\alpha(0)=\frac{\alpha'(0)}{\|\alpha'(0)\|}=(1,0,0)=e_1,$

$\boldsymbol{B}_\alpha(0)=(0,0,1)=e_3,$

$\boldsymbol{N}_\alpha(0)=e_3\times e_1=e_2=(0,1,0)$

② $\beta'(t)=\left(-1+\frac{\sqrt{3}}{2}t^2,\ -2t,\ \sqrt{3}+\frac{t^2}{2}\right)\quad \therefore\ \beta'(0)=(-1,0,\sqrt{3})$

$\beta''(t)=(\sqrt{3}t, -2, t),\ \beta'''(t)=(\sqrt{3}, 0, 1)$

$\beta'(0)\times\beta''(0)=\begin{vmatrix} i & j & k \\ -1 & 0 & \sqrt{3} \\ 0 & -2 & 0 \end{vmatrix}=2\sqrt{3}i+2k$

$\therefore\ \boldsymbol{T}_\beta(0)=\left(-\frac{1}{2}, 0, \frac{\sqrt{3}}{2}\right),\ \boldsymbol{B}_\beta(0)=\left(\frac{\sqrt{3}}{2}, 0, \frac{1}{2}\right),$

$\boldsymbol{N}_\beta(0)=\boldsymbol{B}_\beta(0)\times\boldsymbol{T}_\beta(0)=\begin{vmatrix} i & j & k \\ \frac{\sqrt{3}}{2} & 0 & \frac{1}{2} \\ -\frac{1}{2} & 0 & \frac{\sqrt{3}}{2} \end{vmatrix}=-1\cdot j$

한편 $\tau_\beta(0)=-\frac{1}{2}<0$이고 $\tau_\alpha(0)=-\frac{1}{2}<0$이므로 $\det(A)=1$를 만족하는

$A \in SO(3)$가 필요하다. 실제로

$$A = C_2 C_1^T = \begin{pmatrix} -\frac{1}{2} & 0 & \frac{\sqrt{3}}{2} \\ 0 & -1 & 0 \\ \frac{\sqrt{3}}{2} & 0 & \frac{1}{2} \end{pmatrix} Id = \begin{pmatrix} \frac{-1}{2} & 0 & \frac{\sqrt{3}}{2} \\ 0 & -1 & 0 \\ \frac{\sqrt{3}}{2} & 0 & \frac{1}{2} \end{pmatrix}$$

라 놓으면 $\det(A) = 1$이 성립하고 $\beta(0) - A\alpha(0) = (1,2,3) - 0 = (1,2,3)$일 때, 등장사상 F는 다음과 같이 주어진다.

$$F(p) = Ap + \begin{pmatrix} 1 \\ 2 \\ 3 \end{pmatrix}$$

6. $\alpha(t) = (t + \sqrt{3}\sin t, 2\cos t, \sqrt{3}t - \sin t)$

$\alpha'(t) = (1 + \sqrt{3}\cos t, -2\sin t, \sqrt{3} - \cos t)$,

$\alpha''(t) = (-\sqrt{3}\sin t, -2\cos t, \sin t)$,

$\alpha'''(t) = (-\sqrt{3}\cos t, 2\sin t, \cos t)$

$$\alpha' \times \alpha'' = \begin{vmatrix} i & j & k \\ 1 + \sqrt{3}\cos t & -2\sin t & \sqrt{3} - \cos t \\ -\sqrt{3}\sin t & -2\cos t & \sin t \end{vmatrix} = (-2 + 2\sqrt{3}\cos t, -4\sin t, -2\sqrt{3} - 2\cos t)$$

$\therefore \kappa_\alpha(t) = \dfrac{\| \alpha' \times \alpha'' \|}{\| \alpha' \|^3} = \dfrac{4\sqrt{2}}{16\sqrt{2}} = \dfrac{1}{4}$=상수$\neq 0$

$\tau_\alpha(t) = -\dfrac{\langle \alpha' \times \alpha'', \alpha''' \rangle}{\| \alpha' \times \alpha'' \|^2} = -\dfrac{-8}{32} = \dfrac{1}{4}$=상수

$\therefore \alpha$는 원형나선이다.

$\therefore a = \dfrac{\kappa_\alpha}{\kappa_\alpha^2 + \tau_\alpha^2} = 2$, $b = \dfrac{\tau_\alpha}{\kappa_\alpha^2 + \tau_\alpha^2} = 2$일 때, α와 $\beta_{a,b}$가 합동이다.

3.1 연습문제

1. (1) -1 (2) 0 (3) -2 (4) 1

2. (1) $0 < k(s) \le k_0$, $k_0 > 0$ 상수 $\Rightarrow 0 < \dfrac{1}{2\pi}\displaystyle\int_0^l \dot{\kappa}(s)ds \le \dfrac{1}{2\pi}\int_0^l k_0 ds = \dfrac{k_0 l}{2\pi}$

($\because \dfrac{1}{2\pi}\displaystyle\int_0^l k(s)ds$는 회전지표이고, C는 α에 의한 단순 닫힌곡선이므로

$\dfrac{1}{2\pi}\displaystyle\int_0^l k(s)ds = 1$)

$$\therefore l \geq \frac{2p}{k_0}$$

(2) 비슷한 방법으로, $0 < N = \frac{1}{2\pi}\int_0^l k(s)ds \leq \frac{k_0 l}{2\pi} \quad \therefore l \geq \frac{2\pi N}{k_0}$

3.2 연습문제

1. $\kappa_\alpha(\theta) = \dfrac{|\rho^2 - \rho\rho'' + 2(\rho')^2|}{(\rho^2+(\rho')^2)^{\frac{3}{2}}}$ 이고 $k(\theta) = \dfrac{2(\rho')^2 - \rho\rho'' + \rho^2}{(\rho^2+(\rho')^2)^{\frac{3}{2}}}$

(1) $\rho = 1 + 2\cos\theta \Rightarrow \rho' = -2\sin\theta,\ \rho'' = -2\cos\theta$

$$k(\theta) = \frac{9+6\cos\theta}{(5+4\cos^2\theta)^{\frac{3}{2}}} \Rightarrow k'(\theta) = 12\sin\theta\frac{(2+\cos\theta)}{(5+4\cos^2\theta)^{\frac{3}{2}}} = 0 \Leftrightarrow \theta = 0 \text{ or } \pi$$

즉 오직 2개의 정점을 갖는다.

(2) $\rho = 1 + 2\cos(2\theta),\ 0 \leq \theta \leq \pi \Rightarrow \rho' = -4\sin(2\theta),\ \rho'' = -8\cos(2\theta)$

- $\rho^2 + (\rho')^2 = 1 + 4\cos(2\theta) + 4\cos^2(2\theta) + 16\sin^2(2\theta) = 17 + 4\cos(2\theta) - 12\cos^2(2\theta)$
- $2(\rho')^2 - \rho\rho'' + \rho^2 = 32\sin^2(2\theta) - 8\cos(2\theta) - 16\cos^2(2\theta) + 1 + 4\cos(2\theta) + 4\cos^2(2\theta)$

$$= 33 - 4\cos(2\theta) - 44\cos^2(2\theta)$$

$$\therefore k(\theta) = \frac{33 - 4\cos(2\theta) - 44\cos^2(2\theta)}{(17 + 4\cos(2\theta) - 12\cos^2(2\theta))^{\frac{3}{2}}},\ 0 \leq \theta \leq 2\pi$$

$$\Rightarrow k'(\theta) = \frac{\sin(2\theta)(①)}{(17 + 4\cos(2\theta) - 12\cos^2(2\theta))^{\frac{5}{2}}} = 0 \Leftrightarrow \theta = 0, \frac{\pi}{2}, \pi, 2\pi \text{이거나 또는}$$

$B_0 = \cos(2\theta_0) = 0$을 만족하는

4개의 $\theta_0, 0 \leq \theta_0 \leq 2\pi$ 중 하나

$\Leftrightarrow$ 오직 8개의 정점이 전부이다.

단, 여기서

$$① = 1056B^3 + 368B^2 + 600B + 532,\ B = \cos(2\theta)$$

이고 $B_0 = \cos(2\theta_0)$, $1 < B_0 < 0$에서 $① = 0$을 만족한다.

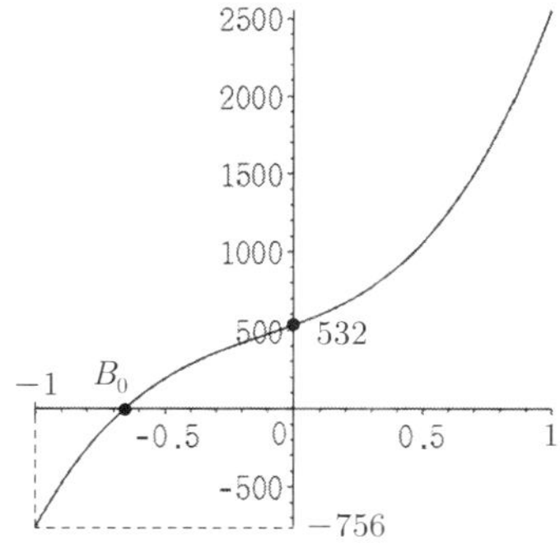

2. $\boldsymbol{T}_\alpha{}'(s)=k_\alpha(s)\boldsymbol{n}_\alpha(s) \Rightarrow \boldsymbol{T}_\alpha{}''(s)=k_\alpha{}'(s)\boldsymbol{n}_\alpha(s)+k_\alpha(s)\boldsymbol{n}_\alpha{}'(s)=k_\alpha{}'(s)\boldsymbol{n}_\alpha(s)-k_\alpha^2(s)\boldsymbol{T}_\alpha(s)$

$(\because \boldsymbol{n}_\alpha{}'(s)=-k_\alpha(s)\boldsymbol{T}_\alpha(s))$

이때 4정점 정리에 의해, $s_1, \cdots, s_m (m \geq 4)$가 존재해서 $k_\alpha{}'(s_i)=0,\ 1 \leq i \leq m$을 만족한다.

따라서 $\boldsymbol{T}_\alpha{}''(s_i)=-k_\alpha^2(s_i)\boldsymbol{T}_\alpha(s_i)$

$\Rightarrow \boldsymbol{T}_\alpha{}''(s)=-k_\alpha^2(s)\boldsymbol{T}_\alpha(s)$를 만족하는 최소 4개의 s가 존재한다.

3. (1) $(x(s), y(s))=\alpha(s)=\alpha(0)+\alpha'(0)s+\dfrac{\alpha''(0)}{2!}s^2+R_3(s)$

$$=(0,0)+(1,0)s+\frac{\pm 1}{2!}k(0)(0,1)s^2+R_3(s)$$

$$\therefore \begin{cases} x(s)=s+R_x \\ y(s)=\pm\dfrac{k(0)}{2}s^2+R_y(s) \end{cases} \cdots (*)$$

(2) $|k(p)| \underset{(*)}{=} \lim_{s\to 0}\dfrac{2|y(s)|}{s^2}=\lim_{d\to 0}\dfrac{2h(d)}{d^2}$

$(\because 2y(s)=\pm k(0)s^2+2R_y(s) \quad \therefore \dfrac{2y(s)}{s^2}=\pm k(0)+\dfrac{R_y(s)}{s^2})$

3.3 연습문제

1. C는 P와 Q를 연결하는 원의 일부이다.

2. (1) $\boldsymbol{T}_\alpha(s)=\alpha'(s),\ \alpha''(s)=\boldsymbol{T}_\alpha(s)=k_\alpha(s)\boldsymbol{n}(s),\ \boldsymbol{n}'(s)=-k_\alpha(s)\boldsymbol{T}_\alpha(s)$

$\therefore \langle \boldsymbol{T}_\alpha(s), \boldsymbol{n}'(s)\rangle=\langle \boldsymbol{T}_\alpha(s), -k_\alpha(s)\boldsymbol{T}_\alpha(s)\rangle=-k_\alpha(s)$이고

$\langle \boldsymbol{n}'(s), \boldsymbol{n}'(s)\rangle=k_\alpha^2(s)$

(2) $L_\beta = \int_0^l \| \beta'(s) \| ds$, $\beta'(s) = \alpha'(s) - r\boldsymbol{n}'(s) = \boldsymbol{T}_\alpha(s) + rk_\alpha(s)\boldsymbol{T}_\alpha(s)$

$\therefore \| \beta'(s) \| = ((1+rk_\alpha(s))^2)^{\frac{1}{2}} = |1+rk_\alpha(s)| = 1+rk_\alpha(s)$

$\therefore L_\beta = \int_0^l \| \beta'(s) \| ds = \int_0^l (1+rk_\alpha(s))ds = l + r\int_0^l k_\alpha(s)ds = l + r2\pi = L_\alpha + 2\pi r$

(3) $\boldsymbol{n}(s) = \begin{pmatrix} \cos\frac{\pi}{2} & -\sin\frac{\pi}{2} \\ \sin\frac{\pi}{2} & \cos\frac{\pi}{2} \end{pmatrix} \begin{pmatrix} x'(s) \\ y'(s) \end{pmatrix} = (-y'(s),\ x'(s))$

$\therefore \beta(s) = \alpha(s) - r\boldsymbol{n}(s) = (x(s) + ry'(s),\ y(s) - rx'(s))$

(4) $\alpha''(s) = k_\alpha(s)\boldsymbol{n}(s)$

$\therefore (x'',\ y'') = k_\alpha(-y',\ x') \quad \therefore \begin{cases} x'' = -k_\alpha y' \\ y'' = k_\alpha x' \end{cases}$

(5) $A(\beta) = -\int_0^l (y - rx')(x' + ry'')ds = -\int_0^l (yx' + ryy'' - r(x')^2 - r^2x'y'')ds$

$$= -\int_0^l yx'ds - r\int_0^l yy''ds + r\int_0^l (x')^2 ds + r^2\int_0^l x'y''ds = (*)$$

한편

$$-r\int_0^l yy''ds = -r\left\{y'y\,|_0^l - \int_0^l (y')^2 ds\right\} = r\int_0^l (y')^2 ds \text{ (부분적분)}$$

이고

$$\frac{1}{2}r^2\int_0^l x'y''ds = \frac{1}{2}r^2\int_0^l k_\alpha(x')^2 ds = \frac{1}{2}r^2\left\{y'x'\,|_0^l - \int_0^l y'x''ds\right\}$$
$$= \frac{1}{2}r^2\int_0^l k_\alpha(y')^2 ds$$

이므로

$$(*) = A(\alpha) + r\int_0^l ((x')^2 + (y')^2)ds + \frac{1}{2}r^2\int_0^l ((x')^2 + (y')^2)k_\alpha(s)ds$$
$$= A(\alpha) + rl + r^2\pi$$

(6) $\beta' = \alpha' - r\boldsymbol{n}' = \boldsymbol{T}_\alpha + rk_\alpha\boldsymbol{T}_\alpha \Rightarrow \beta' = (1+rk_\alpha)\boldsymbol{T}_\alpha$

$\beta'' = \boldsymbol{T}_\alpha' + rk_\alpha'\boldsymbol{T}_\alpha + rk_\alpha\boldsymbol{T}_\alpha' = k_\alpha\boldsymbol{n} + rk_\alpha'\boldsymbol{T}_\alpha + rk_\alpha^2\boldsymbol{n} = rk_\alpha'\boldsymbol{T}_\alpha + k_\alpha(1+rk_\alpha)\boldsymbol{n}$

$\therefore \beta' \times \beta'' = k_\alpha(1+rk_\alpha)^2\boldsymbol{B}_\alpha$

$$|k_\beta(s)| = \frac{\| \beta' \times \beta'' \|}{\| \beta' \|^3} = \frac{|k_\alpha|(1+rk_\alpha)^2}{(1+rk_\alpha)^3} = \frac{|k_\alpha|}{1+rk_\alpha}$$

4.1 연습문제

2. (1) $\mathbf{x}(u,v)=(u, v^2, v+v^3),\ (u,v)\in\mathbb{R}^2$

(i) $x(u,v)=u,\ y(u,v)=u^2,\ z(u,v)=v+v^3$는 모두 무한 번 미분가능(smooth)하므로 $\mathbf{x}$도 무한 번 미분가능(smooth)이다.

(ii) $\mathbf{x}$는 일대일 함수:

$$\mathbf{x}(u_1,v_1)=\mathbf{x}(u_2,v_2)$$

$$\Rightarrow\ (u_1, u_1^2, v_1+v_1^3)=(u_2, u_2^2, v_2+v_2^3)\ \Rightarrow\ u_1=u_2,\ v_1+v_1^3=v_2+v_2^3$$

$$\therefore\ (v_1-v_2)+(v_1^3-v_2^3)=0$$

$$=(v_1-v_2)+(v_1-v_2)(v_1^2+v_1v_2+v_2^2)$$

$$=(v_1-v_2)\left(1+\left(v_1+\frac{v_2}{2}\right)^2+\frac{3v_2^2}{4}\right)$$

$$\therefore\ u_1=u_2,\ v_1=v_2$$

(iii) $d\mathbf{x}=\begin{pmatrix}1 & 0\\ 2u & 0\\ 0 & 1+3v^2\end{pmatrix}\quad \therefore\ \dfrac{\partial(x,z)}{\partial(u,v)}=\det\begin{pmatrix}1 & 0\\ 0 & 1+3v\end{pmatrix}=1+3v^2\neq 0$

$\therefore\ \mathrm{rank}(d\mathbf{x})=2$

(i), (ii), (iii)에 의해, $(\mathbf{x}, U)$는 좌표조각함수이다.

4. (1) $d\mathbf{x}=\begin{pmatrix}1 & -1\\ v & u\\ -6(u-v) & 6(u-v)\end{pmatrix}\quad \therefore\ \det\begin{pmatrix}1 & -1\\ v & u\end{pmatrix}=\dfrac{\partial\,(x,y)}{\partial\,(u,v)}=u+v>0$ on U

$\therefore\ \mathrm{rank}(d\mathbf{x})=2$

(2) • $(u_1,v_1),(u_2,v_2)\in U,\ \mathbf{x}(u_1,v_1)=\mathbf{x}(u_2,v_2)$

$$\Rightarrow\ \underset{\cdots①}{u_1-v_1=u_2-v_2},\ \underset{\cdots②}{u_1v_1=u_2v_2}$$

$$\xrightarrow[①^2+4②]{}\ (u_1-v_1)^2+4u_1v_1=(u_2-v_2)^2+4u_2v_2$$

$$\therefore\ (u_1+v_1)^2=(u_2+v_2)^2$$

$\Rightarrow\ u_1+v_1>0,\ u_2+v_2>0$이므로 $u_1+v_1=u_2+v_2\ \cdots③$

$$\xrightarrow[①,③]{}\ u_1=u_2,\ v_1=v_2$$

$\therefore$ $\mathbf{x}$는 일대일 함수이다.

• $u-v, uv, -3(u-v)^2$는 모두 무한 번 미분가능(smooth)하므로 $\mathbf{x}$도 무한 번 미분가능이다.

• $d\mathbf{x}$의 rank$=2$이므로 $\mathbf{x}^{-1}$도 $\mathbf{x}(U)$에서 무한 번 미분가능이다.

$\therefore$ $(\mathbf{x}, U)$는 좌표조각함수이다.

6. $\mathbf{x}_u = \alpha'(u) + v\alpha''(u)$, $v \in \mathbb{R} - \{0\}$

$\mathbf{x}_v = \alpha'(u)$

$$\begin{aligned}\| \mathbf{x}_u \times \mathbf{x}_v \| &= \| (\alpha'(u) + v\alpha''(u)) \times (\alpha'(u)) \| \\ &= \| v\alpha''(u) \times \alpha'(u) \| \\ &= |v| \kappa_\alpha(u) \cdot \| \alpha'(u) \|^3 \neq 0 \quad (|v| \neq 0,\ \| \alpha'(u) \|^3 \neq 0)\end{aligned}$$

$\Leftrightarrow$ $\text{rank}(d\mathbf{x}) = 2$

$\therefore$ $\kappa_\alpha(u) \neq 0$, $\forall u$

7. $\{e_1, e_2, e_3\}$가 $T_p\mathbb{R}^3$의 표준기저일 때, 다음 등식이 성립한다.

$$\begin{aligned}D_pL(e_i) &= \lim_{t \to 0} \frac{L(p + te_i) - L(p)}{t}, \quad i = 1, 2, 3 \\ &= \lim_{t \to 0} \frac{L(p) + tL(e_i) - L(p)}{t} \\ &= \lim_{t \to 0} L(e_i) = L(e_i)\end{aligned}$$

$\therefore$ $D_pL(v) = L(v)$, $\forall v \in T_p\mathbb{R}^3$

8. (1) $f(x, y, z) = y^k - 3yx^2$ $(k > 1)$

$\nabla f = (-6yx, -3x^2 + ky^{k-1}, 0) = 0$

$\Leftrightarrow$ $yx = 0$, $ky^{k-1} = 3x^2$ $\Leftrightarrow$ $y = 0 = x$, z: 임의의 값

$\therefore$ f의 모든 임계점은 $(0, 0, z)$, $z \in \mathbb{R}$이다.

(2) (1)에 의하여, f의 임곗값은 $f(0, 0, z) = 0$이다.

$\therefore$ 모든 실수 $c(\neq 0)$가 f의 정칙값이다.

(3) (2)에 의하여, $f^{-1}(c) \neq \varnothing$이면, $f^{-1}(c)$는 정칙곡면이다.

실제로,

(i) $c > 0$; $\left(0, c^{\frac{1}{k}}, z\right) \in f^{-1}(c)$이므로 $f^{-1}(c) \neq \varnothing$이다.

(ii) $c < 0$; $\left(\sqrt{\frac{1-c}{3}}, 1, z\right) \in f^{-1}(c)$이므로 $f^{-1}(c) \neq \varnothing$이다.

(iii) 반면에, $c = 0$이면,

$$f^{-1}(0) = \{(x, y, z) \in \mathbb{R}^3 \mid y^k = 3yx^2\} = \{(x, y, z) \in \mathbb{R}^3 \mid y = 0 \text{ 또는 } y^{k-1} = 3x^2\}$$

이다. 따라서

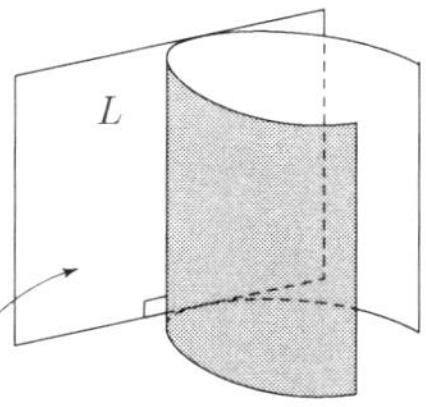

L을 따라 원판과 위상동형인 좌표조각함수를 택할 수 없으므로 $f^{-1}(0)$은 정칙곡면이 아니다.

$\therefore f^{-1}(c)$가 정칙곡면 $\Leftrightarrow c \neq 0$

11. (1) $f(x,y,z)=(x^2-y^2)^3-5z^2$이면 $S=f^{-1}(-1)$

$\nabla f=(3(x^2-y^2)^2\cdot 2x, 3(x^2-y^2)^2\cdot(-2y), -10z)=0$

$\Leftrightarrow (x^2-y^2)^2\cdot x=0,\ (x^2-y^2)^2\cdot y=0,\ z=0$

(i) $(x^2-y^2)^2\neq 0 \Rightarrow x=y=z=0 \Rightarrow (x^2-y^2)^2=0 \Rightarrow$ 모순이다.

(ii) $(x^2-y^2)^2=0 \Rightarrow y=\pm x$이고 $z=0$인 모든 점 (x,y,z)가 f의 임계점이다.

한편 $f(x, \pm x, 0)=0\neq -1$이므로 -1은 f의 정칙값이고 $f\left(0,0,\dfrac{1}{\sqrt{5}}\right)=-1$이다.

$\therefore f^{-1}(-1)\neq\varnothing \Rightarrow S=f^{-1}(1)$은 정칙곡면이다.

(2) $f(x,y,z)=x^2-4x+yz \Rightarrow S_r=f^{-1}(r)$

$\nabla f=(2x-4, z, y)=0 \Leftrightarrow x=2,\ y=z=0$

$\therefore f$의 임계점은 $(2,0,0)$이다.

한편 $f(2,0,0)=4-8+0\cdot 0=-4$이다.

$\therefore \forall r(\neq -4)$는 f의 정칙값이고 $S_r=f^{-1}(r)\neq\varnothing$ $(\because f(0,1,r)=r)$

$\therefore r\neq -4$일 때, $f^{-1}(r)=S_r$는 정칙곡면이다.

사실 다음이 성립한다.

Claim: S_{-4}는 정칙곡면이 아니다.

「$\because$ 귀류법을 이용하기 위해, S_{-4}는 정칙곡면이라고 가정하자.

이때 $x^2-4x+yz=(x-2)^2+yz-4=-4$ $\quad\therefore yz=-(x-2)^2$이다.

한편 $x=2$일 때, $y=0$과 $z=0$은 S_{-4}에 포함되므로 $x=2-$평면 $=T_{(2,0,0)}S_{-4}$이다. 하지만 $\alpha(t)=(t+2, t, -t)$, $|t|<\varepsilon$라 하면, $\alpha(-\varepsilon,\varepsilon)\subseteq S_{-4}$이고 $\alpha(0)=(2,0,0)$이지만 $\alpha'(0)=(1,1,-1)$는 $x=2$-평면상의 벡터가 아니다.

$\therefore S_{-4}$는 정칙곡면이 아니다.」

4.3 연습문제

4. $\mathbf{x}_{vv}=0 \Rightarrow \mathbf{x}_v=\alpha(u) \Rightarrow \mathbf{x}=\alpha(u)v+\beta(u)$

$\mathbf{x}_{vu}=0 \Rightarrow 0=\mathbf{x}_{vu}=\alpha'(u) \Rightarrow \alpha(u)=a_0=$상수벡터

$\therefore \mathbf{x}(u,v)=a_0\cdot v+\beta(u),\ -\varepsilon<u,v<\varepsilon$

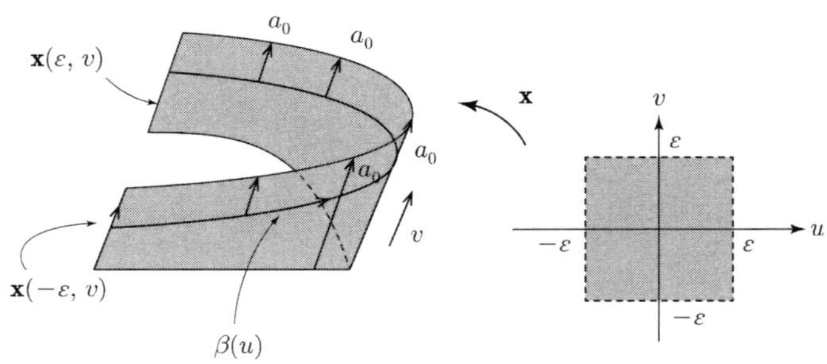

4.4 연습문제

2. (1)

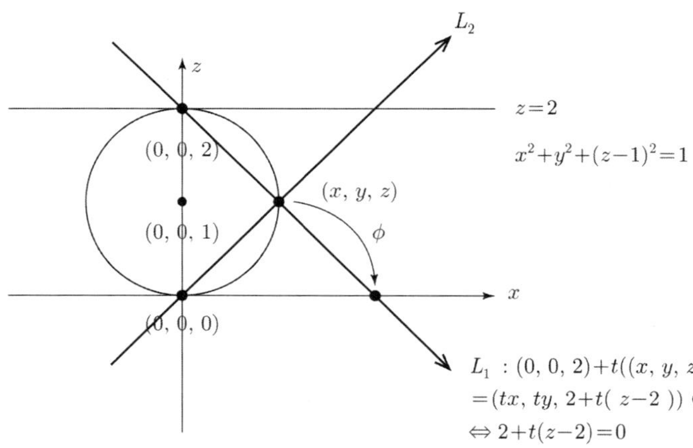

L_1 : $(0,0,2)+t((x,y,z)-(0,0,2))$
$=(tx,ty,2+t(z-2))\in xy-$평면
$\Leftrightarrow 2+t(z-2)=0$
$\therefore t=\dfrac{2}{2-z}$

$$\therefore \phi(x,y,z)=\left(\frac{2x}{2-z},\frac{2y}{2-z},0\right)$$

$\dfrac{2x}{2-z}=u$이고 $\dfrac{2y}{2-z}=v \Leftrightarrow 2x=(2-z)u$이고 $2y=(2-z)v$

$$\therefore 1=x^2+y^2+(z-1)^2=\frac{(2-z)^2u^2}{4}+\frac{(2-z)^2v^2}{4}+z^2-2z+1$$

$$\therefore\ 4=(4-4z+z^2)u^2+(4-4z+z^2)v^2+4z^2-8z+4$$

$$\therefore\ (u^2+v^2+4)z^2-4(2+u^2+v^2)z+4u^2+4v^2=0$$

$$\therefore\ z=\frac{2(2+u^2+v^2)\pm\sqrt{4(2+u^2+v^2)^2-4(u^2+v^2)(u^2+v^2+4)}}{u^2+v^2+4}$$

$$=\frac{4+2u^2+2v^2\pm 4}{u^2+v^2+4}\underset{z\neq 2}{=}\frac{2(u^2+v^2)}{u^2+v^2+4}$$

$$x=\left(\frac{2-z}{2}\right)u=\left(1-\frac{z}{2}\right)u=\left(1-\frac{u^2+v^2}{u^2+v^2+4}\right)u=\frac{4u}{u^2+v^2+4}$$

$$y=\left(\frac{2-z}{2}\right)v=\left(1-\frac{z}{2}\right)v=\left(1-\frac{u^2+v^2}{u^2+v^2+4}\right)v=\frac{4v}{u^2+v^2+4}$$

$$\mathbf{x}_1(u,v)=\phi^{-1}(u,v)=\left(\frac{4u}{u^2+v^2+4},\frac{4v}{u^2+v^2+4},\frac{2(u^2+v^2)}{u^2+v^2+4}\right)$$

(2) L_2: $t(x,y,z)\in z=2-$평면

$\Leftrightarrow\ tz=2$, 즉 $t=\dfrac{2}{z}\ \ (z\neq 0)$

$\therefore\ S^2-\{(0,0,0)\}$에서 $z=2-$평면으로 가는 함수 $\psi(x,y,z)=\left(\dfrac{2x}{z},\dfrac{2y}{z},2\right)$

$\dfrac{2x}{z}=u$이고 $\dfrac{2y}{z}=v\ \Leftrightarrow\ 2x=zu$이고 $2y=zv$

$$\Rightarrow\ 1=x^2+y^2+(z-1)^2=\frac{z^2u^2}{4}+\frac{z^2v^2}{4}+z^2-2z+1$$

$$\therefore\ z^2u^2+z^2v^2+4z^2-8z=0$$

$$(u^2+v^2+4)z^2-8z=0$$

$$\therefore\ z=\frac{8}{u^2+v^2+4}\quad(z\neq 0)$$

$$\therefore\ \mathbf{x}_2(u,v)=\psi^{-1}(u,v)$$

$$=\left(\frac{zu}{2},\frac{zv}{2},z\right)=\left(\frac{4u}{u^2+v^2+4},\frac{4v}{u^2+v^2+4},\frac{8}{u^2+v^2+4}\right)$$

(3) $h=\mathbf{x}_2^{-1}\circ\mathbf{x}_1(u,v)$

$$=\mathbf{x}_2^{-1}\left(\frac{4u}{u^2+v^2+4},\frac{4v}{u^2+v^2+4},\frac{2(u^2+v^2)}{u^2+v^2+4}\right)$$

$$=\left(2\cdot\frac{4u}{u^2+v^2+4}\cdot\frac{u^2+v^2+4}{2(u^2+v^2)},2\cdot\frac{4v}{u^2+v^2+4}\cdot\frac{u^2+v^2+4}{2(u^2+v^2)}\right)$$

$$=\left(\frac{4u}{u^2+v^2},\frac{4v}{u^2+v^2}\right)$$

$$\therefore J_h = \begin{pmatrix} \dfrac{4(v^2-u^2)}{(u^2+v^2)^2} & \dfrac{-8uv}{(u^2+v^2)^2} \\ \dfrac{-8uv}{(u^2+v^2)^2} & \dfrac{4(u^2-v^2)}{(u^2+v^2)^2} \end{pmatrix} \text{이고}$$

$$\det(J_h) = \frac{-16(u^2-v^2)^2 - 64u^2v^2}{(u^2+v^2)^4} = \frac{-16(u^2+v^2)^2}{(u^2+v^2)^4} = \frac{-16}{(u^2+v^2)^2} < 0$$

3. $F(x,y,z) := xf\left(\dfrac{y}{x}\right) - z$

$S := F^{-1}(0)$ 일 때, $\nabla F = \left(f\left(\dfrac{y}{x}\right) - xf'\left(\dfrac{y}{x}\right) \cdot yx^{-2}, xf'\left(\dfrac{y}{x}\right) \cdot \dfrac{1}{x}, -1\right) \neq 0$

$\therefore$ S는 (x_0, y_0, z_0)에서 법벡터 $\nabla F(x_0, y_0, z_0)$를 가진 정칙곡면이다.

$\therefore$ $(x_0, y_0, z_0) \in S$에서 S의 접평면 방정식은 다음과 같다.

$$\langle \nabla F(x_0, y_0, z_0), x - x_0, y - y_0, z - z_0 \rangle = 0 \quad \cdots(*)$$

이제 (*)가 $(0,0,0)$을 지나는지 확인해보자.

$\langle \nabla F(x_0, y_0, z_0), -x_0, -y_0, -z_0 \rangle$

$$= \left\langle \left(f\left(\frac{y_0}{x_0}\right) - \frac{y_0}{x_0} f'\left(\frac{y_0}{x_0}\right), f'\left(\frac{y_0}{x_0}\right), -1\right), (-x_0 - y_0 - z_0) \right\rangle$$

$$= -x_0 f\left(\frac{y_0}{x_0}\right) + y_0 f'\left(\frac{y_0}{x_0}\right) - y_0 f'\left(\frac{y_0}{x_0}\right) + z_0$$

$$= -x_0 f\left(\frac{y_0}{x_0}\right) + z_0 = 0 \quad \left(\because (x_0, y_0, z_0) \in S, \text{ 즉 } z_0 = x_0 f\left(\frac{y_0}{x_0}\right)\right)$$

$\therefore$ $(0,0,0)$은 항상 점 $(x_0, y_0, z_0) \in S$에서의 S의 접평면에 포함된다.

4. (1) $z^2 = 1 + x^2 + y^2 \xrightarrow[z>0]{} z = \sqrt{1 + x^2 + y^2}$

$\therefore$ $\phi(x,y) := \left(x, y, \sqrt{1 + x^2 + y^2}\right)$; 몽주 좌표조각함수이다.

<u>Claim: ϕ은 $\mathbb{R}^2$와 S 사이의 미분동형사상이다.</u>

「$\because$ ① $x, y, \sqrt{1+x^2+y^2}$ 는 모두 무한 번 미분가능 하므로 ϕ도 무한 번 미분가능

② ϕ는 일대일 함수

③ ϕ는 전사: $p = (p_1, p_2, p_3) \in S$에 대하여 $p_3 = \sqrt{p_1^2 + p_2^2 + 1}$ 라 놓으면,

$\phi(p_1, p_2) = p$이다.

④ $d\phi = \begin{pmatrix} 1 & 0 \\ 0 & 1 \\ * & * \end{pmatrix}$이므로 $d\phi$는 계수가 2이다. 그러므로 ϕ^{-1}는 무한 번 미분가능」

(2)

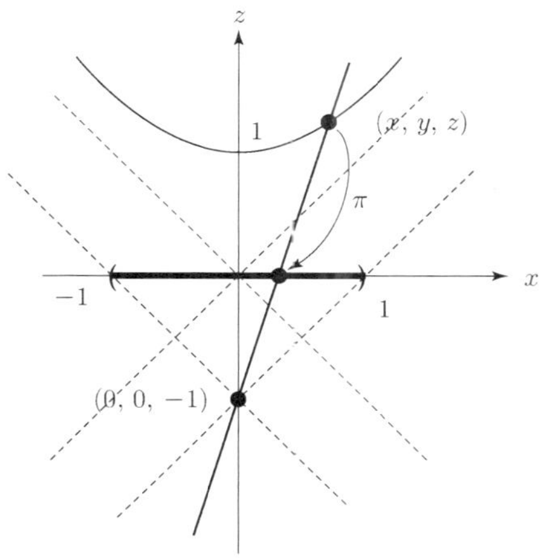

$$(0,0,-1)+t(x,y,z+1)=(tx,ty,-1+t(z+1))=(*,*,0)$$

$\therefore\ t=\dfrac{1}{1+z}$

$\therefore\ \pi(x,y,z)=\left(\dfrac{x}{1+z},\dfrac{y}{1+z}\right)$

$\Rightarrow\ \left(\dfrac{x}{1+z}\right)^2+\left(\dfrac{y}{1+z}\right)^2=\dfrac{x^2+y^2}{(1+z)^2}=\dfrac{x^2+y^2}{\left(1+\sqrt{x^2+y^2+1}\right)^2}<1$

$x^2+y^2\to\infty$일 때, $\dfrac{x^2+y^2}{\left(1+\sqrt{x^2+y^2+1}\right)^2}\to 1$

$\therefore$ • π: $S\rightarrow D^2$는 잘 정의된다.

• π는 일대일 함수이고 전사함수이다.

• $\pi\circ\phi(u,v)=\left(\dfrac{u}{1+\sqrt{1+u^2+v^2}},\dfrac{v}{1+\sqrt{1+u^2+v^2}}\right)$는 무한 번 미분가능이므로

π도 무한 번 미분가능이다.

• $A=(1+u^2+v^2)^{\frac{1}{2}}\left(1+\sqrt{1+u^2+v^2}\right)^2$일 때,

$$d(\pi\circ\phi)=\frac{1}{A}\cdot\begin{pmatrix}\sqrt{1+u^2+v^2}+v^2+1 & -uv\\ -uv & \sqrt{1+u^2+v^2}+u^2+1\end{pmatrix}$$

이고 $\det(d(\pi\circ\phi))>0$이므로 $d(\pi\circ\phi)$의 계수$=2$

$\therefore\ d\pi$의 계수$=2$ ($\because\ d\phi$의 계수$=2$)

• π^{-1}도 무한 번 미분가능이다.

$\therefore\ \pi$는 미분동형사상이다.

4.5 연습문제

1. (1) $\alpha(t)=\mathbf{x}(\sqrt{2}t, e^t)=e^t(\cos\sqrt{2}t, \sin\sqrt{2}t, 1)$

$\alpha'(t)=(e^t\cos\sqrt{2}t-\sqrt{2}e^t\sin\sqrt{2}t, e^t\sin\sqrt{2}t+\sqrt{2}e^t\cos\sqrt{2}t, e^t)$

$\mathbf{x}_u=v(-\sin u, \cos u, 0),\ \mathbf{x}_v=(\cos u, \sin u, 1),$

$\langle\mathbf{x}_u,\mathbf{x}_u\rangle=v^2,\ \langle\mathbf{x}_u,\mathbf{x}_v\rangle=0,\ \langle\mathbf{x}_v,\mathbf{x}_v\rangle=2$

$\therefore\ \mathbf{x}_u(\sqrt{2}t, e^t)=e^t(-\sin\sqrt{2}t, \cos\sqrt{2}t, 0),\ \mathbf{x}_v(\sqrt{2}t, e^t)=(\cos\sqrt{2}t, \sin\sqrt{2}t, 1)$

$\langle\mathbf{x}_u,\mathbf{x}_v\rangle=0$이므로

$$\alpha'(t)=\frac{\langle\alpha'(t),\mathbf{x}_u\rangle}{\langle\mathbf{x}_u,\mathbf{x}_u\rangle}\mathbf{x}_u+\frac{\langle\alpha'(t),\mathbf{x}_v\rangle}{\langle\mathbf{x}_v,\mathbf{x}_v\rangle}\mathbf{x}_v$$

$$=\frac{\sqrt{2}e^{2t}}{e^{2t}}\mathbf{x}_u(\sqrt{2}t, e^t)+\frac{2e^t}{2}\mathbf{x}_v(\sqrt{2}t, e^t)$$

$$=\sqrt{2}\mathbf{x}_u(\sqrt{2}t, e^t)+e^t\mathbf{x}_v(\sqrt{2}t, e^t)$$

$$\|\alpha'(t)\|^2=2E(\sqrt{2}t, e^t)+e^{2t}G(\sqrt{2}t, e^t)=2e^{2t}+2e^{2t}=4e^{2t}$$

(2) $\sqrt{2}e^{2t}=\langle\alpha'(t),\mathbf{x}_u\rangle=\|\alpha'(t)\|\ \|\mathbf{x}_u\|\cos\theta=2e^t\cdot e^t\cdot\cos\theta$

$\therefore\ \cos\theta=\frac{\sqrt{2}}{2}$, 즉 $\theta=\frac{\pi}{4}$

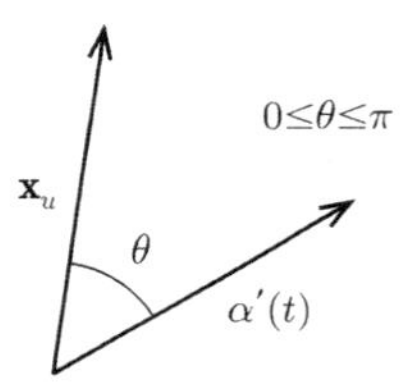

(3) C의 호길이$=\int_1^3\|\alpha'(t)\|\,dt=\int_1^3 2e^t dt=2e^t\Big|_{t=1}^{t=3}=2(e^3-e^1)$

(4) $\text{area}(A)=\int_{\frac{\pi}{2}}^{\pi}\int_1^3\sqrt{EG-F^2}\,dvdu=\int_{\frac{\pi}{2}}^{\pi}\int_1^3\sqrt{2}\,vdvdu$

$$=\left[\frac{\sqrt{2}}{2}v^2\right]_{v=1}^{3}\cdot\left(\pi-\frac{\pi}{2}\right)=\frac{\sqrt{2}}{2}\frac{\pi}{2}\cdot 8=2\sqrt{2}\pi$$

3.

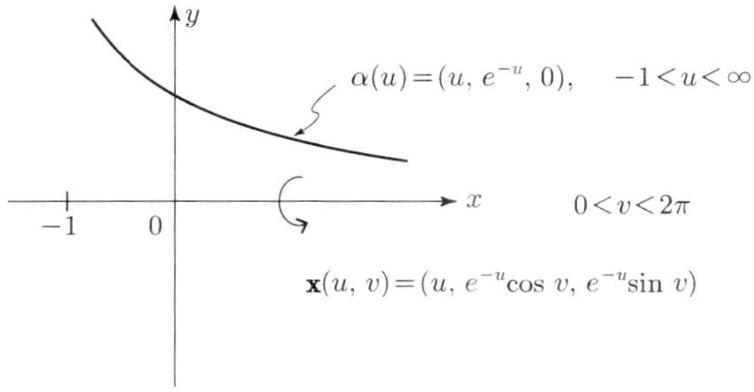

$$\mathbf{x}_u=(1,-e^{-u}\cos v,-e^{-u}\sin v),\ \ \mathbf{x}_v=(0,-e^{-u}\sin v,e^{-u}\cos v)$$

$$\therefore\ E=\langle\mathbf{x}_u,\mathbf{x}_u\rangle=1+e^{-2u},\ \ F=\langle\mathbf{x}_u,\mathbf{x}_v\rangle=0,\ \ G=\langle\mathbf{x}_v,\mathbf{x}_v\rangle=e^{-2u}$$

$$\text{area}(S)=\int_{-1}^{\infty}\int_0^{2\pi}\sqrt{EG-F^2}\,dvdu$$

$$=\int_{-1}^{\infty}\int_0^{2\pi}e^{-u}\sqrt{1+e^{-2u}}\,dvdu=2\pi\int_{-1}^{\infty}e^{-u}\sqrt{1+e^{-2u}}\,du$$

$$t:=e^{-u}\ \Rightarrow\ dt=-e^{-u}du$$

$$\therefore\ \text{area}(S)=2\pi\int_{e^1}^{0}-\sqrt{1+t^2}\,dt=2\pi\int_0^{e^1}\sqrt{1+t^2}\,dt$$

$$=2\pi\int_{t=0}^{t=e^1}\sec^3\theta d\theta\quad(t=\tan\theta,dt=\sec^2\theta d\theta)$$

$$=2\pi\cdot\frac{1}{2}(\sec\theta\tan\theta+\ln|\sec\theta+\tan\theta|)\Big|_{t=0}^{t=e^1}$$

$$=\pi\left(\sqrt{1+t^2}\cdot t+\ln\left|\sqrt{1+t^2}+t\right|\right)\Big|_{t=0}^{t=e^1}$$

$$=\pi\left(e\sqrt{1+e^2}+\ln\left(\sqrt{1+e^2}+e\right)\right)$$

4. $\phi(u,v)=(u,v,\sqrt{u^2+v^2+1}),\ (u,v)\in D^2$

$$\phi_u=\left(1,0,\frac{u}{\sqrt{u^2+v^2+1}}\right),\phi_v=\left(0,1,\frac{v}{\sqrt{u^2+v^2+1}}\right)$$

$$\|\phi_u\times\phi_v\|=\sqrt{1+\frac{u^2+v^2}{u^2+v^2+1}}=\sqrt{\frac{2(u^2+v^2)+1}{u^2+v^2+1}}$$

$$\iint_{D^2}\frac{1}{\sqrt{1+2u^2+2v^2}}\|\phi_u\times\phi_v\|\,dudv=\iint_{D^2}\frac{1}{\sqrt{u^2+v^2+1}}dudv$$

$$=\int_0^{2\pi}\int_0^1\frac{r}{\sqrt{r^2+1}}drd\theta=2\pi\int_0^1\frac{r}{\sqrt{r^2+1}}dr$$

$$=2\pi\left[(1+r^2)^{\frac{1}{2}}\right]_{r=0}^{r=1}=2\pi(\sqrt{2}-1)$$

5. $\mathbf{x}(u,v):=(g(u),h(u)\cos v,h(u)\sin v),\ (u,v)\in(-1,1)\times(0,2\pi)$

$E=\langle\mathbf{x}_u,\mathbf{x}_u\rangle=(g')^2+(h')^2=(1+u^2)^2$
$F=\langle\mathbf{x}_u,\mathbf{x}_v\rangle=0$
$G=\langle\mathbf{x}_v,\mathbf{x}_v\rangle=h^2=1$

$\therefore\ h=1(\because\ h>0)$이고 $g'(u)=1+u^2>0$

$\therefore\ g(u)=u+\frac{1}{3}u^3+C$, C는 상수

$\therefore\ \mathbf{x}(u,v)=\left(u+\frac{1}{3}u^3+C,\cos v,\sin v\right),\ \ (u,v)\in(-1,1)\times(0,2\pi)$

6.

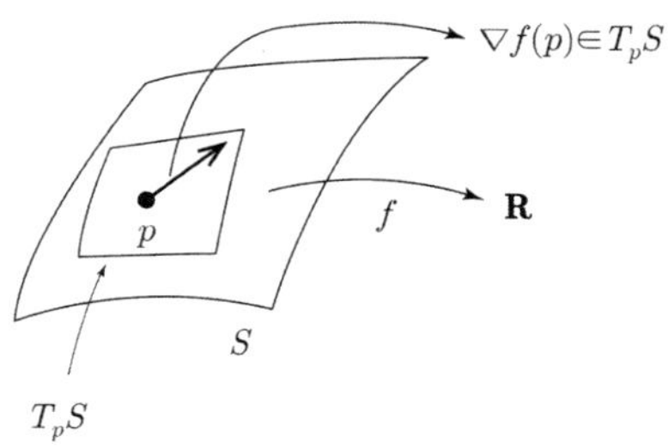

$\nabla f(p)=a\mathbf{x}_u(p)+b\mathbf{x}_v(p),\ a,b\in\mathbb{R}$라 할 때,

(i) $\langle\nabla f(p),\mathbf{x}_u(p)\rangle=df_p(\mathbf{x}_u)=f_u$

$\|$

$\langle a\mathbf{x}_u(p)+b\mathbf{x}_v(p),\mathbf{x}_u(p)\rangle=aE(p)+bF(p),\ \ \forall p\in S$

(ii) $\langle\nabla f(p),\mathbf{x}_v(p)\rangle=df_p(\mathbf{x}_v)=f_v$

$\|$

$\langle a\mathbf{x}_u(p)+b\mathbf{x}_v(p),\mathbf{x}_v(p)\rangle=aF(p)+bG(p),\ \ \forall p\in S$

(i)과 (ii)에 의해, $\begin{cases}aE+bF=f_u\\aF+bG=f_v\end{cases}\Leftrightarrow\begin{pmatrix}E&F\\F&G\end{pmatrix}\begin{pmatrix}a\\b\end{pmatrix}=\begin{pmatrix}f_u\\f_v\end{pmatrix}$

$$\therefore\ \begin{pmatrix}a\\b\end{pmatrix}=\begin{pmatrix}E&F\\F&G\end{pmatrix}^{-1}\begin{pmatrix}f_u\\f_v\end{pmatrix}=\frac{1}{EG-F^2}\begin{pmatrix}G&-F\\-F&E\end{pmatrix}\begin{pmatrix}f_u\\f_v\end{pmatrix}=\begin{pmatrix}\dfrac{Gf_u-Ff_v}{EG-F^2}\\\dfrac{-Ff_u+Ef_v}{EG-F^2}\end{pmatrix}$$

$$\therefore\ \nabla f(p)=\frac{Gf_u-Ff_v}{EG-F^2}\mathbf{x}_u(p)+\frac{Ef_v-Ff_u}{EG-F^2}\mathbf{x}_v(p)$$

2. Claim: S에 방향성이 존재하지 않는다. 즉 S상에 단위법벡터장 F가 존재하지 않는다.

「∴ 귀류법을 이용하기 위해, S상에 단위법벡터장 $\boldsymbol{F}$가 존재한다고 가정하자. 그러면 일반성을 잃지 않고 다음을 가정할 수 있다.

- $\boldsymbol{F}(u,v) = \dfrac{\mathbf{x}_u \times \mathbf{x}_v}{\| \mathbf{x}_u \times \mathbf{x}_v \|}, (u,v) \in U$
- $\boldsymbol{F}(\bar{u},\bar{v}) = \dfrac{\mathbf{y}_{\bar{u}} \times \mathbf{y}_{\bar{v}}}{\| \mathbf{y}_{\bar{u}} \times \mathbf{y}_{\bar{v}} \|}, (\bar{u},\bar{v}) \in Y$

한편, $\mathbf{x}_u \times \mathbf{x}_v = \dfrac{\partial(\bar{u},\bar{v})}{\partial(u,v)} \mathbf{y}_{\bar{u}} \times \mathbf{y}_{\bar{v}}$ 이므로

$$\| \mathbf{x}_u \times \mathbf{x}_v \| \boldsymbol{F}(u,v) = \frac{\partial(\bar{u},\bar{v})}{\partial(u,v)} \| \mathbf{y}_{\bar{u}} \times \mathbf{y}_{\bar{v}} \| \boldsymbol{F}(\bar{u},\bar{v})$$

① $\mathbf{x}^{-1}(W_1)$과 그에 대응하는 $\mathbf{y}^{-1}(W_1)$상에서 $\dfrac{\partial(\bar{u},\bar{v})}{\partial(u,v)} > 0$

② $\mathbf{x}^{-1}(W_2)$와 그에 대응하는 $\mathbf{y}^{-1}(W_2)$상에서 $\dfrac{\partial(\bar{u},\bar{v})}{\partial(u,v)} > 0$

하지만 이것은 가정 (ii), (iii)에 모순이다

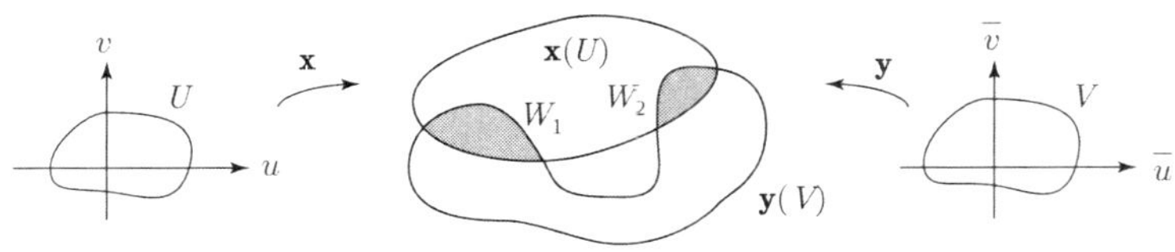

3. $\mathscr{C} = \{(\mathbf{x}, U)\}$가 S_1의 방향성일 때, $\mathscr{D} = \{(\phi \circ \mathbf{x}, U)\}$라 하자

그러면 $\mathscr{D}$가 S_2의 방향성이 된다.

실제로 두 개의 좌표조각함수 $(\mathbf{y} = \phi \circ \mathbf{x}, U), (\bar{\mathbf{y}} = \phi \circ \bar{\mathbf{x}}, V)$에 대하여

$$\begin{aligned} \bar{\mathbf{y}}_{\bar{u}} \times \bar{\mathbf{y}}_{\bar{v}} &= d\phi\left(\mathbf{x}_u \frac{\partial u}{\partial \bar{u}} + \mathbf{x}_v \frac{\partial v}{\partial \bar{u}}\right) \times d\phi\left(\mathbf{x}_u \frac{\partial u}{\partial \bar{v}} + \mathbf{x}_v \frac{\partial v}{\partial \bar{v}}\right) \\ &= \frac{\partial(u,v)}{\partial(\bar{u},\bar{v})} d\phi(\mathbf{x}_u) \times d\phi(\mathbf{x}_v) \\ &= \frac{\partial(u,v)}{\partial(\bar{u},\bar{v})} \mathbf{y}_u \times \mathbf{y}_v, \quad \frac{\partial(u,v)}{\partial(\bar{u},\bar{v})} > 0 \end{aligned}$$

이므로 $\mathscr{D}$가 S_2의 방향성을 준다.

4.

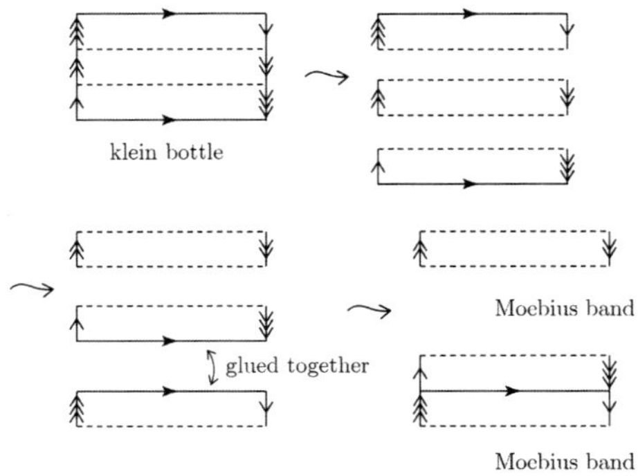

5.1 연습문제

1. (1) $N = \dfrac{(a,b,c)}{\sqrt{a^2+b^2+c^2}}$ $\quad \therefore\ ImN = \left\{ \dfrac{(a,b,c)}{\sqrt{a^2+b^2+c^2}} \right\}$ (한 점)

(2) $\mathbf{x}(u,v) = (u, v, \sqrt{u^2+v^2}),\ (u,,v) \in \mathbb{R}^2 - \{(0,0)\}$

$$\mathbf{x}_u = \left(1, 0, \frac{u}{\sqrt{u^2+v^2}}\right),\ \mathbf{x}_v = \left(0, 1, \frac{v}{\sqrt{u^2+v^2}}\right)$$

$$\therefore\ \mathbf{x}_u \times \mathbf{x}_v = \frac{1}{2}\left(-\frac{u}{\sqrt{u^2+v^2}}, -\frac{v}{\sqrt{u^2+v^2}}, 1\right)$$

$$\therefore\ x = -\frac{1}{2}\frac{u}{\sqrt{u^2+v^2}},\ y = -\frac{v}{2\sqrt{u^2+v^2}},\ z = \frac{1}{2}$$

$$\therefore\ z = \frac{1}{2},\ x^2+y^2 = \frac{1}{2} \quad \therefore\ ImN = \left\{ \left(x, y, \frac{1}{2}\right) \in \mathbb{R}^3 \,\middle|\, x^2+y^2 = \left(\frac{1}{\sqrt{2}}\right)^2 \right\}$$

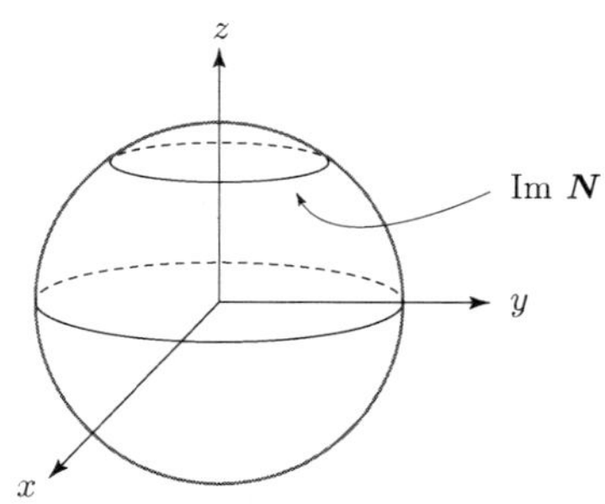

(3) $f(x,y,z) = \dfrac{x^2}{3} + y^2 - z - 1 \Rightarrow S = f^{-1}(0), 0 = f$의 정칙값

$$\therefore \boldsymbol{N} = \frac{\nabla f}{\| \nabla f \|} = \frac{\left(\frac{2x}{3}, 2y, -1\right)}{\left(\frac{4x^2}{9} + 4y^2 + 1\right)^{\frac{1}{2}}}, \quad X = \frac{\frac{2x}{3}}{g(x, y)}, \ Y = \frac{2y}{g(x, y)}, \ Z = -\frac{1}{g(x, y)}$$

단, 여기서 $g(x, y) = \left(\frac{4x^2}{9} + 4y^2 + 1\right)^{\frac{1}{2}}$

- $Z < 0$
- $X^2 + Y^2 = \dfrac{\frac{4x^2}{9} + 4y^2}{\frac{4x^2}{9} + 4y^2 + 1} < 1$
- $\sqrt{x^2 + y^2} \to \infty$일 때, $X^2 + Y^2 \to 1$
- $X^2 + Y^2 < 1, Z < 0$을 만족하는 임의의 $(X, Y, Z) \in S^2$에 대하여

  $x = -\frac{3}{2}\left(\frac{X}{Z}\right), \ y = -\frac{1}{2}\left(\frac{Y}{Z}\right), \ z = \frac{3}{4}\left(\frac{X}{Z}\right)^2 + \frac{1}{4}\left(\frac{Y}{Z}\right)^2 - 1$

  $\Rightarrow \boldsymbol{N}(x, y, z) = (X, Y, Z)$

$\therefore Im\boldsymbol{N} = S^2$의 남반구

$=$ 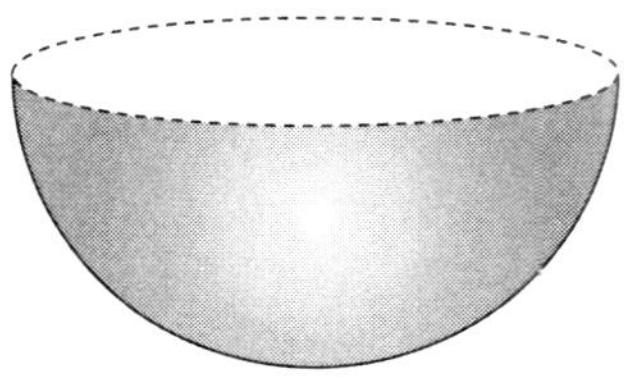

2. $\mathbf{x}(u, v) = \left(\frac{1}{2}(u+v), \frac{1}{2}(u-v), uv\right)$

(1) $\boldsymbol{N}(u, v) = \dfrac{(u+v, -u+v, -1)}{\sqrt{2u^2 + 2v^2 + 1}}$ $\quad Im\boldsymbol{N} = \{(X, Y, Z) \in S^2 \mid Z < 0\} = S^2$의 남반구

(2) $p = (0, 0, 0) = \mathbf{x}(0, 0)$; $\mathbf{x}_u(0, 0) = \left(\frac{1}{2}, \frac{1}{2}, 0\right)$, $\mathbf{x}_v(0, 0) = \left(\frac{1}{2}, -\frac{1}{2}, 0\right)$

- $d\boldsymbol{N}_p(\mathbf{x}_u(0, 0)) = (1, -1, 0) = 2\left(\frac{1}{2}, -\frac{1}{2}, 0\right) = 2\mathbf{x}_v(0, 0)$
- $d\boldsymbol{N}_p(\mathbf{x}_v(0, 0)) = (1, 1, 0) = 2\left(\frac{1}{2}, \frac{1}{2}, 0\right) = 2\mathbf{x}_u(0, 0)$

  $\therefore d\boldsymbol{N}_p = \begin{pmatrix} 0 & 2 \\ 2 & 0 \end{pmatrix}$ (단, 기저 $\{\mathbf{x}_u(0, 0), \mathbf{x}_v(0, 0)\}$에 관하여)

  $\therefore k_i = \pm 2$: 주곡률, $\left(\frac{1}{\sqrt{2}}, \frac{1}{\sqrt{2}}\right)$와 $\left(\frac{1}{\sqrt{2}}, -\frac{1}{\sqrt{2}}\right)$가 주벡터이다.

즉 $\frac{1}{\sqrt{2}}\mathbf{x}_u(0,0)+\frac{1}{\sqrt{2}}\mathbf{x}_v(0,0)$와 $\frac{1}{\sqrt{2}}\mathbf{x}_u(0,0)-\frac{1}{\sqrt{2}}\mathbf{x}_v(0,0)$가 주벡터이다.

3. (1) $Im\boldsymbol{N}=\left\{\frac{1}{\sqrt{2x^2+1}}(x,x,-1)\in\mathbb{R}^3 \,\middle|\, x\in\mathbb{R}\right\}$

$=\{(x,y,z)\in\mathbb{R}^3 \mid x^2+y^2+z^2=1, x=y, z<0\}$

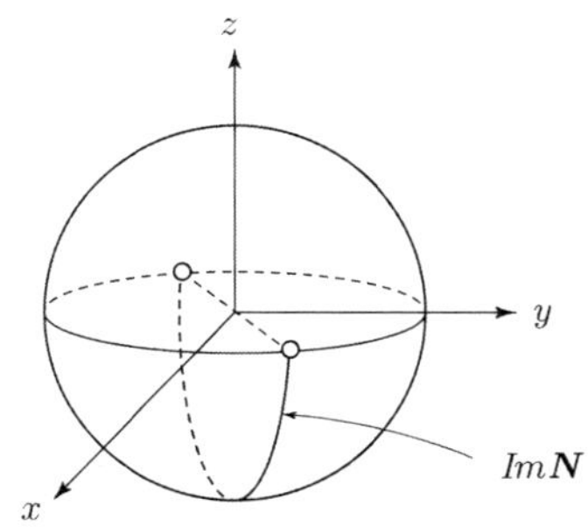

(2) $\mathbf{x}(u,v)=(u,v,(u+v)^2)$,

$\boldsymbol{N}(u,v)=\boldsymbol{N}(\mathbf{x}(u,v))=\frac{1}{\sqrt{8(u+v)^2+1}}(2(u+v),2(u+v),-1)$

$d\boldsymbol{N}_p(\mathbf{x}_u(0,0))=2\mathbf{x}_u(0,0)+2\mathbf{x}_v(0,0)=(2,2,0)$, $\mathbf{x}_u(0,0)=(1,0,0)$, $\mathbf{x}_v(0,0)=(0,1,0)$

$d\boldsymbol{N}_p(\mathbf{x}_v(0,0))=2\mathbf{x}_u(0,0)+2\mathbf{x}_v(0,0)=(2,2,0)$

$\therefore d\boldsymbol{N}_p=\begin{pmatrix}2&2\\2&2\end{pmatrix}$, (단, 기저 $\{\mathbf{x}_u(0,0),\mathbf{x}_v(0,0)\}$에 대하여)

$\therefore k_1(p)=0, k_2(p)=4$이고 주벡터 $e_1(p)=\frac{1}{\sqrt{2}}(1,-1)$, $e_2(p)=\frac{1}{\sqrt{2}}(1,1)$이다.

(단, 기저 $\{\mathbf{x}_u(0,0),\mathbf{x}_v(0,0)\}$에 대하여)

5. $F(x,y,z)=z-f(x,y)$, $\boldsymbol{N}(x,y,z)=\frac{\nabla F}{\|\nabla F\|}=-\frac{(f_x,f_y,-1)}{\sqrt{f_x^2+f_y^2+1}}$, $\mathbf{x}(x,y)=(x,y,f(x,y))$

$\therefore \boldsymbol{N}(x,y)=\boldsymbol{N}(\mathbf{x}(x,y))=-\frac{(f_x,f_y,-1)}{\sqrt{f_x^2+f_y^2+1}}$

- $\mathbf{x}_x(0,0)=(1,0,f_x(0,0))=(1,0,0)(\because f_x(0,0)=0)$

  $\mathbf{x}_y(0,0)=(0,1,f_y(0,0))=(0,1,0)(\because f_y(0,0)=0)$

- $d\boldsymbol{N}_p(\mathbf{x}_x(0,0))=-(f_{xx}(0,0),f_{yx}(0,0),0)=-f_{xx}(0,0)\mathbf{x}_x(0,0)-f_{yx}(0,0)\mathbf{x}_y(0,0)$

  $d\boldsymbol{N}_p(\mathbf{x}_y(0,0))=-(f_{xy}(0,0),f_{yy}(0,0),0)=-f_{xy}(0,0)\mathbf{x}_x(0,0)-f_{yy}(0,0)\mathbf{x}_y(0,0)$

$\therefore -d\boldsymbol{N}_p=\begin{pmatrix}f_{xx}(0,0)&f_{xy}(0,0)\\f_{yx}(0,0)&f_{yy}(0,0)\end{pmatrix}$ (단, 기저 $\{\mathbf{x}_u(0,0),\mathbf{x}_v(0,0)\}$에 대하여)

6. 먼저

$$dN_p(X_u(p)) = a\mathbf{x}_u(p) + b\mathbf{x}_v(p),\ \ dN_p(\mathbf{x}_v(p)) = c\mathbf{x}_u(p) + d\mathbf{x}_v(p) \quad a, b, c, d \in \mathbb{R}$$

로 나타낼 때,

$$\langle dN_p(\mathbf{x}_u(p)), \mathbf{x}_v(p) \rangle = \langle a\mathbf{x}_u(p) + b\mathbf{x}_v(p), \mathbf{x}_v(p) \rangle = b$$

$$\langle dN_p(\mathbf{x}_v(p)), \mathbf{x}_u(p) \rangle = \langle c\mathbf{x}_u(p) + d\mathbf{x}_v(p), \mathbf{x}_u(p) \rangle = c$$

한편 $\langle dN(\mathbf{x}_u), \mathbf{x}_v \rangle = \langle \mathbf{x}_u, dN(\mathbf{x}_v) \rangle$ 이므로 $b = c$

$\therefore dN_p = \begin{pmatrix} a & c \\ b & d \end{pmatrix} = \begin{pmatrix} a & b \\ b & d \end{pmatrix}$ (단, 기저 $\{\mathbf{x}_u, \mathbf{x}_v\}$에 대하여)

5.2 연습문제

1. $\alpha(t) = \mathbf{x}(t^2+t, t) = (t^2+t, t, t^4+2t^3)$, $\alpha'(t) = (2t+1, 1, 4t^3+6t^2)$, $u(t) = t^2+t$

$\alpha''(t) = (2, 0, 12t^2+12t)$, $v(t) = t$

$E = \langle \mathbf{x}_u, \mathbf{x}_u \rangle = 1 + 4u^2 \quad \therefore E(\alpha(t)) = 1 + 4(t^2+t)^2$

$F = \langle \mathbf{x}_u, \mathbf{x}_v \rangle = -4uv \quad \therefore F(\alpha(t)) = -4t(t^2+t)$

$G = \langle \mathbf{x}_v, \mathbf{x}_v \rangle = 1 + 4v^2 \quad \therefore G(\alpha(t)) = 1 + 4t^2, \quad \mathbf{x}_u \times \mathbf{x}_v = (-2u, 2v, 1)$

$$\therefore N(u, v) = \frac{\mathbf{x}_u \times \mathbf{x}_v}{\| \mathbf{x}_u \times \mathbf{x}_v \|} = \frac{(-2u, 2v, 1)}{\sqrt{4u^2+4v^2+1}}$$

$$e = \langle N, \mathbf{x}_{uu} \rangle = \langle N, (0, 0, 2) \rangle = \frac{2}{\sqrt{4u^2+4v^2+1}}$$

$$\therefore e(\alpha(t)) = \frac{2}{\sqrt{4(t^2+t)^2+4t^2+1}} = \frac{2}{\sqrt{4t^4+8t^3+8t^2+1}}$$

$$f = \langle N, \mathbf{x}_{uv} \rangle = 0$$

$$g = \langle N, \mathbf{x}_{vu} \rangle = \langle N, (0, 0, -2) \rangle = \frac{-2}{\sqrt{4u^2+4v^2+1}}$$

$$\therefore g(\alpha(t)) = \frac{-2}{\sqrt{4(t^2+t)^2+4t^2+1}} = \frac{-2}{\sqrt{4t^4+8t^3+8t^2+1}}$$

- $u'(-1) = 2t+1 \mid_{t=-1} = -1,\ v'(-1) = 1$
- $E(\alpha(-1)) = 1, F(\alpha(-1)) = 0, G(\alpha(-1)) = 5,$

  $e(\alpha(-1)) = \frac{2}{\sqrt{5}}, f(\alpha(-1)) = 0, g(\alpha(-1)) = \frac{-2}{\sqrt{5},}$

$$\therefore \kappa_n(-1) = \left. \frac{e(u')^2 + 2fu'v' + g(v')^2}{E(u')^2 + 2Fu'v' + G(v')^2} \right|_{t=-1} = \frac{0}{6} = 0$$

2. $\alpha(v) = \mathbf{x}(u_0, v) = (v\cos u_0, v\sin u_0, u_0),\ 0 < v < 2\pi$

$\therefore\ \alpha' = (\cos u_0, \sin u_0, 0),\ \alpha'' = (0,0,0)$

$\therefore\ \kappa_n\left(\dfrac{\alpha'}{\|\alpha'\|}\right) = \dfrac{\langle \boldsymbol{N}, \alpha''\rangle}{\|\alpha'\|^2} \equiv 0$

3. (1) 일반성을 잃지 않고 $k_1 > 0, k_2 > 0$이고 $k_1 \ge k_2$라고 가정해도 된다. 그러면

$$\kappa \ge \kappa_n = \kappa\cos\theta = k_1\cos^2\phi + k_2\sin^2\phi$$
$$\ge k_2\cos^2\phi + k_2\sin^2\phi = k_2(\cos^2\phi + \sin^2\phi) = k_2$$
$$\therefore\ \kappa \ge \min\{\,|k_1|,\ |k_2|\,\}$$

(2) $S = xy-$평면 $\Rightarrow k_1 \equiv k_2 \equiv 0$

$C_r = \{(x,y,0)\mid x^2+y^2 = r^2, r>0\}$ 그러면 $\kappa(C_r) = \dfrac{1}{r} > \max\{\,|k_1|,\ |k_2|\,\} = 0$

5.

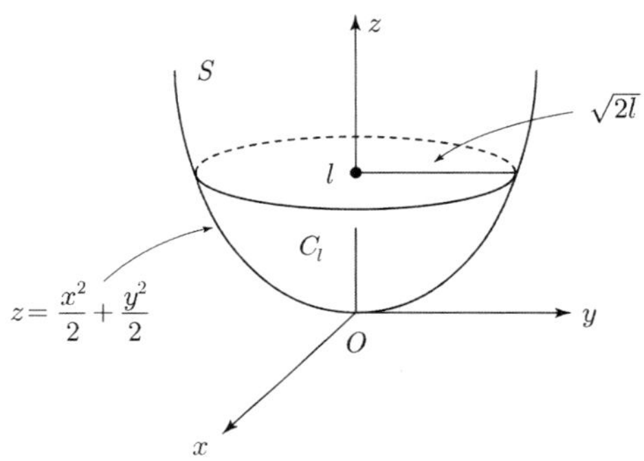

(1) $\kappa(C_l) = \dfrac{1}{\sqrt{2l}},\ \alpha(s) = \left(\sqrt{2l}\cos\left(\dfrac{s}{\sqrt{2l}}\right), \sqrt{2l}\sin\left(\dfrac{s}{\sqrt{2l}}\right), l\right),\ s =$ 단위속력변수

$f(x,y,z) = \dfrac{x^2}{2} + \dfrac{y^2}{2} - z \ \Rightarrow S = f^{-1}(0),\ 0 = f$의 정칙값

$$\therefore\ \boldsymbol{N}(s) = \frac{\nabla f(\alpha(s))}{\|\nabla f(\alpha(s))\|} = \frac{1}{\sqrt{2l+1}}\left(\sqrt{2l}\cos\left(\frac{s}{\sqrt{2l}}\right), \sqrt{2l}\sin\left(\frac{s}{\sqrt{2l}}\right), -1\right)$$

$$\therefore\ \kappa_n(\alpha'(s)) = \kappa_\alpha(s)\cos(\theta(s)) = \frac{1}{\sqrt{2l}}\langle \boldsymbol{N}_\alpha(s), \boldsymbol{N}(s)\rangle$$
$$= \frac{1}{\sqrt{2l}}\frac{1}{\sqrt{2l+1}}(-\sqrt{2l}) = -\frac{1}{\sqrt{2l+1}}$$

이고 $\displaystyle\int_{C_l} |\kappa_n(s)|\, ds = \int_0^{2\pi\sqrt{2l}} \frac{1}{\sqrt{2l+1}} ds = \frac{2\pi\sqrt{2l}}{\sqrt{2l+1}}$ 이다.

(2) $D_l = \left\{\left(x, lx, \dfrac{x^2}{2} + \dfrac{l^2}{2}x^2\right)\middle| -\infty < x < \infty\right\},\ \alpha(t) = \left(t, lt, \dfrac{1}{2}(l^2+1)t^2\right),\ -\infty < t < \infty$

$\alpha'(t)=(1, l, (l^2+1)t),\ \alpha''(t)=(0, 0, (l^2+1))$

$\boldsymbol{N}(t)=\boldsymbol{N}(\alpha(t))=\dfrac{(t, lt, -1)}{\sqrt{t^2+l^2t^2+1}}\quad (\because\ \boldsymbol{N}=\dfrac{\nabla f}{\|\nabla f\|}=\dfrac{(x, y, -1)}{\sqrt{x^2+y^2+1}})$

$\therefore\ \kappa_n(\alpha'(t))=\dfrac{II(\alpha''(t))}{I(\alpha'(t))}=\dfrac{e(u')^2+2fu'v'+g(v')^2}{E(u')^2+2Fu'v'+G(v')^2}----(*)$

한편, $\mathbf{x}(u, v)=\left(u, v, \dfrac{1}{2}u^2+\dfrac{1}{2}v^2\right)$

$E=\langle \mathbf{x}_u, \mathbf{x}_u\rangle=1+u^2\quad \therefore\ E(\alpha(t))=1+t^2$

$F=\langle \mathbf{x}_u, \mathbf{x}_v\rangle=uv\quad \therefore\ F(\alpha(t))=lt^2$

$G=\langle \mathbf{x}_v, \mathbf{x}_v\rangle=1+v^2\quad \therefore\ G(\alpha(t))=1+l^2t^2$

$e=\langle \boldsymbol{N}, \mathbf{x}_{uu}\rangle=\langle \boldsymbol{N}, (0,0,1)\rangle \Rightarrow e(\alpha(t))=-\dfrac{1}{\sqrt{t^2+l^2t^2+1}}$

$f=\langle \boldsymbol{N}, \mathbf{x}_{uv}\rangle=0$

$g=\langle \boldsymbol{N}, \mathbf{x}_{vu}\rangle=\langle \boldsymbol{N}, (0,0,1)\rangle \Rightarrow g(\alpha(t))=-\dfrac{1}{\sqrt{t^2+l^2t^2+1}}$

$\therefore\ \kappa_n(\alpha'(t))=-\dfrac{1}{(1+(1+l^2)t^2)^{\frac{3}{2}}},\ -\infty<t<\infty,\ (u(t)=t, v(t)=lt)$

6.

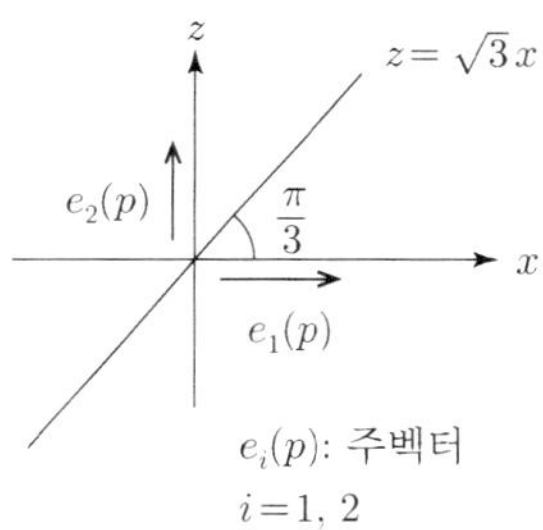

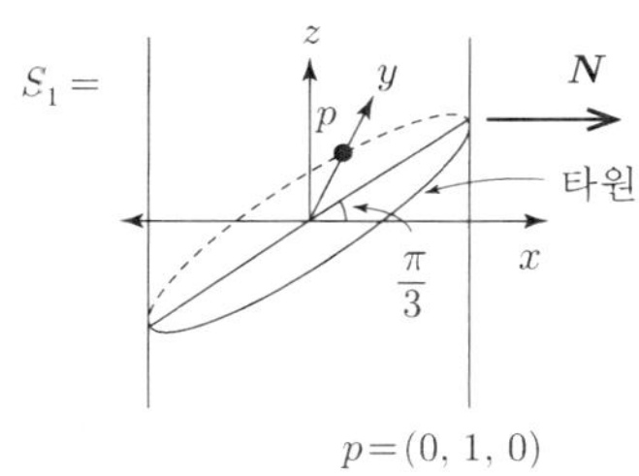

(1) $\kappa_n(p, c)=k_1\cos^2\dfrac{\pi}{3}+k_2\sin^2\dfrac{\pi}{3}=-1\times\left(\dfrac{1}{2}\right)^2=-\dfrac{1}{4}\quad (k_1(p)=-1, k_2(p)=0)$

(2) S_2 : 평면 $\Rightarrow k_1=k_2=0\quad \therefore\ \kappa_n(p, c)=k_1\cos^2\phi+k_2\sin^2\phi=0$

7.

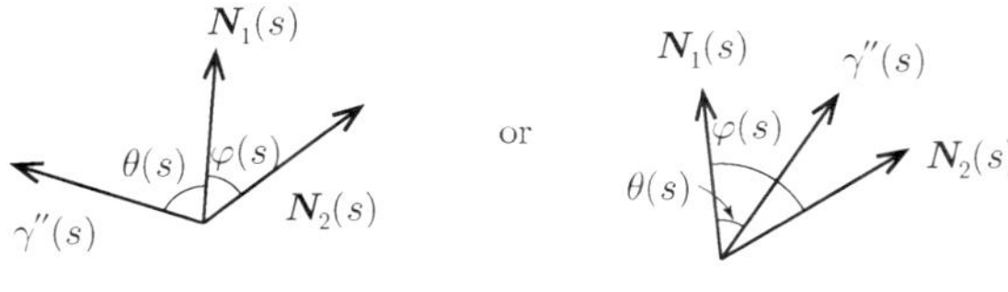

(1) 따라서 $\begin{cases}\kappa_n(S_1)=\kappa_\gamma(s)\cos\theta(s)\\ \kappa_n(S_2)=\kappa_\gamma(s)\cos(\phi(s)+\theta(s))\end{cases}\ \cdots ①$ or

$$\begin{cases}\kappa_n(S_1)=\kappa_\gamma(s)\cos\theta(s)\\ \kappa_n(S_2)=\kappa_\gamma(s)\cos(\phi(s)-\theta(s))\end{cases}\quad \cdots ②$$

(2) ①의 경우만 증명한다. ①로부터 다음 등식을 얻는다.

$$\begin{aligned}2\kappa_n(S_1)\kappa_n(S_2)\cos\phi(s) &= 2\kappa_\gamma^2(s)\cos\theta(s)\cos\phi(s)(\cos\phi(s)\cos\theta(s)-\sin\phi(s)\sin\theta(s))\\ &= 2\kappa_\gamma^2(s)\cos^2\theta(s)\cos^2\phi(s)-2\kappa_\gamma^2(s)\cos\theta(s)\cos\phi(s)\sin\phi(s)\sin\theta(s)\end{aligned}$$

한편 ①의 두 번째 식으로부터 다음 등식을 얻는다.

$$\begin{aligned}\kappa_n^2(S_2) = {}&\kappa_\gamma^2(s)\cos^2\theta(s)\cos^2\phi(s)-2\kappa_\gamma^2(s)\cos\theta(s)\cos\phi(s)\sin\phi(s)\sin\theta(s)\\ &+\kappa_\gamma(s)^2\sin^2\phi(s)\sin^2\theta(s)\end{aligned}$$

$$\therefore\ \kappa_n^2(S_2)=-\kappa_n(S_1)^2+2\kappa_n(S_1)\kappa_n(S_2)\cos\phi(s)+\kappa_\gamma(s)^2\sin^2\phi(s)$$

(3) $\phi(s)=\dfrac{\pi}{2},\ \kappa_n(S_1)=-\dfrac{1}{2},\ \theta(s)=\dfrac{\pi}{6}$

$$\therefore\ \kappa_n(S_1)^2+\kappa_n(S_2)^2-2\kappa_n(S_1)\kappa_n(S_2)\cos\phi(s)=\kappa_\gamma(s)^2\sin^2\phi(s)$$

$$\therefore\ \kappa_n(S_2)=\pm\frac{\sqrt{3}}{2}$$

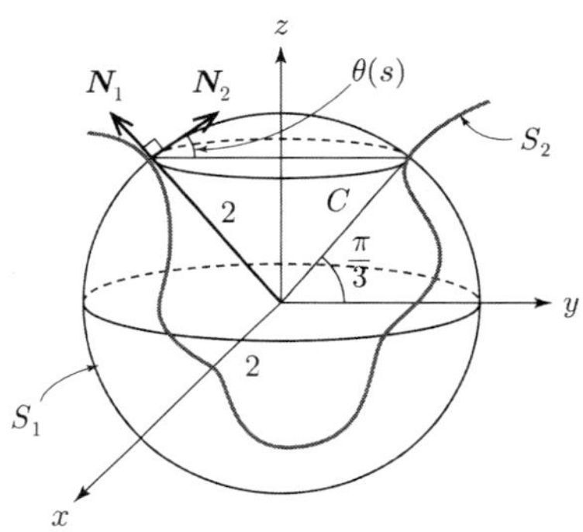

5.3 연습문제

1. α가 C의 단위속력곡선이라고 하자. 가정에 의해

$$d\boldsymbol{N}(\alpha'(s))\parallel\alpha'(s),\quad \alpha''(s)\parallel\boldsymbol{N}(s)$$

이다. 따라서 적당한 실수의 함수 $\lambda(s),\mu(s)$를 이용하여

$$\alpha''(s)=\lambda(s)\boldsymbol{N}(s),\quad d(\boldsymbol{N}(\alpha'(s))=\mu(s)\alpha'(s)$$

로 나타낼 수 있다.

$$\therefore\ \alpha'''(s)=\lambda'(s)\boldsymbol{N}(s)+\lambda(s)d\boldsymbol{N}(\alpha'(s))=\lambda'(s)\boldsymbol{N}(s)+\lambda(s)\mu(s)\alpha'(s)$$

$$\therefore\ \tau_\alpha(s) = -\frac{\langle \alpha'(s)\times\alpha''(s), \alpha'''(s)\rangle}{\|\alpha'(s)\times\alpha''(s)\|^2}$$
$$= -\frac{\langle \alpha'(s)\times\alpha''(s), \lambda'(s)\boldsymbol{N}(s)+\lambda(\varepsilon)\mu(s)\alpha'(s)\rangle}{\|\alpha'(s)\times\alpha''(s)\|^2}$$
$$= 0(\because\ \alpha''(s)\ \|\ \boldsymbol{N}(s))$$

$\therefore$ C가 평면곡선이다.

2. (1) α가 C의 단위속력곡선이라고 하자. 가정에 의해 α', α''이 같은 평면 P에 놓여 있다. 한편 C가 측지전이므로 $\alpha''(s)\ \|\ \boldsymbol{N}(s)$이다.

$\therefore\ \boldsymbol{N}(s)\in P$

$\therefore\ P\perp S$ (α를 따라)이므로 $\measuredangle(P, S) = \dfrac{\pi}{2}$= 상수이다. 따라서 C가 주곡률곡선이다.

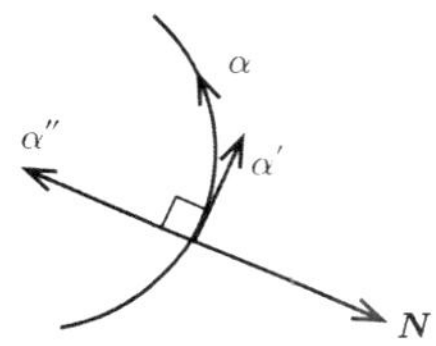

(2) <u>Claim: S의 모든 점이 제점이다.</u>

「$\because$ p가 S의 임의의 점이고 $v_p\in T_pS$일 때, 측지선의 존재성에 의해 다음을 만족하는 측지선 α가 존재한다.

$$\alpha : (-\varepsilon, \varepsilon)\to S,\ \alpha(0) = p,\ \alpha'(0) = v_p$$

가정에 의해, α가 평면곡선이고 측지선이그로 위의 (1)에 의해 α가 주곡률곡선이다. 즉 v_p는 주방향의 벡터이다. v_p가 p점에서 임의의 접벡터이므로 모든 접벡터 방향은 주방향이다. 따라서 p가 제점이다.」

$\therefore$ 모든 S의 점이 제점이므로 S는 평면이나 구의 일부이다.

4. $\mathbf{x}(u, v) = (u, v, u^2-v^2),\ \mathbf{x}_u = (1, 0, 2u),\ \mathbf{x}_v = (0, 1, -2v),$

$\mathbf{x}_{uu} = (0, 0, 2),\ \mathbf{x}_{uv} = 0,\ \mathbf{x}_{vv} = (0, 0, -2)$

$$\boldsymbol{N}(u, v) = \frac{\mathbf{x}_u\times\mathbf{x}_v}{\|\mathbf{x}_u\times\mathbf{x}_v\|} = \frac{(-2u, 2v, 1)}{\sqrt{4u^2+4v^2+1}}$$

- $e = \langle \boldsymbol{N}, \mathbf{x}_{uu}\rangle = \dfrac{2}{\sqrt{4u^2+4v^2+1}},$

  $f = \langle \boldsymbol{N}, \mathbf{x}_{uv}\rangle = 0,\ g = \langle \boldsymbol{N}, \mathbf{x}_{vv}\rangle = -\dfrac{2}{\sqrt{4u^2+4v^2+1}}$

• $\therefore\ \kappa_n(\alpha'(t)) = \dfrac{I\!I(\alpha''(t))}{I(\alpha'(t))} = \dfrac{e(u')^2+2fu'v'+g(v')^2}{E(u')^2+2Fu'v'+G(v')^2}$ 이므로

$\kappa_n(t) \equiv 0 \Leftrightarrow e(u')^2+2fu'v'+g(v')^2$

$\Leftrightarrow 2(u')^2-2(v')^2=0$ 즉 $(u'-v')(u'+v')\equiv 0\ \therefore\ u'-v'\equiv 0$ or $u'+v'\equiv 0$

$\Leftrightarrow u-v=c_1$ or $u+v=c_2$ (c_1, c_2는 상수)

$\therefore\ \alpha(t)=\mathbf{x}(u(t),v(t))=\mathbf{x}(u(t),u(t)+c_1)$ or $\mathbf{x}(u(t),-u(t)+c_2)$

즉 $\alpha(t)=(u(t),u(t)+c_1,-2u(t)c_1-c_1^2)$ or $(u(t),-u(t)+c_2,2u(t)c_2-c_2^2)$

6. (1)

i) $\alpha''\perp \boldsymbol{N}$

$\therefore\ \kappa_n(\alpha')=\dfrac{\langle \boldsymbol{N},\alpha''\rangle}{\|\alpha'\|^2}=0$

$\therefore\ \alpha$: 점근곡선

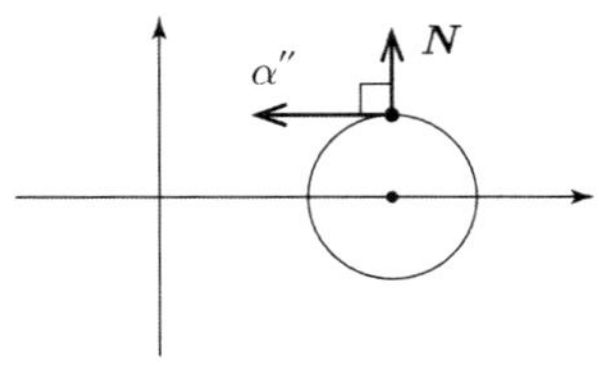

ii) $\alpha'' \nparallel \boldsymbol{N}$ $\quad\therefore\ \alpha$: 측지선 아님

iii) V=평면 P의 법벡터

$\Rightarrow V\parallel \boldsymbol{N}$ $\quad\therefore\ \measuredangle(V,\boldsymbol{N})=0$=상수

$\therefore\ \alpha$: 주곡률곡선

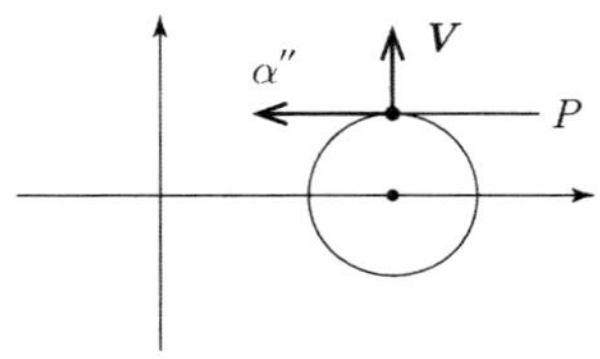

(2) i) $\alpha''\parallel \boldsymbol{N}\Rightarrow\alpha$: 점근곡선 아님

ii) $\alpha''\parallel \boldsymbol{N}\Rightarrow\alpha$: 측지선

iii) $V\parallel \boldsymbol{N}\Rightarrow\alpha$: 주곡률곡선

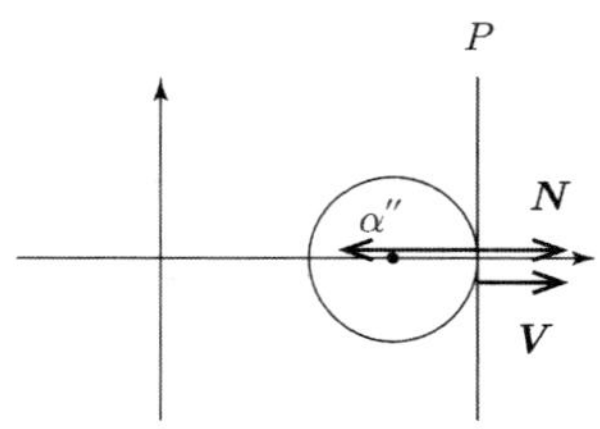

(3) $\alpha=x$-축

i) α: 직선 $\Rightarrow\alpha$ 측지선 & 점근곡선

ii) $\kappa_n(\alpha')=0$

$=k_1\cos^2\theta+k_2\sin^2\theta$

$K=k_1\cdot k_2<0\quad\therefore\ k_1\neq 0,\ k_2\neq 0$

$\therefore\ \tan^2\theta=-\dfrac{k_1}{k_2}>0\quad\therefore\ \theta\neq 0\ \&\ \neq\pm\dfrac{\pi}{2}$

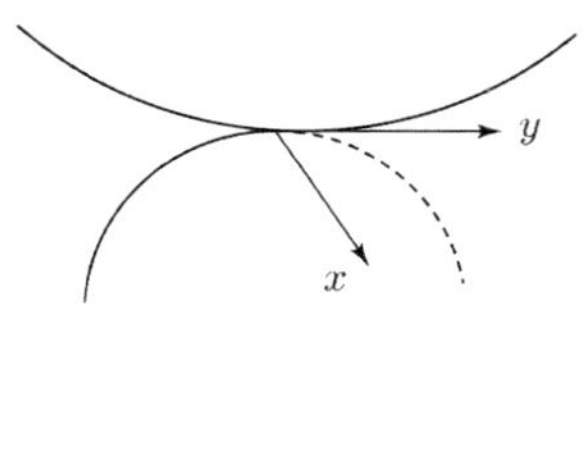

$\therefore \alpha$: 주곡률곡선 아님

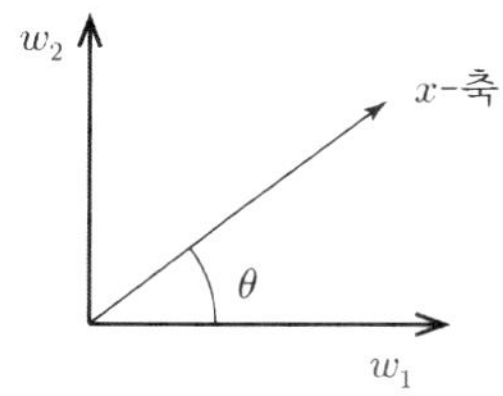

7. $C_1=\left\{(x,y,0)\in\mathbb{R}^3\,\middle|\,\frac{x^2}{a^2}+\frac{y^2}{b^2}=1\right\}\subseteq S$

Claim: C_1가 S상의 측지선이다.

「$\because$ α가 C_1의 단위속력곡선이라 하자. 그러면, α가 평면곡선이므로 α''과 α'이 모두 xy-평면상에 놓여 있고, $\alpha'\perp\alpha''$이다. 한편, S의 법벡터장 $\boldsymbol{N}$도 α를 따라 xy-평면에 놓여있다. 따라서 $\alpha''\parallel\boldsymbol{N}$이다. 즉, α가 S상의 측지선이다.」

비슷한 방법으로, $C_2=\left\{(x,0,z)\in\mathbb{R}^3\,\middle|\,\frac{x^2}{a^2}+\frac{z^2}{c^2}=1\right\}$, $C_3=\left\{(0,y,z)\in\mathbb{R}^3\,\middle|\,\frac{y^2}{b^2}+\frac{z^2}{c^2}=1\right\}$도 S의 측지선이다.

8. (1) $\kappa_n(\alpha')\equiv 0 \Rightarrow \boldsymbol{N}_\alpha(s)\parallel\boldsymbol{N}(s)$이다.

한편, $\boldsymbol{T}_\alpha(s)\perp\boldsymbol{N}_\alpha(s)$이므로 $\boldsymbol{B}_\alpha(s)\parallel\boldsymbol{N}(s)$이다.

(2) $\boldsymbol{B}_\alpha(s)=\boldsymbol{N}(s)$라고 가정해도 충분하다.

$$\therefore \tau_\alpha(s)\boldsymbol{N}_\alpha(s)=\boldsymbol{B}_\alpha'(s)=\boldsymbol{N}'(s)=d\boldsymbol{N}(\alpha'(s))$$
$$=d\boldsymbol{N}(\boldsymbol{T}_\alpha(s))$$

$\therefore d\boldsymbol{N}=\begin{pmatrix}0 & \tau_\alpha(s)\\ \tau_\alpha(s) & *\end{pmatrix}$ (단, 기저 $\{\boldsymbol{T}_\alpha(s),\boldsymbol{N}_\alpha(s)\}$에 대하여)

$\therefore K(s)=\det(d\boldsymbol{N}(s))=-\tau_\alpha^2(s)$

9. w_1, w_2가 정규직교기저를 이루는 주벡터일 때,

$\kappa_n(v)=k_1\cos^2\theta+k_2\sin^2\theta$이고

$\kappa_n(w)=k_1\cos^2\left(\theta+\frac{\pi}{2}\right)+k_2\sin^2\left(\theta+\frac{\pi}{2}\right)=k_1\sin^2\theta+k_2\sin^2\theta$

이다.

$$\therefore \kappa_n(v)+\kappa_n(w)=k_1+k_2$$
$$=2H$$

$$\therefore H=\frac{1}{2}(\kappa_n(v)+\kappa_n(w))$$

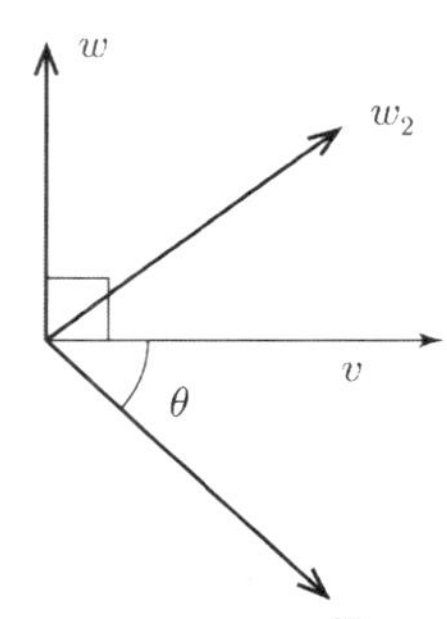

10. w_1, w_2가 정규직교기저를 이루는 주벡터일 때,

$\kappa_n(v)=k_1\cos^2\theta+k_2\sin^2\theta \quad 0\le\theta<2\pi$

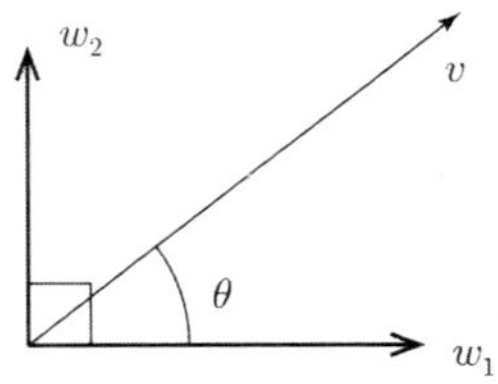

$$\therefore \frac{1}{2\pi}\int_0^{2\pi}\kappa_n(v)d\theta$$
$$=\frac{1}{2\pi}\int_0^{2\pi}\left(k_1\cos^2\theta+k_2\sin^2\theta\right)d\theta$$
$$=\frac{1}{2\pi}\int_0^{2\pi}\left(k_1\left(\frac{1+\cos(2\theta)}{2}\right)+k_2\left(\frac{1-\cos(2\theta)}{2}\right)\right)d\theta$$
$$=\frac{1}{2\pi}\left[\frac{k_1}{2}\theta+\frac{k_1}{4}\sin(2\theta)+\frac{k_2}{2}\theta-\frac{k_2}{4}\sin(2\theta)\right]_{\theta=0}^{2\pi}$$
$$=\frac{1}{2\pi}\left(\frac{2\pi}{2}k_1+\frac{2\pi}{2}k_2\right)=\frac{k_1+k_2}{2}=H$$

11. (2) $\lambda_1+\lambda_2+\cdots+\lambda_m$

$$=k_1\cos^2\left(\frac{2\pi\cdot 0}{m}\right)+k_2\sin^2\left(\frac{2\pi\cdot 0}{m}\right)$$
$$+k_1\cos^2\left(\frac{2m\cdot 1}{m}\right)+k_2\sin^2\left(\frac{2\pi\cdot 1}{m}\right)$$
$$\cdots$$
$$+k_1\cos^2\left(\frac{2\pi\cdot(m-1)}{m}\right)+k_2\sin^2\left(\frac{2\pi\cdot(m-1)}{m}\right)$$
$$=k_2\cdot m+(k_1-k_2)\left(\cos^2\left(\frac{2\pi\cdot 0}{m}\right)+\cdots+\cos^2\left(\frac{2\pi\cdot(m-1)}{m}\right)\right)$$
$$\underset{\circledast}{=}k_2\cdot m+(k_1-k_2)\cdot\frac{m}{2}$$
$$=\frac{m}{2}(k_1+k_2)=m\cdot H$$
$$\therefore H=\frac{1}{m}(\lambda_1+\lambda_2+\cdots+\lambda_m)$$

단, ⊛에서 다음 등식을 이용하였다.

$$\begin{cases}1+\cos^2\theta+\cos^2(2\theta)+\cdots+\cos^2(m-1)\theta=\dfrac{m}{2},\\ \theta=\dfrac{2\pi}{m}\end{cases}$$

12. $H=\frac{1}{2}(k_1+k_2)=0$이므로 $k_1=-k_2\neq 0$이다.

$\therefore K=k_1\cdot k_2=-k_1^2=-k_2^2<0$

이제 w_1, w_2가

$$dN_p(w_1) = -k_1 w_1,\ \ dN_p(w_2) = -k_2 w_2$$

를 만족하는 주벡터라 하자. 따라서 $\{w_1, w_2\}$가 정규직교기저이다.

① $\langle dN_p(w_i), dN_p(w_i)\rangle,\ \ i=1,2$

$= \langle -k_i w_i, -k_i w_i\rangle = k_i^2 \langle w_i, w_i\rangle = -K\langle w_i, w_i\rangle = -K$

② $\langle dN_p(w_i), dN_p(w_j)\rangle = \langle -k_i w_i, -k_j w_j\rangle = k_i k_j \langle w_i, w_j\rangle = 0 = -K\langle w_i, w_j\rangle$

$1 \le i \ne j \le 2$ $\qquad\qquad (\because \langle w_i, w_j\rangle = 0)$

①-②에 의해, $\langle dN_p(v), dN_p(w)\rangle = -K(p)\langle v, w\rangle,\ \ \forall v, w \in T_pS$

5.4 연습문제

2. $\mathbf{x}(u,v) = (u+2v, \sin u - v, u^3+3v)$

$= (u, \sin u, u^3) + v(2, -1, 3)$ 이므로 S는 선직면(ruled surface)이다.

- 각각의 u_0에 대하여,

  $l_{u_0}(v) = \mathbf{x}(u_0, v)$: 점근선

  모선(ruling)

- l_{u_0}가 주곡률곡선인지 판별하기 위해, 가우스곡률을 계산한다.

  $\mathbf{x}_u = (1, \cos u, 3u^2),\ \ \mathbf{x}_v = (2, -1, 3)$

  $\mathbf{x}_{uu} = (0, -\sin u, 6u),\ \ \mathbf{x}_{vu} = 0,\ \ \mathbf{x}_{vv} = 0$

  $$\mathbf{x}_u \times \mathbf{x}_v = \begin{vmatrix} i & j & k \\ 1 & \cos u & 3u^2 \\ 2 & -1 & 3 \end{vmatrix}$$

  $$= (3\cos u + 3u^2, -3+6u^2, -1-2\cos u)$$

  $$\therefore N(u,v) = \frac{\mathbf{x}_u \times \mathbf{x}_v}{\|\mathbf{x}_u \times \mathbf{x}_v\|} = \cdots$$

- $f = \langle N, \mathbf{x}_{uv}\rangle = 0 = \langle N, \mathbf{x}_{vv}\rangle = g$

- $K_S = \dfrac{eg - f^2}{EG - F^2} \equiv 0$

$\therefore$ 모든 모선은 주곡률곡선이다(정리 5.3.10 참고).

3.

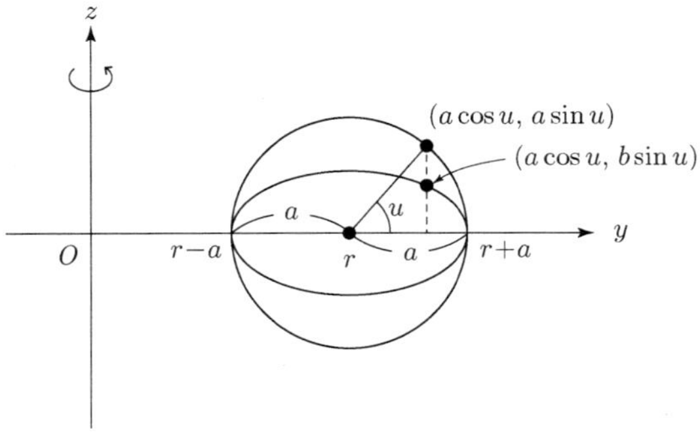

$$\begin{cases} y-r=a\cos u \\ z=b\sin u \end{cases},\quad 0<u<2\pi$$

$\mathbf{x}(u,v)=((r+a\cos u)\cos v,(r+a\cos u)\sin v,b\sin u),\ \ 0<u,v<2\pi$

$\mathbf{x}_u=(-a\sin u\cos v,\ -a\sin u\sin v,b\cos u)$

$\mathbf{x}_v=(-(r+a\cos u)\sin v,(r+a\cos u)\cos v,0)$

$\mathbf{x}_{uu}=(-a\cos u\cos v,\ -a\cos u\sin v,\ -b\sin u)$

$\mathbf{x}_{uv}=(a\sin u\sin v,\ -a\sin u\cos v,0)$

$\mathbf{x}_{vv}=(-(r+a\cos u)\cos v,\ -(r+a\cos u)\sin v,0)$

$\mathbf{x}_u\times\mathbf{x}_v=(-b(r+a\cos u)\cos u\cos v,\ -b(r+a\cos u)\cos u\sin v,\ -a(r+a\cos u)\sin u)$

$A:=\left(b^2(r+a\cos u)^2\cos^2 u+a^2(r+a\cos u)^2\sin^2 u\right)^{\frac{1}{2}}$

$\boldsymbol{N}(u,v)=\dfrac{\mathbf{x}_u\times\mathbf{x}_v}{A}$

$E=a^2\sin^2 u+b^2\cos^2 u,\ \ F=0,\ \ G=(r+a\cos u)^2$

$e=\langle\boldsymbol{N},\mathbf{x}_{uu}\rangle=\dfrac{1}{A}ab(r+a\cos u)$

$f=\langle\boldsymbol{N},\mathbf{x}_{uv}\rangle=0$

$g=\langle\boldsymbol{N},\mathbf{x}_{vv}\rangle=\dfrac{1}{A}b(r+a\cos u)^2\cos u$

$\therefore\ K_S=\dfrac{eg-f^2}{EG-F^2}=\dfrac{ab^2\cos u(r+a\cos u)}{A^2(a^2\sin^2 u+b^2\cos^2 u)}$

$>0\ \Leftrightarrow\ \cos u>0\ \Leftrightarrow\ 0<u<\dfrac{\pi}{2}$ 또는 $\dfrac{3}{2}\pi<u<2\pi$

$<0\ \Leftrightarrow\ \cos u<0\ \Leftrightarrow\ \dfrac{\pi}{2}<u<\dfrac{3}{2}\pi$

$=0\ \Leftrightarrow\ \cos u=0\ \Leftrightarrow\ u=\dfrac{\pi}{2}$ 또는 $\dfrac{3}{2}\pi$

사실, $K_S>0\ \Leftrightarrow\ 0\le u<\dfrac{\pi}{2}$ 또는 $\dfrac{3}{2}\pi<u\le 2\pi$

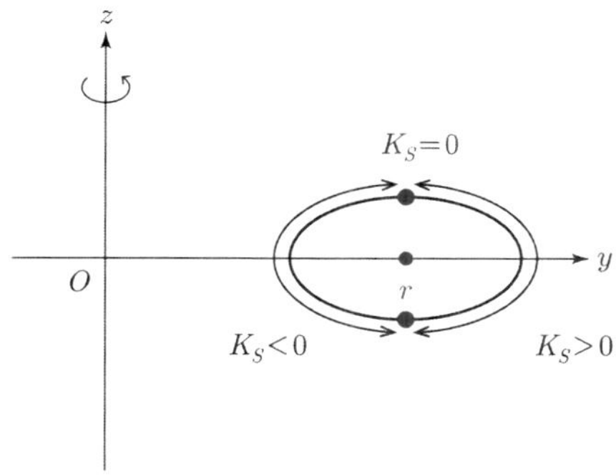

9. $K \leq 0$이고 $k_1(p) = k_2(p)$, $\forall p \in S$이다.

$\therefore K(p) = k_1(p)k_2(p) = k_1(p)^2 \leq 0$

$\therefore k_1(p) = k_2(p) \equiv 0$, $\forall p \in S$ 즉, p는 평면점이다.

5.5 연습문제

1. S:=닫힌 정칙곡면 $\Rightarrow$ $\exists p_0 \in S$; $K(p_0) > 0$

$\therefore$ 만약 $H(p) = \dfrac{1}{2}(k_1(p) + k_2(p)) \equiv 0$, $\forall p \in S$라면 $K(p_0) = k_1(p_0)k_2(p_0) = -k_1(p_0)^2 < 0$

$\therefore$ 모순이다.

4. $\mathbf{x}(u, v) = \alpha(u) + v \cdot w(u)$

$\mathbf{x}$가 가전면을 나타내므로 $\lambda(u) \equiv 0$이다.

따라서 $f = \langle \boldsymbol{N}, \mathbf{x}_{uv} \rangle \equiv 0 \equiv \langle \boldsymbol{N}, \mathbf{x}_{vu} \rangle$

한편, $\langle \boldsymbol{N}, \mathbf{x}_u \rangle = 0$이므로 $0 = \langle \boldsymbol{N}_v, \mathbf{x}_u \rangle + \langle \boldsymbol{N}, \mathbf{x}_{uv} \rangle$ $\quad \therefore \langle \boldsymbol{N}_v, \mathbf{x}_u \rangle = -\langle \boldsymbol{N}, \mathbf{x}_{uv} \rangle \equiv 0$

& $\langle \boldsymbol{N}, \mathbf{x}_v \rangle \equiv 0$이므로 $\langle \boldsymbol{N}_v, \mathbf{x}_v \rangle + \langle \boldsymbol{N}, \mathbf{x}_{vv} \rangle \equiv 0$

$\therefore \langle \boldsymbol{N}_v, \mathbf{x}_v \rangle \equiv -\langle \boldsymbol{N}, \mathbf{x}_{vv} \rangle \equiv -\langle \boldsymbol{N}, 0 \rangle = 0$

5. $\mathbf{x}(u, v) = \left(f(u), \dfrac{u^3}{3}, 0\right) + v(u, f(u), 1)$

$\alpha(u) = \left(f(u), \dfrac{u^3}{3}, 0\right)$, $w(u) = (u, f(u), 1)$

$\alpha'(u) = (f', u^2, 0)$,

$w'(u) = (1, f', 0)$, $w \times w' = (-f', 1, uf' - f)$

$0 = \langle \alpha', w \times w' \rangle = \langle (f', u^2, 0), (-f', 1, uf' - f) \rangle = -(f')^2 + u^2$

$\therefore f' = \pm u \Rightarrow f(u) = \pm \dfrac{1}{2}u^2 + c$

$f(0) = 0$이므로 $c = 0$ & $f(u) = \dfrac{1}{2}u^2 \ (\because f \geq 0)$

6. $\mathbf{x}(u,v) = (u, v, f(3u, v^2)),\ u, v > 0$

$\mathbf{x}_u = (1, 0, 3f_u),\ \mathbf{x}_v = (0, 1, 2vf_v)$

$\mathbf{x}_{uu} = (0, 0, 9f_{uu}),\ \mathbf{x}_{uv} = (0, 0, 6vf_{uv}),\ \mathbf{x}_{vv} = (0, 0, 2f_v + 4v^2 f_{vv})$

$\therefore \boldsymbol{N}(u,v) = \dfrac{(3f_u, 2vf_v, -1)}{\sqrt{9f_u^2 + 4v^2 f_v^2 + 1}}$

$E = \langle \mathbf{x}_u, \mathbf{x}_u \rangle = 1 + 9f_u^2,\ F = \langle \mathbf{x}_u, \mathbf{x}_v \rangle = 6vf_u \cdot f_v,\ G = \langle \mathbf{x}_v, \mathbf{x}_v \rangle = 1 + 4v^2 f_v^2$

$e = \langle \boldsymbol{N}, \mathbf{x}_{uu} \rangle = \dfrac{-9f_{uu}}{A}$

$f = \langle \boldsymbol{N}, \mathbf{x}_{uv} \rangle = \dfrac{-6vf_{uv}}{A}$

$g = \langle \boldsymbol{N}, \mathbf{x}_{vv} \rangle = \dfrac{-2f_v - 4v^2 f_{vv}}{A}$

단, 여기서 $A = (9f_u^2 + 4v^2 f_v^2 + 1)^{\frac{1}{2}}$

$\therefore K = \dfrac{eg - f^2}{EG - F^2} = \dfrac{1}{A^4}(18f_v \cdot f_{uu} + 36v^2 f_{uu} \cdot f_{uv} - 36v^2 f_{uv}^2)$

$\therefore K \equiv 0 \Leftrightarrow f_v \cdot f_{uu} + 2v^2 f_{uu} \cdot f_{vv} = 2v^2 f_{uv}^2$이고

$H = \dfrac{eG - 2fF + gE}{2(EG - F^2)} \equiv 0 \Leftrightarrow eG - 2fF + gE \equiv 0$

$\Leftrightarrow -9f_{uu} - 36v^2 f_{uu} \cdot f_v^2 + 72v^2 f_u \cdot f_v \cdot f_{uv} - 2f_v - 18f_v \cdot f_u^2 - 4v^2 f_{vv} - 36v^2 f_{vv} \cdot f_u^2 \equiv 0$

6.1 연습문제

1. $E_1 = E_2 = 1 + v^2 \cdot \kappa_\alpha$

$F_1 = F_2 = 1$

$G_1 = G_2 = 1$

$\therefore \phi$가 등장사상이다.

2. $e_1 = (1, 0),\ e_2 = (0, 1),\ p = (u, v)$

$$d\phi_p(e_1)=\left(\frac{4(-u^2+v^2+4)}{(u^2+v^2+4)^2}, \frac{-8uv}{(u^2+v^2+4)^2}, \frac{16u}{(u^2+v^2+4)^2}\right)$$

$$d\phi_p(e_2)=\left(\frac{-8uv}{(u^2+v^2+4)^2}, \frac{4(u^2-v^2+4)}{(u^2+v^2+4)^2}, \frac{16v}{(u^2+v^2+4)^2}\right)$$

$\therefore \langle d\phi_p(e_i), d\phi_p(e_j)\rangle = \lambda(u,v)^2\langle e_i, e_j\rangle,\ 1\le i,j\le 2$

$$\lambda(u,v)=\frac{4}{(u^2+v^2+4)}$$

$\therefore\ \phi$는 등각사상이다.

6.3 연습문제

1. $K=k_1k_2=0,\ H=\frac{1}{2}(k_1+k_2)=0$

$\therefore\ k_2=-k_1$이고 $K=k_1k_2=-k_1^2\le 0$

$\therefore\ k_1=k_2=0$, 즉 S의 모든 점이 배꼽점이다.

정리 5.3.3에 의해, S는 구면이거나 평면 또는 그 일부이다. 한편 $K\equiv 0$이므로 S는 평면이거나 그 일부이다.

2. (1) $p\in S$가 k_1의 극대점이면 $k_1'(p)=0$이고 $k_1''(p)\le 0$이 성립한다. 따라서 $H=\frac{1}{2}(k_1+k_2)$ $=$상수이므로 $k_2'(p)=0$와 $k_2''(p)\ge 0$이다. 즉 p는 k_2의 극소점이 된다.

(2) S가 닫힌 정칙곡면이므로 $K(p)>0$인 $p\in S$가 존재한다.

따라서 $H=\frac{1}{2}(k_1+k_2)=$상수$\neq 0$이다.

또한, $H^2-K=\frac{1}{4}(k_1-k_2)^2\ge 0$이고 H^2-K가 최대가 되는 점 $p_0\in S$가 존재한다.

Claim: $H^2(p_0)=K(p_0)$

「$\because$ 만약 $H^2(p_o)-K(p_o)>0$라면 p_0의 적당한 열린근방 U에서 $k_1(p)>k_2(p)$라고 가정해도 일반성을 잃지 않는다. 한편, H^2-K가 p_0에서 최댓값을 가지므로 U상에서 k_1-k_2가 p_0에서 최댓값을 가진다. 따라서 $k_1-k_2=k_1-(2H-k_1)=2k_1-2H$이므로 U상에서 k_1이 p_0에서 극댓값을 가진다. 또한 $k_1+k_2=$상수이므로 U상에서 k_2가 p_0에서 극솟값을 가진다. 하지만 힐버트의 정리에 의해, $K(p_0)\le 0$가 성립한다. 가정에 의해 $K>0$이므로 이것은 모순이다.」

$\therefore H^2(p_0) = K(p_0)$ 이고 p_0가 $H^2 - K$의 최대점이므로 $H^2 \equiv K$이다.

즉, S의 모든 점 p에서 $k_1(p) = k_2(p)$이다. S의 모든 점이 배꼽점이고 $K > 0$이므로 S는 구면이다.

6.5 연습문제

1.

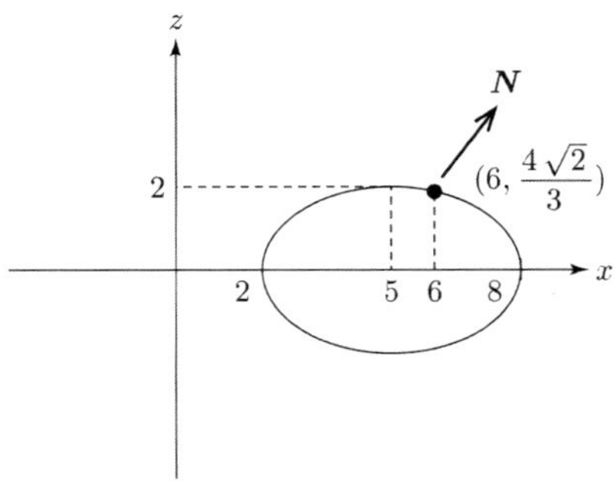

(1) $N(5,2) = (0,1,1)$

$\alpha(\theta) := (5\cos\theta, 5\sin\theta, 2)$, $0 < \theta < 2\pi$가 C_1의 매개함수

$\alpha'(\theta) = (-5\sin\theta, 5\cos\theta, 0)$

$\alpha''(\theta) = (-5\cos\theta, -5\sin\theta, 0)$

$\therefore \langle \alpha''(\theta), N(5,2) \rangle = 0$

$\therefore \alpha''(\theta) \nparallel N$ (C_1를 따라)

$\therefore C_1$는 S상에서 측지선이 아니다.

비슷한 방법으로, C_3는 S상에서 측지선이다.

(2) $\alpha''(\theta) \perp N(\theta)$ (C_1를 따라)

$\therefore \kappa_n(C_1) = \kappa\cos\frac{\pi}{2} \equiv 0$

$\therefore C_1$는 점근곡선이다.

비슷한 방법으로, C_3는 점근곡선이 아니다.

(3) $\alpha(\theta) = \left(6\cos\left(\frac{\theta}{6}\right), 6\sin\left(\frac{\theta}{6}\right), \frac{4\sqrt{2}}{3}\right)$, $0 \le \theta \le 12\pi$가 C_2의 단위속력을 가진 매개함수

- $N\left(6, \frac{4\sqrt{2}}{3}\right) = \left(\frac{2}{9}, 0, \frac{2\sqrt{2}}{3}\right)$

• $\alpha''(0)=\left(-\frac{1}{6},0,0\right)$

$\therefore \left\langle \alpha''(0), \boldsymbol{N}\left(6,\frac{4\sqrt{2}}{3}\right)\right\rangle = -\frac{1}{27} = \|\alpha''(0)\| \left\|\boldsymbol{N}\left(6,\frac{4\sqrt{2}}{3}\right)\right\| \cos\phi$

$\therefore \cos\phi = -\frac{2}{\sqrt{76}}$

$\therefore |\kappa_g(C_2)| = \kappa(C_2)\sin\phi = \frac{1}{6}\sqrt{1-\frac{4}{76}} = \frac{\sqrt{2}}{2\sqrt{19}}$

$\therefore \kappa_g(C_2) = \frac{\sqrt{2}}{2\sqrt{19}}$

$(\because \langle \boldsymbol{N}, \boldsymbol{B}_\alpha\rangle > 0$이고 $\kappa_g = \kappa\langle \boldsymbol{N}, \boldsymbol{B}_\alpha\rangle)$

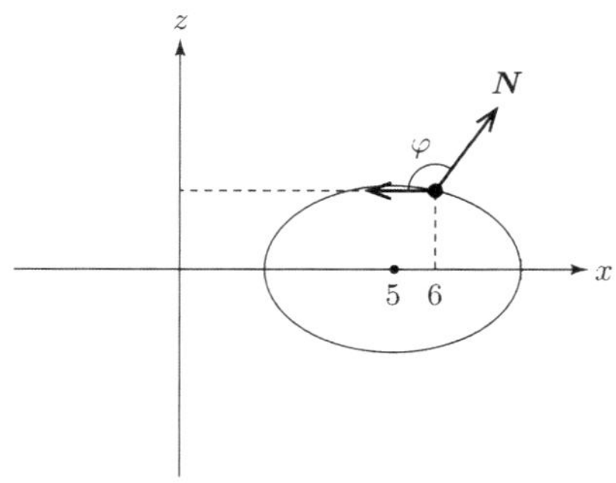

2. $x^2+y^2=z^2-1\geq 0$

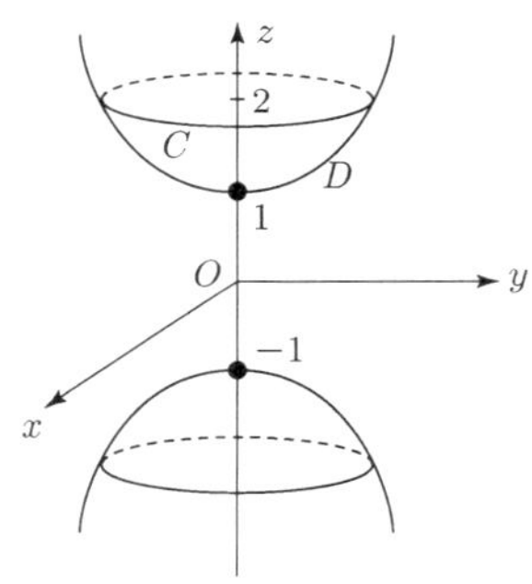

(1) $\alpha(s)=\left(2\cos\left(\frac{s}{2}\right), 2\sin\left(\frac{s}{2}\right), 2\right)$가 C의 단위속력매개함수

$f(x,y,z)=x^2+y^2-z^2+1$

$S_1=f^{-1}(0)$, $0=f$의 정칙값

$\therefore \boldsymbol{N}=\frac{\nabla f}{\|\nabla f\|}=\frac{(2x,2y,-2z)}{2\sqrt{x^2+y^2+z^2}}=\frac{(x,y,-z)}{\sqrt{x^2+y^2+z^2}}$

$\therefore \boldsymbol{N}(\alpha(s))=\frac{\left(2\cos\left(\frac{s}{2}\right), 2\sin\left(\frac{s}{2}\right), 2\right)}{\sqrt{4+4}}=\frac{1}{\sqrt{2}}\left(\cos\frac{s}{2}, \sin\frac{s}{2}, 1\right)$

• $\alpha'=\left(-\sin\left(\frac{s}{2}\right), \cos\left(\frac{s}{2}\right), 0\right)$

$\alpha''=\left(-\frac{1}{2}\cos\left(\frac{s}{2}\right), -\frac{1}{2}\sin\left(\frac{s}{2}\right), 0\right)$

$\alpha'\times\alpha''=\left(0,0,\frac{1}{2}\right)$

$\therefore |\kappa_g(C)|=\frac{1}{2\sqrt{2}}$

• $\kappa_\alpha=\frac{1}{2}$, $\boldsymbol{N}_\alpha(s)=\frac{\alpha''}{\|\alpha''\|}=\left(-\cos\frac{s}{2}, -\sin\frac{s}{2}, 0\right)$

$\therefore \kappa_n(C)=\kappa_\alpha\cdot\langle \boldsymbol{N}, \boldsymbol{N}_\alpha\rangle=-\frac{1}{2}$

(2) • $\langle \boldsymbol{N}_2, \alpha''\rangle=0 \Rightarrow \kappa_n(C_2)=0$

N_2: S_2의 단위법벡터장

- $|\kappa_g(C_2)| = \langle (0,0,1), \alpha' \times \alpha'' \rangle = \frac{1}{2}$

(3) • $\beta(t) = (0, \tan t, \sec t)$, $-\frac{\pi}{2} < t < \frac{\pi}{2}$

$\beta' = (0, \sec^2 t, \sec t \tan t)$

$\beta'' = (0, 2\sec^2 t \tan t, \sec t \tan^2 t + \sec^3 t)$

$N(\beta(t)) = \frac{(0, \tan t, -\sec t)}{\sqrt{1+2\tan^2 t}}$

$$\therefore \kappa_n(t) = \frac{1}{\| \beta'(t) \|^2} \langle N(\beta(t)), \beta''(t) \rangle$$

$$= \frac{1}{\sec^2 t(1+2\tan^2 t)^{\frac{3}{2}}}(2\sec^2 t \tan^2 t - \sec^2 t \tan^2 t - \sec^4 t)$$

$$= \frac{\sec^2 t(\tan^2 t - \sec^2 t)}{\sec^2 t(1+2\tan^2 t)^{\frac{3}{2}}} = \frac{-1}{(1+2\tan^2 t)^{\frac{3}{2}}}$$

- D: 경도선(meridian) $\Rightarrow$ D: 측지선

$\therefore \kappa_g(D) = 0$

(4) • D: S_3상에서 평면곡선 & $\beta'' \perp N_3$ (N_3: S_3의 단위법벡터장)

$\therefore \kappa_n(D) = 0$

- $N_3 = (1,0,0)$

$$\therefore \kappa_g(D) = \frac{1}{\| \beta' \|^3} \langle N_3, \beta' \times \beta'' \rangle$$

$$\beta' \times \beta'' = \begin{vmatrix} i & j & k \\ 0 & \sec^2 t & \sec t \tan t \\ 0 & 2\sec^2 t \tan t & \sec t(1+2\tan^2 t) \end{vmatrix} = (\sec^3 t(1+2\tan^2 t) - 2\sec^3 t \tan^2 t)i$$

$$= \sec^3 t i$$

$$\therefore \kappa_g(D) = \frac{\sec^3 t}{(\sec^2 t(1+2\tan^2 t))^{\frac{3}{2}}} = \frac{1}{(1+2\tan^2 t)^{\frac{3}{2}}}$$

(5) $\measuredangle(S_1, S_2)$=상수 ($S_1 \cap S_2 = C$를 따라)이고 S_2 =평면

$\therefore C$: 주곡률곡선

(6) C: 측지선 아님 ($\because$ (1)에 의하여, $\kappa_g(C) \neq 0$)

6.6 연습문제

1. $f(x,y,z)=\dfrac{x^2}{2}+\dfrac{y^2}{2}-z$

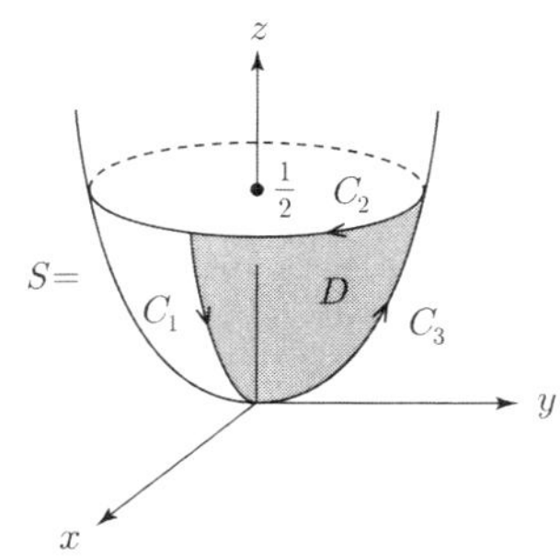

$S=f^{-1}(0)$, $0=f$의 정칙값

$\therefore N=\dfrac{\nabla f}{\|\nabla f\|}=\dfrac{(u,v,-1)}{\sqrt{u^2+v^2+1}}$

단, 여기서 $\mathbf{x}(u,v)=\left(u,v,\dfrac{u^2+v^2}{2}\right)$이다.

(1) • $\alpha(s)=\left(\cos s,-\sin s,\dfrac{1}{2}\right)$, $-\dfrac{\pi}{2}\le s\le 0$가 C_2의 단위속력 매개함수

$$\therefore N(s)=N(\alpha(s))=\frac{1}{\sqrt{2}}(\cos s,-\sin s,-1)$$

$$\alpha'=(-\sin s,-\cos s,0)$$

$$\alpha''=(-\cos s,\sin s,0)$$

$$\alpha'\times\alpha''=(0,0,-1)$$

$$\therefore \kappa_g(C_2)=\langle N(s),\alpha'(s)\times\alpha''(s)\rangle=\frac{1}{\sqrt{2}}$$

• C_1, C_3: 경도선(meridian)이므로 측지선이다. $\therefore \kappa_g(C_1)=\kappa_g(C_3)=0$

$$\therefore \int_{\partial D}\kappa_g ds=\frac{1}{\sqrt{2}}\cdot\frac{\pi}{2}=\frac{\pi}{2\sqrt{2}}$$

(2) $\displaystyle\sum_{i=1}^{3}\theta_i=\frac{3\pi}{2}$ $\left(\because \theta_i=\dfrac{\pi}{2},\ i=1,2,3\right)$

(3), (4) $\mathbf{x}(u,\theta)=\left(u\cos\theta,u\sin\theta,\dfrac{u^2}{2}\right)$

$$K=\frac{1}{(1+u^2)^2}\ ,\ \sqrt{EG-F^2}=u\sqrt{1+u^2}$$

$$\therefore \iint_D K d\sigma=\iint_D\frac{u}{(1+u^2)^{\frac{3}{2}}}dud\theta$$

$$=\int_0^{\frac{\pi}{2}}\int_0^1\frac{u}{(1+u^2)^{\frac{3}{2}}}dud\theta=\frac{\pi}{2}\cdot\left[-2(1+u^2)^{-\frac{1}{2}}\cdot\frac{1}{2}\right]_{u=0}^{u=1}$$

$$=\frac{\pi}{2}\left(-\frac{1}{\sqrt{2}}+1\right)$$

(5) $\iint_D K d\sigma + \int_{\partial D} \kappa_g ds + \sum_{i=1}^{3} \theta_i = 2\pi - \frac{\pi}{2\sqrt{2}} + \frac{\pi}{2\sqrt{2}} = 2\pi = 2\pi\chi(D) \quad (\because \chi(D) = 1)$

2.

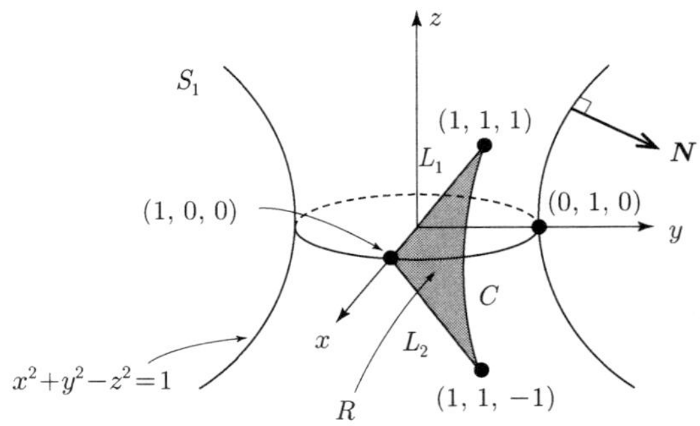

(2) • L_1과 L_2는 직선이므로

$\kappa_g(L_1) = \kappa_g(L_2) = 0$

• C는 S_1의 경도선(meridian)이므로 측지선이다.

따라서 $\kappa_g(C) = 0$

(3)

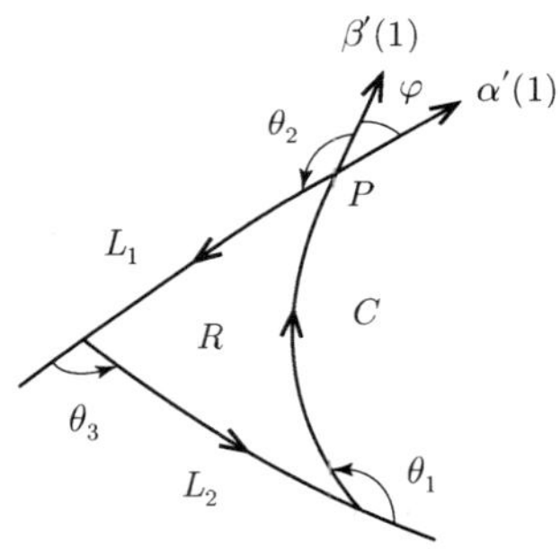

(ⅰ) • $\alpha(t) = (1, t, t)$, $0 \le t \le 1$가 L_1의 매개함수

• $\beta(t) = \left(t, t, \sqrt{2t^2 - 1}\right)$, $\frac{1}{\sqrt{2}} \le t \le 1$가 C 중에서 z-좌표가 음이 아닌 부분의 매개함수

• $\beta(1) = P$, $\alpha(1) = P$

$$\beta'(t) = \left(1, 1, \frac{1}{2}(2t^2 - 1)^{-\frac{1}{2}} \cdot 4t\right)$$
$$= \left(1, 1, \frac{2t}{\sqrt{2t^2 - 1}}\right)$$

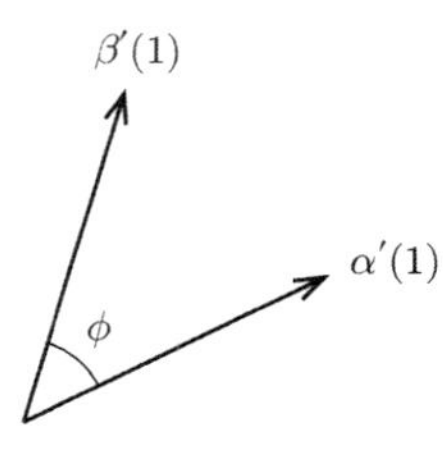

$\therefore \beta'(1) = (1, 1, 2)$

$\alpha'(t) = (0, 1, 1)$

$\therefore \langle \alpha'(1), \beta'(1) \rangle = \| \alpha'(1) \| \, \| \beta'(1) \| \cdot \cos(\phi)$, 즉

$3 = \sqrt{6} \cdot \sqrt{2} \cdot \cos\phi = \sqrt{3} \cdot 2\cos\phi$

$\cos\phi = \frac{\sqrt{3}}{2}$

$\therefore \theta_2 = \pi - \frac{\pi}{6} = \frac{5\pi}{6}$

비슷한 방법으로, $\theta_1 = \frac{5\pi}{6}$, $\theta_3 = \frac{\pi}{2}$

$$\therefore \sum_{i=1}^{p}\theta_i = \theta_1+\theta_2+\theta_3 = \frac{13}{6}\pi$$

(ii) $\int_{\partial R}\kappa_g(s)ds = 0$

(iii) $\iint_R K_{S_1} d\sigma = 2\pi\chi(R) - \int_{\partial R}\kappa_g(s)ds - \sum_{i=1}^{3}\theta_i = 2\pi - \frac{13}{6}\pi = -\frac{\pi}{6}$

3.

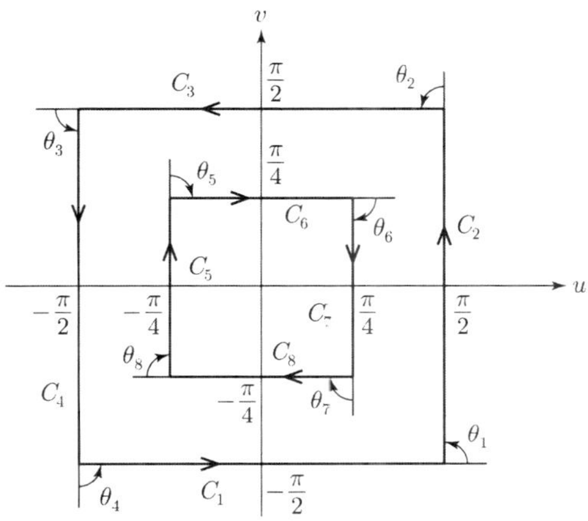

(1) 모든 u-매개변수곡선은 측지선이다. 따라서

$\kappa_g(C_1) = \kappa_g(C_3) = \kappa_g(C_6) = \kappa_g(C_8) = 0$

- S의 방향성으로 $\boldsymbol{N}(u,v) = \dfrac{\mathbf{x}_u \times \mathbf{x}_v}{\| \mathbf{x}_u \times \mathbf{x}_v \|}$를 택한다.

  $\therefore \boldsymbol{N}(u,v) = (-\cos u \cos v, -\cos u \sin v, -\sin u)$

  특히, $\boldsymbol{N}\left(\frac{\pi}{2}, \frac{\pi}{2}\right) = (0, 0, -1)$

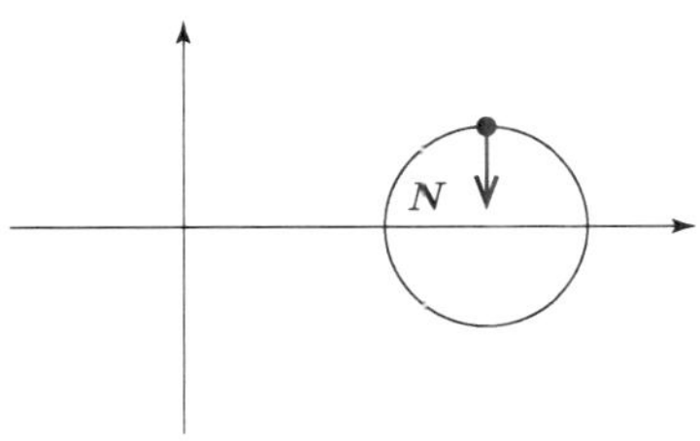

- $\alpha(v) = \mathbf{x}\left(\frac{\pi}{2}, v\right) = (a\cos v, a\sin v, r), \ -\pi < v < \pi$

  $\beta(s) := \left(a\cos\left(\frac{s}{a}\right), a\sin\left(\frac{s}{a}\right), r\right)$가 α의 단위속력을 갖는 재매개화

  $\beta'(s) = \left(-\sin\left(\frac{s}{a}\right), \cos\left(\frac{s}{a}\right), 0\right)$

$$\beta''(s)=\left(-\frac{1}{a}\cos\left(\frac{s}{a}\right),\ -\frac{1}{a}\sin\left(\frac{s}{a}\right),0\right)$$

$$\therefore\ \kappa_g(C_2)=\langle \boldsymbol{N}(s),\beta'(s)\times\beta''(s)\rangle=\left\langle (0,0,-1),\left(0,0,\frac{1}{a}\right)\right\rangle=-\frac{1}{a}$$

비슷한 방법으로, $\kappa_g(C_4)=-\dfrac{1}{a}$, $\kappa_g(C_7)=\kappa_g(C_5)=\dfrac{\frac{\sqrt{2}}{2}}{a+\frac{\sqrt{2}}{2}r}$

$$\therefore\ \int_{\partial A}\kappa_g(\partial A)ds=\sum_{i=1}^{8}\int_{C_i}\kappa_g(C_i)ds$$

$$=-\frac{2}{a}\cdot 2\pi a\cdot\frac{\pi}{2\pi}+\frac{2\cdot\frac{\sqrt{2}}{2}}{a+\frac{\sqrt{2}}{2}r}\cdot 2\pi\left(a+\frac{\sqrt{2}}{2}r\right)\cdot\frac{\frac{\pi}{2}}{2\pi}$$

$$=-2\pi+\frac{\sqrt{2}}{2}\pi$$

(2) $\displaystyle\sum_{i=1}^{8}\theta_i=0$

(3) $K=\dfrac{\cos u}{r(a+r\cos u)}$, $\sqrt{EG-F^2}=r(a+r\cos u)$

$$\iint_A Kd\sigma=\int_{-\frac{\pi}{2}}^{\frac{\pi}{2}}\int_{-\frac{\pi}{2}}^{\frac{\pi}{2}}\cos u\,du\,dv-\int_{-\frac{\pi}{4}}^{\frac{\pi}{4}}\int_{-\frac{\pi}{4}}^{\frac{\pi}{4}}\cos u\,du\,dv$$

$$=\pi\int_{-\frac{\pi}{2}}^{\frac{\pi}{2}}\cos u\,du-\frac{\pi}{2}\int_{-\frac{\pi}{4}}^{\frac{\pi}{4}}\cos u\,du$$

$$=\pi\left[\sin u\right]_{-\frac{\pi}{2}}^{\frac{\pi}{2}}-\frac{\pi}{2}\left[\sin u\right]_{-\frac{\pi}{4}}^{\frac{\pi}{4}}$$

$$=2\pi-\frac{\pi}{2}\left(\frac{\sqrt{2}}{2}\cdot 2\right)=2\pi-\frac{\sqrt{2}}{2}\pi$$

(4) $\displaystyle\iint_A Kd\sigma+\int_{\partial A}\kappa_g ds+\sum_{i=1}^{8}\theta_i=0=2\pi\chi(A)\quad(\because\ \chi(A)=0)$

4. S가 닫힌 정칙곡면이므로 $K(p_0)>0$을 만족하는 $p_0\in S$가 존재한다. 한편 $S\not\approx S^2$이므로 $S\approx\Sigma_g$(위상동형), $g\geq 1$이고 $\chi(S)=\chi(\Sigma_g)=2-2g(\Sigma_g)\leq 0$가 성립한다.

$\therefore\ \displaystyle\iint_S Kd\sigma=2\pi\chi(\Sigma_g)\leq 0\quad\cdots①$

①에 의해

$$K(q_0)<0$$

을 만족하는 점 $q_0 \in S$도 존재한다.

이제, α: $[a,b] \to S$를 $\alpha(a) = p_0$, $\alpha(b) = q_0$인 매개함수라 할 때,

$K \circ \alpha$: $[a,b] \to \mathbb{R}$가 연속함수이고, $K \circ \alpha(a) = K(p_0) > 0$, $K \circ \alpha(b) = K(q_0) < 0$이므로 사잇값 정리에 의해

$$K \circ \alpha(t_0) = 0, \ a \le t_0 \le b$$

를 만족하는 t_0가 존재한다. 따라서 $r_0 = \alpha(t_0)$라 할 때, $K(r_0) = K(\alpha(t_0)) = 0$이다.

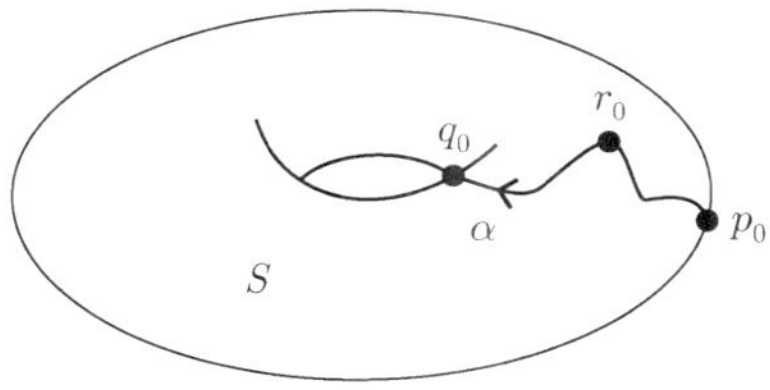

5. $\mathbf{x}$: $U \to S$가 $\mathbf{x}(U) \supset A$를 만족하는 좌표조각함수라 할 때,

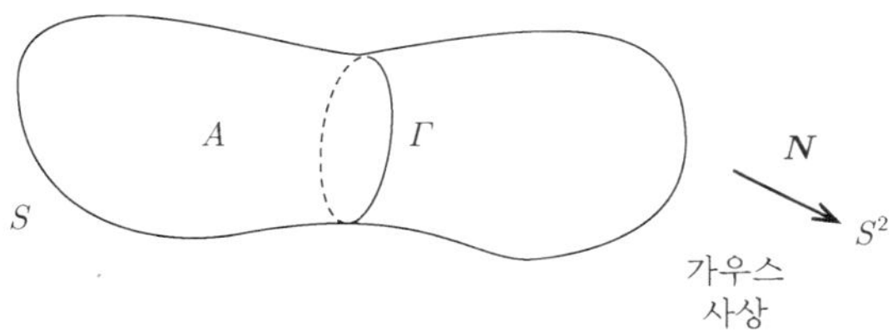

$$\text{area}(\boldsymbol{N}(A)) = \iint_W \| \mathbf{y}_u \times \mathbf{y}_v \| \, dudv \ \ (\because \mathbf{y} = \boldsymbol{N} \circ \mathbf{x})$$

$$W = \mathbf{x}^{-1}(A)$$

$$= \iint_W |\det(d\boldsymbol{N})| \, \| \mathbf{x}_u \times \mathbf{x}_v \| \, dudv$$

$$= \iint_W K \| \mathbf{x}_u \times \mathbf{x}_v \| \, dudv = \iint_A K d\sigma = 2\pi \chi(A) = 2\pi \quad (\because \chi(A) = 1)$$

6. $\beta(s) = \boldsymbol{N}_\alpha(s)$

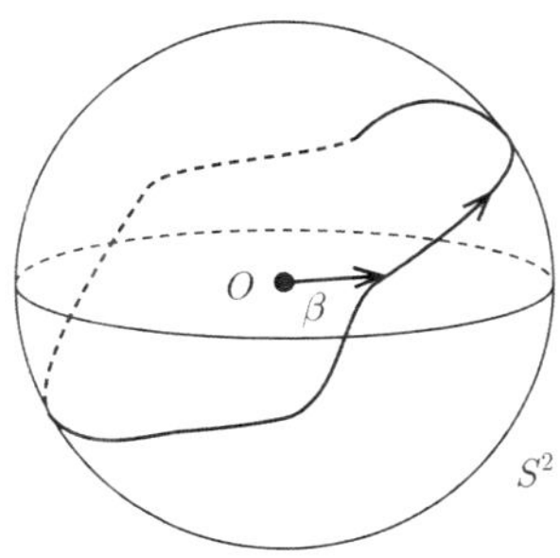

(1) $\bar{s}$를 β의 단위속력변수라 할 때,

$\gamma(\bar{s}) := \beta(s(\bar{s}))$

$$\therefore\ \kappa_g(\bar{s})=\langle \boldsymbol{N}(\gamma(\bar{s})), \gamma'(\bar{s})\times\gamma''(\bar{s})\rangle$$

$$=\langle \boldsymbol{N}(\beta(s)), \gamma'(\bar{s})\times\gamma''(\bar{s})\rangle \quad (\because\ \gamma(\bar{s})=\beta(s))$$

$$\boldsymbol{N}(\beta(s))=\boldsymbol{N}_\alpha(s)$$

- $\gamma'(\bar{s})=\beta'(s(\bar{s}))\cdot\dfrac{ds}{d\bar{s}}=\dfrac{\beta'(s)}{\|\beta'(s)\|}=\dfrac{\boldsymbol{N}_\alpha{}'(s)}{\|\boldsymbol{N}_\alpha{}'(s)\|}$

- $\gamma''(\bar{s})=\beta''\cdot\left(\dfrac{ds}{d\bar{s}}\right)^2+\beta'\cdot\dfrac{d^2s}{d\bar{s}^2}$

$$\therefore\ \kappa_g(s)=\kappa_g(\bar{s})=\left\langle \boldsymbol{N}_\alpha(s), \frac{\boldsymbol{N}_\alpha{}'(s)}{\|\boldsymbol{N}_\alpha{}'(s)\|}\times\frac{\beta''(s)}{\|\boldsymbol{N}_\alpha{}'(s)\|^2}\right\rangle$$

$$=\frac{1}{\|\boldsymbol{N}_\alpha{}'(s)\|^3}\langle \boldsymbol{N}_\alpha(s), \boldsymbol{N}_\alpha{}'(s)\times\boldsymbol{N}_\alpha{}''(s)\rangle \quad (\because\ \beta''(s)=\boldsymbol{N}_\alpha{}''(s))$$

(2) $\boldsymbol{N}_\alpha{}'(s)=-\kappa_\alpha(s)\boldsymbol{T}_\alpha(s)-\tau_\alpha(s)\boldsymbol{B}_\alpha(s)$

$$\boldsymbol{N}_\alpha{}''(s)=-\kappa_\alpha{}'\boldsymbol{T}_\alpha-\kappa_\alpha^2\boldsymbol{N}_\alpha-\tau_\alpha{}'\boldsymbol{B}_\alpha-\tau_\alpha^2\boldsymbol{N}_\alpha$$

$$\therefore\ \boldsymbol{N}_\alpha{}'\times\boldsymbol{N}_\alpha{}''=-\left(\tau_\alpha\cdot\kappa_\alpha^2+\tau_\alpha^3\right)\boldsymbol{T}_\alpha-\left(\kappa_\alpha\tau_\alpha{}'-\kappa_\alpha{}'\tau_\alpha\right)\boldsymbol{N}_\alpha+\left(\kappa_\alpha^3-\kappa_\alpha\tau_\alpha^2\right)\boldsymbol{B}_\alpha$$

$$\therefore\ \kappa_g(s)=\kappa_g(\bar{s})=\frac{-\kappa_\alpha\tau_\alpha{}'+\kappa_\alpha{}'\tau_\alpha}{\left(\kappa_\alpha^2+\tau_\alpha^2\right)^{\frac{3}{2}}}$$

$$=-\frac{\kappa_\alpha\tau_\alpha{}'-\kappa_\alpha{}'\tau_\alpha}{\left(\kappa_\alpha^2+\tau_\alpha^2\right)}\cdot\frac{1}{\left(\kappa_\alpha^2+\tau_\alpha^2\right)^{\frac{1}{2}}}$$

$$=-\frac{d}{ds}\left(\tan^{-1}\left(\frac{\tau_\alpha}{\kappa_\alpha}\right)\right)\cdot\frac{ds}{d\bar{s}}$$

$$=-\frac{\dfrac{d}{ds}\left(\tan^{-1}\left(\dfrac{\tau_\alpha}{\kappa_\alpha}\right)\right)}{\|\boldsymbol{N}_\alpha{}'(s)\|}$$

(3) $2\pi=\displaystyle\iint_A Kd\sigma+\int_{\partial A}\kappa_g(\bar{s})d\bar{s}$

$$=\iint_A d\sigma+\int_{\partial A}-\frac{d}{ds}\left(\tan^{-1}\left(\frac{\tau_\alpha}{\kappa_\alpha}\right)\right)ds$$

$$=\iint_A d\sigma=\text{area}(A)$$

또한, $\displaystyle\iint_B d\sigma=2\pi \quad \left(\because\ \iint_{S^2}d\sigma=4\pi=\iint_A d\sigma+\iint_B d\sigma\right)$

참고 문헌

[1] W. M. Boothby, *An Introduction to Differentiable Manifolds and Riemannian Geometry*, Academic Press, New York, 1954.

[2] M. Do Carmo, *Differential Geometry of Curves and Surfaces*, Prentice Hall, New Jersey, 1976.

[3] Dubrovin, Fomenko, Novikov, *Modern Geometry-Methods and Applications*, Springer, New York, 1992.

[4] K. F. Gauss, *General investigations of curved surfaces*, Raven Press, New York, 1965.

[5] H. Hopf, *Über die drehung der tangenten und sehnen ebener kurven*, Compositio Math. 2 (1935), 50-62.

[6] B. O'Neill, *Elementary Differential Geometry*, Academic Press, New York, 1997.

[7] J. Oprea, *Differential Geometry*, Prentice Hall, New Jersey, 1997.

[8] M. Spivak, *A Comprehensive Introduction to Differential Geometry*, Vol. 1, Publish or Perish, 1999.

[9] Thorpe, *Elementary Topics in Differential Geometry*, Springer, New York, 1979.

[10] 김진홍, **기하학개론**, 교우사, 2017.

[11] 김진홍, **위상수학 개론**, 경문사, 2019.

[12] 김진홍, **미분다양체론 입문**, 교우사, 2020.

[13] 박진석, 표용수, 김향숙, **Mathematica를 활용한 미분기하학 개론**, 경문사, 2012.

[14] 원대연, 이난이, **미분기하학 입문**, 경문사, 2014.

[15] 윤갑진, **미분기하학**, 경문사, 2017.

찾아보기

저자와의
협의하에
인지를
생략합니다

미분기하학 개론 제2판

지은이 김진홍
펴낸이 조경희
펴낸곳 경문사
펴낸날 2018년 9월 1일 1판 1쇄
2021년 3월 2일 2판 1쇄
등 록 1979년 11월 9일 제1979-000023호
주 소 04057, 서울특별시 마포구 와우산로 174
전 화 (02)332-2004 팩스 (02)336-5193
이메일 kyungmoon@kyungmoon.com

값 24,000원

ISBN 979-11-6073-421-8